普通高等教育人工智能专业系列教材

认 知 基 础

史忠植　编著

机械工业出版社

认知科学是研究心智和智能的学科，其研究内容包括从感觉的输入到复杂问题求解，从人类个体到人类社会的智能活动，以及人类智能和机器智能的性质。认知科学的研究目的就是要说明和解释人在完成认知活动时是如何进行信息加工的。本书系统地介绍了认知科学的概念和方法，以及认知科学、脑科学、人工智能等领域的最新研究成果，综合地探索人类智能和机器智能的性质和规律。全书共15章，主要内容包括绪论，脑认知的神经基础，心理表征，感知、视觉和注意，听觉和言语，认知语言学，学习，记忆，思维和决策，智力发展，情绪和情感，意识，认知模型，认知模拟和社会认知。

本书可作为大学本科生和研究生的认知科学、认知心理学、认知信息学、智能科学、智能机器人等课程的教材，也可作为从事相关学科工作的研究人员的参考书。

图书在版编目（CIP）数据

认知基础/史忠植编著 .—北京：机械工业出版社，2022.1（2023.8重印）
普通高等教育人工智能专业系列教材
ISBN 978-7-111-69876-0

Ⅰ．①认… Ⅱ．①史… Ⅲ．①人工智能-应用-认知科学-高等学校-教材　Ⅳ．①B842.1-39

中国版本图书馆 CIP 数据核字（2021）第 260250 号

机械工业出版社（北京市百万庄大街22号　邮政编码100037）
策划编辑：汤　枫　　责任编辑：汤　枫　王　芳
责任校对：张艳霞　　责任印制：常天培
北京机工印刷厂有限公司印刷

2023年8月第1版·第2次印刷
184mm×260mm·20.25印张·498千字
标准书号：ISBN 978-7-111-69876-0
定价：89.00元

电话服务　　　　　　　　　网络服务
客服电话：010-88361066　　机　工　官　网：www.cmpbook.com
　　　　　010-88379833　　机　工　官　博：weibo.com/cmp1952
　　　　　010-68326294　　金　书　网：www.golden-book.com
封底无防伪标均为盗版　　机工教育服务网：www.cmpedu.com

前　言

认知科学（cognitive science）是研究心智和智能的学科，其研究内容包括从感觉的输入到复杂问题求解，从人类个体到人类社会的智能活动，以及人类智能和机器智能的性质。它是现代心理学、人工智能、神经科学、语言学、人类学乃至自然哲学等学科交叉发展的结果。认知科学的研究目的就是要说明和解释人在完成认知活动时是如何进行信息加工的。

认知科学的兴起标志着对以人类为中心的心智和智能活动的研究已进入到新的阶段，认知科学的发展将进一步为信息科学技术的智能化做出巨大贡献。党的二十大报告指出，推动战略性新兴产业融合集群发展，构建新一代信息技术、人工智能、生物技术、新能源、新材料、高端装备、绿色环保等一批新的增长引擎。认知科学是一门新兴的前沿学科，研究具有认知机理的智能信息处理理论与方法，探索大脑信息加工的认知过程和神经机制，探讨和实现新的神经计算模型，建立物理可实现的计算模型，必将为信息技术的发展注入新的活力。认知科学研究人类感知、学习、记忆、思维、意识等人脑心智活动过程，是智能科学的重要部分。

希金斯（R. L. Higgins）于1973年开始使用"认知科学"一词。一般认为1979年正式确立认知科学。几十年来，认知科学研究逐步从对具体心智问题的求解，演变为第一代、第二代不同风格的理论形态。以表征—计算为核心的心智计算理论成为认知科学第一代纲领的基本内核。第二代认知科学以涉身认知、嵌入认知、延展认知和生成认知为其核心理念，有时称为"4EC"纲领。狭义的涉身认知观念将身体作为认知的承载和调节的物理场所，特别强调身体运动系统的多模态感知对于认知的重要作用。广义的涉身性观念则在此基础上强调，阐释认知的基本环节应当是大脑—身体—环境的耦合体，认知主体与环境应进行积极主动的交互。

21世纪初，美国国家科学基金会（NSF）和美国商务部（DOC）共同提出"提高人类素质的会聚技术"，将纳米技术、生物技术、信息技术和认知科学看作21世纪四大前沿技术，并将认知科学视为最优先发展领域，主张这四大技术融合发展，并描绘了这样的科学前景：会聚技术以认知科学为先导，因为一旦我们能够在如何（how）、为何（why）、何处（where）、何时（when）这四个层次上理解思维，我们就可以用纳米科技来制造它，用生物技术和生物医学来实现它，最后用信息技术来操纵和控制它，使它工作。这将给人类社会带来巨大影响。

本书系统地介绍了认知科学的概念和方法，反映认知科学领域的最新研究成果，综合地探索人类智能和机器智能的性质和规律。全书共分15章。第1章是绪论，主要介绍认知科学的兴起和研究内容。第2章探讨脑认知的神经基础。第3章讨论心理表征。视觉和听觉是重要的信息输入输出通道，有关处理分别放在第4章和第5章。第4章阐述感知、视觉和注意。第5章重点论述听觉和言语。第6章讨论认知语言学。第7章重点讨论学习，主要介绍了现代学习理论和方法。记忆是思维的基础，第8章重点阐述记忆机理。思维是认知的核心，第9章重点讨论思维形态和类型、如何进行推理和决策。第10章论述智力发展。第11

章扼要介绍情绪问题，该领域已经引起人们越来越多的重视。第 12 章探讨意识，主要介绍最新研究进展。第 13 章论述认知模型。第 14 章介绍认知模拟，以认知科学领域的最新研究成果为指导，构建新型的智能系统。在当今社会，社会认知具有鲜明的时代气息，因此在第 15 章做了概述。

本书相关研究工作得到国家重点基础研究发展计划课题"脑机协同的认知计算模型"（No. 2013CB329502）、"非结构化信息（图像）的内容理解与语义表征"（No. 2007CB311004），自然科学基金重点项目"基于云计算的海量数据挖掘"（No. 61035003）、"基于感知学习和语言认知的智能计算模型研究"（No. 60435010）、"Web 搜索与挖掘的新理论与方法"（No. 60933004）等的支持，以及国家"863"高技术项目"海量 Web 数据内容管理、分析挖掘技术与大型示范应用"（No. 2012AA011003）、"软件自治愈与自恢复技术"（No. 2007AA01Z132）等项目的支持；本书的撰写离不开中国科学院计算技术研究所智能科学实验室同事们的贡献和支持。机械工业出版社对本书的出版给予了大力支持，在此一并致谢。

本书可作为大学本科生和研究生的认知科学、认知心理学、认知信息学、智能科学、智能机器人等课程的教材，也可作为从事相关学科工作的研究人员的参考书。

认知科学是处于研究发展中的前沿学科，许多概念和理论尚待探讨。加之作者水平有限，撰写时间仓促，因此书中谬误在所难免，恳请读者指正。

作　者

目　　录

前言
第1章　绪论 ··· 1
 1.1　认知 ·· 1
 1.2　认知科学的兴起 ·· 3
 1.3　认知科学的发展 ·· 5
 1.4　认知科学的研究内容 ··· 8
 1.5　认知科学的研究方法 ··· 9
  1.5.1　认知内在主义方法 ··· 9
  1.5.2　认知外在主义方法 ··· 11
  1.5.3　认知语境主义方法 ··· 12
 1.6　认知科学的实验技术 ··· 13
  1.6.1　单细胞记录 ·· 13
  1.6.2　正电子发射断层成像 ·· 14
  1.6.3　磁共振成像 ·· 14
  1.6.4　脑磁图 ·· 15
  1.6.5　脑电图 ·· 15
 1.7　认知科学的未来方向 ··· 16
 1.8　小结 ·· 16
 思考题 ·· 17
第2章　脑认知的神经基础 ··· 18
 2.1　脑系统 ··· 18
 2.2　大脑皮质 ··· 19
 2.3　神经系统 ··· 22
 2.4　神经组织 ··· 23
 2.5　突触传递 ··· 25
 2.6　神经递质 ··· 27
 2.7　静息膜电位 ·· 28
 2.8　动作电位 ··· 31
 2.9　离子通道 ··· 33
 2.10　脑电信号 ··· 34
 2.11　小结 ·· 35
 思考题 ·· 36

第3章 心理表征 ... 37
3.1 引言 ... 37
3.2 逻辑 ... 38
3.2.1 命题逻辑 ... 38
3.2.2 谓词逻辑 ... 39
3.3 产生式系统 ... 40
3.3.1 事实的表示 ... 41
3.3.2 规则的表示 ... 41
3.4 框架 ... 43
3.4.1 框架结构 ... 43
3.4.2 框架网络 ... 44
3.5 案例 ... 45
3.5.1 记忆网 ... 45
3.5.2 案例推理 ... 47
3.6 本体 ... 48
3.7 联结 ... 49
3.8 图式 ... 50
3.9 小结 ... 51
思考题 ... 52

第4章 感知、视觉和注意 ... 53
4.1 感知的基本形式 ... 53
4.1.1 感觉 ... 53
4.1.2 知觉 ... 54
4.1.3 表象 ... 55
4.2 知觉理论 ... 60
4.2.1 建构理论 ... 61
4.2.2 格式塔理论 ... 61
4.2.3 直接知觉理论 ... 63
4.2.4 拓扑视觉理论 ... 64
4.3 知觉恒常性 ... 65
4.4 视觉通路 ... 67
4.5 马尔的视觉计算理论 ... 69
4.6 图像理解 ... 72
4.7 人脸识别 ... 73
4.8 注意 ... 75
4.8.1 注意的功能 ... 75
4.8.2 选择性注意 ... 77

  4.8.3 注意的分配 ·············· 81
  4.8.4 注意网络 ·················· 82
 4.9 小结 ································ 82
 思考题 ···································· 83

第 5 章 听觉和言语 ······················ 84

 5.1 听觉通路 ························ 84
 5.2 听觉信息的中枢处理 ········ 86
  5.2.1 频率分析机理 ········· 86
  5.2.2 强度分析机理 ········· 88
  5.2.3 声源定位和双耳听觉 ·· 88
  5.2.4 对复杂声的分析 ······ 88
 5.3 语音编码 ························ 88
 5.4 韵律认知 ························ 89
 5.5 语音识别 ························ 91
  5.5.1 发展历程 ················ 91
  5.5.2 语音识别系统 ········· 92
  5.5.3 基于深度神经网络的语音识别系统 ·· 93
 5.6 语音合成 ························ 96
  5.6.1 语音合成的方法 ······ 96
  5.6.2 文语转换系统 ········· 99
  5.6.3 概念—语音转换系统 ·· 100
 5.7 听觉场景分析 ················· 101
 5.8 对话系统 ························ 102
 5.9 言语行为 ························ 105
 5.10 小结 ······························ 105
 思考题 ···································· 106

第 6 章 认知语言学 ······················ 107

 6.1 概述 ······························ 107
 6.2 语言认知 ························ 109
  6.2.1 心理词典 ················ 109
  6.2.2 书面语识别 ············ 110
 6.3 语法分析 ························ 113
  6.3.1 形式文法 ················ 113
  6.3.2 扩充转移网络 ········· 115
 6.4 认知语义学 ···················· 116
 6.5 隐喻和转喻 ···················· 117
 6.6 心理空间理论 ················· 118

- 6.7 机器翻译 ·········· 119
  - 6.7.1 统计机器翻译 ·········· 120
  - 6.7.2 神经机器翻译 ·········· 120
  - 6.7.3 记忆机器翻译 ·········· 121
- 6.8 语言神经模型 ·········· 122
  - 6.8.1 失语症 ·········· 122
  - 6.8.2 语言功能区 ·········· 123
  - 6.8.3 经典定位模型 ·········· 124
  - 6.8.4 记忆-整合-控制模型 ·········· 126
- 6.9 小结 ·········· 127
- 思考题 ·········· 128

第7章 学习 ·········· 129
- 7.1 概述 ·········· 129
- 7.2 行为学习理论 ·········· 130
  - 7.2.1 经典条件反射学习理论 ·········· 130
  - 7.2.2 行为主义的学习理论 ·········· 130
  - 7.2.3 联结学习理论 ·········· 131
  - 7.2.4 操作学习理论 ·········· 132
- 7.3 认知学习理论 ·········· 133
  - 7.3.1 格式塔学派的学习理论 ·········· 134
  - 7.3.2 认知目的理论 ·········· 135
  - 7.3.3 认知发现理论 ·········· 136
  - 7.3.4 信息加工学习理论 ·········· 137
  - 7.3.5 建构主义的学习理论 ·········· 139
- 7.4 人本学习理论 ·········· 141
- 7.5 观察学习理论 ·········· 142
- 7.6 内省学习 ·········· 143
- 7.7 强化学习 ·········· 146
  - 7.7.1 强化学习模型 ·········· 146
  - 7.7.2 Q学习 ·········· 149
- 7.8 深度学习 ·········· 149
- 7.9 学习计算理论 ·········· 151
- 7.10 小结 ·········· 152
- 思考题 ·········· 152

第8章 记忆 ·········· 153
- 8.1 记忆系统 ·········· 153
- 8.2 感觉记忆 ·········· 155

目录

8.3 短时记忆 ·· 155
8.4 长时记忆 ·· 157
8.5 工作记忆 ·· 161
8.6 遗忘理论 ·· 164
8.7 层次时序记忆 ·· 167
8.8 互补学习记忆 ·· 170
  8.8.1 海马体 ·· 170
  8.8.2 互补学习系统 ······································ 171
8.9 小结 ·· 173
思考题 ·· 174

第9章 思维和决策 ··· 175
9.1 思维形态 ·· 175
  9.1.1 抽象思维 ·· 176
  9.1.2 形象思维 ·· 177
  9.1.3 灵感思维 ·· 178
9.2 精神活动层级 ·· 179
9.3 推理 ·· 180
  9.3.1 演绎推理 ·· 180
  9.3.2 归纳推理 ·· 182
  9.3.3 反绎推理 ·· 183
  9.3.4 类比推理 ·· 184
  9.3.5 因果推理 ·· 185
  9.3.6 常识性推理 ·· 186
9.4 问题求解 ·· 187
9.5 决策理论 ·· 190
  9.5.1 决策效用理论 ······································ 191
  9.5.2 满意原则 ·· 192
  9.5.3 逐步消元法 ·· 192
  9.5.4 贝叶斯决策方法 ···································· 193
9.6 小结 ·· 193
思考题 ·· 193

第10章 智力发展 ·· 194
10.1 引言 ··· 194
10.2 智力理论 ··· 195
  10.2.1 智力的因素论 ····································· 196
  10.2.2 多元智力理论 ····································· 197
  10.2.3 智力结构论 ······································· 197

10.3 智力的测量 198
10.4 皮亚杰的经典认知发展理论 201
 10.4.1 图式 202
 10.4.2 儿童智力发展阶段 204
10.5 认知发展的态射-范畴论 205
 10.5.1 范畴论 206
 10.5.2 Topos 207
 10.5.3 态射-范畴论 207
10.6 心理逻辑 208
 10.6.1 组合系统 209
 10.6.2 INRC 四元群结构 209
10.7 智力发展的人工系统 210
10.8 小结 212
思考题 212

第 11 章 情绪和情感 213

11.1 概述 213
 11.1.1 情绪的构成要素 213
 11.1.2 情绪的基本形式 214
 11.1.3 情绪的功能 214
11.2 情绪加工理论 215
 11.2.1 情绪语义网络理论 215
 11.2.2 贝克的情感图式理论 216
 11.2.3 威廉姆斯的情绪加工理论 217
11.3 情商 217
11.4 情感计算 218
11.5 情感模型 220
 11.5.1 数学模型 220
 11.5.2 认知模型 221
 11.5.3 基于马尔可夫决策过程的情感模型 222
11.6 情绪的神经机制 223
11.7 情感机器 226
11.8 小结 227
思考题 227

第 12 章 意识 228

12.1 概述 228
12.2 意识的基本要素和特性 230
12.3 意识的全局工作空间理论 233

| 12.3.1　剧场假设 ··· 233
| 12.3.2　全局工作空间理论 ·· 235
| 12.3.3　智能数据分析软件——LIDA ······································ 236
| 12.4　意识的还原论理论 ·· 238
| 12.5　神经元群组选择理论 ·· 240
| 12.6　意识的量子理论 ·· 242
| 12.7　综合信息论 ··· 244
| 12.8　机器意识系统 ·· 245
| 12.9　小结 ·· 247
| 思考题 ··· 247
| 第13章　认知模型 ··· 248
| 13.1　认知建模 ·· 248
| 13.2　物理符号系统 ·· 250
| 13.3　SOAR 模型 ·· 252
| 13.3.1　基本的 SOAR 模型 ··· 252
| 13.3.2　SOAR 9 系统 ·· 254
| 13.4　ACT 模型 ··· 256
| 13.5　心智社会 ·· 258
| 13.6　CAM 心智模型 ·· 258
| 13.6.1　CAM 的系统结构 ·· 259
| 13.6.2　CAM 认知周期 ·· 261
| 13.7　协同认知模型 ·· 262
| 13.8　小结 ·· 264
| 思考题 ··· 264
| 第14章　认知模拟 ··· 265
| 14.1　概述 ··· 265
| 14.2　图灵机 ··· 266
| 14.3　细胞自动机 ·· 268
| 14.4　认知情感机 ·· 270
| 14.5　蓝脑计算机模拟 ·· 271
| 14.6　人脑计划 ·· 272
| 14.7　人脑模拟系统——SPAUN ·· 274
| 14.8　环球心智系统 ·· 277
| 14.9　小结 ·· 278
| 思考题 ··· 278
| 第15章　社会认知 ··· 279
| 15.1　概述 ··· 279

15.2 社会认知的内容和因素 ·· 281
15.2.1 认知偏见 ··· 281
15.2.2 情境效应 ··· 283
15.2.3 认知主体背景 ··· 283
15.2.4 认知客体 ··· 284

15.3 个人知觉 ··· 285
15.3.1 知觉线索 ··· 285
15.3.2 对他人情绪的识别 ······································· 287
15.3.3 对他人人格的判断 ······································· 287
15.3.4 印象形成 ··· 288

15.4 自我调节 ··· 290
15.4.1 推理和决策的自我调节 ··································· 291
15.4.2 兴趣的自我调节 ··· 291
15.4.3 自我调节的个体差异 ····································· 292

15.5 社会认知偏差 ··· 292

15.6 归因 ··· 293
15.6.1 归因理论 ··· 293
15.6.2 自我归因 ··· 296
15.6.3 归因偏差 ··· 297
15.6.4 影响归因的因素 ··· 298

15.7 归因的影响 ··· 299

15.8 内隐社会认知 ··· 300

15.9 小结 ··· 302

思考题 ··· 303

参考文献 ·· 304

第 1 章 绪 论

认知科学（cognitive science）是研究人类认知过程、大脑和心智内在运行机制的一门学科，其研究内容包括从感觉的输入到复杂问题求解，从人类个体到人类社会的智能活动，以及人类智能和机器智能的性质（史忠植等，1990）。认知科学的兴起标志着对以人类为中心的智能活动的研究已进入新的阶段。认知科学的研究将使人类进一步了解自我和控制自我，把人的知识和智能提高到前所未有的高度。本章主要介绍认知科学的形成背景及其发展过程，讨论认知科学的研究对象和研究内容。

1.1 认知

认知（cognition）是个体认识客观世界的信息加工活动。感觉、知觉、记忆、想象、思维等认知活动按照一定的关系组成一定的功能系统，从而实现对个体认识活动的调节作用。在个体与环境的作用过程中，个体认知的功能系统不断发展，并趋于完善。

美国心理学家霍斯顿（T. P. Houston）等人将对认知的看法归纳为以下 5 种主要类型：
1）认知是信息的处理过程。
2）认知是心理上的符号运算。
3）认知是问题求解。
4）认知是思维。
5）认知是一组相关的活动，如知觉、记忆、思维、判断、推理、问题求解、学习、想象、概念形成、语言使用等。

认知心理学家多得（D. H. Dodd）认为，认知应包括 3 个方面，即适应、结构和过程。也就是说，认知是为了达到一定的目的，在一定的心理结构中进行的信息加工过程。

理解心智（mind）如何工作对于许多实践活动来说都是至关重要的：教育工作者需要了解学生思维活动的本质，以便寻求更好的方法来进行教学；工程师和其他设计人员则需要知道他们的用户在使用产品时是怎么想的；政治家和决策者们如果能理解与他们打交道的人们的心理过程，就将会取得更大的成功。人们每天都要完成各种各样的心理任务：在工作和学习中解决问题，对个人生活做出决定，对所知道的人的行为给予解释，以及获取各种新的知识。认知科学的主要目的就是解释人们是怎样完成各种各样的思维活动的。认知科学不仅要对各种问题求解，对学习的过程进行描述，还要说明心智是怎样执行这些过程的操作的。

作为研究人类心理的一门综合性学科的认知科学，与心理学的研究密切相关。心理学是一门研究人类和动物的心理现象（包括认知、情绪和动机、能力和人格 3 大方面）及其对行为的影响的科学。现代的科学心理学研究心理与大脑的相互影响，采取实证科学的研究方法，通过实验和观察来检验假设。心理学也研究在各种人类活动场景中心理学知识的应用，包括解决个人日常生活中的各种心理问题以及各种心理疾病的治疗。心理学研究的个人与社会环境有关，因此认知科学也与社会心理学有关。

从科学发展的历史来看，人类对其自身的研究要比对其周围事物的研究晚，科学心理学也是如此。心理学早期一直属于哲学的范畴，有人认为亚里士多德的《论灵魂》是最早的一部论述心理学思想的著作。正如德国心理学家艾宾浩斯（H. Ebbinghaus）所说：心理学有一个漫长的过去，却只有一个短暂的历史。科学心理学的开创，是19世纪中叶以后多方面研究的结果。到目前为止，心理学家不但经由科学研究获得了很多有关人类行为的重要知识，而且进一步把所得的知识用来解决很多人类行为问题。因此，现代的心理学不只是一门理论学科，而且也是一门实用学科。目前，心理学的原理与方法，已被广泛应用在社会、政治、教育、管理、军事、医学、商业等方面。

心理学的研究范围十分广泛，主要有心理过程和心理特征两个方面。心理过程指的是认知、情绪、意志等一系列的心理活动。而心理特征则是指诸如能力、气质与性格等。心理学有许多分支，各自研究人的生活中某个领域内的心理现象，或者心理现象的某一方面：普通心理学研究心理现象的一般规律；专门研究心理活动的不同过程和心理特征的不同方面的有感觉知觉心理学、记忆心理学、思维心理学、言语心理学、个性心理学、发展心理学、创造心理学等；研究不同主体的心理现象有儿童心理学、动物心理学、生理心理学、神经心理学、病理心理学等；研究社会不同领域内心理活动的规律，以提高有关方面的工作效率为主要任务的有社会心理学、政治心理学、教育心理学、军事心理学、管理心理学、商业心理学、医学心理学、艺术心理学、运动心理学等。

心理学发现规律是很困难的，这主要是由于研究对象本身的复杂性太高。我们所研究的人类机体总处于一定的环境之中，而且适应性很强，人的行为既取决于机体本身，同时又是适应环境的结果。所以我们只研究机体本身是不够的，还需要研究机体与周围环境的关系。即使是在同样的环境中不同的人也有不同的反应，人与人之间有个别差异，这就造成了研究结果的不确定性。

最近几十年来，复杂行为相关理论主要有3个派别：行为主义学派、格式塔心理学派和信息加工学派。各心理学派都想更好地认识人类机体是如何活动的，它们从各个不同方面研究行为，在方法学上强调的重点不一致。

行为主义学派强调客观的实验方法，要求对实验严格加以控制，它的方法是操作主义的，也就是说其结果能被别人重复。行为主义学派把复杂的心理现象简化为各个简单部分，并研究和比较简单的初级的现象，他们提出刺激—反应（S—R）公式，而不谈刺激和反应之间发生的过程，即不谈大脑中的活动。以方程式表示，即为

$$R = f(S) \tag{1-1}$$

式中，S代表刺激；R代表反应。反应是刺激的函数，个体反应因刺激的改变而改变。行为主义学派为科学心理学找到了适当的研究对象——行为，提出了方法论的重要性。行为主义学派是由美国人华生（J. B. Watson）于1913年前后创立的。华生是结构论最强烈的反对者，其早期研究多偏重于动物及婴儿的行为（动物与婴儿既不能内省，也无法陈述其经验的意识），因此他既扬弃了结构论者惯用的内省法（introspection），同时也改变了心理学研究的对象——放弃意识，专门从事对行为的研究。他认为只有行为才能成为科学研究的对象，也只有行为才能得到客观的观察和测量。对意识是不能做客观研究的，所以意识不在其研究的范围之内。结构论尊重意识，功能论兼顾意识与行为，行为主义重视行为，这是心理学研究

客观化的过程。

华生将行为分为两大类：外观行为和内隐行为。前者是指可由别人观测的一切活动，如说话、写字。后者是指不易被人观察，但可用仪器加以观察或测量的个体活动，如腺体分泌、内脏活动。他用内隐行为来解释很多通常不易观察的心理过程。例如，他认为思维是一种自己跟自己无声对话的过程。

格式塔（Gastalt）心理学是20世纪初德国一群实验心理学家开始的运动，开创先锋是韦特海默（M. Wertheimer）、考夫卡（K. Koffka）和柯勒（W. Kohler）。他们强调研究复杂的心理现象，而这些现象有时是很难用客观的术语和客观的方法加以描述的。格式塔心理学认为经验或行为的本身是不可分解的，每一经验或行为活动，都自成为一个特殊的形态，且有一定的特征或属性。一个经验或行为一旦被分解成若干部分，则该经验或行为原有形态和属性就消失了。换言之，全体形态和属性并不等于各部分之和。格式塔心理学认为在问题解决的复杂过程中，不仅靠简单地尝试错误，而且还要通过顿悟。在研究方法上，格式塔心理学主张内省法和客观法并用，主张主要研究知觉、思维和解决问题。

认知心理学用信息加工过程来解释人的复杂行为，它吸收了行为主义学派和格式塔心理学的有益成果。认知心理学也认为复杂的现象总是要分解成最基本的部分才能进行研究的。当给被试刺激时，被试要依靠头脑中的经验才能决定做出什么反应。所谓经验，包括机体的状态和记忆存储的内容。因此，刺激和被试当前的心理状态这二者共同决定着被试做出什么反应。认知心理学的产生，为认知科学的形成奠定了基础。

1.2 认知科学的兴起

对认知的探索由来已久。早在古希腊时代，柏拉图和亚里士多德等都曾对人的知识的性质和起源进行了探索，并且发表了有关记忆和思维的论述。他们的一些论点后来成为经验论与唯理论之间争论的焦点。

唯理论者笛卡儿（R. Descartes）很强调思维或理智的作用，他的名言是"我思，故我在"。经验论者洛克（J. Locke）提出了有名的白板论，他认为人的心理最初像一块白板，上面没有任何字迹，一切观念或认识都是从后天经验得来的。关于知识的性质，洛克认为知识是由外界事物作用于感官引起的，因而他肯定了知识的真理性在于它与外物契合；但是他又认为，思想的直接对象只是观念，他还把知识分成直觉的、解证的、感觉的3种，并且强调直觉的、解证的知识的确实性，这就使他的认识论又具有较多的理性主义倾向。

1879年，德国人冯特（W. Wundt）建立第一个心理学实验室，标志着把认知问题从思辨哲学的领域转移到实验研究园地。他主张用"内省法"即自我观察法去探讨意识的内容。冯特及其追随者们企图用内省法对意识的结构或构造进行分析研究，形成一个叫作"构造派"的心理学派。

1913年，美国心理学家华生发表了震动心理学界的论文"行为主义者眼中的心理学"，对冯特的心理学的整个体系和研究方法发出了猛烈的"攻击"。他断言，心理学中唯一确实的、站得住脚的材料是机体的行为。他认为意识既不是一个明确的也不是一个可以应用的概念，反对把思维作为特殊的心理活动来研究，认为思维只不过是无声的语言。把一切行为都归于刺激与反应的作用，以为有什么刺激就有什么反应。一切行为都是由环境决定的，把人视为动物一样时接受刺激做出反应的有机体。行为主义研究者的反心理主义立场使人们对思维、认识过程的研究几乎中断了 40 年之久。

行为主义研究者的客观决定论造成了当代心理学发展的危机。认知心理学最初是以反对行为主义的面目出现的。它的产生有其社会背景、思想背景、技术背景和方法论背景。图 1-1 给出了认知心理学产生的背景。

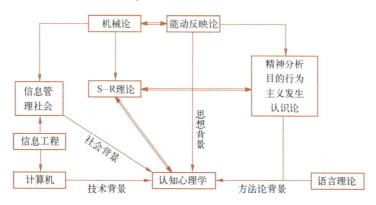

图 1-1 认知心理学产生的背景

（1）社会背景 第二次世界大战以后，约从 20 世纪 50 年代开始，科学、知识、智力在国际竞争中日益显示其重要性。信息革命使人类社会从工业社会转入信息社会（或叫知识社会、智力社会）。在信息社会中，认知、智力或思维的研究，越来越受到重视，成为信息社会中一种类似制度化的研究活动。

（2）思维背景 行为主义学派把人和人的心理看成是机械的、环境可以任意支配的个体及其反应，这是纯属机械论的观点。与此相反的是能动的反映论：人的认识不是对客观外界的消极的、被动的反映，而是在改造客观世界的过程中积极的、能动的反映。

（3）技术背景 给认知心理学以深刻影响的新的科学成果主要是信息论和计算机科学。信息论的问世，给了认知心理学一个重要的启示：可以把人看成是一个信息加工系统。人们对客观外界的知觉、记忆、思维等一系列认知过程，可以看成是对信息的产生、接收和传送的过程。信息论关心的是纯粹的信息量，而认知心理学除了研究人的信息容量外，还重视信息的质，即信息的结构本质。

计算机和人脑，两者的物质结构大不相同，一个是无生命的机器，一个是由约 1000 亿个神经元组成的活生生的活体。但是计算机的软件所表现的功能和人的认知过程却是类同的，即两者的工作原理是一致的，都是信息加工系统：输入信息，进行编码，存储记忆，做出决策，输出结果。由于计算机和人的认知过程在信息加工原理方面是一致的，因此就可以把计算机当成实验工具，检验信息加工模型，看其是否模拟了人的认知活动。由此可见，认知心理学是计算机和心理学结合的产物。

（4）方法论背景 20 世纪前半期，就人类的心理活动的理解曾提出三种模型：第一种是托尔曼（E. C. Tolman）的目的行为主义，将机体（Organization）加入行为主义原来的刺激-反应模型（即 S-R 模型），构成刺激-反应-机体（S-R-O）模型。第二种是弗洛伊德（S. Freud）的精神分析，指出人们的行动与心理因素有关的因果论；第三种是皮亚杰（J. Piaget）的发生认识论，是设想认知功能与外界的积极关系的模型，指出认知研究中功能观点的重要性。

人的心理活动可以通过语言表达。如何把丰富多义的语言变成计算机可以接受的符号信息？也就是说，如何编制能表达人的心理活动过程的计算机程序？这是能否实现用计算机模拟人的认知过程的关键。麻省理工学院的乔姆斯基（N. Chomsky）提出转换生成文法等，这些不仅是认知心理学分析语言的工具，而且为构造模型提供了有关实质的知识。

一般认为，"认知心理学"一词，是1967年美国心理学家奈瑟尔（U. Neisser）在他的《认知心理学》中首次正式提出来的。因此，心理学界公认他为"认知心理学之父"（NEISSER，1967）。

从20世纪50年代中期开始研究的人工智能，至今已取得很多有较高实用价值的成果。人工智能是相对于人的自然智能而言的，它的目标在于研制可以从功能上模拟人类智能的人工系统，即把人的某些智能赋予机器，让机器模拟和代替人的某些智能，所以人工智能也称为"机器智能"或"智能模拟"。智能机器具有运用知识解决问题的能力，因此人工智能和人的智能的确有相似之处，这就强有力地支持了把人看作是和计算机相似的信息加工系统的思想。这一思想最终导致了认知科学的产生。

希金斯（R. L. Higgins）于1973年开始使用"认知科学"一词。"认知科学"公开出现是在1975年鲍布罗（D. Bobrow）和柯林斯（A. Collins）合著的书中（BOBROW et al.，1975）。同年10月，心理学家皮亚杰和语言学家乔姆斯基在巴黎近郊展开了一场辩论。哈佛大学搜集了大家的发言，编辑成《语言和学习：皮亚杰和乔姆斯基的辩论》并出版。

1979年8月，在美国加利福尼亚州正式以认知科学的主题召开会议，邀请了不同学科的著名科学家，对认知科学的各方面进行了阐述。该会议决定成立美国认知科学学会（Cognitive Science Society），正式承认1977年创刊的"认知科学"期刊可作为学会的正式刊物。这些极大地推动了国际上认知科学的研究，正式确立认知科学为一门学科。1983年秋日本成立认知科学学会。我国于1984年8月7日至11日召开了思维科学学术讨论会。2013年1月18日，中国认知科学学会（Chinese Society for Cognitive Science）在北京正式成立。认知科学的兴起，引起了社会各界的兴趣和重视，推动了智能科学和新一代人工智能的发展。

1.3 认知科学的发展

几十年来，认知科学研究主流和研究思路，逐步从对心智具体问题的求解，演变为第一代、第二代不同风格的理论形态。20世纪70年代，纽厄尔（A. Newell）、西蒙（H. A. Simon）开创了物理符号计算理论，经普特南（H. Putnam）、马尔（D. Marr）、福多（J. A. Fodor）、派利夏恩（Z. Pylyshyn）等人的发展，以表征-计算为核心的心智计算理论（computational theory of mind，CTM）成为认知科学第一代纲领的基本内核。最重要的理论预设是：认知过程就是对我们周围世界的心理表征所进行的生成、转换和删除的心理操作，认知状态就是心理内部的表征关系，其中的关系、表征和操作都是计算的。与数字计算机类似，人脑心智系统就是一台计算机。1975年，福多（J. Fodor）提出思维语言假设后（FODOR，1975），CTM纲领演变为包含符号计算（digital computational theory of mind，DCTM）和连接计算（connectionist computational theory of mind，CCTM）的经典形式（HARNISH，2008）。然而表征-计算的机制不能解释人类生命和社会文化认知的丰富意义。

20世纪80年代之后,在德雷福斯(H. Dreyfus)和塞尔(J. Searle)等人对强人工智能激烈批判的刺激下,以涉身性(embodiment)观念为其理论特征的第二代认知科学纲领逐渐登上历史舞台。认知科学家加拉格尔(S. Gallagher)曾以涉身认知(embodied cognition)、嵌入认知(embeded cognition)、延展认知(extended cognition)和生成认知(enactive cognition)概括了纲领(有时称为"4EC"纲领)的核心理念(GALLAGHER,2005)。事实上涉身性纲领更多吸收了实用主义和现象学传统,以及社会心理学、生态心理学、复杂动力系统理论的思想,企图建立对于认知本质的统一理论。

狭义的涉身认知观念将身体作为认知的承载和调节的物理场所,特别强调身体运动系统的多模态感知对于认知的重要作用。广义的涉身性认知观念则在基础上强调,阐释认知的基本环节应当是大脑-身体-环境的耦合体,认知主体与环境进行积极主动的交互(刘晓力等,2020)。

现代认知科学由6个相关学科支撑:哲学、心理学、语言学、人类学、计算机科学、神经科学。这6大支撑学科对人类认知的研究首先形成了认知科学的6个核心分支学科。①认知哲学也称心智哲学,从人类心智过程(主要包括意识、思维、认识、推理和逻辑等)方面来研究认知。②认知心理学在早期研究信息的检测和加工、信息的获取和记忆,也被称为信息加工心理学;近年来,连接理论、多功能系统理论成为认知心理学的主要理论。③认知语言学是认知科学的重要基础学科,它经历了乔姆斯基理性主义和心理主义的第一代认知语言学,目前以拉柯夫(G. Lakoff)为代表的经验主义的第二代认知语言学正在改变认知科学的语言学基础。④认知人类学(cognitive anthropology)主要从文化和进化方面来研究不同文化对认知的影响。⑤计算机科学即人工智能,是认知科学最有成就的领域,但也面临新的挑战。人工智能需要向人类智能学习,并需要重新理解人类智能。⑥神经科学利用现代科学技术如计算机断层扫描术(CT)、正电子发射断层成像(PET)、核磁共振(NMR)、功能性磁共振成像(fMRI)等对脑认知的生理功能进行研究,提出了一系列崭新的认知科学理论。另一方面,6大支撑学科互相交叉,又产生许多新兴的交叉分支学科,如:①控制论;②神经语言学;③神经心理学;④认知过程仿真;⑤计算语言学;⑥心理语言学;⑦心理哲学;⑧语言哲学;⑨人类学语言学;⑩认知人类学;⑪脑进化。以上6大支撑学科、6个核心分支学科和11个交叉分支学科构成认知科学的学科体系。它们的关系如图1-2所示(PYLYSHYN,2003)。

21世纪初,美国国家科学基金会(NSF)和美国商务部(DOC)共同资助了一个雄心勃勃的计划——"提高人类素质的会聚技术"(Convergent Technology for Improving Human Performance),将纳米技术、生物技术、信息技术和认知科学看作21世纪四大前沿技术,并将认知科学视为最优先发展的领域,主张这四大技术融合发展,并描绘了这样的科学前景:会聚技术以认知科学为先导,因为一旦我们能够在如何(how)、为何(why)、何处(where)、何时(when)这4个层次上理解思维,

图1-2 认知科学相关学科关系图

就可以用纳米技术来制造它,用生物技术来实现它,最后用信息技术来操纵和控制它,使它

工作。这将给人类社会带来巨大影响。在 2007 年开始执行的欧盟"第七框架计划"中，提出进一步增加对大脑研究的投入。

认知科学的发展得到国际科技界，尤其是发达国家政府的高度重视和大规模支持。认知科学研究是"国际人类前沿科学计划"的重点之一。认知科学及其信息处理方面的研究被列为整个计划的三大部分之一（其余两部分是"物质和能量的转换""支撑技术"）；"知觉和认知""运动和行为""记忆和学习"和"语言和思考"被列为人类前沿科学的 12 大焦点问题中的 4 个。近年来，美国推出"盟脑计划"欧盟推出"人脑计划"。日本则推出雄心勃勃的"脑科学时代"计划，总预算高达 200 亿美元。在"脑科学时代"计划中：脑的认知功能及其信息处理的研究是重中之重；包括知觉、注意、记忆、动作、语言、推理和思考、意识乃至情感动机在内的各个层次和各个方面的人类认知和智力活动都被列为研究的重点；将认知科学和信息科学相结合研究新型计算机和智能系统也被列为该计划的三个方面之一。美国海军支持认知科学的规划——"认知科学基础规划"已有 20 多年的历史。"认知科学基础规划"的基本目标包括五个方面：①确定人类的认知构造；②提供知识和技能的准确的认知结构特性；③发展复杂学习的理论、解释获得知识的结构和复杂认知处理的过程；④提供指导性理论以刻画如何帮助和优化学习过程；⑤利用人类行为的计算模型，为建立有效的人-系统交互作用的认知工程奠定科学基础。

目前世界上最有影响力的认知科学研究机构有美国加州大学圣地亚哥分校的认知科学系、加大学伯克利分校的认知科学研究所、麻省理工学院的脑与认知科学系、布朗大学的认知和语言科学系、英国医学研究理事会的认知与脑科学所等。考查这些著名研究机构的研究情况，就可以对当前认知科学的发展现状有所了解。

加利福尼亚大学圣地亚哥分校的认知科学系主要从事以下 3 个领域的研究工作。

1）脑：强调对神经生物学过程和现象的理解。

2）行为：注重心理学、语言学和社会文化环境的研究。

3）计算：结合计算机制的研究，考查各种认知能力及其限制。该系既进行实验室控制情景下的认知研究，也进行日常生活中自然情景下的认知研究，并对两类情景下的认知活动建模。

加利福尼亚大学伯克利分校的认知科学研究所研究实际生活中的认知活动，并试图对这些活动给予理论上的说明。近年来，该所研究人员提出了许多有特色的认知理论，例如：莱考夫（G. Lakoff）等人的原型范畴理论和心象图式，菲尔墨（C. J. Fillmore）等人的格语法和构造语法，斯洛宾（D. Slobin）的语言获取的操作法则，费尔德曼（R. S. Feldman）的整体平行联结网络。这些理论在认知科学研究领域产生了广泛的影响。

麻省理工学院的脑与认知科学系有以下 5 个重点研究领域。

1）分子和细胞神经领域。

2）系统神经科学领域，研究问题包括感觉刺激的转换和编码、感觉运动系统的组织、脑与行为的循环交互作用等。

3）认知科学领域，主要研究心理语言学、知觉和认知、概念和推理以及儿童认知能力的发展等。

4）计算领域，主要研究机器人技术和运动控制、视觉、神经网络学习、基于知识的知觉和推理。

5）认知神经科学领域。麻省理工学院已将神经科学和认知科学列为该院今后10~20年发展的重要研究领域，目标是要使该院的脑与认知科学系在神经科学和认知科学领域占据领导地位。

布朗大学的认知和语言科学系是美国最早建立的认知科学系之一。该系的教授有着不同的学科背景，分别来自应用数学、计算机科学、神经科学和心理学等学科。视觉和言语是该系的主要研究领域。视觉研究组可以同时采用计算、心理学和生态学三种研究方法对知觉和行动进行研究；言语组则同时从实验、发展、神经语言学和进化的观点来研究言语知觉。

英国医学研究理事会的认知与脑科学所有以下4个研究方向。

1）注意：主要研究选择性注意的基本过程和这些过程依赖的分布式脑系统。
2）认知和情绪：主要研究唤起和调节情绪的基本认知和神经过程的性质。
3）语言和交流：把人类语言看作是一个认知、计算和神经的复杂系统来进行研究。
4）记忆和知识：主要从事记忆的理论与临床研究。

我国对认知科学的研究也很重视，已建立了若干个与认知科学和智能信息处理密切相关的国家重点实验室和一批省部级重点实验室，组建起了包括若干知名院士和一批优秀中青年科学家在内的研究队伍。我国相关实验室的软硬件装备条件已接近或达到世界先进水平。我国在认知科学和智能信息处理方面的整体研究实力正在迅速提升，并在世界上已具有一定影响。2005年国家科技部批准成立了两个与认知科学有关的国家重点实验室：一个是脑与认知科学国家重点实验室，依托单位是中科院生物物理研究所；另一个是认知神经科学与学习国家重点实验室，依托单位是北京师范大学。

2017年12月，科技部批准依托科大讯飞股份有限公司建设认知智能国家重点实验室，推动在全球范围内进一步整合认知智能领域的源头核心技术、科技人才和行业数据资源，助力我国认知智能的技术和产业走向世界前列。该实验室始终坚持在深度学习、语法和语义分析、知识图谱及其自动构建算法、常识推理、机器阅读理解、知识问答、知识表示和推理等认知智能核心算法上突破现有技术瓶颈。目标是通过本实验室引领和支撑本领域企业核心技术研究成果在实践中接受广泛的检验，特别是在人机交互、教育、医疗、司法等领域取得突破性进展，在国际领先的原始创新基础上，以技术创新和应用创新为人工智能产业的快速增长提供核心动力。

我国认知科学界已建立了广泛和实质性的国际合作与交流。脑与认知科学国家重点实验室的研究得到了"国际人类前沿科学计划"的资助。中科院自动化所模式识别国家重点实验室在我国和法国政府的支持下，建立了中法联合实验室。

1.4 认知科学的研究内容

概念是反映客观事物本质属性的思维形式，它是灵活性与确定性的辩证统一。客观物质世界是发展变化的，因而反映客观世界的概念也是发展变化的。社会实践和科学的发展，使得反映它的概念也是发展的、灵活的。认知也是一样，这个概念在不断发展变化。根据目前的认识，可以认为认知是一个总称，是指认知所包括的从知觉到推理的一切过程，而心智是它的核心。

认知科学是一门正在形成的新兴学科。诺曼（D. A. Norman）在"什么是认知科学?"

一文中指出（NORMAN，1981），认知科学是心的科学、智能的科学、思维的科学，并且是关于知识及其应用的科学。认知科学是为了探索、了解认知，包括真实的和抽象的、人类的或机器的，其目的是了解智能、认知行为的原理，以便更好地了解人的心理，了解教育和学习，了解智力的能力，开发智能设备，扩充人的能力。

西蒙主张认知科学是探究、了解智能系统和智能性质的学科。智能系统既包括人也包括机器。他在"认知科学：一门最新的人工科学"一文中指出：直到最近，智能的提法经常与脑和心理联系在一起，特别与人的心理联系在一起；但是，人工智能和人类思维计算机模拟研究的程序，已经教会我们怎样建造智能系统，以及如何从人脑的硬件中抽取智能行为的必需品和标志（SIMON，1980）。

认知科学是研究心智和智能的交叉学科，是现代心理学、人工智能、神经科学、语言学、人类学乃至自然哲学等学科交叉发展的结果。认知科学的研究目的就是要说明和解释人在完成认知活动时是如何进行信息加工的。

认知科学涉及的问题非常广泛，本书重点讨论下列 14 个问题：①神经生理基础；②表征；③视觉；④听觉；⑤认知语言；⑥学习；⑦记忆；⑧思维；⑨智力发育；⑩情绪；⑪意识；⑫认知模型；⑬认知模拟；⑭社会认知。

在认知科学的发展历程中，共出现过 4 种理论体系：

1）物理符号论。这是人工智能的认知科学理论，该理论把认知过程看作是对来自外部输入的物理符号的处理过程。

2）联结理论。联结理论开始于 20 世纪 40 年代的人工神经网络研究，在沉寂了近 40 年后，于 20 世纪 80 年代中期再度兴起。该理论认为，认知活动的机制基于神经元间连接强度的不断变化，它对信息进行着平行分布式处理。这种联结与处理是连续变化的模拟计算，不同于人工智能物理符号的计算。

3）模块论。受计算机编程和硬件模块的启发，福多（J. A. Fodor）于 1983 年提出认知功能的模块模型，认为人脑在结构和功能上都是由高度专门化并相对独立的模块组成的，这些模块复杂而巧妙的结合，是实现复杂精细认知功能的基础。20 世纪 80 年代末和 90 年代初，模块论已发展为多功能系统理论，特别是在记忆研究中得到了较多学科的支持。

4）生态现实论。1993 年初，认知科学界掀起了环境作用（situation action）论和物理符号论的大论战，一批年轻的心理学家向人工智能大师西蒙提出了挑战。环境作用的观点认为认知取决于环境，发生在个体与环境的交互作用之中，而不是简单发生在每个人的头脑之中的。

1.5　认知科学的研究方法

认知科学对于认知现象的研究，按方法论大体可归结为 3 种：认知内在主义方法、认知外在主义方法和认知语境主义方法。

1.5.1　认知内在主义方法

认知内在主义方法是指从心智内在因素的关联中研究认知问题，不考虑外在因素对心智的影响的方法论。认知内在主义主要有 4 种：来自物理学的还原主义，来自计算机科学的功能主义,来自现象学的内省主义或直觉主义,来自人工智能的认知主义(cognitivism)。

1. 还原主义

还原主义主张事物的高层性质、功能可归结为低层的性质、功能,并用低层现象说明高层现象。还原主义反映在认知上就是认知还原主义或生理还原主义。认知还原主义认为心理过程可以还原为脑过程,心脑是同一的。其主要证据是脑科学的研究,如脑损伤或药物会影响人的思维、意识、气质、情感等,这说明脑的生理过程是心理过程的基础。还原主义突出地表现为极端的语言物理主义,卡尔纳普(P. R. Carnap)是这方面的代表。他主张用物理语言说明心理现象,在他看来,每一个心理语句都可用物理学语言表述,物理学语言是普遍的,是"统一科学"的语言基础。他企图用单一的物理学语言代替语言的多元性,消除语言差异造成的分歧。受语言物理主义的影响,物理主义在认知问题上又表现为记号物理主义(token physicalism)和类型物理主义(type physicalism)。前者认为一个精神状态的每个记号等同于一个物理状态;后者认为精神状态类型等同于物理状态类型,而且每一个心理性质等同于一个物理性质。这种修正了的物理主义认为心理的概念与生理的概念以及物理的概念具有同构对应性关系。这种同构对应性不是逻辑上的,而是经验上的。事实上,认知还原主义对心脑同一性的解释无论在理论上还是实践上都遇到了很大困难,因为心理的超物质性从生理和物理方面难以找到一一对应关系,因此遭到行为主义和功能主义的反对,还原主义对心脑同一性的追求从还原主义开始,又最后否定了还原主义。

2. 功能主义

功能主义(functionism)立足于功能角度,强调心理活动的功能表现,认为心智是机体与环境之间的中介,心理上的因果关系就是一种功能关系。功能主义是某种形式的实证主义,主张功能即解决问题,功能表现于解决问题的语境中。它强调功能分析方法,认为可以从心理事件之间的功能关系来研究心理现象,认为智能的功能就是机体对环境的适应。功能主义可分为本体论功能主义、功能分析主义、计算表征功能主义和意向论功能主义。

本体论功能主义把精神状态表征为抽象的功能状态,把对心理学的关注,放在一个从大脑的神经生理结构的细节中抽象出来的层次上,支持了心理学的自主性主张。这种功能主义的具体表现形式是图灵机功能主义(或计算机功能主义),它把精神状态等同于图灵机的机器表征状态。其困难之一是不能说明精神状态的生成性。普特南在20世纪60年代发表了一系列文章,阐述了自己的计算机功能主义观点。他认为心理状态必须用一个心理状态与另一个心理状态之间的功能关系来解释,而不用什么特殊的物质载体来解释,就像计算机的行为不能用其物理化学性质来解释,而只能由计算机程序来解释一样。功能主义的核心概念是"功能同构"(functional isomorphism),其含义是如果两个系统保持对应的功能,这两个系统就是功能同构的。其难点在于说明心理或计算机功能描述与物理化学描述的区别。显然,普特南的功能主义是基于心理(思维)与计算机(计算)的类比的。在方法论上,他认为他的功能主义有两个优点:一是将心理状态与功能状态同一起来,从而避免了还原主义在理论上所遇到的困难;二是功能状态的出现总是与机体的功能组织某一部分的输入和输出有关的,因而能为行为提供解释,从而避免了从外部倾向推论内部状态的行为主义所遇到的困难。

严格来讲,功能分析方法是一种寻求说明的研究策略,它将一个系统分成若干部分,然后按照各部分的能力及它们之间整合的方式来说明整个系统的功能。从这种意义上看,功能分析方法仍是一种还原主义的方法论。

计算表征功能主义是一种心智操作主义，它将心理认知过程看作一个计算表征过程，通过逻辑、类比、表象等算法程序来进行认知与思维。这种功能主义过于僵化，忽视了心智的非理性的因素。

意向论功能主义主要是丹尼特（D. C. Dennett）的功能主义，他把意向性引入功能主义，从意向层次研究意识，发展了功能主义。意向性即指向他物的属性，使一事物区别于他物。丹尼特认为是否具有意向性是区别意识功能状态与其他功能状态的标志。但随之而来的问题是：人是意向系统，计算机也是意向系统，二者的区别是什么？意向论功能主义并未做出回答。

3. 内省主义或直觉主义

内省主义或直觉主义是研究认知的一个传统的心理学理论，胡塞尔（E. Husserl）的现象学是这一方法的代表。现象学是以内省法或内在审察法研究纯粹意识的一门学问，胡塞尔把他的现象学规定为"回到事物本身"，即以理智的直觉来看待事物，表现出明显的自然主义倾向。他把意向性作为意识的本质特征，认为认知是意向性的，即指向某物的，这无疑是正确的；但内省主义或直觉主义夸大了心智的能动作用，认为外部事物对于心智只是消极的适应，这样就会产生一个问题，如果认知是心智的直觉，直接指向外部事物，那么心智是如何产生的？外部事物对心智的产生起什么作用？要回答心智的产生问题，恐怕又要回到乔姆斯基的天赋论和皮亚杰的建构论，这两种观点仍在争论着。

4. 认知主义

认知主义的核心思想是认知的信息加工理论，西蒙和明斯基是认知主义的代表。其中心命题就是智能行为可以由内在的认知过程（对人来说就是理性思维过程）来解释。它将心智与计算机相类比，把认知过程理解为信息加工、处理、同化的过程，把一切智能系统理解为物理符号运算系统。这种研究方法汲取了控制论、信息论和系统论的精华，又兼顾了内省主义和行为主义的长处，使人们能从环境到心智，又从心智到环境的信息流中来分析问题，使心智问题研究具有实验上的严格性和理论上的一贯性的特点。但其机械性的缺陷也十分明显，心智是极其复杂的，人类的信息加工与机器的信息加工方式根本不同，譬如人具有在语境中灵活地处理歧义的能力，机器则要求不受语境约束的精确性，即要求意义与语境无关。这种明显的矛盾是认知主义最大的困惑。

1.5.2 认知外在主义方法

认知外在主义方法是指从心智之外的行为、文化等因素来解释心智的功能的方法论。外在主义主要有两种：来自心理学的行为主义和来自人类学的文化主义。

1. 行为主义

与心灵主义来自内省、注重内省分析相反，古典行为主义诉诸人的可观察行为，用"刺激-反应"来解释人的行为，而否认任何心理的活动，这种完全否认心灵的内在活动、过分强调刺激-反应的支配作用的方法肯定是行不通的，它忽略了人的主观能动性对环境的反作用以及意志的自我调整作用，夸大了外部环境的决定作用。华生是古典行为主义的代表。以斯金纳（B. F. Skinner）为代表的新行为主义受操作主义的影响，把心理活动等同于行为本身的一组操作，认为用科学的操作来规定心理学上的一些术语的意义，可以减少无谓的争论，有助于将心理学建立在客观的实验操作的基础上。新行为主义虽不否认心理活动，但将其看作是行为的操作，用外部观察的简单行为代替了丰富的心理活动，排斥了整体的心理的内在意义、目的和动机。

2. 文化主义

人类学的中心概念是"文化"。人类学家一直关注着认知的文化方面。文化主义认为，认知是一种文化现象，人的智力在几千年中几乎没有发展，认知的发展是借助于文化的结果。怀特（L. A. White）、李克特（M. N. Richter Jr.）是文化主义的代表。怀特认为人类全部文化（包括科学）都依赖于符号，文化而不是社会才是人类与众不同的特性，文化对于科学较之社会对于科学有更直接和更重要的作用。怀特给出一个文化传统、智力因素和科学知识关系的公式：$C \times B = P$，C 代表传统文化，B 代表智力因素，P 代表发明与发现的概率。他认为在人类相当长的历史中 B 基本上是个常量，由此认为是文化决定了发明与发现的概率。一种发现与发明是已经存在的文化要素的综合或是将一种新的要素吸收到一种文化系统中。也就是说，发现与发明是由文化决定的。李克特把科学定义为过程，认为科学是个体的认知发展在文化上的对应物、传统文化知识的一种生长物、文化发展的一种认知形式。因此，他从文化、认知、发展三个方面理解科学，认为：科学发展的方向类似于个体的认知的发展方向，科学发展的起始点是传统的文化知识，科学发展的结构一般类似于进化过程的结构，特别是类似于文化进化过程的结构，科学是一个从个体层次向文化层次的认知发展的延伸，是一个传统文化知识之上的发展生长物，而且是一个文化进化的特殊的认知变异体和延伸。文化主义夸大了文化对认知的作用，忽视了心理的认知的内在因素。在文化主义者看来，心理活动是消极地适应文化的，是在文化的推动下被动地发展的。其缺陷在于：其一，文化完全是心智的创造物，把文化本身等同于认知现象；其二，夸大了文化对认知的决定作用。我们认为文化只对心智起影响作用，而不起决定作用，即心理是认知的内因，文化只是外因。

1.5.3 认知语境主义方法

认知语境主义方法是指从心智的内在和外在因素整合上认识心智的方法论，即认知多因素的整合，表现为认知内在主义方法和认知外在主义方法的整合。它主要有 3 种：联结主义、双透视主义、心智的计算-表征理解方法。

1. 联结主义

来自脑科学的联结主义（connectionism）主张简单的类神经元结构之间连接的重要性，认为认知是相互连接的神经元的相互作用。认知过程就在于神经网络从初始状态到最后完成的稳定状态，这个动态过程被认为是认知能力。这本质上是一种内在语境论思想，也称为神经网络或并行分布处理，旨在探讨认知的微观结构。目前联结主义的认知模型有多种，如局部式模型和分布式模型，都可实现"并行约束满足"，即同时满足多个约束条件，并行的含义是指结构上的并行神经联结，算法上的并行计算和功能上的并行信息处理。联结主义强调了认知的内在整体机制，而忽略了认知发生的外在因素，因为大脑神经元的连接看起来是大脑整体的功能，但大脑与外界环境不是彼此孤立的。联结主义如果能把认知的外在因素考虑进去，就是完整的语境主义方法。

2. 双透视主义

来自系统哲学的双透视主义（biprespectivism）是拉兹洛（Ervin Laszlo）研究心脑同一

性问题的方法。他认为心灵事件和物理事件虽然性质不同，但相互关联，具有同一性，构成了一个自然-认知系统（心理-物理系统）。他认为心灵事件系统（即认知系统）和物理事件系统（即自然系统）既能够从内部观察也能够从外部观察，它们构成的系统不是二元论的，也不是还原论的，而是双透视的，它是单一的、自治的事件系统，从内外两种视角出发都是可观察的。譬如认知系统，当它"生存着"，它就是认知系统，从另外的观点看它又是自然系统。系统内的物理事件组和心灵事件组是相互关联的，由它们组成的系统是同一的。这种方法只强调认知系统和自然系统的同一性，而忽视了认知的本质是探索意义。

3. 心智的计算-表征理解方法

萨伽德（P. Thagard）认为，认知科学的中心假设是：对思维最恰当的理解是将其视为心智中的表征结构以及在这些结构上进行操作的计算程序（THAGARD，1999）。萨伽德把这种基于中心假设对心智的理解方式称作心智的计算-表征理解方法（computational-representational-understanding of mind，CRUM）。逻辑、规则、概念、表象、案例和联结是其心理表征形式，演绎、搜索、匹配、循环和恢复是其计算程序。认知科学中的种种理论都假设心智具有心理表征特性，类似于计算机数据结构，而计算程序类似于算法。也就是说，心理表征就是计算机数据结构，心智的计算程序就是算法，而思维过程就是运行程序。CRUM虽然对问题求解、学习和语言的本质等心智现象做了很好的解释，但其机械性的缺陷也是十分明显的，它忽视了思维关键性的方面（如意识、情绪和经验），也忽视了物质环境、社会环境对心智的影响。萨伽德主张对CRUM进行生物学、动力学、意识经验、社会性和文化性因素的整合，将CRUM语境化。在哲学上，他主张二元论、唯物论、还原式唯物主义和排除式唯物主义的整合，形成综合式唯物主义，即主张计算、神经生物学和意识经验的理论综合。萨伽德把认知科学看作是一个认知互动、社会互动和物理互动的复杂系统，这实际上就是对科学认知过程的语境化。他给出的科学认知过程的语境化如图1-3所示。

图1-3　科学认知过程的语境化

1.6　认知科学的实验技术

认知科学家从多种渠道获得关于大脑结构与功能、构建哪些区域以及何时发生某些认知活动的重要信息。这些信息使人们能判定在被试完成某一认知任务时，脑的不同区域的活动顺序，也使人们能判定两个任务是否以同样的方式牵涉相同的大脑区域，或者判断二者之间是否存在重要区别。这些在理论上是非常重要的。这里简单介绍认知科学常用的实验技术。

1.6.1　单细胞记录

单细胞记录（single-unitrecording）是40多年前发展出来的一项记录单个神经元活动的精细技术。直径约为万分之一毫米的微电极被插进动物大脑，以获得细胞膜外电位记录。一个立体定位装置被用来固定动物的位置以及帮助确定电极在三维空间的准确位置。单细胞记录是一项灵敏度非常高的技术，百万分之一伏特的电压都可能被检测到。

这一技术最为著名的应用是休伯尔（D. H. Hubel）和维厄瑟尔（T. N. Wiesel）对视觉的研究（HUBEL et al.，1962）。他们用猫和猴子作为被试研究了基本视觉过程的神经生理学机制。休伯尔和维厄瑟尔发现在初级视觉皮质中存在一些简单和复杂的细胞，以及众多更为复杂的细胞。这些细胞均对某一特定朝向的直线条做出最大反应。

单细胞记录技术在提供脑功能在神经元水平上的具体活动信息方面非常有效，相对其他技术而言更加精细一些。这一技术的另一优势是关于神经元活动的信息可在一个非常广泛的时间范围内（从几毫秒到几小时或几天）采集。该技术的主要局限是由于需穿透神经组织，所以当运用于人类时不太受欢迎。另一个局限是它只能提供神经元水平的活动信息。

1.6.2　正电子发射断层成像

正电子发射断层成像（positron emission tomography，PET）是根据对正电子的检测而获得有关大脑活动的信息的。正电子是由某些放射性物质释放的一种微粒子。带有放射性标记的液体被注射进体内，并迅速聚集在大脑的血管中；当部分皮质兴奋时，带有放射性标记的液体就迅速移向兴奋处；接着一个扫描装置测量带有放射性标记的液体所产生的正电子数量；然后，再由计算机把这一信息转换成代表大脑不同区域兴奋水平的图像。向人体注射放射性物质听起来很危险，而事实上其放射性是非常微弱的。

PET的主要优点之一是具有较高的空间分辨率（可达 3~4 mm）。这一技术具有广泛的用途，可用来确定多种认知活动的大脑兴奋区域。PET也存在许多局限：

1）其时间分辨率很低。PET测定的是 60 s 或更长时段的每一大脑区域的活动量，因而也就不能显示伴随大多数认知过程而发生的迅速变化。

2）PET只能间接测量有关的神经活动。

3）这是一项侵袭性技术，即实验者需要向被试注射放射性同位素标记液。

4）研究者很难对根据减法逻辑获得的证据予以充分解释。例如：研究者可假设提取情景记忆相较于其他记忆成分并未引起大脑某些特定区域的活动；可从另一角度来说，被试也可能在提取情景记忆时的动机相较于提取其他记忆时的动机会更强一些。这样一来，大脑的某些活动可能是反映了动机系统而不是记忆系统的活动。

1.6.3　磁共振成像

磁共振成像（magnetic resonance imaging，MRI）的原理是利用电磁场去兴奋大脑中的原子，这一过程所导致的磁场变化被一台环绕被试的 11 t 重的磁体所检测，这些变化进而由一台计算机处理成一幅非常精确的三维图像。MRI扫描因可进行多角度检测，而被用来检测大脑中非常细小的肿瘤。当然，仅从这一点来说，它只能发现大脑的结构性特点，在功能方面还无能为力。

MRI技术已经被用来测量大脑的活动以提供功能磁共振成像（functional magnetic resonance imaging，fMRI）。局部神经元兴奋将引起所在区域血流量的增加，而血液中含有氧和葡萄糖；血红蛋白所携带的氧的含量影响了血红蛋白的磁场特性，fMRI能检测到大脑的功能性氧消耗变化情况，由此能清晰地显示兴奋高活动量区域的三维图像。fMRI比PET具有更高的时间和空间分辨率，因而也更为有效。然而它同PET技术一样，也是采用减法逻辑的，即把控制状态或某一状态从实验状态中减去的方法。

fMRI 相比其他几项技术具有如下优点：

1) 除了被试偶尔因不适应相对狭小的机身环境出现幽闭恐惧症状以外，这一技术是相当安全的，至今未见任何生物性危害报告。

2) fMRI 能提供有关结构和功能两方面的信息。这就能保证对每一被试的功能区进行精确的解剖定位。空间分辨率也相当高，达 1~2 mm。

fMRI 的一个缺陷是它只能对神经活动进行间接测量。该技术的另一缺陷是其较低的时间分辨率（数秒钟），因而它不能追寻认知活动的时间轨迹。当然，像 PET 一样，它也依赖于减法逻辑，而这一减法范式可能并不能精确评定实验条件下大脑的活动水平。

1.6.4 脑磁图

脑磁图（magneto-encephalography，MEG）技术运用一个超导量子干扰装置来测量脑电活动的磁场变化。已有证据表明 MEG 可被认为是对大脑神经活动的直接测量。MEG 对神经活动的测量精度很高，部分是因为脑颅对磁场实际上不存在任何阻碍。磁场并不受脑组织的干扰也是 MEG 相对测量脑电活动的脑电图的一个优点。

MEG 具有以下优点：第一，磁场信号相对直接地反映了神经活动的变化，相比而言，PET 和 fMRI 信号只反映血流量的变化（一般认为血流量的变化能反映神经活动水平）；第二，MEG 能提供有关认知过程的相当具体的时间信息，时间分辨率达毫秒级，这一特点使其能分辨出大脑皮质兴奋的先后顺序。

MEG 也存在重大缺陷。大脑进行认知活动时所产生的磁场强度仅为地磁的一亿分之一和环绕头顶的通电导线的百万分之一，因而也很难排除在测量大脑活动时无关磁场的干扰。超导特性要求周围温度接近绝对零度（−273℃），这也就意味着超导量子干扰装置需浸泡在比绝对零度高 4℃的液态氦中。上述两个问题都已基本或完全解决。目前 MEG 面临的最大问题是它不能提供结构或解剖信息。因此，研究者可把 MRI 和 MEG 结合使用以获得大脑兴奋区的定位数据。

1.6.5 脑电图

脑电图（electroencephalogram，EEG）是通过在头皮表面记录大脑内部的电活动情况而获得的。大脑内部非常微小的电变化都能被置于头皮表面的电极记录到。这些变化可通过示波器来显示。EEG 的关键问题是脑电活动的自发性或大量的背景活动阻碍了对刺激引起的信息加工活动的记录。这一问题的解决办法是多次呈现相同刺激。随后，每一刺激呈现后的 EEG 片段被抽取出来，并根据刺激的触发时间加以排列。把这些 EEG 片段叠加后平均就获得一个单一波形。这样一来，我们就从 EEG 记录中获得了事件相关电位，从而允许我们把刺激的效应从背景活动中分离出来。事件相关电位在评估某些认知活动的时间特点方面尤为有效。

相对于其他技术而言，事件相关电位可提供关于大脑活动的更具体的时间信息，同时也有非常广泛的临床用途，如对多发性硬化症的诊断就是一个例子。然而，事件相关电位并不能提供关于脑功能定位方面的精确信息：部分是因为脑颅和大脑组织干扰了来自大脑内部的电场所引起的；进一步说，事件相关电位只有在刺激非常简单且所给任务（如目标检测）

只涉及基本过程时才更有说服力。由于这些限制（包括一个刺激需呈现多次的实验范式），因此事件相关电位技术不宜研究形式复杂的认知活动，如问题解决和推理等。

1.7 认知科学的未来方向

图灵的计算模型，回答了"什么是计算"的问题，奠定了整个计算机科学的基础。香农（C. E. Shannon）的通信数学原理，回答了"什么是信息"的问题，奠定了现代信息论的基础。陈霖总结近40年从事认知科学研究的经验，认为发展新一代人工智能的核心基础理论问题是"认知和计算的关系"（陈霖，2018）。认知和计算的关系可以进一步具体化为以下4个方面的关系：

1）认知的基本单元和计算的基本单元的关系。认知科学的大量实验事实表明，认知的基本单元不是计算的符号，不是信息的比特，而是一种整体性的"组块"（chunk）。

2）认知神经表达的解剖结构和人工智能计算的体系结构的关系。大脑是由专门负责某种认知功能、结构和功能相对独立和分离的多个脑区组成的。这样的模块性结构，与通用计算机的中心处理器和统一记忆存储器的计算体系结构是不相同的。

3）认知涌现的特有精神活动现象和计算涌现的特有信息处理现象的关系。认知科学研究智力的产生，就是要揭示人类认知世界涌现的特有的现象。正如麦克莱兰（J. L. McClelland）认为人类认知最伟大的主要成就是认知涌现的现象，理解认知的涌现是对符号处理的认知计算理论的深远的挑战。

4）认知的数学基础和计算的数学基础的关系。各个认知层次（包括知觉、注意、学习、记忆、数的认知、发展和进化、情绪、意识）的实验，一致支持"大范围首先"的认知基本单元的拓扑学定义。目前流行的基于计算概念的理论数学，不能令人满意地解释诸多亟待解释的基本认知现象，如"大范围首先"、不变性的直接知觉、认知偏向、意识涌现及拓扑性质分辨等。应发展适合描述认知的新的数学框架（包括"大范围首先"的数学基础）。

智能科学研究智能的本质和实现技术。由脑科学、认知科学、人工智能等学科构成的智能科学交叉学科研究，将会极大地推进认知科学的发展。脑科学从分子水平、细胞水平、行为水平研究人脑智能机理，建立人脑模型，揭示人脑的本质。认知科学是研究人类感知、学习、记忆、思维、意识等人脑心智活动过程的学科，在认知心理的层次来理解空前丰富的生物学层次的数据。人工智能研究用人工的方法和技术，模仿、延伸和扩展人的智能，实现机器智能。三门学科共同研究，探索智能科学的新概念、新理论、新方法，必将在21世纪共创辉煌（史忠植，2019）。

21世纪，人类将在认知科学领域取得突破性进展，这是极大的机遇和挑战。我们要开拓创新，研究人类智能的本质和规律，探索人类的智力如何由物质产生以及人脑信息处理的过程，在认知科学的层次来理解空前丰富的生物学数据。

1.8 小结

认知科学研究人类感知和思维信息处理的过程，研究内容包括从感觉的输入到复杂问题求解，从人类个体到人类社会的智能活动，以及人类智能和机器智能的性质。认知科学的主要目的是解释人们是怎样完成各种各样的思维活动的。认知科学不仅要对各种问题求解和学习的过程进行描述，还要说明心智是怎样执行这些过程的操作的。

几十年来，认知科学研究主流和研究进路，逐步从对心智具体问题的求解，演变为第一代、第二代不同风格的理论形态。以表征-计算为核心的心智计算理论成为认知科学第一代纲领的基本内核。第二代认知科学纲领以涉身认知、嵌入认知、延展认知和生成认知来概括其核心理念，有时称为"4EC"纲领。

认知科学对于认知现象的研究，按方法论大体可归结为3种：认知内在主义方法、认知外在主义方法和认知语境主义方法。认知科学的实验技术包括单细胞记录、正电子发射断层成像、磁共振成像、脑磁图、脑电图等。

认知科学要研究认知和计算的关系，这也是发展新一代人工智能的核心基础理论问题。认知和计算的关系可以具体化为：认知的基本单元和计算的基本单元的关系、认知神经表达的解剖结构和人工智能计算的体系结构的关系、认知涌现的特有精神活动现象和计算涌现的特有信息处理现象的关系、认知的数学基础和计算的数学基础的关系。

思考题

1-1 什么是认知？什么是认知科学？

1-2 阐述表征-计算为核心的心智计算理论的基本思想。

1-3 为什么认知的基本环节应当是大脑-身体-环境的耦合体？

1-4 概述认知科学的实验技术。

1-5 为什么认知和计算的关系是发展新一代人工智能的核心基础理论问题？它包括哪些内容？

第 2 章 脑认知的神经基础

人脑是世界上最复杂的物质，它是人类智能与高级精神活动的生理基础。脑是人类认识世界的器官，要研究人类的认知过程和智能机理，就必须了解脑的高度复杂而有序的物质的生理机制。脑科学和神经科学从分子水平、细胞水平、行为水平研究自然智能机理，建立脑模型，揭示人脑的本质，极大地促进智能科学的发展。神经生理学及神经解剖学是神经科学的两大基石。神经解剖学介绍神经系统的构造，神经生理学则介绍神经系统的功能。本章主要介绍智能科学的神经生理基础。

2.1 脑系统

人脑由前脑、中脑、后脑所组成（见图 2-1）。脑的各部分承担着不同的功能，并有层次上的差别。脑的任何部分都与大脑皮质有联系，通过这种联系，把来自各处的信息汇集在大脑皮质进行加工、处理。前脑包括大脑半球和间脑。

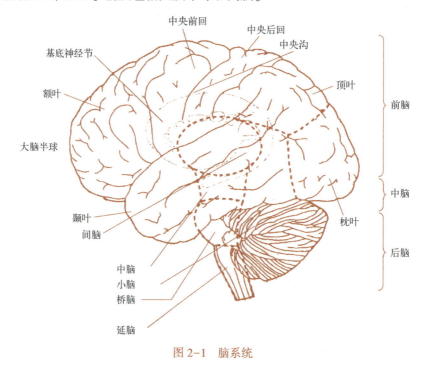

图 2-1　脑系统

（1）大脑（cerebrum）　大脑由左右两个大脑半球构成。其间有一纵裂，裂的底部由被称为胼胝体的横行纤维连接。两半球内均有间隙，左右对称，称侧脑室。半球表面层为灰质，称为大脑皮质，表面有许多沟和回，增加了皮层的表面面积；内层为髓质，髓质内藏有灰质核团,为基底神经节、海马和杏仁核。大脑皮质分为额叶、颞叶、顶叶和枕叶。

(2) 间脑(diencephalon) 间脑是围成第三脑室的脑区。上壁很薄,由第三脑室脉络丛构成。两侧壁上部的灰质团称为丘脑。丘脑背面覆盖一薄层纤维,称带状层。在丘脑内部有与此带状层相连的 Y 型白质板(称为内髓板),将丘脑分为前、内和外侧三大核团。上丘脑位于第三脑室顶部周围,下丘脑包括第三脑室侧壁下部的一些核团,位于丘脑的前下方。后丘脑是丘脑向后的延伸部,由内(与听觉有关)与外(与视觉有关)膝状体构成,还有底丘脑为间脑与中脑尾侧的移行地带。丘脑编码和转输传向大脑皮质的信息;下丘脑协调植物性、内分泌和内脏功能。

(3) 中脑(mesencephalon) 中脑由大脑脚和四叠体构成,协调感觉与运动功能。

(4) 后脑(metencephalon) 后脑由桥脑、小脑、延脑构成。小脑由蚓部和两侧的小脑半球构成,协调运动功能。桥脑宛如将两侧小脑半球连起来的桥,主要传输从大脑半球向小脑的信息。延脑介于桥脑与脊髓之间,控制心跳、呼吸和消化等的自主神经中枢。桥脑与延脑的背侧面共同形成第四脑室底,呈菱形窝,窝顶为小脑所覆盖,即由三者共同围成第四脑室。此脑室上接中脑水管,与第三脑室相通,下与脊髓中央管相通。

真正的神经科学起始于 19 世纪末。1875 年意大利解剖学家戈尔吉(C. Golgi)用染色法最先识别出单个的神经细胞。1889 年卡贾尔(R. Cajal)创立神经元学说,认为整个神经系统是由结构上相对独立的神经细胞构成的。近几十年来,神经科学和脑功能研究的发展极为迅速,并取得了进展。据估计,整个人脑神经元的数量约为 10^{11}(千亿)。每个神经元由两部分构成:神经细胞体及其突起(树突和轴突)。细胞体的直径为 5~100 μm 不等。各个神经细胞发出突起的数目、长短和分支也各不相同,长的突起可达 1 m 以上,短的突起则不到 10^{-3} m 神经元之间通过突触互相连接。突触的数量是惊人的。据测定,在大脑皮质的一个神经元上,突触的数目可达 3 万以上。整个脑内突触的数目约在 10^{14}~10^{15}(百万亿~千万亿)。突触联系的方式是多种多样的,常见的是一个神经元的纤维末梢与另一个神经元的胞体或树突形成突触联系。但也有轴突与轴突、胞体与胞体以及其他方式的突触联系。不同方式的突触联系,其生理作用是不同的。

人脑的研究已成为科学研究的前沿。有的专家估计,继诺贝尔生理学——医学奖获得者沃森(J. D. Watson)和克里克(F. Crick)于 20 世纪 50 年代提出 DNA 分子双螺旋结构,成功地解释了遗传学问题,在生物学中掀起分子生物学研究的浪潮以后,脑科学将是下一个浪潮。西方许多从事生物学、物理学研究的一流科学家在得到诺贝尔奖后纷纷转入脑科学研究。

2.2 大脑皮质

1860 年法国外科医生布洛卡(P. Broca)观察了一个病人,这位病人可以理解语言,但不能说话。他的喉、舌、唇、声带等都没有运动障碍。他可以发出个别的词和哼曲调,但不能说完整的句子,也不能通过书写表达他的思想。尸体解剖发现,病人大脑左半球额叶后部有一个鸡蛋大的损伤区,脑组织退化并与脑膜粘连,但右半球正常。布洛卡后来研究了 8 个相同的病人,他们都是在大脑左半球这个区域受损的。这些发现使布洛卡在 1864 年宣布了一条著名的脑机能的原理:"我们用左半球说话。"这是第一次在人的大脑皮质上得到机能定位的直接证据。现在把这个区（Brodmann 44、45区）叫作布洛卡表达性失语症区或布洛卡区。这个控制语言的运动区只存在于大脑左半球皮层，这也是人类大脑左半球皮层优势的第一个证据。

1870年两位德国生理学家弗里奇（G. Fritsch）和希齐格（E. Hitzig）发现，用电流刺激狗大脑皮质的一定部位，可以规律性地引起对侧肢体一定的运动。这是第一次用实验证明了大脑皮质上存在不同的机能定位。后来韦尔尼克（C. Wernicke）又发现另一个与语言能力有关的皮层区，现在叫作韦尔尼克区，是在颞叶的后部与顶叶和枕叶相连接处。这个区受损伤的病人可以说话但不能理解语言，即可以听到声音，却不能理解其意义。这个区也是在大脑左半球得到更加充分的发展的。

从19世纪以来，生理学家、医生等通过多方面的实验研究和临床观察，以及把临床观察、手术治疗和科学实验结合进行，得到了关于大脑皮质机能的许多知识。20世纪30年代彭菲尔德（W. Penfield）等对人的大脑皮质机能定位进行了大量的研究。他们在进行神经外科手术时，在局部麻醉的条件下用电流刺激病人的大脑皮质，观察病人的运动反应，询问病人的主观感觉。布洛德曼（Brodmann）根据细胞构筑的不同，将人的大脑皮质分成52个区（见图2-2）。从功能上来分，大脑皮质由感觉皮层、运动皮层和联合皮层组成。感觉皮层包括视皮层（17区），听皮层（41、42区），躯体感觉皮层（1、2、3区），味觉皮层（43区）和嗅觉皮层（28区）；运动皮层包括初级运动区（4区）、运动前区和辅助运动区（6区）；联合皮层包括顶叶联合皮层、颞叶联合皮层和前额叶联合皮层。联合皮层不参与纯感觉或运动功能，而是接受来自感觉皮层的信息并对其进行整合，然后将信息传至运动皮层，从而对行为活动进行调控。联合皮层之所以被这样称呼，就是因为它在感觉输入与运动输出之间起着联合的作用。

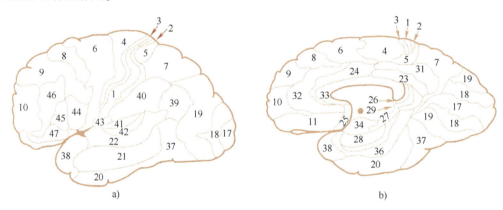

图2-2 人类大脑皮质分区
a）大脑半球外侧面 b）大脑半球内侧面

人类顶叶联合皮层包括Brodmann 5、7、39和40区。5区主要接受初级躯体感觉皮层（1、2、3区）和丘脑后外侧核的投射，而7区主要接受纹状前视区、丘脑后结节、颞上回、前额叶皮层和扣带回（23、24区）的投射。5区和7区尽管有着不同的输入来源，但有着共同的投射靶区，这些靶区包括运动前区、前额叶皮层、颞叶皮层、扣带回、岛回和基底神经节。不同的是，5区更多地投射到运动前区和运动区，而7区投射到那些与边缘结构有联系的颞叶亚区（5区则没有这种投射）。此外，7区还直接向旁海马回投射，并接受来自蓝斑和缝际核的投射。因此，5 区可能更多地参与躯体感觉信息及运动信息的处理，7 区则可能主要参与视觉信息处理，并参与运动、注意和情绪调节等功能。

人类前额叶联合皮层由 Brodmann 9~14 区及 45~47 区组成。11~14 区及 47 区总称为前额叶眶回；9、10、45 和 46 区总称为前额叶背外侧部，有些作者把 8 区和 4 区也归纳到前额叶皮层的范畴。前额叶联合皮层在解剖学上具有几个显著的特征：位于大脑新皮层的最前方；具有显著发达的颗粒第Ⅳ层；接受丘脑背内侧核的直接投射；具有广泛的传入传出纤维联系。动物从低等向高等进化，前额叶联合皮层面积也相应地变得越来越大。灵长类（包括人类）具有最发达的前额叶联合皮层。人类的前额叶联合皮层占整个大脑皮质面积的 29% 左右。

前额叶联合皮层有着极丰富的皮层及皮层下纤维联系。前额叶皮层与纹状前视区、颞叶联合皮层、顶叶联合皮层有着交互的纤维联系。前额叶皮层是唯一与丘脑背内侧核有交互纤维联系的新皮层，也是唯一向下丘脑有直接投射的新皮层。前额叶皮层与基底前脑、扣带回及海马回有直接或间接的纤维联系。前额叶皮层发出纤维投射到基底神经节（尾核和壳核）等。这种复杂的纤维联系决定了前额叶皮层功能上的复杂性。

人类大脑皮质是一个极其复杂的控制系统，大脑半球表面的一层灰质，平均厚度为 2~3 mm。皮层表面有许多凹陷的"沟"和隆起的"回"。成人大脑皮质的总面积，可达 2200 cm^2，具有数量极大的神经元，估计约为 140 亿个。其类型也很多，主要是锥体细胞、星状细胞及梭形细胞。神经元之间具有复杂的联系。但是，各种各样的神经元在皮层中的分布不是杂乱的，而是具有严格层次的。大脑半球内侧面的古皮层比较简单，一般只有 3 层：

1）分子层。
2）锥体细胞层。
3）多形细胞层。

大脑半球外侧面等处的新皮层，具有以下 6 层：

1）分子层，细胞很少，但有许多与表面平行的神经纤维。
2）外颗粒层，主要由许多小的锥体细胞和星状细胞组成。
3）锥体细胞层，主要为中型和小型的锥体细胞。
4）内颗粒层，由星状细胞密集而成。
5）节细胞层，主要含中型及大型锥体细胞，在中央前回的锥体细胞特别大，它们的树突顶端伸到第 1 层，粗长的轴突下行达脑干及脊髓，组成锥体束的主要成分。
6）多形细胞层，主要是梭形细胞，它们的轴突除一部分与第 5 层细胞的轴突组成传出神经纤维下达脑干及脊髓外，一部分走到半球的同侧或对侧，构成联系皮质各区的联合纤维。

从机能上看，大脑皮质第 1、第 2、第 3、第 4 层主要接受神经冲动和联络有关神经，特别是从丘脑来的特定感觉纤维，直接进入第 4 层。第 5、第 6 层的锥体细胞和梭形细胞的轴突组成传出纤维，下行到脑干与脊髓，并通过脑神经或脊神经将冲动传到身体有关部位，调节各器官、系统的活动。这样大脑皮质的结构不但具有反射通路的性质，而且是由各种神经元构成的复杂的连接系统。联系的复杂性和广泛性，使皮层具有分析和综合的能力，从而构成了人类思维活动的物质基础。

对大脑体表感觉区皮层结构和功能的研究指出，皮层细胞的纵向柱状排列构成大脑皮质的最基本功能电位,称为功能柱。这种柱状结构的直径为 200~500 μm,垂直于脑表面,贯穿整个 6 层。同一柱状结构内的神经元都具有同一种功能,例如都对同一感受野的同一类型感觉刺激起反应。在同一刺激后,这些神经元发生放电的潜伏期很接近,仅相差 2~4 ms。这说明先激活的神经元与后激活的神经元之间仅有几个神经元接替;也说明同一柱状结构内神经元联系环路只需通过几个神经元接替就能完成。一个柱状结构是一个传入-传出信息整合处理单位,传入冲动先进入第 4 层,并由第 4 层和第 2 层细胞在柱内垂直扩布,最后由第 3、第 5、第 6 层发出传出冲动离开大脑皮质。第 3 层细胞的水平纤维还有抑制相邻细胞柱的作用,因此一柱发生兴奋活动时,其相邻细胞柱就受抑制,形成兴奋和抑制镶嵌模式。这种柱状结构的形态功能特点,在第 2 感觉区、视区、听区皮层和运动区皮层中也一样存在。

2.3 神经系统

神经系统是机体各种活动的"管理机构"。它通过分布在身体各部分的许多感受器和感觉神经获得关于内、外环境变化的信息,经过各级中枢的分析综合,发出信号来控制各种躯体结构和内脏器官的活动。

神经系统按其形态和所在部位可分为中枢神经系统和周围神经系统。中枢神经系统包括位于颅腔内的脑和位于椎管内的脊髓。神经系统按其性质又可分为躯体神经和内脏神经。躯体神经的中枢部分在脑和脊髓内,周围部分参与构成脑神经和脊神经。躯体神经可分为躯体感觉神经和躯体运动神经。躯体感觉神经通过其末梢的感受器,接受来自皮肤、肌肉、关节、骨等处的刺激,并将冲动传入中枢;躯体运动神经传导发自中枢的运动冲动,通过效应器使骨骼肌随意收缩与舒张。内脏神经的中枢部分也在脑和脊髓内,其周围部分除随脑神经和脊神经走行外,还有较独立的内脏神经周围部分。内脏运动神经又分为交感神经和副交感神经,管理心血管和内脏器官中的心肌、平滑肌和腺体。

在整个中枢神经系统中,脑是最主要的部分。对个体行为而言,几乎所有的复杂活动,如学习、思维、知觉等都与脑神经有密切的关系。脑的主要构造分为后脑、中脑及前脑三大部分。每一部分又各自包括数种神经组织。

脊髓在脊柱之内,上接脑部,外联周围神经,由 31 对神经分配在两侧所构成。脊髓的主要功能如下:

1) 负责将始自感受器传入神经的神经冲动,传递给脑部的高级中枢,并将脑部传来的神经冲动经由传出神经而终止于运动器官。所以,脊髓是周围神经和脑神经中枢之间的通路。

2) 接受传入神经传来的冲动后,直接发生反射活动,称为反射中枢。

周围神经系统包括体干神经系统和自主神经系统。体干神经系统,遍布于头、面、躯干及四肢的肌肉内,这些肌肉均为横纹肌。横纹肌的运动,由体干神经所支配。体干神经依其功能又分为传入神经和传出神经两类。传入神经与感觉器官的感受器相连接,负责把外界刺激所引起的神经冲动传递到中枢神经,所以这类神经也称为感觉神经,构成感觉神经的基本单位,即为感觉神经元。

中枢神经接受外来的神经冲动后,即产生反应。反应也是以神经冲动的形式,由传出神经传到运动器官,并引起肌肉的运动的,所以这类神经也称为运动神经。运动神经的基本单位为运动神经元。运动神经元将中枢传出的冲动传到运动器官,产生相应的动作,做出一定的反应。

上述体干神经系统是管理横纹肌行为的。而对内部平滑肌、心肌及腺体的管理,即对内脏机能的管理是自主神经系统。内脏器官的活动与躯干肌肉系统的活动不同,有一定的自动性。人不能由意志直接指挥其内脏器官的活动,内脏的传入冲动与皮肤的或其他特殊感觉器官的传入冲动不同,往往不能在意识上发生清晰的感觉。自主神经系统,按其起源部位及生理功能的不同,又分为交感神经系统和副交感神经系统。

交感神经系统起源于胸脊髓和腰脊髓,接受脊髓、延髓及中脑各中枢所发出的冲动,受中枢神经系统所管制。故严格而论,不能称为自主,只是不受个体意志支配而已。交感神经主要分布于心、肺、肝、肾、脾、胃、肠等内脏,生殖器官以及肾上腺等处。另一部分分布于头部及颈部的血管、体壁、竖毛肌、眼的虹膜等处。交感神经系统的主要功能为兴奋各内脏器官、腺体以及其他有关器官等。例如,当交感神经系统兴奋时能使心跳加速、血压升高、呼吸量增大、血液内糖分增加、瞳孔放大以及促进肾上胰岛素的分泌等,唯对唾液的分泌有抑制作用。

副交感神经系统由部分脑神经(Ⅲ:动眼神经、Ⅶ:面神经、Ⅸ:吞咽神经、Ⅹ:迷走神经)和起源于脊髓骶部的盆神经所组成。副交感神经节接近效应器或者就在效应器内,所以节后纤维极短,通常只能看到节前纤维。副交感神经的主要功能与交感神经相反,因而对交感神经产生一种对抗作用。例如在心脏中副交感神经具有抑制作用,而交感神经具有增强其活动的作用;又如在小肠中,副交感神经具有增强小肠运动的作用,而交感神经却具有抑制作用,其作用恰与心脏中的相反。

2.4　神经组织

神经系统的主要细胞组成是神经细胞和神经胶质细胞。神经系统表现出来的一切兴奋、传导和整合等机能特性都是神经细胞的机能。神经胶质细胞占脑容积一半以上,数量大大超过了神经细胞,但在机能上只起辅助作用。

1. 神经元的基本组成

神经细胞是构成神经系统的最基本的单位,故通称为神经元。神经细胞一般包括神经细胞体(soma)、轴突(axon)和树突(dendrites)三部分。神经元的一般结构如图2-3所示。

胞体(soma 或 cell body)是神经元的主体,位于脑和脊髓的灰质及神经节内,其形态各异,常见的形态为星形、锥体形、梨形和圆球形状等。胞体大小不一,直径为 $5\sim150\,\mu m$。胞体是神经元的代谢和营养中心。胞体的结构与一般细胞相似,有核仁、细胞膜、细胞质和细胞核。胞内原浆在活细胞内呈颗粒状,经固定染色后显示内含神经原纤维、核外染色质(尼氏体、高尔基氏体、内质网和线粒体等)。神经原纤维是神经元特有的。

胞体的胞膜和突起表面的膜是连续完整的细胞膜。除突触部位的胞膜有特优的结构外,大部分胞膜为单位膜结构。神经细胞膜的特点是敏感而易兴奋。在膜上有各种受体(receptor)和离子通道(ionic chanel),二者各由不同的膜蛋白所构成。形成突触部分的细胞膜增厚。膜上受体可与相应的化学物质神经递质结合。当受体与乙酰胆碱递质或 γ-氨基丁酸递质结合时,膜的离子通透性及膜内外电位差发生改变,胞膜产生相应的生理活动——

兴奋或抑制。

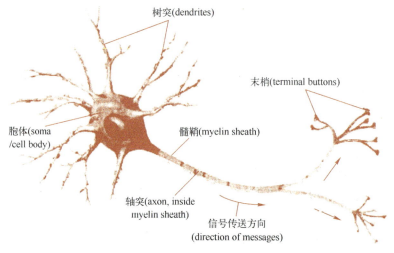

图 2-3 神经元的形态

神经元的突起是神经元胞体的延伸部分，由于形态结构和功能的不同，可分为树突和轴突。

（1）树突（dendrite） 树突是从胞体发出的一至多个突起，呈放射状。胞体起始部分较粗，经反复分支而变细，形如树枝状。树突的结构与胞体相似，胞质内含有尼氏体、线粒体和平行排列的神经原纤维等，但无高尔基复合体。在特殊银染标本上，树突表面可见许多棘状突起，长 0.5~1.0 μm，粗 0.5~2.0 μm，称为树突棘（dendritic spine），是形成突触的部位。一般电镜下，树突棘内含有数个扁平的囊泡，称为棘器（spine apparatus）。树突的分支和树突棘可扩大神经元接受刺激的表面积。树突具有接受刺激并将冲动传入细胞体的功能。

（2）轴突（axon） 每个神经元只有一根，它在胞体上发出的轴突多呈锥形，称为轴丘（axon hillock），其中没有尼氏体，主要有神经原纤维分布。轴突自胞体伸出后，开始的一段，称为起始段，长约 15~25 μm，通常较树突细，粗细均匀，表面光滑，分支较少，无髓鞘包卷。离开胞体一定距离后，有髓鞘包卷，即为有髓神经纤维。轴突末端多呈纤细分支，称为轴突终末（axon terminal），与其他神经元或效应细胞接触。

在长期的进化过程中，神经元在各自的机能和形态上都特化了。直接与感受器相联系，把信息传向中枢的称为感觉神经元，或称传入神经元。直接与效应器相联系，把冲动从中枢传到效应器的称为运动神经元，或称传出神经元。除了上述传入、传出神经元外，其余大量的神经元都是中间神经元，它们形成神经网络。人体中枢神经系统的传出神经元的数目总计为数十万。传入神经元较传出神经元多 1~3 倍。而中间神经元的数目最大，单就由中间神经元组成的大脑皮质来说，一般认为有 140 亿~150 亿。

2. 神经胶质细胞

神经胶质细胞可简称胶质细胞（glial cell），广泛分布于中枢和周围神经系统，其数量比神经元的数量大得多，胶质细胞与神经元数目之比为 10∶1~50∶1。胶质细胞与神经元一样具有突起，但其胞突不分树突和轴突，也没有传导神经冲动的功能。胶质细胞可分星形胶质细胞、少突胶质细胞、小胶质细胞和室管膜细胞，它们各有不同的形态特点。

2.5 突触传递

神经元与神经元之间,或神经元与非神经细胞(肌细胞、腺细胞等)之间的一种特化的细胞连接,称为突触(synapse)。它是神经元之间的联系和进行生理活动的关键性结构。通过它的传递作用实现细胞与细胞之间的通信。在神经元之间的连接中,最常见的是一个神经元的轴突终末与另一个神经元的树突、树突棘或胞体连接,分别构成轴-树、轴-棘、轴-体突触。此外还有轴-轴和树-树突触等。突触可分为化学突触和电突触两大类。前者是以化学物质(神经递质)作为通信媒介的,后者即缝隙连接,是以电流(电信号)传递信息的。哺乳动物神经系统以化学突触占大多数,通常所说的突触是指化学突触。

突触的结构可分突触前成分、突触间隙和突触后成分三部分。突触前成分、突触后成分彼此相对的细胞膜分别称为突触前膜和突触后膜。两者之间宽15~30 nm 的狭窄间隙为突触间隙,内含糖蛋白和一些细丝。突触前成分通常是神经元的轴突终末,呈球状膨大,附着在另一神经元的胞体或树突上,称为突触扣结。

1. 化学突触

电镜下,突触扣结内含许多突触小泡,还有少量线粒体、滑面内质网、微管和微丝等(见图2-4)。突触小泡的大小和形状不一,多为圆形,直径40~60 nm,也有的呈扁平形。突触小泡有的清亮,有的含有致密核芯(颗粒型小泡),大的颗粒型小泡直径可达200 nm。突触小泡内含神经递质或神经调质。突触前膜和后膜均比一般细胞膜略厚,这是由于其胞质面附有一些致密物质所致(见图2-4)。在突触前膜还有电子密度高的锥形致密突起

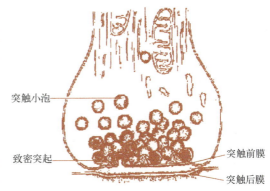

图2-4 化学突触超微结构模式图

(dense projection)突入胞质内,突起间容纳突触小泡。突触小泡表面附有突触小泡相关蛋白,称为突触素Ⅰ(synapsin Ⅰ),它使突触小泡集合并附在细胞骨架上。突触前膜上富含电位门控通道,突触后膜上则富含受体及化学门控通道。当神经冲动沿轴膜传至轴突终末时,即触发突触前膜上的电位门控钙通道开放,细胞外的 Ca^{2+} 进入突触前成分,在ATP(腺嘌呤核苷三磷酸)的参与下使突触素Ⅰ发生磷酸化,促使突触小泡移附在突触前膜上,通过出胞作用释放小泡内的神经递质到突触间隙内。其中部分神经递质与突触后膜上相应受体结合,引起与受体耦联的化学门控通道开放,使相应离子进出,从而改变突触后膜两侧离子的分布状况,出现兴奋或抑制性变化,进而影响突触后神经元(或非神经细胞)的活动。使突触后膜发生兴奋的突触,称为兴奋性突触;使突触后膜发生抑制的突触称为抑制性突触。

化学突触的特征,是一侧神经元通过出胞作用释放小泡内的神经递质到突触间隙,对应一侧的神经元(或效应细胞)的突触后膜上有相应的受体。具有这种受体的细胞称为神经递质的效应细胞或靶细胞,这就决定了化学突触传导为单向性。突触的前后膜是两个神经膜特化部分,维持两个神经元的结构和功能,实现机体的统一和平衡。因此突触对内、外环境变化很敏感,如缺氧、酸中毒、疲劳和麻醉等可使兴奋性降低,茶碱、碱中毒等则可使兴奋

性增高。

2. 电突触

电突触是神经元间传递信息的最简单的形式。在两个神经元间的接触部位,存在缝隙连接,接触点的直径在 $0.1 \sim 10\ \mu m$ 以上,也有突触前膜突触后膜及突触间隙。突触的结构特点:突触间隙仅 $1 \sim 1.5\ nm$,突触前膜、突触后膜内均有膜蛋白颗粒,显示为六角形的结构单位,跨越膜的全层,顶端露于膜外表,其中心形成一微小通道,此小通道与膜表面垂直,直径约为 $2.5\ nm$,小于 $1\ nm$ 的物质可通过,如氨基酸。缝隙连接两侧膜是对称的。相邻两突触膜、膜蛋白颗粒顶端相对应,直接接触,两侧中央小管由此相通。轴突终末无突触小泡,传导不需要神经递质,是以电流传递信息的,传递神经冲动一般均为双向性。神经细胞间电阻小,通透性好,局部电流极易通过。电突触功能有双向快速传递的特点,传递空间减小,传送更有效。

现在已证明,哺乳动物大脑皮质的星形细胞,小脑皮质的篮状细胞、星形细胞,视网膜内水平细胞、双极细胞,以及某些神经核,如动眼神经运动核、前庭神经核、三叉神经脊束核,均有电突触分布。电突触的形式多样,可见有树-树突触、体-体突触、轴-体突触、轴-树突触等。

电突触对内、外环境变化很敏感:在疲劳、缺氧、麻醉或酸中毒情况下,可使兴奋性降低;而在碱中毒时,可使兴奋性增高。

3. 突触的传递机制

突触传递的基本过程是:神经动作电位传到轴突末梢,引起小体区域的去极化,增加 Ca^{2+} 的通透性,细胞外液的 Ca^{2+} 流入,促使突触小泡前移与突触前膜融合,在融合处出现破口,使泡内所含的递质释放到突触间隙,弥散与突触后膜特异性受体结合。化学门控性通道开放,突触后膜对某些离子通透性增加,突触后膜电位(突触后电位)变化(去极化或超极化),产生总和效应,引起突触后神经元兴奋或抑制。图 2-5 给出突触传递基本过程的简单示意图。

图 2-5 突触传递基本过程的简单示意图

Ca^{2+} 在突触传递中的作用如下:

1)降低轴浆的黏度,有利于突触小泡的位移(降低囊泡上肌动蛋白结合蛋白与肌动蛋白的结合)。

2)消除突触前膜内侧的负电位,促进突触小泡和前膜接触、融合和胞裂,促进神经递质的释放。

在高等动物神经系统突触前成分的电活动,从不直接引起突触后成分的活动,不存在电学耦联。突触传递一律通过特殊的化学物质中介,这种物质就叫作神经递质或介质。突触传递只能由突触前到突触后,在这个系统中不存在反方向活动的机制,因此突触传递是单方向的。兴奋-分泌的耦联(介质释放)和介质在间隙的扩散,直到突触后膜的去极化需 $0.5 \sim 1\ ms$,这就是突触迟延。突触传递具有以下特征:

1) 单向传递（因为只有前膜能释放递质）。
2) 突触迟延。
3) 总和，包括时间性总和与空间性总和。
4) 对内环境变化敏感和易疲劳。
5) 兴奋节律性改变（同一反射活动中传入神经与传出神经发放的频率不一致）。
6) 后放（刺激停止后，传出神经在一定时间内仍发放冲动）。

2.6 神经递质

神经递质（neurotransmitter）在突触传递中是担当"信使"的特定化学物质，简称递质。随着神经生物学的发展，陆续在神经系统中发现大量递质。递质必须符合以下标准：

（1）存在　递质应特异性地存在于以该物质为递质的神经元中，而且，在这种神经元的末梢有合成该递质的酶系统。

（2）部位　递质在神经末梢内合成以后，通常是集中储存在囊泡（vesicle）内，这样可以防止被胞浆内的其他酶所破坏。

（3）释放　释放是指从突触前末梢可释放足以在突触后细胞或效应器引起一定反应的物质。

（4）作用　递质通过突触间隙，作用于突触后膜的叫作受体的特殊部位，引起突触后膜离子通透性改变以及电位变化。

（5）失活机制　递质在发挥上述效应后，其作用应该迅速终止，以保证突触传递的高度灵活。作用的终止有几种方式：被酶所水解，失去活性；被突触前膜"重摄取"，或是一部分为后膜所摄取；有的部分进入血循环，在血中一部分被酶所降解破坏。

目前已知的神经递质种类很多。根据存在部位不同，神经递质可分为中枢神经递质和外周神经递质两大类。前者包括：乙酰胆碱（Ach），单胺类递质，如肾上腺素（E）、去甲肾上腺素（NE）、多巴胺（DA）、5-羟色胺（5-HT）等，氨基酸类递质，如谷氨酸、门冬氨酸、γ-氨基丁酸（GABA）、甘氨酸等。后者包括乙酰胆碱、去甲肾上腺素、嘌呤类和肽类递质等。中枢神经递质是在中枢神经系统内将信息由一个神经元传到另一个神经元的介导物质，绝大部分是在神经元胞体内合成、储存在突触小泡内的，并被运送至突触。当神经冲动传到突触时，突触小泡释放神经递质发挥信息传递作用。外周神经递质包括存在于自主神经系统及躯体运动神经元末梢所释放的神经递质。下面简单介绍乙酰胆碱、5-羟色胺的情况。

1. 乙酰胆碱

乙酰胆碱（Acetylcholine，简称为 Ach）是许多外周神经如运动神经、植物性神经系统的节前纤维和副交感神经节后纤维的兴奋性神经递质。

Ach 由胆碱和乙酰辅酶 A（CoA）所合成。胆碱乙酰化酶（choline acetylase）催化下列反应：

$$(CH_3)_3N^+\text{—}CH_2\text{—}CH_2\text{—}OH + CH_3\text{—}CO\sim CoA \xrightarrow{\text{胆碱乙酰化酶}}$$
$$\underset{\text{胆碱}}{} \qquad \underset{\text{乙酰辅酶A}}{}$$

$$(CH_3)_3N^+\text{—}CH_2\text{—}CH_2\text{—}O\text{—}CO\text{—}CH_3 + CoA$$
$$\underset{\text{乙酰胆碱}}{} \qquad \underset{\text{辅酶A}}{}$$

由于胆碱乙酰化酶位于胞浆内，因此设想 Ach 是先在胞浆内合成，然后进入囊泡储存的。平时囊泡中和胞浆中的 Ach 大约各占一半，且两者可能处于平衡状态。囊泡内储存的 Ach 是结合型的（与蛋白质结合），而释放至胞浆时，则变为游离型。

当神经冲动沿轴突到达末梢时，囊泡趋近突触膜，并与之融合、破裂，此时囊泡内结合型 Ach 转变为游离型 Ach，释放入突触间隙。同时，还可能有一部分胞浆内新合成的 Ach 也随之释放。

Ach 作用于突触后膜（突触后神经元或效应细胞的膜）表面的受体，引起生理效应。已经确定 Ach 受体是一种分子量为 42000 的蛋白质，通常以脂蛋白的形式存在于膜上。

Ach 在传递信息之后和受体分开，游离于突触间隙，其中极少部分在突触前膜的载体系统作用下重新被摄入突触前神经元。大部分 Ach 在胆碱酯酶的作用下水解成胆碱和乙酸而失去活性，也有一部分经弥散而离开突触间隙。

2. 5-羟色胺

5-羟色胺（5-hydroxytryptamine，简称 5-HT）又名血清紧张素（serotonin），最早是从血清中发现的。中枢神经系统存在着 5-HT 能神经元，但在脊椎动物的外周神经系统中至今尚未发现 5-HT 能神经元。

由于 5-HT 不能透过血脑屏障，所以中枢的 5-HT 是脑内合成的，与外周的 5-HT 不是一个来源。用组织化学的方法证明，5-HT 能神经元的胞体在脑内的分布主要集中于脑干的中缝核群，其末梢则广泛分布在脑和脊髓中。

5-HT 的前体是色氨酸。色氨酸经两步酶促反应，即羟化和脱羧，生成 5-HT。色氨酸羟化酶像酪氨酸羟化酶一样，需要 O_2、Fe^{2+} 以及辅酶四氢生物蝶呤。但脑内这种酶的含量较少，活性较低，所以它是 5-HT 生物合成的限速酶。此外，脑内 5-HT 的浓度影响色氨酸羟化酶的活性，从而对 5-HT 起着反馈性自我调节作用。血中游离色氨酸的浓度也影响脑内 5-HT 的合成，当血清游离色氨酸增多时（例如给大鼠腹腔注射色氨酸后），进入脑的色氨酸就增多，从而加速了 5-HT 的合成。

检查 5-HT 对各种神经元的作用时发现，5-HT 可使大多数交感节前神经元兴奋，而使副交感节前神经元抑制。损毁动物的中缝核或用药物阻断 5-HT 合成，都可使脑内 5-HT 含量明显降低，并引起动物睡眠障碍、痛阈降低，同时吗啡的镇痛作用也减弱或消失。如果电刺激大鼠的中缝核，可影响其体温升高；也观察到，室温升高时大鼠脑内 5-HT 更新加速。这些现象揭示脑内 5-HT 与睡眠、镇痛、体温调节都有关系。还有人报道，5-HT 能改变垂体的内分泌机能。此外，有人提出 5-HT 能神经元的破坏是精神性疾病出现幻觉的原因。可见精神活动也与 5-HT 有一定的关系。

2.7　静息膜电位

生物电是在研究神经与肌肉活动中首先被发现的。意大利医生和生理学家伽伐尼（L. Galvani）在 18 世纪末进行的所谓"凉台实验"是生物电研究的开端。当他把剥去皮肤的蛙下肢标本用铜钩挂到凉台的铁栏杆上，以便观察闪电对神经肌肉的作用时，意外地发现每当蛙腿肌肉被风吹动而触及铁栏杆时便出现收缩。伽伐尼认为，这是生物电存在的证明。

1827 年，物理学家侬贝利（Nobeli）改进了电流计，并在肌肉的横切面和完整的纵表面之间记录到了电流，损伤处为负，完整部分为正。这是首次实现了对生物电（损伤电位）

的直接测量。德国生理学家雷蒙德（D. B. Reymond）一方面改进和设计了许多研究生物电现象的设备和仪器，如电键、乏极化电极、感应线圈和更为灵敏的电流计等；另一方面，又对生物电进行了广泛和深入的研究，如在大脑皮质、腺体、皮肤和眼球等生物组织或器官中都发现了生物电，特别是1849年他又在神经干上记录到损伤电位和活动时产生的负电变化，即神经的静息电位和动作电位，并且在此基础上首次提出了关于生物电产生机制的学说，即极化分子说。他设想：神经肌肉细胞表面是由排列整齐的、宛如磁体的极化分子构成的，每个分子的中央有一条正电荷带，两侧均带负电荷；正电荷汇集于神经与肌肉的纵表面，在它们的横断面上汇集的便是负电荷，因此在神经与肌肉表面和内部之间形成了电位差；当神经与肌肉兴奋时，它们的排列整齐的极化分子变为无序状态，表面与内部的电位差消失。

雷蒙德的一位学生勃斯特恩（Bernstein）在电化学进展的影响下，发展了生物电的既存说，提出了现在看来仍相当正确的、推动了生物电研究的膜学说。膜学说认为：电位存在于神经和肌细胞膜的两侧；在静息状态，胞膜只对K^+有通透性，对较大的正离子和负离子均无通透性；膜对K^+的选择性通透和膜内外存在的K^+浓度差，产生了静息电位；当神经兴奋时，胞膜对K^+的这种选择性通透的瞬时丧失变成无选择性通透，导致膜两侧电位差的瞬时消失，便形成了动作电位。

20世纪20年代，伽塞（H. S. Gasser）和厄兰格（J. Erlanger）将阴极射线示波器等近代电子学设备引入神经生理学研究，促进了生物电研究的较快发展。1944年，他们两位由于对神经纤维电活动的分析而共同获得了诺贝尔奖。杨（Young）报道了乌贼神经干中含有直径达500 μm的巨轴突。英国生理学家霍奇金（A. L. Hodgkin）和赫胥黎（A. F. Huxley）将毛细玻璃管电极从切口纵向插入该巨轴突内，首次实现了静息电位和动作电位的胞内记录，并在对这两种电位的精确定量分析的基础上，证实并发展了勃斯特恩关于静息电位膜学说，同时又提出了动作电位的钠学说（HODGKIN，1964）。接着他们又进一步应用电压钳技术在乌贼巨轴突上记录了动作电流，并证明它可被分成Na与K电流两个成分。在此研究的基础上，他们又提出了双离子通道模型，指引了离子通道分子生物学的研究（HODGKIN et al.，1952）。在微电极记录技术的推动下，神经细胞生理学的研究步入了新的发展时期。埃克勒斯（S. J. Eccles）开始应用玻璃微电极对脊髓神经元及其突触的电位的电生理研究，发现了兴奋性和抑制性突触后电位。基于对神经生理学研究的贡献，霍奇金、赫胥黎和埃克勒斯三人分享了1963年的生理学或医学诺贝尔奖。珈兹（S. B. Katz）则开始应用微电极技术开展了神经肌肉接头突触的研究，于1970年也获得了诺贝尔奖。在神经系统研究蓬勃发展的基础上，在20世纪60年代便形成了神经系统研究的综合学科，即神经生物学和神经科学。

静息膜电位是神经与肌肉等可兴奋细胞的最基本的电现象，因为它们活动时所发生的各类瞬时电变化，如感受器电位、突触电位和动作电位等都是在此静息膜电位的基础上所发生的瞬时变化。为了方便描述，通常把胞膜两侧存在电位差的状态称为极化，并且将静息膜电位绝对值向增加方向的变化称为超极化，向减少方向的变化则称为去极化（见图2-6）。

在处于静息状态的神经和肌肉等可兴奋细胞膜的两侧存在着高达约70 mV的电位差。这提示在它们的胞膜的内侧面与外表面分别有负与正的离子云的分布，即分别有多余的负与正离子的汇聚。在神经元胞浆内所含离子中，可以说没有一种离子的浓度与胞外体液中的是相同的，特别是其中的K^+、Na^+和Cl^-，不但其胞内与胞外的浓度均达mmol/L水平（称常量离子),并且跨膜浓度差又均约为 1 个数量级。Na^+ 与 Cl^- 富集于胞外,而 K^+ 则富集于胞内。还有一些大的有机负离子(A^-)可以认为只含于胞内,其总浓度也在 mmol/L 水平。

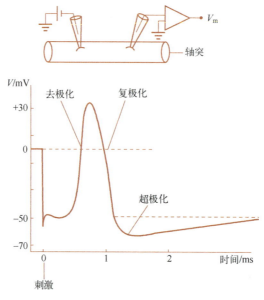

图 2-6 胞膜两侧存在的电位差

由连续的类脂双层构成的胞膜中分散地镶嵌着被称为离子通道的大蛋白分子。它们横贯胞膜,在其分子中轴含有亲水性微孔道,可选择地容许特定离子通过。按它们可通过的离子种类,如 K^+、Na^+、Cl^- 和 Ca^{2+},而分别被称为 K、Na、Cl 和 Ca 通道。离子通道至少有两种状态,即开放态和关闭态。离子通道开放便会有特定离子顺浓度差跨膜移动。静息膜电位是指细胞未受刺激时,存在于细胞膜内外两侧的外正、内负的电位差,是在静息状态时静息离子通道容许特定离子沿其浓度梯度跨膜移动而形成的。

神经元胞膜对电流起着电阻作用。这种电阻称为膜电阻。除电阻作用外,胞膜还起着电容器作用。这种电容称为膜电容。可以采用图 2-7 的连接,测量膜电位的变化。向胞膜通电流或断去电流都要分别地先经电容器的充电或放电过程,从而使得电紧张电位的上升和下降均以指数曲线变化。如在 $t=0$ 将电流注射入胞内,经任意时间 t 所记录到的电位为 V_t,则

$$V_t = V_\infty (1 - e^{-t/\tau}) \tag{2-1}$$

式中,V_∞ 为电容充电完成后的恒定电位值。不难看出,当 $t=\tau$ 时,式(2-1)可简化为

$$V_t = V_\infty \left(1 - \frac{1}{e}\right) = 0.63 V_\infty \tag{2-2}$$

即 τ 为电紧张电压升至 $0.63V_\infty$ 时所需时间。于是,就把 τ 定为表示膜的电紧张电位的变化速度的时间常数,它应等于膜电容 C 与膜电阻 R 的乘积,即

$$\tau = RC$$

式中,R 可在实验中用通电电流值去除 V_∞ 的值求得。这样便可测出膜电阻并求出膜电容值。为了对各种可兴奋细胞膜的电学性质进行比较,通常还进一步求出膜单位面积的比膜电阻和比膜电容值。膜电容来自膜的类脂双层,膜电阻来自膜中的离子通道。

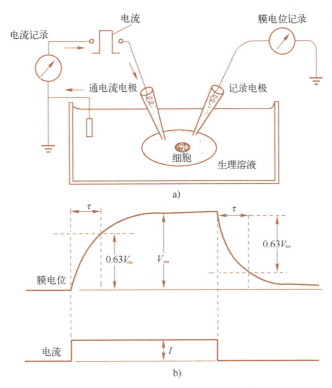

图 2-7 神经元胞膜电位

2.8 动作电位

神经元具有两种基本特性：兴奋和传导。当神经元的某一部分受到某种刺激时，在受刺激的部位就产生兴奋。这种兴奋会沿着神经元散布开来，并在适当的条件下通过突触传达到与之相联的神经细胞，或其他细胞，从而使最后传达到的器官的活动或状态发生变化。

细胞受刺激后在静息电位基础上发生的一次膜两侧电位快速倒转和复原，称为动作电位。一定强度的阈下刺激所诱发的局部电位随刺激的增强而变大，但动作电位则不同，在阈下刺激时根本不出现。刺激一旦达到或超过阈值，便在局部电位的基础上出现，并且自我再生、快速地达到固定的最大值，旋即恢复到原初的静息膜电位水平。这种反应方式称为全或无反应。

动作电位的另一个特性是不衰减传导。动作电位作为电脉冲，一旦在神经元的一处发生，则该处的膜电位便爆发式变为内正外负，于是该处便成为电池，对仍处于静息膜电位（内负外正）的相邻部位形成刺激，并且其强度明显超过阈值。相邻部位因受到阈上刺激而进入兴奋状态，并且也随之产生全或无动作电位。这样，在神经元一处产生的动作电位便以这种局部电流机制依次诱发相邻部位产生动作电位，又由于动作电位是全或无反应，所以它可不衰减地向远距离传导。但在轴突末梢，因其直径变小，动作电位振幅也随之变小。

在神经元膜的某处一旦发生了动作电位，则该处的兴奋性便将发生一系列变化。大致在动作电位的超射时相，无论用多么强的刺激电流在该处都不能引起动作电位，此时相被称为绝对不应期；在随后的短时间内，用较强的闭上刺激才可以在该处引起动作电位，并且其振幅还要小一些，此时相被称为相对不应期。如动作电位的持续时间为 1 ms，则这两时相加到一起应不超过 1 ms，否则前后两个动作电位将发生融合。

动作电位主要生理功能为：
1) 作为快速而长距离地传导的电信号。
2) 调控神经递质的释放、肌肉的收缩和腺体的分泌等。

各种可兴奋细胞的动作电位虽有共同性，但它们的振幅、形状甚至产生的离子基础也有一定程度的差异。

在 20 世纪 50 年代初，霍奇金等在乌贼巨轴突上进行的精确实验表明，静息状态时轴突膜的 K^+、Na^+ 和 Cl^- 通透系数为 $P_K:P_{Na}:P_{Cl}=1:0.04:0.45$，在动作电位顶峰时这些系数比变为 $P_K:P_{Na}:P_{Cl}=1:20:0.45$。很显然，$P_K$ 与 P_{Cl} 的比例未变，只是 P_K 与 P_{Na} 之比显著增大了 3 个数量级。根据这些及其他一些实验资料，他们便提出了动作电位的钠离子学说，即认为动作电位的发生取决于胞膜的 Na^+ 通透性的瞬时升高。换句话说，动作电位的发生是胞膜从主要以 K^+ 平衡电位为主的静息状态突变到主要以 Na^+ 平衡电位为主的活动状态。

乌贼巨轴突的动作电流是由内向 Na^+ 流和迟出的外向 K^+ 流合成的，而这两股离子流又是两种离子分别通过各自的电压门控通道（Na 通道和 K 通道）进行跨膜流动而产生的。在乌贼巨轴突上取得了进展之后，关于用电压钳技术分析动作电流的研究便迅速扩大到其他可兴奋细胞。结果发现这两种电压门控通道几乎存在于所有被研究过的可兴奋细胞膜中，此外又发现了电压门控 Ca 通道。在某些神经元中还发现有电压门控 Cl 通道。这 4 种电压门控通道又有不同类型，至少 Na 通道有 2 种类型（在神经元中发现的神经型和在肌肉发现中的肌肉型），Ca 通道有 4 种类型（T、N、L 和 P 型），K 通道主要有 4 种类型（延搁整流 K 通道、快瞬时 K 通道或称 A 通道、异常整流 K 通道和 Ca^{2+} 激活 K 通道）。产生动作电位的细胞被称为可兴奋细胞，但不同类型的可兴奋细胞产生的动作电位的振幅和时程有所不同，这是因为参与形成这些动作电位的离子通道的类型和数量的不同。

动作电位，即神经冲动一旦在神经元（细的树突除外）一处产生，便以恒定的速度和振幅传到其余部分。局部电位是细胞受到阈下刺激时，细胞膜两侧产生的微弱电变化（较小的膜去极化或超极化反应），或者说是细胞受刺激后去极化未达到阈电位的电位变化。阈下刺激使膜通道部分开放，产生少量去极化或超极化，因此局部电位可以是去极化电位，也可以是超极化电位。局部电位在不同细胞上由不同离子流动而形成，而且离子是顺着浓度差流动的，不消耗能量。局部电位具有下列特点：

（1）等级性 等级性是指局部电位的幅度与刺激强度正相关，而与膜两侧离子浓度差无关，因为仅部分开放离子通道无法达到该离子的电平衡电位，因而不是"全或无"式的。

（2）可以总和 局部电位没有不应期，一次阈下刺激引起一个局部反应虽然不能引发动作电位，但多个阈下刺激引起的多个局部反应如果在时间上（多个刺激在同一部位连续给予）或空间上（多个刺激在相邻部位同时给予）叠加起来（分别称为时间总和或空间总和），就有可能导致膜去极化到阈电位，从而爆发动作电位。

（3）电紧张扩布 局部电位不能像动作电位那样向远处传播，只能以电紧张的方式，影响附近膜的电位。电紧张扩布随扩布距离增大而衰减。

动作电位的形成如图 2-8 所示。当膜电位超过阈电位时，能引起 Na^+ 通道大量开放而爆发动作电位的临界膜电位水平。有效刺激本身可以引起膜部分去极化，当去极化水平达到阈电位时，便通过再生性循环机制而正反馈地使 Na^+ 通道大量开放，形成动作电位上升支。膜去极化达一定电位水平，Na^+ 内流停止，K^+ 迅速外流，形成动作电位下降支。

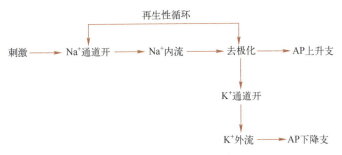

图 2-8 动作电位的形成

在膜的已兴奋区与相邻接的未兴奋区之间，由于存在电位差而产生局部电流。局部电流的强度数倍于阈强度，并且局部电流对于未兴奋区可以引起去极化膜方向，因此局部电流是一个有效刺激，使未兴奋区的膜去极，达到阈电位而产生动作电位，实现动作电位的传导。兴奋在同一细胞上的传导，实际上是由局部电流引起的逐步兴奋过程。

神经冲动是指沿神经纤维传导着的兴奋。实质是膜的去极化过程，以很快速度在神经纤维上的传播，即动作电位的传导。感受性冲动的传导，按神经纤维的不同，有两种情况。一种是无髓纤维的冲动传导，当神经纤维的某一段受到刺激而兴奋时，立即出现锋电位，即该处的膜电位暂时倒转而去极化（内正外负），因此在兴奋部位与邻近未兴奋部位之间出现了电位差，并发生电荷移动，称为局部电流。这个局部电流刺激邻近的安静部位，使之兴奋，即产生动作电位，这个新的兴奋部位又通过局部电流再刺激其邻近的部位，依次推进，使膜的锋电位沿整个神经纤维传导。另一种是有髓神经纤维的冲动传导，其传递是跳跃性的。

神经冲动的传递有以下特征：完整性，即神经纤维必须保持解剖学上与生理学上的完整性；绝缘性，即神经冲动在传导时不能传导至同一个神经干内的邻近神经纤维；双向传导，即刺激神经纤维的任何一点，产生的冲动可沿纤维向两端同时传导；相对不疲劳性和非递减性。

2.9 离子通道

1991 年的诺贝尔生理学奖授予给了尼赫（E. Neher）和萨克曼（B. Sakman），因为他们的重大成就——细胞膜上单离子通道的发现。细胞是通过细胞膜与外界隔离的，在细胞膜上有很多通道，细胞就是通过这些通道与外界进行物质交换的。这些通道由单个分子或多个分子组成，允许一些离子通过。通道的调节影响到细胞的生命和功能。1976 年尼赫和萨克曼合作，用新建立的膜片钳技术成功地记录了 nAchR 单离子通道电流，开创了直接实验研究离子通道功能的先河。结果发现，当离子通过细胞膜上的离子通道时，会产生十分微弱的电流。尼赫和萨克曼在实验中，利用与离子通道直径近似的 Na 离子或 Cl 离子，最后达成共识：离子通道是存在的，以及它们是如何发挥作用的。有一些离子通道上有感应器，他们甚至发现了这些感受器在通道分子中的定位，如图 2-9 所示。

认知基础

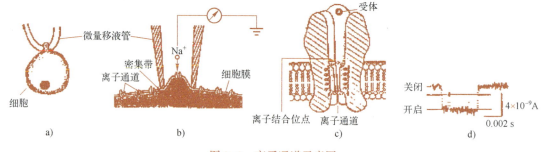

图 2-9 离子通道示意图

1981 年，英国的米勒迪（R. Miledi）研究室将生物合成 nAchR 的 cRNA 注射到处于一定发育阶段（阶段 V）的非洲爪蟾卵细胞中，成功地在其膜中表达了该离子通道型受体。1983 年—1984 年，日本的 Numa 研究室又利用重组 DNA 克隆技术首次确定了分子量达 20 余万的电鱼器官的 nAchR 和 Na 通道的全一级结构。上述工作不仅从功能和结构上直接证明了离子通道的存在，也为分析离子通道的功能与结构提供了有效的研究方法。

在神经元膜中已发现了 12 种以上基本类型的离子通道，每种类型又有一些相近的异构体。离子通道可在多种构象之间转换，但从是否容许离子通过其微孔道的现象看，只有开放和关闭两种状态。离子通道在开放和关闭之间的转换是由其微孔道的闸门控制的，这一机制被称为闸控。实际上在多种离子通道中，如 Na 通道除开放和关闭之外，起码尚有一个被称为灭活的关闭态。

关于闸控的机制尚不十分清楚，专家曾设想三种方式：①孔道内的一处被闸住（如电压门控 Na 通道和 K 通道）；②全孔道发生结构变化，封住孔道（如缝隙连接通道）；③由特殊的抑制粒子将通道口塞住（如电压门控 K 通道）。已知有电压、机械牵拉和化学配基这三类动因可调控通道闸门的活动，相应的离子通道便被分别称为电压门控、机械门控和配基门控离子通道。

离子通道是胞膜的结构蛋白中的一类。它们贯穿胞膜并分散地存在于膜中。自从 Numa 研究室首次以 DNA 克隆技术确定了电鱼电器官的 nAchR 和 Na 通道的全氨基酸序列以来，已阐明了多种离子通道的一级结构，再加上由 X 光衍射、电子衍射和电镜技术等所得的资料，已有可能对它们的二级结构、分子中的功能基团及其进化与遗传等进行判断与分析。

根据已有关于离子通道一级结构的资料，可将编码它们的基因分为三个家族，因为每个家族成员都有极为相似的氨基酸序列，所以它们被认为是由共同的先祖基因演化而来的：①编码电压门控 Na、K 和 Ca 通道基因家族；②编码配基门控离子通道基因家族，此族成员中有由 Ach、GABA、甘氨酸或谷氨酸激活的离子通道；③编码缝隙连接通道的基因家族。

2.10 脑电信号

脑电分为自发脑电（spontaneous EEG）和诱发脑电（evoked EEG）两种。自发脑电是指在没有特定的外加刺激时，人脑神经细胞自发产生的电位变化。所谓"自发"是相对的，指的是没有特定外部刺激时的脑电。自发脑电是非平稳性比较突出的随机信号，不但它的节律随着精神状态的变化而不断变化，而且在基本节律的背景下还会不时地发生一些瞬念，如快速眼动等。诱发脑电是指人为地对感觉器官施加刺激（光的、声的或电的）所引起的脑电位的变化。诱发脑电按刺激模式可分为听觉诱发电位（auditory evoked potential，AEP）、视觉诱发电位（visual evoked potential，VEP）、体感诱发电位（somatosensory evoked potential，SEP），利用各种不同的心理因素如期待、预备，以及各种随意活动进行诱发的事件相关电位（event related potentials，ERP）等。事件相关电位把大脑皮质的神经生理学与认知过程的心理学融合了起来，它包括 P300（反映人脑认知功能的客观指标）、N400（语言理解和表达的相关电位）等内源性成分。ERP 和许多认知过程，如心理判断、理解、辨识、注意、选择、做出决定、定向反应和某些语言功能等有密切相关的联系。

自发脑电信号反映了人脑组织的电活动及大脑的功能状态，其基本特征包括周期、振幅、相位等。国际上一般按频带、振幅不同将自发脑电分为下面几种波：

(1) δ 波　频带范围 0.5~3 Hz，振幅一般在 100 μV 左右。在清醒的正常人的脑电图中，一般记录不到 δ 波。在成人昏睡时，或者在婴幼儿和智力发育不成熟的成人脑中，可以记录到这种波。在受某些药物影响时，或大脑有器质性病变时也会引起 δ 波。

(2) θ 波　频带范围 4~7 Hz，振幅一般为 20~40 μV，在额叶、顶叶较明显，一般困倦时出现，是中枢神经系统抑制状态的表现。

(3) α 波　频带范围 8~13 Hz，节律的波幅一般为 10~40 μV，正常人的 α 波的振幅与空间分布，也存在着个体差异。α 波的活动在大脑各区都有，不过以顶枕部最为显著，并且左右对称，安静及闭眼时出现最多，波幅也最高，睁眼、思考问题时或接受其他刺激时，α 波消失而出现其他快波。

(4) β 波　频带范围 14~30 Hz，振幅一般不超过 30 μV，分布于额、中央区及前中颞，在额叶最容易出现。生理反应时 α 节律消失，出现 β 节律。β 节律与精神紧张和情绪激动有关。所以，通常认为 β 节律属于"活动"类型或去同步类型的。

(5) γ 波　频带范围 30~45 Hz，振幅一般不超过 30 μV，额区及中央最多，它与 β 同属快波，快波增多、波幅增高是神经细胞兴奋型增高的表现。

通常认为，皮质病变会引起一些脑波中异常频率成分，正常人的脑波频率范围一般在 4~45 Hz 之间。

2.11　小结

人脑是世界上最复杂的物质，它是人类智能与高级精神活动的生理基础。在神经系统内，神经元提供信息加工的机制。突触是神经元之间的联系和进行生理活动的关键性结构，通过它的传递作用实现细胞与细胞之间的通信。神经递质在突触传递中担当"信使"的特定化学物质，通过扩散作用穿过神经元间的突触间隙，与突触后膜的受体分子相结合。

离子通道是神经元膜电位的特化中介物。离子通道的存在使一切对生命来讲至关重要的水溶性物质，特别是无机离子出入细胞变成可能。常见离子通道大体分为电压门控离子通道、配体门控离子通道、牵引激活离子通道、间隙连接通道等几种类型。离子通道在运转过程中有着激活（开放）、关闭和失活三种状态，这些状态受多种因素调控，成为各种生理功能的基础。

脑电分为自发脑电和诱发脑电两种。自发脑电是非平稳性比较突出的随机信号，反映了人脑组织的电活动及大脑的功能状态。诱发脑电是指人为地对感觉器官施加刺激（光的、声的或电的）所引起的脑电位的变化。

思考题

2-1　试述脑系统的构成。
2-2　什么是突触？它是如何进行信息加工的？
2-3　什么是神经递质？常见的神经递质有哪些？
2-4　动作电位有哪些生理功能？
2-5　请给出霍奇金-赫胥黎方程及其等效电路图。
2-6　在大脑进化过程中，大脑皮层哪个区域变化最大？

第 3 章 心理表征

心理表征（psychological representation）是认知科学的核心概念之一，是指知识在心理活动中的表示和记录的方式。心理表征是外部事物在心理活动中的内部再现，因此它一方面反映客观事物，代表客观事物，另一方面又是心理活动进一步加工的对象。心理表征是对知识的一种形式化描述，或者说是对知识的一组约定，一种心理活动可以接受的用于描述知识的数据结构。本章主要介绍几种常见的心理表征方式：逻辑、产生式系统（规则）、框架、案例、本体、联结（神经网络）、图式。

3.1 引言

认知科学的中心假设是：对思维最恰当的理解，是将其视为心智（mind）中的表征结构以及在这些结构上进行操作的计算程序，即心智的计算-表征理解（computational-representational understanding of mind，CRUM）。

心智是指一系列认知能力组成的总体，这些能力可以让个体具有意识、感知外界、进行思考、做出判断以及记忆事物。心智的现象和心理长期以来相互交织在一起。现象学的心智概念，是一个作为意识经验的心智概念，作为一个有意识、经验到的心理状态的概念。这是心智最扑朔迷离的方面。心智的心理学概念，是一个作为因果的，或者作为行为的解释基础的心智概念。在这种意义上，如果一种状态是心理的，那么它在行为的形成方面，扮演着恰当的因果角色，或者在行为的解释方面，至少扮演着一个恰当的角色。

一个特定的心智概念通常可以被分析为一个现象的概念、一个心理的概念，或者作为二者的组合。例如，感觉，在它的核心意义上，最好被看作是一个现象的概念：有一种感觉就是有某种感觉的状态。学习和记忆的概念则最好被看作是心理的。大致地说某些东西是学习，是因为它适当地调整行为能力，以对某种环境刺激做出反应。一般而言，心智的现象特征，被具有那种特征的主体的样子所刻画；而心智的心理特征，则被在行为的因果关系中或者在行为的解释中所关联到的角色所刻画。

心-身问题，即心理现象的本质、心与身的关系问题。当前的争论主要集中在还原主义、功能主义、"实现"和物理主义的两难困境等问题上。围绕心智的本质所产生的一个问题构建了心-身问题，主要是心智与大脑和神经系统的关系。心身二分法讨论了心智是否在某一程度上独立于人体的肉体（二元论），而肉体来自并且可以被认作是包括神经活动在内的物理现象（物理主义），也讨论了心智是不是与人类的大脑以及大脑活动保持一致。另一个问题则讨论是否只有人类才拥有心智，或者是部分或全部动物以及所有生物都拥有心智，或者甚至连人造机器也可能拥有心智。

无论心智与肉体的关系究竟如何，人们普遍都认为心智使个体具有主观察觉，并且对其周围环境存在意向性，可以通过一定的媒介感知并回应刺激，同时拥有意识，可以进行思考和感觉。

心理表征不仅能表达什么样的事物，而且能用来做什么事，这是十分关键的。常用的心理表征方式有逻辑、规则、框架、案例、本体、联结、图式、认知地图等。萨伽德提出，可以从以下 5 个方面评价心理表征的方式（THAGARD，1999）。

1）表征能力。表征能力是指一种特定的表征方式能表达多少信息，要求能够正确、有效地将问题求解所需要的各类信息都表示出来。

2）计算能力。可以从 3 种重要的思维活动来评价某种心理表征方式的计算能力：问题求解、学习、语言。至少有 3 种类型的问题求解需要得以说明：规划、决策和解释。心理表征方式必须有足够的计算能力来解释人们是如何学习的，还必须对语言运用给予说明。

3）心理学似然性。心理学似然性要求不仅从定性的角度说明人类的各种能力，还须考虑这些能力的心理学实验的定量结果。

4）神经科学似然性。神经科学似然性是指心理表征的理论要与神经科学实验的结果一致。

5）实践上的可应用性。心理表征方式可以考查 4 大重要应用，即教育、设计、智能系统和心理疾病。

3.2 逻辑

逻辑（logic）是一个外来词语音译，源自古希腊语（logos）。逻辑是指思维的规律。公元前 4 世纪，古希腊哲学家亚里士多德发表了《形而上学》，奠定了当时西方思想理论基础，创立了形式逻辑，使用演绎法推理，用三段论的形式论证。德国数学家莱布尼茨（G. W. Leibniz）将数学方法引进逻辑学的研究。1847 年，布尔（G. Boole）将代数方法与形式逻辑相结合，提出布尔代数和命题演算。接着，弗雷格（F. L. G. Frege）在 1879 年建立了第一个谓词演算系统。至此，在数理逻辑中作为基础部分的两个演算系统——命题演算、谓词演算已经建立起来。

3.2.1 命题逻辑

命题逻辑是指以逻辑运算符结合原子命题来构成代表命题的公式。在逻辑学中，可以判断真假的陈述句叫作命题。其中判断为真的语句叫作真命题，判断为假的语句叫作假命题。一个命题，总是具有一个值，称为真值。真值只有"真"和"假"两种，记作 True（T）和 False（F）。只有具有确定真值的陈述句才是命题，一切没有判断内容的句子都不能作为命题。下面给出实例说明命题的概念。

1）北京是中国的首都。
2）煤是白的。
3）大家要戴口罩。
4）明天是否有课？

在上面这些例子中，前两个是命题，后两个不是。对于任何命题 P，命题"P 或非 P"总是真的，这些是经典逻辑的观点。

在命题逻辑中，以简单命题作为基本单位。由简单命题出发，通过使用联结词，构成复合命题。下面介绍各个联结词。

1. 否定

定义 3.1 设 P 为一命题，P 的否定是一个新的命题，记作 $\neg P$。联结词"$\neg$"表示命题的否定。

例如　　P：数理逻辑是重要的基础课。

　　　　$\neg P$：数理逻辑不是重要的基础课。

"否定"的意义仅是修改了命题的内容，仍把"否定"看作联结词，它是一个一元运算。

2. 合取

定义 3.2 两个命题 P 和 Q 的合取是一个复合命题，记作 $P \land Q$。当且仅当 P、Q 同时为 T 时，$P \land Q$ 为 T。在其他情况下，$P \land Q$ 的真值为 F。

例如　　P：昨天是晴天。

　　　　Q：今天是晴天。

上述命题合取为

　　　　$P \land Q$：这两天都是晴天。

3. 析取

定义 3.3 两个命题 P 和 Q 的析取是一个复合命题，记作 $P \lor Q$。当且仅当 P、Q 同时为 F 时，$P \lor Q$ 的真值为 F，否则 $P \lor Q$ 的真值为 T。

从析取的定义可以看到，联结词 $\lor$ 表示"兼有"之意。

例如　　张三可能选修计算机或人工智能。

4. 蕴含

定义 3.4 给定两个命题 P 和 Q，P 蕴含 Q 的含义是"P 的真蕴含 Q 的真"，记作 $P \rightarrow Q$，读作"如果 P，那么 Q"或"若 P 则 Q"。我们常称 P 为前件，Q 为后件。

例如　　张三是计算机学院的学生，则他必修计算机。

　　　　李四是人工智能学院的学生，则他必修人工智能。

上述两个例子，都可以用命题 $P \rightarrow Q$ 表示。

5. 等值

定义 3.5 给定两个命题 P 和 Q，其复合命题 $P \leftrightarrow Q$ 称作等值命题，读作"P 当且仅当 Q"，如果 P 和 Q 的真值相同，$P \leftrightarrow Q$ 的真值为 T，否则 $P \leftrightarrow Q$ 的真值为 F。

例如　　燕子飞回南方，春天来了。

　　　　外出散步，当且仅当天气好时。

上述两个例子，都可以用等值命题 $P \leftrightarrow Q$ 表示。等值命题也可以不顾其因果联系，而只根据联结词定义确定真值。等值联结词也可记作"iff"。它也是二元运算。

3.2.2 谓词逻辑

命题逻辑有很强的局限性，即不能刻画命题内部的逻辑结构，也不能进行简单的推理。谓词逻辑以数理逻辑为基础，能够表达人类思维活动规律，与人类的自然语言比较接近。

谓词逻辑是一种形式系统，可看作可以进行抽象推理的符号工具。在谓词逻辑中，谓词可表示为 $P(x_1, x_2, \cdots, x_n)$。式中 P 是谓词符号，表示个体的属性、状态或关系；$x_1, x_2, \cdots$,

x_n 称为谓词的参量或项，通常表示个体对象。有 n 个参量的谓词称为 n 元谓词。例如，Student(x)是一元函数，表示"x 是学生"；Less(x,y)是二元谓词，表示"x 小于 y"。一般一元谓词表达了个体的性质，而多元谓词表达了个体之间的关系。

为了刻画谓词和个体之间的关系，在谓词逻辑中引入了两个量词。

1) 全称量词（$\forall x$），它表示"对个体域中所有（或任意一个）个体 x"，读为"对所有的 x""对每个 x"或"对任一 x"。

2) 存在量词（$\exists x$），它表示"在个体域中存在个体 x"，读为"存在 x"、"对某个 x"或"至少存在一个 x"。

$\forall$ 和 $\exists$ 后面跟着的 x 叫作量词的指导变元或作用变元。

谓词逻辑可以由原子和 5 种逻辑连接词（否定 $\neg$、合取 $\wedge$、析取 $\vee$、蕴含 $\rightarrow$、等价 $\leftrightarrow$），再加上量词来构造复杂的符号表达式，这就是谓词逻辑中的公式。人类思维一般可以由一句话或几句话表达出来，而这些话用谓词逻辑表征就是一个谓词公式。

例如 张三是一名计算机系的学生，他喜欢编程序。

可以用谓词公式表示为

$$\text{Computer}(张三) \wedge \text{Like}(张三, programming)$$

式中，Computer(x)表示 x 是计算机系的学生；Like(x,y)表示 x 喜欢 y。它们都是谓词。

对于规则性知识，通常使用由蕴含符号连接起来的谓词公式来表示。

例如 如果 x，则 y

用谓词公式表示为

$$x \rightarrow y$$

在使用谓词逻辑表示知识的时候，一般可以基于下面步骤来进行：

1) 定义谓词及个体，确定每个谓词及个体的确切含义。
2) 根据所要表达的事物或概念，为每个谓词中的变元赋予特定的值。
3) 根据所要表达的知识的语义，用适当的联结符号将各个谓词联结起来，形成谓词公式。

例 3.1 将下述自然数公理表示为谓词公式。

1) 每个数都存在一个且仅存在一个直接后继数。
2) 每个数都不以 0 为直接后继数。
3) 每个不同于 0 的数都存在一个且仅存在一个直接前驱数。

解：首先定义谓词和函数。设函数 $f(x)$ 和 $g(x)$ 分别表示 x 的直接后继数和 x 的直接前驱数，谓词 $E(x,y)$ 表示"x 等于 y"。那么上述公理可表示为

1) $(\forall x)(\exists y)(E(y,f(x)) \wedge (\forall z)(E(z,f(x)) \rightarrow E(y,z)))$。
2) $\neg((\exists x)E(0,f(x)))$。
3) $(\forall x)(\neg E(x,0) \rightarrow ((\exists y)(E(y,g(x)) \wedge (\forall z)(E(z,g(x)) \rightarrow E(y,z)))))$。

3.3 产生式系统

产生式系统（production system）的概念，最早是由帕斯特（E. Post）于 1943 年提出的产生式规则而得来的。他用这种规则对符号串做替换运算。1965 年美国的纽厄尔和西蒙以

此为基础建立了人类的认知模型。在产生式系统中，推理和行为的过程用产生式规则来表示，所以产生式又称基于规则的系统。

3.3.1 事实的表示

事实可以看作是断言一个语言变量的值或是多个语言变量间的关系的陈述句，语言变量的值或语言变量间的关系可以是一个词，不一定是数字。

单个的事实在专家系统中常用<特性-对象-取值>（attribute-object-value）三元组表示，这种相互关联的三元组正是 LISP 语言（一种编程语言）中特性表的基础，在谓词演算中关系谓词也常以这种形式表示。显然，以这种三元组来描述事物以及事物之间的关系是很方便的。

例如，（AGE ZHAO-LING 43）。ZHAO-LING 为对象，43 为取值，它们都是语言变量；AGE 为特性，表示语言变量之间的关系。

在大多数专家系统中，经常还需加入关于事实确定性程度的数值度量，如 MYCIN（医学领域的专家系统）中用可信度来表示事实的可信程度。于是每一个事实变成了四元组。

如（AGE ZHAO-LING 43 0.8），表示上述事实的可信度为 0.8。

3.3.2 规则的表示

产生式系统中，规则由前项和后项两部分组成。前项表示前提条件，各个条件由逻辑联结词（合取、析取等）组成各种不同的组合。后项表示当前提条件为真时，应采取的行为或所得的结论。产生式系统中每条规则是一个"条件→动作"或"前提→结论"的产生式，其简单形式为

　　IF <前提> THEN <结论>

为了严格地描述产生式，下面用巴科斯范式给出它的形式描述和语义。

　　<规则>::=<前提>→<结论>

　　<前提>::=<简单条件>|<复合条件>

　　<结论>::=<事实>|<动作>

　　<复合条件>::=<简单条件> AND <简单条件> [（AND <简单条件>）…]

　　　　　　　　|<简单条件> OR <简单条件> [（OR <简单条件>）…]

　　<动作>::=<动作名>[（<变元>,…）]

例 3.2 动物识别系统的规则库。

这是一个用以识别虎、金钱豹、斑马、长颈鹿、企鹅、鸵鸟、信天翁 7 种动物的产生式系统。为了实现对这些动物的识别，该系统建立了如下规则库：

R_1:	IF	该动物有毛发	THEN	该动物是哺乳动物
R_2:	IF	该动物有奶	THEN	该动物是哺乳动物
R_3:	IF	该动物有羽毛	THEN	该动物是鸟
R_4:	IF	该动物会飞　AND　会下蛋	THEN	该动物是鸟
R_5:	IF	该动物吃肉	THEN	该动物是食肉动物
R_6:	IF	该动物有犬齿　AND　有爪　AND　眼盯前方	THEN	该动物是食肉动物
R_7:	IF	该动物是哺乳动物　AND　有蹄	THEN	该动物是有蹄类动物

R_8:	IF	该动物是哺乳动物	AND	是反刍动物
			THEN	该动物是有蹄类动物
R_9:	IF	该动物是哺乳动物	AND	是食肉动物
			AND	是黄褐色
			AND	身上有暗斑点
			THEN	该动物是金钱豹
R_{10}:	IF	该动物是哺乳动物	AND	是食肉动物
			AND	是黄褐色
			AND	身上有黑色条纹
			THEN	该动物是虎
R_{11}:	IF	该动物是有蹄类动物	AND	有长脖子
			AND	有长腿
			AND	身上有暗斑点
			THEN	该动物是长颈鹿
R_{12}:	IF	该动物是有蹄类动物	AND	身上有黑色条纹
			THEN	该动物是斑马
R_{13}:	IF	该动物是鸟	AND	有长脖子
			AND	有长腿
			AND	不会飞
			AND	有黑白二色
			THEN	该动物是鸵鸟
R_{14}:	IF	该动物是鸟	AND	会游泳
			AND	不会飞
			AND	有黑白二色
			THEN	该动物是企鹅
R_{15}:	IF	该动物是鸟	AND	善飞
			THEN	该动物是信天翁

例 3.2 中，R_1，R_2，…，R_{15} 分别是对各产生式规则所做的编号，便于对规则的引用。由上述产生式规则可以看出，虽然该系统是用来识别 7 种动物的，但它并没有简单地只设计 7 条规则，而是设计了 15 条。该系统的基本想法是：首先根据一些比较简单的条件，如"有毛发""有羽毛""会飞"等对动物进行比较粗的分类，如"哺乳动物""鸟"等；其次随着条件的增加，逐步缩小分类范围；最后给出分别识别 7 种动物的规则。这样做有下列好处：①当已知的事实不完全时，虽不能推出最终结论，但可以得到分类结果；②当需要增加对其他动物（如牛、马等）的识别时，规则库中只需增加关于这些动物某方面的知识，如 R_9 至 R_{15} 那样，而对 R_1 至 R_8 可直接利用，这样增加的规则就不会太多；③由上述规则很容易形成各种动物的推理链。

产生式表示法具有自然性、模块性、清晰性的特点，以模拟人类解决问题的自然方法。产生式表示法既可以表示启发式知识，又可以表示程序性知识；既可以表示确定性知识，又可以表示不确定性知识。目前，产生式系统是当今最流行的专家系统模式，成功的专家系统大部分采用产生式表示法表示程序性知识。

随着要解决的问题越来越复杂，规则库越来越大，产生式系统越来越难以扩展，要保证新的规则和已有的规则没有矛盾就会越来越困难，规则库的一致性也越来越难以实现。推理过程中的每一步都要和规则库中的规则做匹配检查。如果规则库中规则数目很大，显然效率会降低。

以纯粹的产生式系统表示复杂的知识结构比较困难，其知识表示形式单一，不能表达结构性知识，因此发展了一系列知识的结构化表示方法，如语义网络和框架等。以这类形式表示知识的系统，一般称为基于知识的系统。

3.4 框架

1975年美国麻省理工学院明斯基提出了框架理论，作为理解视觉、自然语言对话以及其他复杂行为的一种基础。明斯基指出：当一个人遇到新的情况（或其看待问题的观点发生实质性变化）时，他会从记忆中选择一种结构，即"框架"。

框架表示法是一种适应性强、概括性强、结构化良好、推理方式灵活，又能把陈述性知识与过程性知识相结合的知识表示方法。它是一种理想的知识的结构化表示方法。

相互关联的框架连接起来而组成框架系统，或称框架网络。不同的框架网络又可通过信息检索网络组成更大的系统，代表一块完整的知识。框架理论把知识看作是相互关联的成块组织，它与把知识表示为独立的简单模块有很大的不同。

3.4.1 框架结构

框架有一个框架名，指出所表达知识的内容，下一个层次设若干个槽，用来说明该框架的具体性质。每个槽设有槽名，槽名下面有对应的取值，称为槽值，即表示该属性的值。在较为复杂的框架中，槽的下面还可进一步区分层次：槽的下面可设几个侧面，每个侧面又可以有各自的取值。可见，框架是一种层次的数据结构，框架下层的槽可以被看成是一种子框架，子框架本身还可以进一步分层次。

一般框架结构如下：

```
FRAME <框架名>
    槽名₁:   侧面名₁₁      值₁₁
             侧面名₁₂      值₁₂
                ⋮           ⋮
             侧面名₁ₘ      值₁ₘ
    槽名₂:   侧面名₂₁      值₂₁
             侧面名₂₂      值₂₂
                ⋮           ⋮
             侧面名₂ₘ      值₂ₘ
       ⋮
    槽名ₙ:   侧面名ₙ₁      值ₙ₁
             侧面名ₙ₂      值ₙ₂
                ⋮           ⋮
```

侧面名$_{nm}$ 值$_{nm}$
约束：   约束条件$_1$
         约束条件$_2$
              ⋮
         约束条件$_n$

例 3.3 教师框架可表示如下。

框架名:<教师>
姓名:单位(姓,名)
年龄:单位(岁)
性别:范围(男,女)
职称:范围(教授、副教授、讲师、助教)
缺省:讲师
部门:单位(系、教研室)
住址:<adr-1>
工资:<sal-1>
开始工作时间:单位(年、月)
截止时间:单位(年、月)
缺省:现在

3.4.2 框架网络

框架之间相互有联系，主要表现在以下两方面：层次的结构，即各个框架之间通过 ISA 链表现了框架之间特殊与一般的继承关系（纵向联系）；框架中的槽值还可以表示框架之间的关系，形成框架之间的横向联系。

例 3.4 宾馆房间的框架描述如图 3-1 所示。

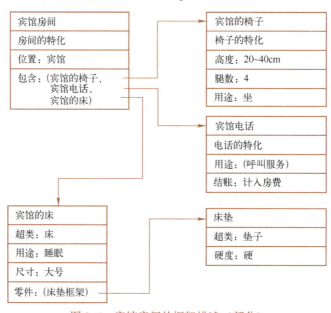

图 3-1 宾馆房间的框架描述（部分）

在图 3-1 中，把宾馆房间较高层结构直接表示为语义网络，组织为多个独立网络的汇集，每个表示一种典型的情况。框架（以及面向对象系统）为我们提供了一种组织工具，利用它可以将实体表示为结构化的对象，对象可以带有命名槽和相应的值，因此可以把框架看成一种简单的复合体。框架在很多重要方面扩展了语义网络。通过框架更容易层次化地组织知识。在网络中，所有概念被表示为同一个层上的节点和边。

框架网络支持类继承。一个类框架的槽和默认值可以通过类/子类和类/成员层次继承。例如，宾馆电话是常规电话的子类，除了拨打所有外线要通过宾馆总机（为了记账）外，宾馆提供直接拨打宾馆内线的服务。只要没有其他的信息可以使用，那么默认值便被赋给所选择的槽。例如宾馆房间中有床，因此是睡眠的合适地方；如果不知道如何拨打宾馆的前台，那么可以试一下拨"0"。

当创建类框架的实例时，框架网络会尽量填写各个槽，通过向用户查询、从类框架中接受默认值，或者执行某个过程或守护程序来得到实例值。和语义网络的情况一样，槽和默认值可以跨类/子类层次继承。

框架表示法最突出的特点是善于表达结构性知识，能够把知识的内容结构关系及知识间的联系表示出来，因此它是一种结构化的知识表示方法。框架表示法的知识单位是框架，而框架是由槽组成的，槽又可分为若干侧面，这样就可把知识的内部结构显式地表示出来。

框架表示法通过使槽值作为另一个框架的名字实现框架间的联系，建立起表示复杂知识的框架网络。在框架网络中，下层框架可以继承上层框架的槽值，也可以补充和修改，这样不仅减少了知识的冗余，而且较好地保证了知识的一致性。

框架表示法体现了人们在观察事物时的认识活动：当遇到新事物时，通过调用类似事物的框架，并对其中某些细节进行修改、补充，形成对新事物的认识，这与人们的认识活动是一致的。

框架表示法提出后得到了广泛应用，因为它在一定程度上体现了人的心理反应，又适用于计算机处理。1976 年莱纳特（D. Lenat）开发的数学专家系统（AM），1980 年斯特菲克（M. Stefik）开发的专家系统（UNITS），1985 年田中等用 Prolog 开发的医学专家系统开发工具（APES）等，都采用框架作为知识表示的基础。

3.5 案例

人们为了解决一个新问题，先是进行回忆，从记忆中找到一个与新问题相似的案例，然后把该案例中的有关信息和知识复用到新问题的求解之中。以医生治病为例，在他对某个病人做了各种检查之后，会想到以前看过的病人情况，找出在几个重要症状上相似的病人，参考那些病人的诊断和治疗方案，用于眼前的这个病人。

3.5.1 记忆网

案例是一段带有上下文信息的知识，该知识表达了推理机在达到目标的过程中能起关键作用的经验。具体来说，一个案例应具有如下特性：

1) 案例表示了与某个上下文有关的具体知识，这种知识具有可操作性。

2) 案例可以是各式各样的，可有不同的形状和粒度，可涵盖或大或小的时间片，可带有问题的解答或动作执行后的效应。

3) 案例记录了有用的经验，这种经验能帮助推理机在未来更容易地达到目标，或提醒推理机失败发生的可能性有多大等。

我们所记忆的知识彼此之间并不是孤立的，而是通过某些内在的因素相互之间紧密地或松散地、有机地联系成的一个统一的体系。我们使用记忆网来概括知识的这一特点。一个记忆网便是以语义记忆单元为结点，以语义记忆单元间的各种关系为连接建立起来的网络。在下面的叙述中，把语义记忆单元简记为 SMU（SHI，1992b）。网络上的每一个结点表示一个语义记忆单元，形式地描述为下列结构：

$$SMU = \{\begin{array}{l} SMU\_NAME\ slot \\ Constraint\ slots \\ Taxonomy\ slots \\ Causality\ slots \\ Similarity\ slots \\ Partonomy\ slots \\ Case\ slots \\ Theory\ slots \end{array}\}$$

1) SMU_NAME slot：简记为 SMU 槽。它是语义记忆单元的概念性描述，通常是一个词汇或者一个短语。

2) Constraint slots：简记为 CON 槽。它是对语义记忆单元施加的某些约束。通常，这些约束并不是结构性的，而只是对 SMU 描述本身所加的约束。另外，每一约束都有 CAS 侧面（facet）和 THY 侧面与之相连。

3) Taxonomy slots：简记为 TAX 槽。它定义了与该 SMU 相关的分类体系中的该 SMU 的一些父类和子类。因此，它描述了网络中结点间的类别关系。

4) Causality slots：简记为 CAU 槽。它定义了与该 SMU 有因果联系的其他 SMU，它或者是另一些 SMU 的原因，或者是另外一些 SMU 的结果。因此，它描述了网络中结点间的因果联系。

5) Similarity slots：简记为 SIM 槽。它定义了与该 SMU 相似的其他 SMU，描述网络中结点间的相似关系。

6) Partonomy slots：简记为 PAR 槽。它定义了与该 SMU 具有部分整体关系的其他 SMU。

7) Case slots：简记为 CAS 槽。它定义了与该 SMU 相关的案例集。

8) Theory slots：简记为 THY 槽。它定义了关于该 SMU 的理论知识。

上述 8 类槽可以总体分成 3 大类。第 1 大类反映各 SMU 之间的关系，包括 TAX 槽、CAU 槽、SIM 槽和 PAR 槽；第 2 大类反映 SMU 自身的内容和特性，包括 SMU 槽和 THY 槽；第 3 大类反映与 SMU 相关的案例信息，包括 CAS 槽和 CON 槽。关于相似的 SMU，我们引进一个特殊的结点，即内涵结点 MMU，表示与此结点连接的各结点是关于此内涵的相似的一些 SMU。通过为 SMU 增加约束，可以把比 SMU 更为特殊的知识记忆在 SMU 周围。

因此，通过 SMU 就可以检索到受到一些约束的知识。这使得知识的记忆具有层次性。PAR 槽虽然在记忆网中并不影响知识的检索，但对知识的回忆具有很大的作用。通过部分整体关系，我们便可以回忆起属于某一主题或者某个领域的知识。THY 槽记忆的是关于 SMU 的理论知识，如"资源冲突"的知识。THY 槽记忆的知识可以采用任何成熟的知识表示方法，例如，产生式、框架、基于对象的表示方法等。在某些情况下，知识可以被局部化处理。在记忆网中，结点之间的语义关系保证了与某个 SMU 有关的知识是非常容易被检索到的。

我们看到，记忆网是相当复杂的，但它确实反映了知识之间错综复杂的内在联系。网络的复杂性决定了网络建立和学习的复杂性。对于人来讲，记忆网是基于知识的长期积累和学习思考的结果而逐步完善和形成的。在这一过程中，不断地增加新的结点和知识，同时也把长久不用的关于某个结点的知识遗忘掉。这说明，网络的建立过程事实上便是知识的学习过程。

3.5.2 案例推理

案例推理（case-based reasoning，CBR）中，把当前所面临的问题或情况称为目标案例（target case），而把记忆的问题或情况称为源案例（base case）。粗略地说，案例推理就是由目标案例的提示而获得记忆中的源案例，并由源案例来指导目标案例求解的一种策略。

在案例推理中，最初是由于目标案例的某些（或者某个）特殊性质使我们能够基于相似度联想到案例库（记忆）中的源案例。但这种联想是粗糙的，不一定正确。在最初的检索结束后，我们须证实目标案例和源案例之间的可类比性，这使得我们进一步地检索两个类似案例的更多的细节，探索它们之间的更进一步的可类比性和差异。在这一阶段，事实上，已经初步进行了一些类比映射的工作，只是映射是局部的、不完整的。这个过程结束后，获得的源案例集已经按与目标案例的可类比程度进行了优先级排序。接下来，便进入了类比映射阶段。从源案例集中选择最优的一个源案例，建立它与目标案例之间的一致的一一对应关系。下一步，利用一一对应关系转换源案例的完整的（或部分的）求解方案，从而获得目标案例的完整的（或部分的）建议求解方案。验证该建议求解方案。若目标案例得到部分解答，则把解答的结果加到目标案例的初始描述中，从头开始整个类比过程。若所获得的目标案例的求解方案未能给目标案例以正确的解答，则需解释方案失败的原因，且调用修正过程来修改所获得的方案。验证并修正案例后，确认求解方案。记忆网应该记录失败的原因，通过学习来避免以后再出现同样的错误。

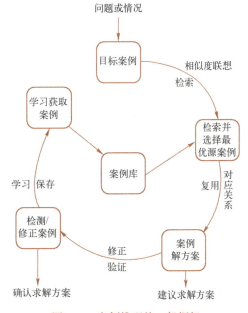

图 3-2 案例推理的一般框架

图 3-2 给出了案例推理的一般框架（史忠植，2011）。类比求解的有效性应该得到评价。整个类比过程是递增地进行的。

3.6 本体

本体（ontology）原是一个哲学术语，称作本体论，意义为"关于存在的理论"，特指哲学的分支学科，研究自然存在以及现实的组成结构。它试图回答"什么是存在""存在的性质是什么"等。从这个观点出发，本体论是指这样一个领域，它确定客观事物总体上的可能的状态，确定每个客观事物的结构所必须满足的个性化的需求。本体论可以定义为有关存在的一切形式和模式的系统。

在信息科学领域，本体可定义为被共享的、概念化的一个形式的规格说明。本体是用于描述或表达某一领域知识的一组概念或术语。它可以用来组织知识库较高层次的知识抽象，也可以用来描述特定领域的知识。把本体看作描述某个领域的知识实体，而不是描述知识的途径。一个本体不仅仅是词汇表，而是整个上层知识库（包括用于描述这个知识库的词汇）。这种定义的典型应用是 Cyc 工程，它以本体定义其知识库，本体为其他知识库系统所用。Cyc 是一个超大型的多关系型知识库和推理引擎。

根据本体在主题层次上的不同，将本体分为顶层本体（top-level ontology）、领域本体（domain ontology）、任务本体（task ontology）和应用本体（application ontology），如图 3-3 所示。其中，顶层本体研究通用的概念，例如空间、时间、事件、行为等，这些概念独立于特定的领域，可以在不同的领域中共享和重用。处于第二层的领域本体则研究特定领域（如图书、医学等）中的词汇和术语，对该领域进行建模。与其同层的任务本体则主要研究可共享的问题求解方法，其定义了通用的任务和推理活动。领域本体和任务本体都可以引用顶层本体中定义的词汇来描述自己的本体。处于第三层的应用本体描述具体的应用，它可以同时引用特定的领域本体和任务本体中的概念。

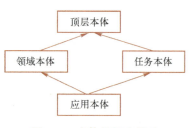

图 3-3　本体的层次模型

领域本体研究特定领域知识的对象分类、对象属性和对象间的关系，它为领域知识的描述提供术语，领域本体应该包含以下含义：

1）本体描述的是客观事物的存在，它代表了事物的本质。

2）本体独立于对本体的描述。任何对本体的描述（包括人对事物在概念上的认识、人对事物的语言描述），都是本体在某种媒介上的投影。

3）本体独立于个体对本体的认识。本体不会因为个人认识的不同而改变，它反映的是一种能够被群体所认同的一致的"知识"。

4）本体本身不存在与客观事物的误差，因为它就是客观事物的本质所在。但对本体的描述，即任何以形式或自然语言写出的本体，作为本体的一种投影，都可能会与本体本身存在误差。

5）描述的本体代表了人们对某个领域的知识的公共观念。这种公共观念能够被共享、重用，进而消除不同人对同一事物理解的不一致性。

6）对本体的描述应该是形式化的、清晰的、无二义的。

3.7 联结

神经网络是由大量简单处理单元经广泛联结而组成的人工网络，试图模拟人脑信息处理的方式，使之具有人脑那样的信息处理能力。现代神经网络研究开始于麦克洛奇（W. S. McCulloch）和皮兹（W. Pitts）的先驱工作。1943 年，他们结合了神经生理学和数理逻辑的研究，提出了 M-P 神经网络模型，这标志着神经网络的诞生。1949 年，赫布（D. O. Hebb）的书《行为组织学》第一次清楚说明了突触修正的生理学习规则。

并行约束满足的模型最初是为计算机视觉研制的。马尔（D. Marr）和波杰奥（T. Poggio）提出了协作算法，用于处理立体视觉（MARR，1982）。两只眼睛产生的是对外部世界的略微不同的表象，人脑如何匹配这两幅表象，并构造出一幅一致的合成的表象呢？马尔和波杰奥注意到匹配是受到好几个约束条件支配的。为了在计算上实现立体视觉，马尔和波杰奥提出使用一个平行的、相互联结的处理器网络，其中用联结机制来表征约束条件。

1986 年，鲁梅哈特（D. E. Rumelhart）和麦克莱兰编著的《并行分布处理：认知微结构的探索（PDP）》一书出版（RUMELHART，1986）。这书中的研究纲领通常被称为联结主义，因为它强调简单的类神经元结构之间联结的重要性，有时也被称为神经网络或并行分布式处理。鲁梅尔哈特和麦克莱兰提出并行分布处理模型的 8 个要素：

1) 一组处理单元。
2) 单元集合的激活状态。
3) 各个单元的输出函数。
4) 单元之间的联结模式。
5) 通过联结网络传送激活模式的传递规则。
6) 把单元的输入和它的当前状态结合起来，以产生新激活值的激活规则。
7) 通过经验修改联结模式的学习规则。
8) 系统运行的环境。

并行分布处理模型的一些基本特点，可以从并行分布处理示意图（见图 3-4）中看出来。图中有一组用圆表示的处理单元。在每一时刻，各单元 u_i 都有一个激活值 $a_i(t)$。激活值通过函数 f_i 而产生一个输出值 $o_i(t)$。通过一系列单向连线，该输出值被传送到模型的其他单元。每个联结都有一个叫作联结强度或权值的实数 w_{ij} 与之对应，它表示第 j 个单元对第 i 个单元影响的大小和性质。采用某种运算（通常是加法），把所有的输入结合起来，就得到一个单元的净输入

$$\text{net}_j = \sum_i w_{ij} o_i \tag{3-1}$$

单元的净输入和当前激活值通过函数 f 的作用，就产生一个新的激活值。图 3-4 下方给出了函数 f 的具体例子。

内部联结模式并非一成不变的，并行分布处理模型是可塑的；更确切地说，权值作为经验的函数，是可以修改的，因此，并行处理模型能演化。单元表达的内容能随经验而变化，因而并行处理模型能用各种不同的方式完成计算。

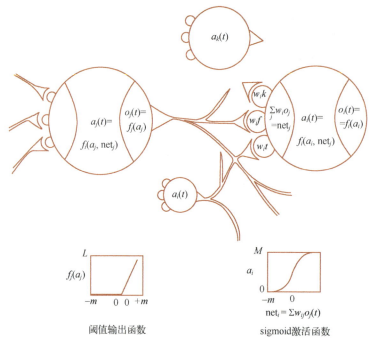

图 3-4　并行分布处理示意图

神经网络提供了强有力的感觉表征，使我们能够使用比语言更为丰富的方式来表征味觉。舌头有 4 种味觉感受器：甜、酸、咸、苦。假设一个系统各有一个单元来分别对应 4 种感受器，而每一个单元有 10 种不同层次的激活水平，那么对应于每一种不同的激活模式，这个系统就可以辨别 $10^4 = 10000$ 种不同味觉。

3.8　图式

图式（schema）实质上是一种心理结构，是能帮助人们知觉、组织、获得和利用信息的认知结构。认知心理学家认为，人们在认知过程中通过对同一类客体或活动的基本结构的信息进行抽象概括，在大脑中形成的框图便是图式。皮亚杰、鲁梅尔哈特等人认为图式由表示概念要素的若干变量所组成，是一种知识框架及分类系统。

图式这一概念最初是由康德（I. Kant）提出的，在康德的认识学说中占有重要的地位。他把图式看作是"潜藏在人类心灵深处的"一种技术、一种技巧。因此，在康德那里，图式是一种先验的范畴。皮亚杰通过实验研究，赋予图式概念新的含义，成为他的认知发展理论的核心概念（PIAGET，1970）。他把图式看作是包括动作结构和运算结构在内的从经验到概念的中介；在皮亚杰看来，图式是主体内部的一种动态的、可变的认知结构。他反对行为主义的 S-R 公式，提出 S→(AT)→R 的公式，即一定的刺激（S）被个体同化（A）于认知结构（T）之中，才能做出反应（R）。个体所以能对各种刺激做出这样那样的反应，是由于个体具有能够同化这些刺激的某种图式。这种图式在认识过程中发挥着不可替代的重要作用，即能过滤、筛选、整理外界刺激，使其成为有条理的整体性认识，从而建立新的图式。

皮亚杰提出的智力结构具有 3 个要素：整体性、转换性和自动调节性。结构的整体性是指结构具有内部融贯性，各成分在结构中的安排是有机的联系，而不是独立成分的混合，整体和部分都由一个内在规律所决定。一个图式有一个图式的规律，由全部图式所构成的儿童的智力结构并非各个图式的简单相加。结构的转换性是指结构并不是静止的，而是由一些内在的规律控制着结构的发展。儿童的智力结构在同化、顺应、平衡的作用下不断发展，就体现了这种转换性。结构的自动调节性是指结构由于其本身的规律而自行调节，结构内的某一成分的改变必将引起其结构内部其他成分的变化。只有作为一个自动调节的转换系统的整体，才可称为结构。

同化与顺应是皮亚杰用于解释儿童图式的发展或智力发展的两个基本过程。皮亚杰认为"同化就是外界因素整合于一个正在形成或已形成的结构"，也就是把环境因素纳入机体已有的图式或结构之中，以加强和丰富机体的动作。也可以说，同化是通过已有的认知结构获得知识（本质上是旧的观点处理新的情况）。例如，学会抓握的婴儿当看见床上的玩具时，会反复用抓握的动作去获得玩具。当独自一个人、玩具较远而手够不着（看得见）时，婴儿仍然用抓握的动作试图得到玩具，这一动作过程就是同化，即婴儿用以前的经验来对待新的情境（远处的玩具）。从以上解释可以看出，同化的概念不仅适用于机体的生活，也适用于行为。顺应是指"同化性的格式或结构受到它所同化的元素的影响而发生的改变"。也就是改变机体动作以适应客观变化。也可以说改变认知结构以处理新的信息（本质上即改变旧观点以适应新情况）。例如上面提到那个婴儿为了得到远处的玩具，反复抓握，他偶然地抓到床单一拉，玩具从远处来到了近处，这一动作过程就是顺应。

皮亚杰以同化和顺应释明了机体认知结构与环境刺激之间的关系，同化时机体把刺激整合于自己的认知结构内，一定的环境刺激只有被机体同化（吸收）于他的认知结构（见图式）之中，机体才能对之做出反应。或者说，机体之所以能对刺激做出反应，也就是因为机体已具有使这个刺激被同化（吸收）的结构，使得这个结构具有对之做出反应的能力。认知结构由于受到被同化的刺激的影响而发生改变，这就是顺应。简言之，刺激输入的过滤或改变叫作同化，而内部结构的改变以适应现实就叫作顺应。同化与顺应之间的平衡过程，就是认识的适应，也就是人的智慧行为的实质所在。

同化不能改变或更新图式，顺应则能起到这种作用。但皮亚杰认为，对智力结构的形成有益的是同化。顺应使图式得到改变，但同化过程中机体动作重复和概括才导致了图式的形成。

3.9 小结

心理表征是认知科学的核心概念之一，是指知识在心理活动中的表示和记录的方式。心理表征是外部事物在心理活动中的内部再现，因此它一方面反映客观事物，代表客观事物，另一方面又是心理活动进一步加工的对象。心理表征有不同的方式，本章主要介绍了常见的心理表征方式：逻辑、产生式系统（规则）、框架、案例、本体、联结（神经网络）、图式。可以根据 5 个标准对它们进行评价：表征能力、计算能力、心理学似然性、神经科学似然性和实现上的可应用性。

心理表征是有关外部事物的信息，在心理活动中关联在一起形成的信息结构，具有相对正确性、不确定性、可表示性、可解释性和可利用性等特点。心理表征方式对构建认知系统十分重要，不同的心理表征方式，需采用不同的心理处理程序。

思考题

3-1 什么是心理表征？

3-2 用谓词逻辑表示下面的句子：

a) 并不是所有的学生选修了历史和生物。

b) 历史考试中只有一个学生不及格。

c) 只有一个学生历史和生物考试都不及格。

d) 历史考试的最高分比生物考试的最高分要高。

3-3 产生式系统中的事实和规则可以怎么表示？用产生式表示法设计一个医学知识库。

3-4 框架表示法有什么特点？试构造一个描述你的卧室的框架网络。

3-5 根据你的计算机原理知识，构建一个记忆网。

3-6 基于本体，构建一个新冠病毒知识图谱。

3-7 试简述联结方式中的并行处理模型

3-8 什么是图式？图式演化的机制是什么？

第4章 感知、视觉和注意

感知是客观外界直接作用于人的感觉器官而产生的。视觉在人类的感知中担负着重要的任务。视觉系统具有将外部世界的二维投射重构为三维世界的能力。视觉主要有两个功能：一是目标知觉，即它是什么；二是空间知觉，即它在哪里。近年来，利用大数据、深度学习、云计算的研究成果，机器在视觉感知方面取得很大进展，越来越接近人类视觉水平。

注意是心理活动在某一时刻所处的状态，表现为对一定对象的指向与集中。注意有两个明显的特点：指向性和集中性。

4.1 感知的基本形式

感知是客观外界直接作用于人的感觉器官而产生的。在社会实践中，人们通过眼、耳、鼻、舌等器官接触客观事物。在外界刺激下，人的感觉器官产生了信息流，沿着特定的神经通道传送到大脑，形成了对客观事物的颜色、形状、声音、冷热、气味、疼痛等的感觉和印象。

感知在发展中有感觉、知觉、表象3种基本形式。感觉是客观事物的个别属性、特性在人脑中的反映。知觉是各种感觉的综合，是客观事物整体在人脑中的反映，它比感觉全面和复杂。在知觉的基础上，产生表象。表象即印象，可通过回忆、联想使这些印象再现。表象与感觉、知觉不同，是在过去对同一事物或同类事物多次感觉、知觉的基础上形成的，具有一定的间接性和概括性。但表象只是概括感性材料的最简单的形式，它还不能揭露事物的本质和规律。

4.1.1 感觉

客观事物直接作用于人的感觉器官，人脑中就产生了对这些事物的个别属性的反映，这种反映叫作感觉。客观事物作用于人的感觉器官，刺激人的神经组织。当这种刺激沿着传入神经传到大脑半球皮质时便产生了感觉。

人对客观世界的认识过程，是从感觉开始的。从这个意义上讲，感觉是人关于世界的一切知识的源泉。通过它，人才有可能逐步认识不依赖于自身而存在的客观世界。人借助于感觉，感知事物的各种属性，如颜色、形状、气味、声响等。感觉也使人知道自己身体所发生的变化，如躯体的运动和位置、内部器官的工作状况等。不通过感觉，我们就不能知道实物的任何形式，也不能知道运动的任何形式。

感觉既然是客观事物（刺激物）作用于感觉器官而产生的，研究感觉过程就要从了解刺激物开始，了解它如何作用于感觉器官，并相应地产生感觉现象。刺激与刺激过程、向中枢的传导、感觉现象及其规律，是研究感觉过程的3个环节。后面两个环节，特别是最后一个环节，是感觉心理研究的主要对象。这两个环节是和分析器的活动及其结果相联系的。分析器由 3 个部分构成：

1) 外周部分（感受器），接受作用于它的刺激物。
2) 传入神经，把神经兴奋传递到中枢。
3) 大脑皮层下和皮层的中枢，来自外周部分的神经冲动在这里进行分析和综合。

事物具有各种属性，它们作用于人的不同的分析器而产生不同的感觉。依据产生感觉的分析器和它所反映的特定刺激物，可以把感觉分为不同的种类。所有分析器可以分成三大类：外部分析器、内部分析器和运动分析器。外部分析器的各种感受器位于身体的表面，接受各种外部的刺激。内部分析器在身体的内部器官和组织中分布着各种末梢感受器，接受有机体内部发生变化的讯号。运动分析器的末梢感受器在肌肉和韧带内，能提供关于身体各器官的运动和位置的信息，以及确定外界事物的属性。由外部分析器活动引发的感觉有视觉、听觉、触觉、味觉和嗅觉。与内部分析器的工作相联系的有机体觉等。与运动分析器工作相联系的有运动觉等。痛觉能发出关于刺激物的伤害强度的信号，它分布在所有分析器中。

在我们周围，物质能量以许多形式存在着：发光的、振动的、化学的、热量的、机械的。它们之间除了种类差异很大外，强度变化也很大。这些物质能量形式是我们与外部物质世界中的事物的直接联系。接受这些能量的感官，规定了我们凭此可以掌握关于外部物质世界的第一手知识的范围。对于刺激物的感觉能力称为感受性，可用感觉阈限的大小来度量。感觉阈限是能引起感觉的、持续一定时间的刺激量。

并不是任何刺激都能引起感觉。如要产生感觉，刺激物就必须达到一定的量。刚刚能引起感觉的最小刺激量，称为绝对感觉阈限。为建立一个一致的标准，在测量上，绝对感觉阈限可以人为地定为有一半次数被感知出来的一个刺激的最低刺激强度。

绝对感受性是觉察出最小刺激量的能力。引起感觉所需要的刺激越弱，也就是说，绝对感觉阈限越小，那么，绝对感受性就越强。绝对感受性和绝对感觉阈限在数值上成反比关系。如以 E 代表绝对感受性，以字母 R 代表绝对感觉阈限，那么，它们之间的关系就可以用公式（4-1）表示：

$$E = \frac{1}{R} \tag{4-1}$$

如不同强度的两种刺激先后或同时出现时，它们的差异必须达到某种程度，才能经由感官予以辨别。感觉所能觉察的刺激物的最小差异量叫作差别感觉阈限。与之相应的感受性，叫作差别感受性。差别感受性也与差别感觉阈限成反比关系。差别感觉阈限由刺激的性质和机体的状态不同而变动极大。1834 年德国生理学家韦伯（E. H. Weber）发现，在一定限度内，差别感觉阈限近似为刺激强度的恒定的分数，用数学公式表示如下：

$$\frac{\Delta I}{I} = K \tag{4-2}$$

式中，ΔI 表示差别感觉阈限；I 表示最初刺激物的强度；K 为近似的常数。后来这个事实被称为韦伯定律。对每一确定的物质能量类型而言，其韦伯分数 K 值是不相同的。

4.1.2 知觉

认知心理学将知觉看作感觉信息的组织和解释，即获得感觉信息的意义的过程。客观事物直接作用于人的感觉器官，人脑中就产生了对这些事物各个部分和属性的整体的反映，这种反映叫作知觉。知觉和感觉都是当前事物在人脑中的反映，其差别在于：感觉是对外界事物的个别属性（如颜色、气味、温度等）的反映，知觉是对事物的各种属性、各个部分及其相互关系的综合的整体的反映。在知觉的时候，人脑中产生的不是事物的个别属性或部分的孤立的映象，而是由各种感觉结合而成的具体事物的映象——如人、计算机、房屋等。任何事物都是由许多属性和部分组成的综合体，事物的整体与它的个别属性和部分是不可分割的，如看到房屋，就知觉到这是研究所、工厂、居民区等。同时，知觉又必须以感觉为基础，要知觉民房，必须看到卧室、厨房等。感觉到的事物的个别属性和部分越丰富，对事物的知觉就越完整、越正确。人在实际生活中都是以知觉的形式直接反映事物的，就是说，客观现实是作为具体事物反映在意识中的，人很少有孤立的感觉。只有在心理学中进行科学分析时，才把感觉分出来研究。

知觉是客观现实在人脑中的主观反映，因而知觉受人的各种特点的制约。一个人的知识、兴趣、情绪等都直接影响着知觉过程。人在实践中积累了对一定对象的经验和知识，他就借助于这些经验和知识把当前的刺激物认知为现实世界的确定的事物。如果所感知的事物与过去的经验和知识没有联系，就不能立刻把它确认为一定的对象。

经验在知觉中起重要作用，因为知觉是人脑的复杂的分析、综合活动的产物，是对复合刺激物和刺激物之间的关系所形成的反射活动，以前形成的暂时的关系将影响知觉的内容和性质。

知觉一般是由多种分析器联合活动而产生的。许多分析器的共同参与能反映知觉对象的多种多样的属性，就产生了综合的、完整的知觉。例如，人们看电视，实际上是视分析器和听分析器联合活动的结果，其中视分析器起着主导的作用。

在复合刺激物发生作用时，各个组成部分的强度和相互关系具有重要意义。复合刺激物中强的成分掩蔽弱的成分，弱的成分在复合刺激物中仿佛失去了自己的独立作用。同样一些部分处于不同的关系中就成为不同的知觉整体，即形成了不同的关系反射。例如音乐中不同的曲调。知觉的整体性对于生活具有重大的意义。客观世界的事物与现象都是不断变化的，知觉的整体性，使得人能适应变化的环境。人在新环境中遇到某对象的时候，能够根据对象各种标记间的联系来辨认它。例如，对亲人的认识、对笔体的辨别。知觉的整体性使人对客观事物的认识趋于完善，从而保证活动有效进行。

当知觉的条件在一定范围内发生改变的时候，知觉的映象仍然保持相对不变，这就是知觉的恒常性。在视知觉中，知觉的恒常性表现得特别明显。对象的亮度、颜色、形状、大小等映象与客观刺激的关系不完全服从于物理学的规律。不管在白天还是黄昏，人对煤块的知觉总是黑色的。这种知觉的恒常性对生活有很大的作用，保证了在不同情况下，按照事物的实际面貌反映事物，从而使人能够根据事物的实际意义适应环境。

4.1.3 表象

表象（representation）是指客体不在主体面前呈现时，在观念中所保持的客体的形象和形象在观念中复现的过程。表象有以下特征：

1. 直观性

表象是在知觉的基础上产生的，构成表象的材料均来自过去知觉过的内容，因此表象是直观的感性反映。但表象又与知觉不同,它只是知觉的概略再现。相较于知觉,表象有以下特点:①表象不如知觉完整,不能反映客体的详尽特征,它甚至是残缺的、片断的;②表象不如知觉稳定,是变化的、流动的;③表象不如知觉鲜明,是比较模糊的、暗淡的,它反映的仅是客体的大体轮廓和一些主要特征。然而在某些条件下,表象也可以呈现知觉的细节,它的基本特征是直观性。例如,儿童有一种"遗觉象"(eidetic image)现象:向儿童呈现一张内容复杂的图片,几十秒钟后把图片移开,使其目光投向一灰色屏幕,他就会"看见"同样一张清晰的图片;儿童根据当时产生的映像可准确地描述图片中的细节,同时他们也清楚地觉得图片并不在眼前。

在表象的分类上,反映某一具体客体的形象,称为个别表象或单一表象,上述遗觉象就属于个别表象。反映关于一类客体共同的特征的表象,称为一般表象。一般表象更具上述与知觉相区别的那些特点。

2. 概括性

一般来说,表象是多次知觉概括的结果,它有感知的原型,却不限于某个原型。因此表象具有概括性,是对某一类客体的表面感性形象的概括性反映,这种概括常常表征为客体的轮廓而不是细节。

表象的概括性有一定的限度,对于复杂的事物和关系,表象是难以概括的。例如,上述产生遗觉象的图片,如果是呈现一个故事的片断,那么整个故事的前因后果、人物关系相互作用的来龙去脉,就不可能在表象中完整地呈现,各个关于故事的表象不过是故事片断的反映,要表达故事情节和含义,就要靠语言描述中所运用的概念和命题。对连环画的理解是靠语言把一页页画面连贯起来的,漫画的深层含义也是由词的概括来显示的。

因此,表象是感知与思维之间的一种过渡反映形式,是二者之间的中介反映阶段。作为反映形式,表象既接近知觉,又高于知觉,因为它可以离开具体客体而产生;表象既具有概括性,其概括水平又低于词的概括水平,它为词的思维提供感性材料。从个体心理发展来看,表象的发生处于知觉和思维之间。

3. 表象在多种感觉道上发生

表象可以是各种感觉的映像,如视觉、听觉、嗅觉、味觉、触觉、动觉的表象等。表象在一般人中均会发生,但也可因人而异。视觉的重要性,使得大多数人都有比较鲜明和经常发生的视觉表象。很多事例说明,科学家和艺术家通过视觉的形象思维能完成富有创造性的工作,甚至在数学、物理学研究中视觉表象都相当有作用。

视觉表象也给艺术家、作家带来创造力。艺术家往往具有视觉表象的优势。柯勒律治的名诗《可汗王》是一篇完整的以视觉表象呈现的佳作。声音表象对言语听觉和音乐听觉智能的形成起重要作用。运动表象对各种动作和运动技能的形成极为重要。而某些乐器的操作,例如钢琴以及提琴等,则既需要听觉表象,又需要动觉表象的优势。

4. 表象在思维中发挥作用

表象不仅是一种映像,而且是一种操作,即心理操作可以以表象的形式进行,即形象思维活动。从这个意义上说,表象的心理操作、形象思维与概念思维可处于不同的相互作用中。

表象思维(形象思维)就是凭借表象进行的思维操作。"心理旋转"研究的结果是一项有说服力的证据。在一项心理旋转的实验中,每次向被试呈现一个旋转角度不同的字母R,

呈现的字母有时是正写的（R），有时是反写的（Я）。被试的任务是判断字母是正写的还是反写的。结果表明，从垂直方向旋转的角度越大，做出判断所需的时间（反应时）越长。对这一结果的解释为：被试首先必须把呈现的字母在头脑中进行旋转，直到它处于垂直位置，然后才能做出判断。反应时所反映的进行心理旋转（表象操作）所用的时间上的差异，证明了形象思维（表象操作）的存在。实际上，企图用其他方法（如通过用例题）描述字母的位置，是困难的。

在更多情况下，信息在脑中可以进行编码，图像也可以进行编码，表象与词在心理操作中双重编码。在一定条件下，图像和词是可以互译的。具体的图像可以通过语言来提取、描述和组织。例如：电影剧本作者通常进行图像编码，最后通过语言存储起来，这就是剧本；同时，导演按照剧本再生图像，这就是表演，也就是通过语言使图像恢复。

词的思维操作所需表象的参与和支持，甚至表象在思维操作中是否出现，可因思维任务的不同而异。例如，几何学在运算中很大程度上依赖图形操作的支持，图形操作是几何运算的必要支柱。但是，代数学、方程式，只用符号概念按照公式进行演算即可，完全排除了图形操作。

由此可见，表象和感知觉都是感性认识，都是生动、直观的。但表象与事物直接作用于感官引起的感觉不同，表象是在过去对同一事物或同类事物多次感知的基础上形成的，具有一定的间接性和概括性。这些具有一定概括性的表象，在人的词、语言的调节控制下，有可能逐步由以感知为主的感性认识发展到以概念、思维为主的理性认识，这是一个质的飞跃。因此，表象是由直接感知过渡到抽象思维的一个必要的中间环节。但是，表象只是概括感性材料最简单的形式，还不能揭露事物的本质和规律。

表象比感觉和知觉具有更强的普遍性，是一个关键的心理学概念。但是由于表象是一种内部化的心理过程，不像感知觉那样外显，因而对表象的研究一直处于非常落后和混乱的状态。行为主义否定意识的存在，只承认所谓客观的刺激反应，因而把表象和其他意识现象一起排除于心理学之外。格式塔心理学虽然承认表象的存在，但它以二元论的"同型论"的观点来加以解释。现代认知心理学运用信息加工理论，强调心理过程的操作顺序，因而在这方面取得了一定进展，提出对偶编码、共同编码等理论。

现代认知心理学认为，研究表象就是研究在没有任何外部刺激的情况下，人对视觉、空间等信息的内部加工过程。可以通过客观规定的条件和可以客观观察的效应，例如反应速度和成功率，来探求表象和相应的知觉在相同客观规定条件下所发生的相同效应。这时，表象被看作是真实物体的类似物，对表象的加工则类似于知觉真实物体时的信息加工。实验研究证明：表象并不受视感觉通道或其他感觉通道的束缚，表象也不是脑中存储的、原始的、未受加工的图像，即表象并非对事物的刻板的摹写。这使人们能比较客观地、具体地看到，表象也和感知觉以及其他心理现象一样，是客观事物的能动的反映。

表象既能反映事物的个别特点，也能反映事物的一般特点，既具有形象性（直观性），又具有概括性。从其形象性（直观性）看，它接近知觉；从其概括性看，它接近思维。概括的表象是从个别的表象逐步积累融合而成的，个别的表象在人的活动中不断地向概括的表象发展。如果没有离开具体事物来反映客观现实的概括的表象，人们的认识将永远只能局限于对当前事物的感知上，永远只能局限于对现实的、直观的、感性的认识。因此，表象这种不受具体事物局限的概括的反应机能，使它有可能成为从感知到思维的过渡和

认知基础

桥梁。

从生理机制上看,表象是在人脑中由于刺激的痕迹的再现(恢复)而产生的,这种痕迹,在人的不断反映外界事物的过程中不断进行分析、综合,因而产生了概括的表象,为过渡到思维准备了条件。现代认知心理学,以信息论的观点论证了这种痕迹的保存,也就是信息的储存。表象的这种痕迹可以储存,已储存的各种痕迹(信息)还可以被进行加工、编码。

概括的表象的形成,一般可以分为组合和融合两种方式。表象的组合是指表象不断积累的过程。对同一事物或同一类事物的表象不断进行组合,使其更加丰富和广阔。例如,一个大学生初进大学那一天,关于这个大学的表象是简单的、贫乏的;但在以后的大学生活中,关于教室、礼堂、同学的表象就积累起来、组合起来,其表象更具有概括性。在这里,联想律(接近、相似、对比)起着重要的作用。表象的组合是记忆表象的主要特点。

表象的融合是比联想更复杂的一种对表象的创造性改造的形式。所有参加融合的表象都多少改变着自己的品质,从而融合为一个新的形象。神话中的美人鱼或作家所创造的典型人物,就是经过融合而形成的新的表象。这也就是创造表象(想象)的主要特点。

概括的表象是由感觉和知觉向概念、思维过渡的直接基础。表象的不断概括,使其不断离开直接的感知基础,因此就有可能向概念、思维过渡。

表象的概括性以及表象向概念、思维过渡,离不开人的语言、词的作用。语言、词的参与,不但是由直观的表象向抽象思维过渡的主要条件,而且语言、词也可以引起、制约、改造表象。因此,现代认知心理学认为表象是对偶编码的,既可以是图像编码,也可以是语言编码。图像和语言在一定条件下是可以互译的。因为抽象概念的相互限制就可成为具体图像:红、圆、硬、球、三、寸、直径,这几个词所指的都是抽象概念,而在"直径为三寸的硬红圆球"这句话中,由于这几个抽象概念的相互限制,就表达出来一个具体的事物。所以图像可以通过编码而以语言的形式储存起来;语言可以通过译码而恢复为图像,如再造想象。也应指出,虽然表象是具体感知向思维过渡的重要环节,但表象和思维也存在着本质的差异。无论表象的概括性有多高,它始终都具有形象性这一特点,是属于感性认识的范畴的。因此表象与思维既有联系,又有区别。只看到联系、看不到区别,只看到区别而看不到联系,都是不对的。"表象不能把握整个运动,例如它不能把握每秒钟 30 万千米的运动,而思维则能够把握,而且应当把握。"

表象基于概括性向概念、思维转化的过程中,一般可以有抽象思维和形象思维两条路线,虽然在一般人的认识中这两条路线是紧密不可分的,但从事不同工作或活动的人可以有不同的优势。例如,科学家、哲学家一般擅长抽象思维,而文学家、工程师则擅长形象思维。我们不能说哪一种思维好,哪一种思维不好。在儿童思维发展过程中,学前儿童具有更多的形象思维,这种形象思维有待于向抽象思维发展。在这一意义上,可以说,形象思维是比抽象思维低一级的形态。但在上述成人思维的发展中,由于工作的需要而使某种思维更占优势,就不是什么高级、低级的问题了:不管是科学家、哲学家,还是文学家、工程师,他们都既需要有抽象思维能力,又需要有形象思维能力,两者缺一不可;只是不同的工作范围要求他们的某种思维更加发达而已。

表象有各种不同的形态或种类,这是根据不同的角度或标准来划分的。按表象的概括性,可以分为个别表象和一般表象(或概括表象)。

我们知觉某一事物时，产生反映这一个别事物的知觉。例如，关于某一桌子的知觉，与另一桌子的知觉不同。与此相应的表象，是关于某一桌子的表象，而不是另一桌子的表象，这就是个别表象。人在认识过程中，常常不只感知某一桌子，而且常常感知许多不同的桌子，这时就产生概括地反映一类事物的表象（概括了各种不同的桌子），这就是一般表象（概括表象）。个别表象反映个别事物的特征，而一般表象反映许多类似事物共有的、一般的特征。

一般表象是在个别表象的基础上产生的，是由个别表象概括而成的。概括表象所反映的个别表象的特征，不是原封不动、呆板的反映，而是有所改变、有所取舍的反映。一般表象所反映的，常常是各个个别表象中那些相似的（或共同的）和比较固定的特征。语言、词在形成一般表象过程中发挥重要作用。

一般说来，表象总是从个别向一般发展，一般表象也总是不断向更富有概括性的方向发展，向更广、更深方向发展。

但是，表象不管有多强概括性，它总是具有一定的直观性、具体性、形象性的，总是事物的直观特点的反映。它与概念有着本质上的差异。概念是在思维的抽象活动中形成的；当人们形成概念的时候，总是离开了一般表象，摆脱了某些对象所具有的具体特点，而只是反映事物的最一般的联系和规律性的。

按表象的功能分，可以有以回忆为主的记忆表象和以创新为主的想象表象。

1. 记忆表象

记忆表象是以人们过去感知的事物为基础，当事物不在面前时，在头脑中再现出来的事物痕迹的形象。

记忆表象不同于遗觉象。遗觉象可以和知觉一样非常明晰、确定、完全。记忆表象则往往比较具有暗淡性、不稳定性和片断性。记忆表象的这些特点，既是记忆表象的缺点（不如知觉），也是记忆表象的优点。因为这些特点，可以使记忆表象不受当前知觉的限制、束缚，所以可以在人们不断活动的基础上，通过反复知觉一类事物，使人脑内的表象不断从个别的逐步成为概括的。概括表象不再是事物形象的简单再现，而是经过复合、融合，达到比感知、比个别表象更丰富、更深刻的水平，从而使表象成为感性认识的最高形态。丰富而深刻的概括表象是人们对客观世界的直接的、具体的感知向间接的、抽象的思维过渡的关键性的中间环节。

记忆表象的概括性，是人在活动中不断感知事物的结果，也是语言、词参加这一反映过程的结果。语言、词不但可以引起表象，而且可以加深表象的概括性，使其达到质的飞跃，达到概念、思维的水平。

记忆的形成和发展受记忆规律（储存、加工、激活等）的支配。儿童、青少年要有丰富、深刻的记忆表象，就要按记忆的规律来加以培养。

2. 想象表象

想象表象是人脑在原有表象的基础上加工改造而形成的新表象。

1）想象表象和记忆表象都具有一定概括性，但是想象表象不同于记忆表象，它是对原有表象进行加工改造而形成的新的表象。例如，幼儿在"过家家"游戏中，抱着洋娃娃扮演"妈妈"时，就是在头脑中把妈妈的表象和关于孩子的表象结合起来了，这里的创造性是很低的。而作家塑造典型人物，则是一个极为复杂的创造过程，既有抽象思维，也有形象思维，其中想象表象发挥最重要的作用。

2）想象表象和记忆表象一样，既来源于具体感知，也来源于语言、词的帮助。

3）想象表象可以根据有意性的不同，而分为无意想象和有意想象。无意想象是没有特定目的、不自觉、低级形式的想象，无意想象在幼儿的想象中是常见的，梦是无意想象的极端形态。有意想象则是有特定目的、自觉的想象。有意想象在人的积极、创造性的思维中起着重大作用。

4）想象也可以根据独立性、新颖性、创造性的不同，而分为再造想象和创造想象。再造想象是指依据对已有的、别人的描述而自己不曾感知过的事物想象出新形象。如学生关于古代奴隶的形象、远地的地理形象等进行的想象。再造想象在学生学习过程中、在科技人员和工人的工作中的思维活动有很大作用。创造想象是指不依据现有描述而独立创造出新的事物的形象。在学生创造性的学习中，在人们创造新技术、新产品、新作品的思维活动中，创造想象起着关键作用。

3. 记忆表象和想象表象的区别

记忆表象和想象表象的区别主要不是由于它们所运用的表象材料有什么不同，而是由于人们活动的目标、需要的不同，因而对表象的加工、运用方式不同。在人们的活动中，有些需要更多的记忆表象，而另一些则需要更多的想象表象。例如，一个乐曲的演奏者在演奏特定乐曲时，需要有一定的创造因素（表现在他对所奏乐曲的独到的领会和特殊的态度上），而不是毫无感情地简单再现乐曲的内容。但是，在这位演奏者的演奏过程中占主要地位的毕竟是记忆表象，他必须根据这些记忆表象来演奏，因为他所演奏的是某一首乐曲，而不是其他乐曲。而在作家、诗人、作曲家、设计工程师等人的创造性工作中，情况就不一样了，他们主要是基于想象表象来工作的。当然，在他们进行工作时，丰富而深刻的记忆表象也是非常重要的。从这意义上来说，记忆表象又常常是想象表象的基础。

根据人的感觉通道（或分析器）来划分表象的种类，则可以有和每一种感觉通道相适应的表象，如视觉表象、听觉表象、味觉表象、嗅觉表象、触觉表象、运动表象等。

这种以感觉通道来划分的表象，只是具有相对的意义。对于绝大多数人来说（包括音乐家、画家），这些感觉类表象都带有混合的性质。在人们的活动中，一般说来，既没有单独的视觉表象，也没有单独的听觉表象或运动表象，而常常是各种表象的混合，这是因为人们在知觉事物时，总是要同时运用各种感官的。只有在某种相对的意义上，我们可以说，一些人视觉表象更发达，而另一些人则听觉表象更发达。

表象是一个富有特色的心理过程。它在心理学发展早期曾被关注，但随着行为主义的兴起，在20世纪20年代开始趋于沉寂，在认知心理学兴起后，其研究又重新受重视并迅速发展，成果也非常丰富。认知心理学对"心理旋转"和"心理扫描"的研究，也取得了令人瞩目的成果。

4.2　知觉理论

知觉理论是指人类系统地对环境信息加以选择和抽象概括的理论。迄今为止，主要建立了4种知觉理论：建构理论、格式塔理论、生态（直接）知觉理论、拓扑视觉理论。

4.2.1 建构理论

过去的知识经验主要是以假设、期望的形式在知觉中起作用的。人在知觉时，接收感觉输入，在已有经验的基础上，形成关于当前的刺激是什么的假设，或者激活一定的知识单元而形成对某种客体的期望。知觉是在这些假设、期望等的引导和规划下进行的。布鲁纳（J. S. Bruner）等发展出建构理论，认为所有感知都受到人们的经验和期望的影响。建构理论的基本假设如下：

1）知觉是一个活动的、建构的过程，它在某种程度上要多于感觉的直接登记……其他事件会切入到刺激和经验之中来。

2）知觉并不是由刺激输入直接引起的，而是所呈现刺激与内部假设、期望、知识、动机和情绪等因素交互作用的最终产品。

3）知觉有时可受到不正确的假设和期望的影响。因而，知觉也会发生错误。

建构理论关于知觉的看法对记忆的作用赋予极高的重要性。建构论者认为先前经验的记忆痕迹，被加到此时此地被刺激诱导出来的感觉中去，就构造出一个知觉象。而且，建构论者主张有组织的知觉基础是从一个人的记忆中选择、分析并添加刺激信息的过程，而不是格式塔论者所主张的大脑组织的天生定律所引起的自然操作作用。

建构理论关于知觉的假设考验说是一种建立在过去经验作用基础上的知觉理论。支持这个理论的还有其他的重要论据。例如，外部刺激与知觉经验并没有一对一的关系，同一刺激可引起不同的知觉，不同的刺激却又可以引起相同的知觉。知觉定向、抽取特征，并与记忆中的知识相对照，然后再定向、再抽取特征并再对照，如此循环，直到确定刺激的意义，这证明了假设考验说的合理之处。

4.2.2 格式塔理论

格式塔（Gestalt）心理学诞生于1912年。格式塔派学者们发现的感知组织现象是一种非常有力的关于像素整体性的附加约束，从而为视觉推理提供了基础。格式塔是德文 Gestalt 的音译，常译成英文 form（形式）或 shape（形状）。格式塔心理学家研究的出发点是"形"，它是指由知觉活动组织成的经验中的整体。换言之，格式塔派学者认为任何"形"都是知觉进行了积极组织或构造的结果或功能，而不是客体本身就有的。它强调经验和行为的整体性，反对当时流行的建构主义元素学说和行为主义"刺激-反应"公式，认为整体不等于部分之和，意识不等于感觉元素的集合，行为不等于反射弧的循环。尽管格式塔理论不只是一种知觉的理论，但它却源于对知觉的研究，而且一些重要的格式塔理论观点大多是由知觉研究所提供的。

格式塔派学者们相信大脑中组织了固有和天生的法则。他们认为这些法则就解释了以下重要现象：图形——背景的分化、对比、轮廓线、趋合、知觉组合的原则以及其他组织上的事实。格式塔派学者们认为，在他们所提出的各种知觉因素之后存在着一个"简单性"。他们断言，包含着较大的对称性、趋合、紧密交织在一起的单位以及相似的单位的任何模式，对于观察者来说，外表上显得"比较简单"。如果一个构造可以有一种以上的方式，例如，一个线条构成的图画可以看成是扁平的或者看成一个正方块，那个"较简单的"方式会更通常一些。格式塔派学者们并没有忽视潜在经验对于知觉的效应，但是他们的首要着重点是放在成为神经系统不可分的内在机制的作用上。因此,他们假设,似动(又称Φ现象)是大脑的天生的组织起来的倾向的结果。

单个图形背景的模式一般很少,典型的模式是几个图形有一个共同的背景。一些单个的图形还倾向于被知觉集聚在一起的不同组合。格式塔心理学创始人之一的韦特海默(Wertheimer)系统地阐述了如下"组合原则":

(1)邻近原则　彼此紧密邻近的刺激物比相隔较远的刺激物有较大的组合倾向。邻近可能是空间的,也可能是时间的。按不规则的时间间隔发生的一系列轻拍响声中,在时间上接近的响声倾向于组合在一起。由于邻近而组合成的刺激不必都是同一种感觉形式的,例如夏天下雨时,雷电交加,我们就把雷电、下雨知觉为一个整体,即把它们知觉为同一事件的组成部分。

(2)相似原则　彼此相似的刺激物比不相似的刺激物有较大的组合倾向。相似意味着强度、颜色、大小、形状等一些物理属性上的类似。"物以类聚"就体现了这种原则。

(3)连续原则　人们的知觉倾向于知觉连贯或连续流动的形式,即一些成分和其他成分连接在一起,以便有可能使一条直线、一条曲线或者一个动作沿着已经确立的方向继续下去。

(4)闭合原则　人们的知觉倾向于形成一个闭合或更加完整的图形。

(5)对称原则　人们的知觉倾向于把物体知觉为一个中心两边的对称图,导致对称或平衡的整体而不是非对称的整体。

(6)共方向原则　共方向也称共同命运原则。如果一个对象中的一部分都向共同的方向运动,那么这些共同运动的部分就易被感知为一个整体。这个原则本质上是相似组合在运动物体上的应用,它是舞蹈设计中的一个重要手段。

在每一种刺激模式中,一些成分都有某种程度的邻近、某种程度的相似以及某种程度适合"好图形"的要素。有时组合的一些倾向在同一方向上起作用,有时它们彼此冲突。例如,图4-1给出了格式塔知觉组合原则例图。

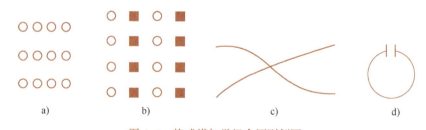

图4-1　格式塔知觉组合原则例图
a)邻近原则　b)相似原则　c)连续原则　d)闭合原则

格式塔心理学家试图根据心脑同形观来解释知觉原则。按照这种心脑同形观,视觉组织经验与大脑中的某一过程严格对应。格式塔心理学家假定大脑中存在一种电场,以帮助观察环境时产生相对稳定的知觉组织经验。格式塔心理学家主要依赖内省报告或"注视一个图形并从你自己的角度观看"的方法研究知觉。不幸的是,格式塔心理学家对大脑的工作机制知之甚少,而且他们的虚拟生物学解释也没有得到承认。

格式塔理论反映了人类视觉本质的某些方面,但它对感知组织的基本原理只进行了一种公理性的描述,而不是一种机理性的描述;因此自从20世纪20年代提出以来未能对视觉研究产生根本性的指导作用，但是研究者对感知组织原理的研究一直没有停止。特别是在20世纪80年代以后，威特肯（W. Witkin）和特南鲍姆（T. Tenenbaum）、罗伊（D. Lowe）、彭特兰（A. Pentland）等人在感知组织的原理，以及在视觉处理中的应用等方面取得了新的重要研究成果。

4.2.3 直接知觉理论

美国心理学家吉布森（J. J. Gibson）因其对知觉的研究而闻名于学术界。1950年他提出生态知觉理论，也称直接知觉理论，认为知觉是直接的，没有任何推理步骤、中介变量或联想。生态知觉理论（刺激物说）与建构理论（假设考验说）相反，主张知觉只具有直接性质，并否认已有知识经验的作用。吉布森认为，自然界的刺激是完整的，可以提供非常丰富的信息，人完全可以利用这些信息，直接产生与作用于感官的刺激相对应的知觉经验，根本不需要在过去经验基础上形成假设并进行考验。根据他的生态知觉理论，知觉是和外部世界保持接触的过程，是刺激的直接作用。他把这种直接的刺激作用解释为感官对其做出反应的物理能量的类型和变量。生态知觉理论的知觉是环境直接作用的产物这一观点，是和传统的知觉理论相背离的。

吉布森的知觉理论之所以冠以"生态知觉理论"之名，原因在于它强调与生物适应最有关系的环境事实。对吉布森而言，感觉是因进化而对环境的适应，而且环境中有些重要现象，如重力、昼夜循环和天地对比等，在进化史上都是不变的。不变的环境带来稳定性，并且提供了个体生活的参照框架。因此，种系进化的成功依靠正确地反映环境的感觉系统。从生态学的观点来看，知觉是环境向知觉者显露的过程，神经系统并非建构知觉，而是萃取它们。

吉布森认为知觉系统从流动的系列中抽取不变性，他的理论的主要假设有：

1）刺激眼睛的光线的模式是一个光学阵列（optic array），这种结构性的光线包含环境中的所有投射到眼睛的视觉信息。

2）光学阵列提供关于空间中目标分布特征的明确的或恒定的信息。这些信息包括结构极差、光流模式和功能承受性。

3）知觉在很少或没有信息加工参与的情况下，通过共振直接从光学阵列中提取各种丰富信息。

吉布森把具有结构的、表面的知觉叫作正常的或生态学的知觉。他认为，格式塔理论主要以特殊情况下的知觉分析为根据，在特殊情况中，结构化减少了或者是毫不相干的，就像一张纸的结构与印在上面的内容毫不相干一样。

在建构理论中，知觉常常利用来自记忆的信息。而吉布森认为：具有结构表示的高度结构化的世界提供了足够丰富而精确的信息，知觉者可以从中选择，而无须再从过去储存起来的信息中选择。生态知觉理论坚信人们都是用相似的方法看待世界的，高度重视在自然环境中可得到的信息的全面、复合的重要性。

吉布森的生态知觉理论具有一定的科学依据。其假设（知觉反应是天生的）与新生动物的深度知觉是一致的，同时也符合神经心理学中视觉皮层单一细胞对特定视觉刺激有所反应的研究结论。但是，生态知觉理论过分强调个体知觉反应的生物性，忽视了个体经验、知识和人格特点等因素在知觉反应中的作用，因而受到了一些研究者的批评。

建构理论与生态知觉理论的区别之一是前者重视自上而下加工在知觉中的作用,而后者则强调自下而上加工的重要性。事实上,自上而下加工和自下而上加工对知觉的相对重要性取决于不同因素的影响。当观察条件良好时,视知觉主要由自下而上加工决定,但是当快速呈现刺激或刺激清晰度不够导致观察条件不理想时,视知觉主要涉及自上而下的加工过程。生态知觉理论重点考查优化条件下的视知觉,而建构理论则常常选用一些不太理想的观察条件来进行视知觉研究。

知觉的间接和直接理论存在很大的区别,因为相关的理论家所追求的目标很不相同。如果我们考虑针对识别的知觉和针对行动的知觉之间的区别的话,这一点就会明朗得多。来自认知神经科学和认知神经心理学的证据也支持二者之间存在区别这一观点。这方面的证据表明一条腹侧加工通路更多地参与针对识别的知觉,而一条背侧加工通路更多地参与针对行动的知觉。绝大多数知觉理论家都集中在探讨针对识别的知觉上,而吉布森则强调针对行动的知觉。

4.2.4 拓扑视觉理论

视知觉研究已有 200 多年的历史,始终贯穿着"原子论"和"整体论"之争。原子论认为,知觉过程开始于对物体的特征性质或简单组成部分的分析,是从局部性质到大范围性质的。整体论却认为,知觉过程开始于物体的整体性的知觉,是从大范围性质到局部性质的。

1982 年,陈霖在《科学》杂志上就知觉过程从哪里开始的根本问题,原创性地提出了"拓扑性质初期知觉"的理论(CHEN,1982)。这是他在视知觉研究领域的独创性贡献,向半个世纪以来占统治地位的初期特征分析理论提出了挑战。与传统的初期特征分析理论根本不同,拓扑性质初期知觉理论从大范围性质到局部性质的不变性知觉的角度,为理解知觉信息基本表达的问题,为理解知觉和认知过程的局部和整体的关系问题,为理解认知科学的理论基础——认知和计算的关系问题,提出了一个理论框架。

一系列视知觉实验表明,视图形知觉有一个功能层次,视觉系统不仅能检测大范围的拓扑性质,而且较之局部几何性质视觉系统更敏感于大范围的拓扑性质,对由空间相邻关系决定的大范围拓扑性质的检测发生在视觉时间过程的最初阶段。

拓扑学研究的是在拓扑变换下图形保持不变的性质,这种性质被称为一种拓扑性质。所谓拓扑变换,是指一对一的连接变换。它可以形象地想象成橡皮薄膜的任意变形,只要不把薄膜剪开或不把薄膜的任意两点黏合起来。一张橡皮薄膜可以任意地变形,可以从一个三角形变成一个正方形,三角形可以变成圆形或任意不规则的图形(见图 4-2),只要不把它剪开。作为一个连通的整体这个性质,即连通性,仍然保持不变,所以连通性也是一种拓扑性质。另外,一个连通的图形中有没有洞或者有几个洞,也是一种典型的拓扑性质。

a)　　　　　　　　　　b)

图 4-2　拓扑变换和拓扑性质的图示

以人们的直觉的经验来看，圆、三角形和正方形看起来是很不相同的图形，但是从拓扑学的角度来看，它们都是拓扑等价的、相同的。而圆和环，由于一个含有一个洞，另一个不含有洞，因而它们是拓扑不同的。尽管在通常的视觉观察的条件下，从人们在心理学上相似性的角度来说，人们会觉得圆和环相较于圆和三角形、正方形要相像一些，但是如果视觉系统具有拓扑性质初期提取的功能，那么我们应当预计，在不能把圆和三角形、正方形区别开来的短暂呈现的条件下却仍然有可能把圆和环区别开来。用于这类实验的三组刺激图形分别是实心圆和实心正方形、实心圆和实心三角形、实心圆和环（见图 4-3）。要求被试注视每幅图的中心的黑点，然后每幅图被短暂呈现 5 ms，并且在撤去之后立即呈现另一幅空白的没有图形的蔽掩刺激，来干扰视觉系统对在此以前呈现的图形的知觉。要求被试回答的问题并不是被呈现的在注视点两旁的图形是什么样的图形，而是被呈现的两个图形一样不一样。

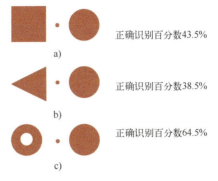

图 4-3 视觉系统对拓扑差异的敏感性

实验的结果也表示在图 4-3 中。主要的实验发现是：视觉系统确实更敏感于拓扑性质的差异，也就是敏感于有一个洞的环和没有洞的实心圆的差别。对圆和环这组刺激图形的正确报告率，要显著高于圆和三角形的正确报告率与圆和正方形的正确报告率。而且，拓扑性质等价的两对图形（圆和三角形与圆和正方形），它们的正确报告率的区别并没有达到统计意义，从而作为对照实验加强了视觉系统对圆和环的差别的敏感就是对它们之间的拓扑差异敏感的假设。这个与日常经验不一致却与拓扑学的解释一致的实验，提供了一个支持拓扑结构假设的较为直接和令人信服的证据。

2005 年，陈霖在 Visual Cognition 第 4 期上发表长达 88 页的重大主题论文（CHEN，2005），将其拓扑视觉理论概括为：知觉组织的拓扑学研究基于一个核心思想和包括两个方面。核心思想是，知觉组织应该从变换（transformation）和变换中的不变性（invariance）知觉的角度来理解。两个方面是：第一方面强调形状知觉中的拓扑结构，即知觉组织的大范围性质能够用拓扑不变性来描述；第二方面进一步强调早期拓扑性质知觉，即拓扑性质知觉优先于局部特征性质的知觉。"优先"有两个严格的含义：第一，由拓扑性质决定的整体组织是知觉局部几何性质的基础；第二，基于物理连通性的拓扑性质知觉先于局部几何性质的知觉。

4.3 知觉恒常性

知觉恒常性是指人能在一定范围内不随知觉条件的改变而保持对客观事物相对稳定特性的组织加工的过程。它是人们知觉客观事物的一个重要的特性。

大小恒常性（size constancy）即大小知觉恒常性。人对物体的知觉大小不完全随视象大小而变化，它趋向于保持物体的实际大小。大小知觉恒常性主要是过去经验的作用，例如，同一个人站在离我们 3 m、5 m、15 m、30 m 的不同距离处，他在我们视网膜上的视象随距离的不同而改变着（服从视角定律）。但是，我们看到这个人的大小却是不变的，仍然按他的实际大小来感知。例如，在图 4-4 中，我们看到了庞邹错觉（Ponzo illusion），图中央看起来长度不同的两条线实际上是一样长的。庞邹错觉是因为两条趋近的线条造成了深度线索而产生的，不同深度的大小相同的图像通常显得大小不同。

图 4-4　庞邹错觉

知觉该图时，我们会认为图 a 中上面的线比下面的线长，图 b 中上面的木头比下面的木头长，尽管两条线和两根木头长短一样

形状恒常性（form constancy）即形状知觉恒常性。人从不同角度观察物体，或者物体位置发生变化时，物体在视网膜上的投射位置也发生了变化，但人仍然能够按照物体原来的形状来知觉（见图 4-5）。例如，房间门被打开时，它在视网膜上的视象形状与实际形状不完全一样，但看到门的形状仍是不变的。形状恒常性表明，物体的形状知觉具有相对稳定的特性。人的过去经验在形状恒常性中起重要作用。

图 4-5　形状知觉

颜色恒常性（color constancy）即颜色知觉恒常性。在不同的照明条件下，人们一般可正确地反映事物本身固有的颜色，而不受照明条件的影响。例如，不论在黄光还是在蓝光的照射下，人们总是把红旗知觉为红色的，而不是黄色的或是蓝色的。黑林（Hering）认为颜色知觉的恒常倾向是由于受记忆色的影响（参见黑林的拮抗理论）。颜色恒常性可保证人对外界物体的稳定的辨认，具有明显的适应意义。

距离恒常性（distance constancy）又称距离的不变性，是指物体与知觉者的距离发生变化时，物体在视网膜上成像的大小也发生相应的变化，但人知觉到的距离有保持原有距离的趋势的特性。

明度恒常性（brightness constancy）即明度知觉恒常性，是指在不同照明条件下，人知觉到的明度不因物体的实际明度的改变而变化，仍倾向于把物体的表面明度知觉为不变。明度知觉恒常性是基于人们考虑了整个环境的照明情况与视野内各个物体反射率的差异。如果周围环境的明度结构发生不正常的变化，明度恒常性就会被破坏。通常采用匹配法来研究明度恒常性，用邵勒斯比率来计算明度恒常性系数。

4.4 视觉通路

视觉系统使生物体具有视觉感知能力。它使用可见光信息构筑机体对周围世界的感知。根据图像发现周围景物中有什么物体和物体在什么地方的过程，也就是从图像得到对观察者有用的符号描述的过程。视觉通路（visual pathway）是传递视觉信息的神经途径。视觉系统具有将外部世界的二维投射重构为三维世界的能力。需要注意的是，不同物体所能感知的不同可见光处于光谱中的不同位置。

光线进入眼到达视网膜。视网膜是脑的一部分，它是由处理视觉信息的几种类型的神经元组成的。它紧贴在眼球的后壁上，厚度只有 0.5 mm 左右。包括三级神经元：第一级是光感受器，由无数视杆细胞和视锥细胞组成；第二级是双极细胞；第三级是神经节细胞，由神经节细胞发出的轴突形成视神经。这三级神经元构成了视网膜内视觉信息传递的直接通道。皮层 17 区神经在接受来自外膝体核的投射后，再发出纤维投射到邻近的 18 区和 19 区皮层。视觉信息在这些区域被进一步整合，至此形成一个完整的视觉通路。

视网膜内有四种光感受器：视杆细胞和三种视锥细胞。在每一种感受器内都含有一种特殊的色素。当一个特殊的色素分子吸收了一个光量子以后，它会在细胞内触发一系列的化学变化，同时释放出能量，导致电信号的产生和突触化学递质的分泌。视杆细胞的视色素称为"视紫红质"，其光谱吸收曲线的峰值波长为 500 nm。三种视锥细胞色素的光谱吸收峰值分别在 430 nm、530 nm 和 560 nm，分别对蓝、绿、红三种颜色最敏感。

视神经在进入脑中枢前以一种特殊的方式形成交叉。从两眼鼻侧视网膜发出的纤维交叉到对侧大脑半球；从颞侧视网膜发出的纤维不交叉，投射到同侧大脑半球。其结果是：从左眼颞侧视网膜来的纤维和从右眼鼻侧来的纤维汇聚成左侧视束，投射到左侧外膝体；再由左侧外膝体投射到左侧大脑半球，与相应脑区对应的是右侧半个视野。相反，从左眼鼻侧视网膜来的纤维和从右眼颞侧视网膜来的纤维汇聚成右侧视束，投射到右侧外膝体；再由右侧外膝体投射到右侧半球，相应脑区对应于左侧半个视野。两个脑半球的视皮层通过胼胝体的纤维互相连接。这种互相连接，使从视野两边得来的信息混合起来。

视皮层本身的神经元主要有两种：星形细胞和锥体细胞。星形细胞的轴突与投射纤维形成联系。锥体细胞呈三角形，尖端朝表层，向上发出一个长的树突，基底则发出几个树突做横向联系。

视皮层和其他皮层区一样，包括六个细胞层次，由表及里用罗马数字 Ⅰ～Ⅵ 来代表。皮层神经元的突起（树突和轴突）的主干都沿与皮层表面相垂直的方向分布；树突和轴突的分枝则横向分布在不同层次内。不同皮层区之间由轴突通过深部的白质进行联系，同一皮层区内由树突或轴突在皮层内的横向分枝来联系。

视皮层的范围包括顶叶、颞叶和部分额叶在内的许多新皮层区，总数达 25 个。另外还有七个视觉联合区，这些皮层区兼有视觉和其他感觉或运动功能。所有视区加在一起占大脑新皮层总面积 55%。由此可见视觉信息处理在整个脑功能中所占有的分量。研究各个视区的功能分工、等级关系以及它们之间的相互作用，是当前视觉研究的前沿课题。确定一个独立的视皮层区的依据是：①有独立的视野投射图，该区与其他皮层区之间有相同的输入和输出神经联系；②该区域内有相似的细胞筑构；③有不同于其他视区的功能特性。

韦尼克（Wernicke）和格什温德（Geschwind）认为，视觉识别的神经通路如图 4-6 所示。根据他们的模型，视觉信息由视网膜传至外膝体，从外膝体传至初级视皮层（17 区），然后传至一个高级视皮层（18 区，也称纹前区），并由此传至角回，然后至 Wernicke 语言区。在 Wernicke 语言区，视觉信息转化为该词的语声（听觉）表象。声音模式形成后，经弓状束传至 Broca 语言区。

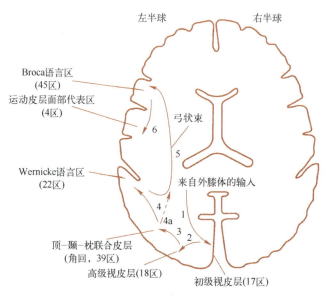

图 4-6　视觉的神经通路

视皮层中 17 区被称为第一视区（V1）或纹状皮层。它接受外膝体的直接输入，因此也称为初级视皮层。对视皮层的功能研究大多数是在这一级皮层进行的。除了接受外膝体直接投射的 17 区之外，和视觉有关的皮层还有纹前区（18 区）和纹外区（19 区）。根据形态和生理学的研究，17 区不投射到侧皮层而仅射到 18 区，18 区向前投射到 19 区，但又反馈到 17 区。18 区内包括三个视区，分别称为 V2、V3 和 V3A，它们的主要输入来自 V1。V1 和 V2 是面积最大的视区。19 区深埋在上颞沟后壁，包括第四（V4）和第五视区（V5）。V5 也称作中颞区，已进入颞叶范围。颞叶内其他与视觉有关的皮层区还有内上额区、下颞区。顶叶内有顶枕区、腹内顶区、腹后区和 7a 区。枕叶以外的皮层区可能属于更高的层次。为什么有这么多的代表区？是不是不同代表区检测图形的不同特征（如颜色、形状、亮度、运动、深度等）？或是不同代表区代表处理信息的不同等级？会不会有较高级的代表区把图形的分离特征整合起来，从而给出图形的生物学含义？是不是有专门的代表区负责储存图像（视觉学习记忆）或主管视觉注意？这些都将是视觉研究在一个更长的时间内要解决的问题。

视皮层神经元对光点刺激的反应很弱，只有在感受野内用适当方位（朝向）的光点给以刺激才能引起兴奋。根据皮层神经元感受野结构的不同，休贝尔（Hubel）和维塞勒（Wiesel）对猫和猴视皮质中的单一神经元的激发模式进行研究，发现有四种类型视皮层神经元——简单细胞、复杂细胞、超复杂细胞和极高度复杂细胞。

视觉感知主要有两个功能：一是目标知觉，即它是什么；二是空间知觉，即它在哪里。已有确实的证据表明，不同的大脑系统分别参与上述两种功能。如图 4-7 所示，腹部流从视网膜开始,沿腹部经过侧膝体(LGN)、初级视皮层区域(V1,V2,V4)、下颞叶皮层(IT),最终到达腹外侧额叶前部皮层(VLPFC),主要处理物体的外形轮廓等信息,即主要负责物体识别;背部流从视网膜开始,沿背部流经过侧膝体(LGN)、初级视皮层区域(V1,V2)、中颞叶区(MT)、后顶叶皮层(PP),最后到达背外侧额叶前部皮层(DLPFC),主要处理物体的空间位置信息等,即处理负责物体的空间定位等。

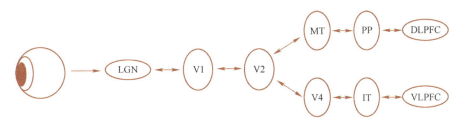

图 4-7 视觉感知通路

4.5 马尔的视觉计算理论

马尔(D. Marr)在 20 世纪 70 年代末、80 年代初创立了视觉计算理论,使视觉的研究前进了一大步(MARR,1982)。马尔的视觉计算理论立足于计算机科学,系统地概括了心理物理学、神经生理学、临床神经病理学等方面已取得的所有重要成果,是迄今为止最系统的视觉理论之一。马尔的视觉计算理论的出现对神经科学的发展和人工智能的研究产生了深远的影响。

马尔认为视觉是一个信息处理过程。这个过程根据外部世界的图像产生对观察者有用的描述。这些描述依次由许多不同但固定的、每个都记录了外界的某方面特征的表象(representation)所构成或组合而成。新的表象表达了某种信息,而这种信息将便于对信息做进一步解释。按这种逻辑来思考可得到这样的结论:在对数据做进一步解释以前,我们需要关于被观察物体的某些信息,这就是所谓的本征图像。然而,数据进入我们的眼睛是要以光线为媒介的。灰度图像中至少包含关于照明情况、观察者相对于物体的位置信息。因此,马尔首先要解决的问题是如何把这些因素分解开,他认为低层视觉处理的目的就是要分清哪些变化是由哪些因素引起的。大体上来说这个过程要经过两个步骤来完成。第一步是获得表示图像中变化和结构的表象。这包括检测灰度的变化、表示和分析局部的几何结构以及检测照明的效应等处理。第一步得到的结果被称为初始简图(primal sketch)的表象。第二步是对初始简图进行一系列运算得到能反映可见表面几何特征的表象,这种表象被称为二维半(2.5 D)简图或本征图像。这些运算中包括由立体视觉运算提取深度信息,根据灰度影调、纹理等信息恢复表面方向,由运动视觉运算获取表面形状和空间关系信息等。这些运算的结果都集成到本征图像这个中间表象。因为这个中间表象已经从原始的图像中去除了许多的多义性,纯粹地表示了物体表面的特征,其中包括光照、反射率、方向、距离等。根据本征图像表示的这些信息可以可靠地把图像分成有明确含义的区域(称为分割),从而可得到比线条、区域、形状等层次更高的描述。这个层次的处理称为中层视觉处理。马尔的视觉计算理论中的下一个表象层次是三维模型,它适用于物体的识别。这个层次的处理涉及物体,并且要依靠和应用与领域有关的先验知识来构成对物体的描述,因此被称为高层视觉处理。

马尔的视觉计算理论虽然是首次提出的关于视觉的系统理论,并已对计算机视觉的研究起了巨大的推动作用,但还远未解决人类视觉的理论问题,在实践中也已遇到了严重困难。对此现在已有不少学者提出改进意见。

马尔首先研究了解决视觉理解问题的策略。他认为视觉是一个信息处理问题,需要从三个层次来理解和解决:

1) 计算理论层次——研究对什么信息进行计算和为什么要进行这些计算。

2) 表示和算法层次——研究实际计算由视觉计算理论所规定的处理时,如何表示输入输出,以及将输入变换到输出的算法是怎样的。

3) 硬件实现层次——实现由表示和算法层次所考虑的表示,实现算法,研究完成某一特定算法的具体机构。

例如,傅里叶变换属于计算理论层次,而计算傅里叶变换的算法,如快速傅里叶变换算法属于表示和算法层次的。实现快速傅里叶变换算法的阵列处理机就属于硬件实现的层次。可以认为视觉是一个过程,这个过程从外部世界的图像产生对观察者有用的描述。这些描述依次由许多不同但是固定的,每个都记录了物体的某个方面的表示法所构成或组合而成。因此选择表示法对解决视觉理解问题是至关重要的。根据马尔所提出的假设,视觉的信息处理过程包括三个主要表示层次:初始简图、二维半简图和三维模型(见图4-8)。

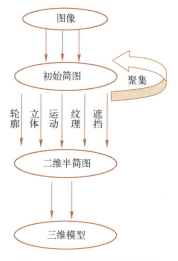

图4-8 视觉信息处理过程的主要表示层次

1. 初始简图

在灰度图像中,包含两种重要的信息:图像中存在的灰度变化和局部的几何特征。初始简图是一种基元表示法,它可以完全而清楚地表示这两种重要信息。初始简图所包含的大部分信息集中在与实际的边缘以及边缘的终止点有关的急剧的灰度变化上。每个由边缘引起的灰度变化,在初始简图上都有相应的描述。这样的描述包括:与边缘有关的灰度变化率,总的灰度变化、边缘的长度、曲率以及方向。粗略地说,初始简图是以勾画草图的形式来表示图像中的灰度变化的。

2. 二维半简图

图像中的灰度受多种因素的影响,主要包括光照条件、物体几何形状、表面反射率以及观察者的视角等。因此,先要分清上述因素的影响,也就是对物体表面做更充分的描述,之后才能着手建立物体的三维模型,这就需要在初始简图与三维模型之间建立一个中间表示层次,即二维半简图。物体表面的局部特性可以用所谓的内在特性来描述。典型的内在特性包括表面方向、观察者到表面的距离、反射和入射光照、表面的纹理和材料特性等。内在图像由图像中各点的某项单独的内在特性值,以及关于这项内在特性产生不连续的位置信息所组成(见表4-1)。二维半简图可以看成是某些内在图像的混合物。简而言之,二维半简图完全而清楚地表示了关于物体表面的信息。

表 4-1 二维半简图信息源

信 息 源	信 息 类 型	信 息 源	信 息 类 型
立体视觉	视差,因而可得到 $\delta\gamma$、$\Delta\gamma$ 和 S	其他遮挡线索	$\Delta\gamma$
方向选择性	$\Delta\gamma$	表面方向轮廓	Δs
从运动恢复结构	γ、$\delta\gamma$、$\Delta\gamma$ 和 S	表面纹理	可能有 γ
光源	γ 和 S	表面轮廓	$\Delta\gamma$ 和 S
遮挡轮廓	$\Delta\gamma$	影调	δs 和 Δs

注:γ 即相对深度(按垂直投影),就是观察者到表面点的距离;$\delta\gamma$ 即 γ 的连续或小的变化;$\Delta\gamma$ 即 γ 的不连续点;S 即局部表面方向;δs 即 S 的连续或小的变化;ΔS 即 S 的不连续点。

在初始简图和二维半简图中,信息经常是以和观察者联系在一起的坐标为参考来表示的,因此这种表示法被称为以观察者为中心的表示法。

3. 三维模型

在三维模型表象中,最容易得到以一个形状的标准轴线为基础的分解。在这些轴线中,每条轴线都和一个粗略的空间关系相联系;这种联系为包含在该空间关系范围内的主要的形状组元轴线提供了一种自然的组合方式。所以,每一个三维模型具有以下内容

1) 一根模型轴,指的是能确定这一模型的空间关系的范围的单根轴线。它是表象的一个基元,能粗略地告诉我们被描述的整体形状的若干性质,例如,整体形状的大小信息和方向信息。

2) 在模型轴所确定的空间关系中含有主要组元轴的相对空间位型和大小尺寸可供选择。组元轴的数目不宜太多,它们的大小也应当大致相同。

3) 一旦和组元轴相联系的形状组元的三维模型被构造出来,就可以确定这些组元的名称(内部关系)。形状组元的模型轴对应于这个三维模型的组元轴。

在图 4-9 所示的人体三维模型中,每一个方框都表示一个三维模型,模型轴画在方框的左侧,组元轴则画在右侧。人体三维模型的模型轴是一个基元,它把整个人体形状的大体性质(大小和朝向)表达清楚。对应于躯干、头部、肢体的 6 根组元轴各自可以和一个三维模型联系起来,这种三维模型包含着进一步把这些组元轴分解成更小的组元构型

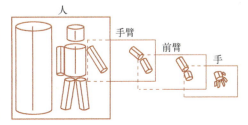

图 4-9 人体三维模型

的附加信息。尽管单个三维模型的结构很简单,但按照这种层次结构把几个模型组合起来,就能在任意精确的程度上构成两种能抓住这一形状的几何本质的描述。我们把这种三维模型的层次结构称为一个形状的三维模型描述。

三维表示法能完全而清楚地表示有关物体形状的信息。采用广义柱体的概念虽然很重要,却很简单。一个普通的圆柱可以看成是一个圆沿着通过它的中心线移动而形成的。更一般的情况下,一个广义柱体是二维的截面沿着轴线移动而成的。在移动过程中,截面与轴之间保持固定的角度。截面可以是任何形状,在移动过程中它的尺寸可能是变化的,轴线也不一定是直线。

4.6 图像理解

图像理解（image understanding，IU）就是对图像的语义理解，用计算机系统解释图像，实现类似人类视觉系统理解外部世界的对象，理解图像中的目标、关系、场景，能回答该图像"语义"内容相关问题。例如：画面上有没有人？有几个人？每个人在做些什么？图像理解一般可以分为4个层次：数据层、描述层、认知层和应用层。各层的主要功能如下：

（1）数据层 数据层的主要功能是获取图像数据。这里的图像可以是二值图、灰度图、彩色图和深度图等。主要涉及图像的压缩和传输，数字图像的基本操作如平滑、滤波等去噪操作也可归入该层。该层的主要操作对象是像素。

（2）描述层 描述层的主要功能是提取特征、度量特征之间的相似性（即距离）。采用的技术有子空间方法（subspace）如：ISA（独立子空间分析）、ICA（独立成分分析）、PCA（主成分分析）。该层的主要任务就是将像素表示符号化（形式化）。

（3）认知层 认知层的主要功能是图像理解即学习和推理（learning and inference）。该层是图像理解系统的"发动机"。该层非常复杂，涉及面很广。该层操作的主要对象是符号。正确的认知（理解）必须有强大的知识库作为支撑，因此该层的具体任务还包括知识库的建立。

（4）应用层 应用层的主要功能是根据任务需求实现分类、识别、检测，设计相应的分类器、学习算法等。

图像理解的主要研究内容包括目标识别、高层语义分析以及场景分类等。

1. 目标识别

让计算机识别并判断场景中有什么物体、在哪儿，这是计算机视觉的主要任务，也是图像理解的基本任务。场景中的"目标"通常可视为具有较高显著度并符合局部感知一致性的区域，目标识别的过程也是计算机对场景中的物体进行特征分析和概念理解的过程。通常，目标识别的整个过程包括了目标判断、目标分类和目标定位：目标判断分析场景中是否存在指定类别的目标；目标分类分析划定的目标区域是何种类别；目标定位确定目标在场景中的位置，定位中的目标检测基于区域表述，用规则形状（矩形或圆）标记目标区域，而像素级别的目标定位则通过视觉分割从场景中提取完整的目标区域。

2. 高层语义分析

图像理解是通过计算机对输入场景的计算、分析和推理将场景的相应目标和区域进行语义化标记输出的过程，因此高层语义分析对图像理解的实现具有重要作用。由于对目标和场景进行了认知上的概念划分，因此只要有足够的训练学习就可对其进行简单的名称语义化描述。更通常的语义化描述则涉及通用的概念模型描述，建立区域特征与语义单词的概率对应关系，体现数据和知识概念转换，研究侧重于视觉的中低层数据特征的分析提取和概率关系建模，在一定程度上实现自动的语义标记。

受样本获取和概念描述的多义性等影响，图像的语义化研究尚处于初始阶段，主要以检索语义化为主，各种语义化的标记过程对概念区域的描述非常有限，数据和知识的对应关系过程通过设计模型进行参数化学习和概率分析，最大后验概率得到的对应关系就是最终语义化的结果。也可通过建立知识模型对匹配推理得到的结果进行语义化标记。

3. 场景分类

场景分类是图像理解中对整体场景的判断和解释。2006 年在 MIT 首次召开了场景理解研讨会（scene understanding symposium，SUNS），明确了场景分类将会是图像理解的一个新的有前途的研究热点。目前，对场景分类的研究集中于视觉心理学和生理学，快速场景感知实验证明人无须感知场景中的目标便可通过空间布局分析语义场景内容，理解场景仅需很短的时间便可获取大量的信息，从眼睛获取的视觉感知信号，通过脑皮层视神经"Vl 区→V2 区→V4 区→IT 区→AIT 区→PFC 区"的传输通道进行信息分析与过滤，具有视觉选择性和不变性这样的双重特性。

4.7 人脸识别

人脸识别技术是指利用分析比较的计算机技术识别人脸。人脸识别技术基于人的脸部特征，对输入的人脸图像或者视频流，首先判断其是否存在人脸，如果存在人脸，则进一步给出每张人脸的位置、大小和各个面部器官的位置信息，并依据这些信息，进一步提取每张人脸中所蕴含的身份特征，并将其与已知的人脸进行对比，从而识别每张人脸的身份。

人脸识别技术的识别过程一般分 3 步：

（1）首先建立人脸的面像档案　用摄像机采集单位人员的人脸的面像文件或取他们的照片形成面像文件，将这些面像文件生成面纹（faceprint）并编码储存起来。

（2）获取当前的人体面像　用摄像机捕捉当前出入人员的面像，或取照片输入，将当前的面像文件生成面纹编码。

（3）将当前的面像的面纹编码与档案库中的面纹编码进行检索比对　上述的"面纹编码"方式是根据人脸部的本质特征来工作的。这种面纹编码可以抵抗光线、皮肤色调、面部毛发、发型、眼镜、表情和姿态的变化，具有强大的可靠性，从而使它可以从百万人中精确地辨认出某个人。人脸的识别过程，利用普通的图像处理设备就能自动、连续、实时地完成。

人脸识别系统主要包括 4 个组成部分，即人脸图像采集及检测、人脸图像预处理、人脸图像特征提取、人脸图像匹配与识别（见图 4-10）。

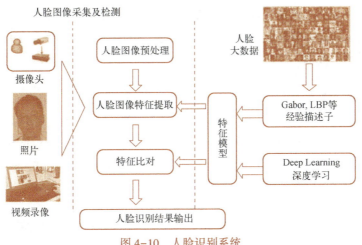

图 4-10　人脸识别系统

1. 人脸图像采集及检测

人脸图像采集：不同的人脸图像都能通过摄像镜头采集下来，比如静态图像、动态图像、不同位置的图像、不同表情的图像等方面都可以得到很好的采集。当用户在采集设备的拍摄范围内时，采集设备会自动搜索并拍摄用户的人脸图像。

人脸检测：人脸检测在实际中主要用于人脸识别的预处理，即在图像中准确标定出人脸的位置和大小。人脸图像中包含的模式特征十分丰富，如直方图特征、颜色特征、模板特征、结构特征及 Haar 特征等。人脸检测就是把其中有用的特征挑出来，并利用这些特征实现人脸检测。

主流的人脸检测方法基于以上特征采用 Adaboost 算法，Adaboost 算法是一种用来分类的方法，它将一些比较弱的分类方法组合出新的很强的分类方法。

人脸检测过程中使用 Adaboost 算法挑选出一些最能代表人脸的矩形特征（弱分类器），按照加权投票的方式将弱分类器构造为一个强分类器，再将训练得到的若干强分类器串联组成一个级联结构的层叠分类器，有效地提高了分类器的检测速度。

2. 人脸图像预处理

人脸图像预处理是指基于人脸检测结果，对图像进行处理并最终服务于特征提取的过程。采集获取的原始图像由于受到各种条件的限制和随机干扰，往往不能直接使用，必须在图像处理的早期阶段对它进行灰度校正、噪声过滤等图像预处理。人脸图像预处理主要包括人脸图像的光线补偿、灰度变换、直方图均衡化、归一化、几何校正、滤波以及锐化等。

3. 人脸图像特征提取

人脸识别系统可使用的特征通常分为视觉特征、像素统计特征、人脸图像变换系数特征、人脸图像代数特征等。人脸图像特征提取就是针对人脸的某些特征进行的。人脸图像特征提取，也称人脸表征，它是对人脸进行特征建模的过程。人脸图像特征提取的方法归纳起来分为两大类：一种是基于知识的表征方法，另外一种是基于代数特征或统计学习的表征方法。

基于知识的表征方法主要根据人脸器官的形状描述以及它们之间的距离特性来获得有助于人脸分类的特征数据，其特征数据通常包括特征点间的欧氏距离、曲率和角度等。人脸由眼睛、鼻子、嘴、下巴等局部构成，对这些局部和它们之间结构关系的几何描述，可作为识别人脸的重要特征，这些特征被称为几何特征。基于知识的人脸表征方法主要包括基于几何特征的方法和模板匹配法。

4. 人脸图像匹配与识别

将提取的人脸图像的特征数据与数据库中存储的特征模板进行搜索匹配，设定一个阈值，当相似度超过这一阈值时，即输出匹配得到的结果。人脸识别就是将待识别的人脸特征与已得到的人脸特征模板进行比对，根据比对的相似程度对人脸的身份信息进行判断。这一过程又分为两类：一类是确认，是一对一进行图像匹配对比的过程；另一类是辨认，是一对多进行图像匹配对比的过程。

人脸识别技术被广泛用于金融、社会福利保障、电子商务、安全防务等领域，例如电子护照及身份证（这是规模最大的应用之一）。国际民航组织（ICAO）规定，从 2010 年 4 月 1 日起，其 100 多个成员国家和地区，将人脸识别技术作为首推识别模式。美国已经要求和它有出入免签证协议的国家在 2006 年 10 月 26 日之前必须使用结合了人脸、指纹等生物特征的电子护照系统,早在 2006 年年底就已经有 50 多个国家实现了满足此要求的系统。

4.8 注意

注意(attention)是心理活动在某一时刻所处的状态,表现为对一定对象的指向与集中。在大多数时候人们可以有意识地控制自己的注意方向。注意有两个明显的特点:指向性和集中性。注意的指向性是指人在每一瞬间的心理活动或意识选择了某个对象,而忽略了其他对象。在大千世界中,每时每刻都有大量的信息作用于我们,但是我们无法对所有的信息都做出反应,只能把我们的意识指向其中一些事物。例如,你去商店买东西,你只注意到了自己需要的商品,而忽略了其他商品。指向不同,人们从外界接受的信息也不同。当心理活动或意识指向某个对象的时候,它们会在这个对象上集中起来,即全神贯注、兴奋性提高。这就是注意的集中性。可以说注意的集中性就是指心理活动或意识在一定方向上活动的强度或紧张程度。人在高度集中自己的注意时,注意指向的范围就缩小;指向的范围广泛而不集中时,整个强度就降低。人在注意力高度集中时,除了对目标事物之外,对自己周围的其他事物就都会变得"视而不见""听而不闻"了。

注意力是人意识的具体表现,是把自己的感知和思维等心理活动指向和集中于某一事物的能力。注意力是记忆力的基础,记忆力是注意力的结果。注意的广度、注意的稳定性、注意的分配和注意的转移,是衡量一个人注意力强弱的标志。

人类的注意有两种:一种是无意注意,它由客体刺激的特点(如强烈的、新异的、变化的、对比的、突然的刺激)和主体本身状态(如需要与兴趣、情绪与精神、知识与经验等因素)引起的,注意时既无目的也不需要意志努力;另一种是有意注意,是指有预定目的、需要一定意志努力的注意。

4.8.1 注意的功能

注意具有选择、维持、调节等作用。我们周围的环境随时提供着大量的信息,但这些信息对我们来说具有不同的意义。有的信息是重要的、有益的,也有的信息与我们所从事的任务无关,甚至是一些有害的干扰信息。注意的第一个作用就是从大量的信息中选择重要的信息以便做出反应,同时排除有害的干扰信息,这就是选择。而注意能够使人的心理活动或意识在一段时间内保持比较紧张的状态,就是要靠其维持。人只有在持续的紧张状态下,才能够对被选择的信息进行深入加工与处理。注意的维持还体现在时间的延续上,对于复杂活动的顺利进行有重要意义。注意的调节不仅表现在稳定而持续的活动中,而且也表现在活动的变化中。当人们要从一种活动转到另一种活动时,注意就体现了重要的调节作用。注意的调节,可以实现活动的转变,可以使人适应瞬息万变的环境。

1. 定向控制

定向控制是指大脑把注意焦点导向感兴趣的地点、实现空间选择的能力。选择空间信息的方法有两种。第一种涉及眼睛的注视机制。受视野中的突出目标或个人意志的驱动,观察者的眼睛移到感兴趣的地点，并注视相应的目标。眼睛通过注视机制，使目标成像在视网膜的中央凹，从而获得较详细的目标信息。这种依靠眼动实现的定向控制和注意转移称为显式注意转移。第二种注意转移机制不涉及任何眼动或头动，它发生在两个大的跳动性眼动之间，以隐蔽的方式把注意转向注视点之外的某个位置。这种注意转移称为隐式注意转移。波斯纳（M. I. Posner）认为，隐式注意转移可能涉及三种注意操作：从当前的注意焦点解除注意（涉及大脑顶叶）；把注意指针移向目标所在区域（由中脑区负责）；在注意的指针处读取数据（丘脑枕核的功能）。人类具有隐式注意转移的能力。实验发现，当通过注意线索把注意点隐蔽地转向注视点之外的某个位置时，被试不但提高了对该位置刺激的响应速度、降低了检测阈值，还增强了相应的头皮的电活动。注意的定向性还说明，我们不能同时注意视野中的多个目标，只能一个一个地依次移动注意点，也就是说只能采用串行移动方式。但我们可以选择与视觉输入相应的加工尺度。注意点既可以精细聚焦，也可以散布在较宽的空间范围内。注意的认知模型，把注意点比喻为可变焦距的聚光灯，就形象地反映了这种特性。

注意的定向选择性与注意系统的有限信息处理能力有关。被注意地点信息处理效率的增强以非注意地点信息被抑制为代价。

临床观察说明，对于大脑右顶叶受伤的病人，当注意线索呈现在右视野而目标呈现在左视野时，定向控制能力严重受损；但在其他情况下，受损不严重。这表明从诱导线索地点解除注意的能力受损。由正常的被试获得的PET数据也显示，当注意点从一个地方移动到另一个地方时，不管这种移动是由意志驱动的还是由外界刺激驱动的，血流明显增加的区域主要集中在左右上顶叶。这是唯一由注意转移激活的区域。在清醒猴子的顶叶所做的细胞记录也说明，顶叶神经元涉及注意的定向控制。研究还显示，有选择地调节其他纹外皮层的解剖网络穿过丘脑枕核；滤掉干扰或增强目标的操作也在丘脑枕核中引起明显的效应。

PET测量和临床观察还表明，大脑两半球的注意功能是不对称的。左右两个视野中的注意移动，可以引起右侧上顶叶的血流增强；而左侧上顶叶的血流增加只与右视野的注意移动有关。这个发现也许可以用来解释为什么大脑右半球的损伤比左半球的损伤引起更大的注意损害。然而，对于大脑正常的被试，左右顶叶整合为一个单一的机制，因此隐蔽的注意也只涉及单一的中心。大脑的胼胝体对统一两半球的注意焦点起了关键作用。在视觉搜索任务中，对于正常的被试，当同样数目的干扰目标分布在左右两视野时，并不比集中在单一视野时能更快地完成搜索任务。但对切除胼胝体的病人，当干扰目标分散到左右两视野时，病人搜索目标的速度比干扰目标集中到单一视野时要快两倍。这说明，在胼胝体损伤之后，大脑两半球的注意机制解除了相互联系。

2. 指导搜索

在视觉搜索任务中，注意的指导作用十分明显。一般说来，被试发现目标的时间随干扰目标的数目而线性增加。然而，要找出某个特定目标，并不需要对所有目标进行搜索。有确凿的证据说明，搜索可以在目标的非位置特征指导下进行。这些特征包括颜色、形状、运动等。

实验说明，当注意颜色、形状或运动特征时，大脑额叶区的神经活动明显增强；而在大脑顶叶区并没有发现放大效应。这说明指导搜索是前注意系统的职责。在前注意系统中，前扣带回的作用被统称为"执行"功能。"执行"包括两层含义：首先，大脑组织内部正在发生的处理过程必须通告"执行者"；其次，"执行者"对整个系统实施注意控制。实验发现，前扣带回的神经活动随目标数目的增加而增强，随训练的次数而减少。这与注意的认知理论相吻合。在解剖上，前扣带回具有联结后顶区和前额区的神经通路。前额皮层的侧区在保持过去事件的表象中起了关键作用，而前扣带回涉及目标的清晰觉察和控制。这些发现说明，前注意系统可能是有意注意的神经基础和大脑发布注意命令的中枢（CRICK et al.，1992）。这种猜测也许是不无道理的，因为人类大脑的额叶区正是与我们制订计划有关的皮层区域，是心理活动的最高控制中心。

实验还发现，通过颜色、形状等特征进行选择和通过位置进行选择是同时发生的，相互干扰较少。因此有人猜测，前注意系统和后注意系统可能采用了类似时间共享或分时的策略。

3. 保持警觉

警觉系统的功能是指使大脑做好准备和保持警觉，以便快速处理具有最高优先权的信号。保持警觉与注意密切相关，它涉及注意的一个子网络。

PET 结果显示：当要求被试保持警觉状态时，被试大脑的右侧额叶区血流增强；而当该区域受损伤时，人类则丧失保持警觉的能力。这说明，保持警觉状态涉及一个位于大脑右侧额叶区的注意子系统。

4. 抑制-增强效应

可通过注意的调节有选择地抑制或增强人的活动。注意的抑制-增强效应是 3 个注意子网络协同作用的结果。

当视野中存在大量的干扰目标时，大脑如何找到正确的位置从而完成目标检测呢？实验发现，大脑是通过有选择地放大或抑制各脑区的神经活动，完成目标检测的。PET 测量显示，当指示被试注意刺激的某种属性时，专门负责处理该属性的大脑区域就被有选择地增强。这种效应在视觉系统纹外皮层尤其明显。实验还发现，尽管被试视野中的刺激图像完全相同，但不同的指导语可引起不同脑区的活动增强。通过指导语让被试注意视觉刺激的某种属性（如运动速度）和由被试直接观察具有该属性的物理刺激（如运动目标）可以引起相同脑区的活动增强。一般说来，任何一个脑区都可以通过注意的作用而获得活动增强。

用记录人脑头皮电位的方法同样测量到了注意的增强效应。在某些搜索任务中，仅凭朝向或形状等单一特征是不能发现目标的；要完成搜索任务，就必须把两个以上的特征在同一位置结合起来。这时，被试需要进行串行搜索，把注意点从一个位置移动到另一个位置。如果这时不允许眼动，那就只能依靠隐式注意转移。在实验中，隐式注意转移是由呈现在不同地点的诱导线索驱动的。实验发现，当注意线索呈现在目标位置时，把注意点隐蔽地转移到注意线索出现的位置，就会引起被试后顶区头皮电位的增强。这种增强效应发生的位置与 PET 研究中脑血流增强的皮层区域是完全相同的。

4.8.2 选择性注意

如果你参加鸡尾酒会或在嘈杂的饭店，有 3 种办法可以帮助你关注你想听的人（注意目标）的说话信息：①注意目标的话语与众不同的感觉特点（例如，高与低的音高、音步、节律）；②音强（响亮度）；③音源位置。识别注意目标声音的物理特性之后，你就可以避免被附近非注意目标所说话的语义内容所干扰。显然，注意目标的音强也有帮助。另外，你可能凭直觉用某个策略来定位声音，这样就使得双耳同听任务变为双耳分听任务：你一只耳朵转向并倾听注意目标，而另一只耳朵避开注意目标。

感知中的选择性注意机制通常有过滤器模型、衰减模型、反应选择模型、能量分配模型等。

1. 过滤器模型

该模型最早由英国著名心理学家布罗德贝特（D. Broadbent）于1958年提出，是关于注意的一个较早的理论模型。该模型后来被韦尔弗特（Welford）称为单通道模型。过滤器模型认为，来自外界的信息是大量的，但人的神经系统高级中枢的加工能力极其有限，于是出现瓶颈。为了避免超载，需要过滤器加以调节，选择一些信息进入高级分析阶段，而其余信息可能暂存于某种记忆之中，然后迅速衰退。

注意的作用就像过滤器一样，通过它的过滤，输入通道的一些信息能够通过内部容量有限的通道进入高级中枢过程，而其他信息则被过滤掉（见图4-11）。因此，注意的工作是以全或无的方式进行的。

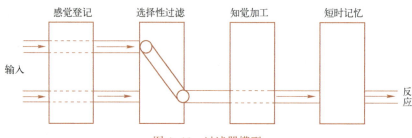

图4-11 过滤器模型

在鸡尾酒会或其他聚会上，你正在和几个人专注地交谈。这时，如果外面有人提起你的名字，你可能会注意到，而与你交谈的其他人却不一定注意到。通过耳麦给被试两耳同时放音，每只耳朵所接收的刺激信息是不一样的。通过实验考查被试反应信息与双耳接收信息的关系，从而了解被试注意的特点。实验结果发现被试在这样的实验中会根据材料的特点重现刺激信息，如数字、人名等。

对于这种实验结果，存在两种看法：

1）过滤器通道可以快速转移。

2）注意的工作机制不是单通道模型和以全或无的方式进行工作的，过滤器模型不正确。

2. 衰减模型

衰减模型是美国心理学家特瑞斯曼（A. M. Treisman）于1960年在修正过滤模型的基础上提出来的（TREISMAN，1960）。该模型认为过滤器并不是按全或无的方式工作的。接收信息的通道不是单通道，而是多通道。该模型是特瑞斯曼根据追随耳实验中对非追随耳的信息也可以得到加工的实验结果，对过滤器模型加以改进的结果。

衰减模型认为：注意的工作方式不是以全或无的单通道方式工作的，而是以多通道方式工作；但是在多通道的信息加工中，每个通道的信息得到加工的程度是不一样的。追随耳的信息加工方式如图4-12a所示，而非追随耳的信息也有可能通过过滤器而被加工。只是非追随耳的信息在通过过滤器后被衰减,如图4-12b所示,故以虚线表示。在意义分析的过程中,信息有可能被过滤掉,也有可能因为其他一些因素而被加强(如自己的名字)。

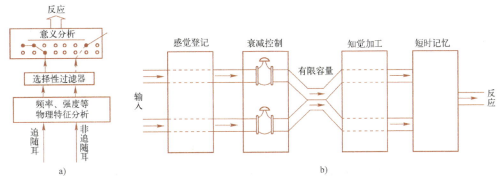

图4-12 衰减模型
a)三个阶段 b)处理过程

特瑞斯曼认为,选择性注意涉及三个阶段。在第一个阶段人们事先注意并分析了刺激的物理特征,例如音量(声音强度)、音高(声波的"频率")等。这个预先注意加工在刺激上并行(同时)加工。具有目标物理特征的刺激,被传到下一个阶段,而没有目标物理特征的刺激,仅被当作弱化刺激。在第二阶段,人们要分析给定刺激是否有类似言语或音乐的模式。那些具有目标模式的刺激,被传到下一个阶段;没有目标模式的刺激仅被当作弱化刺激。在第三个阶段人们把注意集中在达到该阶段的刺激上,按序列评价其信息,为所选择的刺激的信息赋予适当的意义。

衰减模型对进入高级分析水平的刺激引入一个重要的概念——阈限,认为已储存在大脑中的信息在高级分析水平中的兴奋阈限各不相同,这影响了过滤器的选择。

3. 反应选择模型

1963年德意志(J. Deutsch)提出反应选择模型(DEUTSCH,1963)。该模型(见图4-13)认为,注意并不是选择刺激,而是选择对刺激的反应。该模型认为,感觉器官感

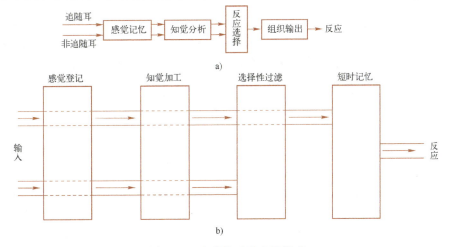

图4-13 注意的反应选择模型
a)信号分析阶段 b)信号通过路径

79

受到的所有刺激都会进入高级分析过程。中枢神经系统则根据一定的法则进行加工,对重要的信息才做出反应,不重要的信息可能很快被新的内容冲掉。

与特瑞斯曼的衰减模型不同,反应选择模型认为信号被阻断过滤的位置是在一些识别刺激的意义所需要的知觉加工之后,即后过滤,而不是之前。这个后过滤使得人们能够识别进入到非追随耳的信息。比如,听到自己的名字或输入的翻译(对双语者而言)时:如果信息没有认知觉上触动某根弦,那么人们就会在过滤机制中把它丢弃,否则人们就会注意它。需要指出的是,后过滤机制和前过滤机制的支持者都提出,存在只允许单一的信息源通过的注意瓶颈,这两个理论模式的区别只在于瓶颈的假定位置在哪里而已。

4. 资源分配模型

1973年卡尼曼(D. Kahneman)提出资源分配模型(KAHNEMAN,1973)。资源分配模型认为,注意是人能用于执行任务的数量有限的能量或资源。人在活动中可以得到的能量或资源和唤醒是连接在一起的,其唤醒水平受情绪、药物、肌紧张、强刺激等唤醒来源的影响,所产生的能量或资源通过一个分配方案被分配到不同的可能的活动之中,最后形成各种反应。图4-14给出了资源分配模型的示意图。

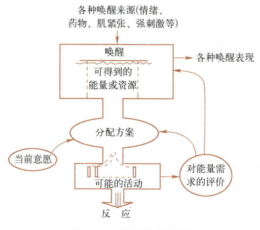

图4-14 资源分配模型

这种分配方案,将有限的能量或资源用来处理更重要的任务,是解决信息超载问题的主要手段。资源分配模型的注意机制在很多学习系统、推荐模型中,例如AFM、DIN、DIEN等得到了广泛的应用。自然语言处理中也出现了Transformer、Bert模型,对应的推荐模型也有SASRec、BST、BERT4Rec等模型。

5. 特征整合模型

20世纪80年代初期,特瑞斯曼提出特征整合模型,也称聚光灯模型。该模型把注意和知觉加工的内部过程紧密地结合起来,并用"聚光灯"形象地比喻注意的空间选择性(TREISMAN,1982),受到认知心理学家、神经生理学家以及神经计算学家的高度评价。根据这一模型,视觉处理过程被分为两个相互联系的阶段,即预注意和集中注意阶段。前者对视觉刺激的颜色、朝向和运动等简单特征进行快速、自动的并行加工,各种特征在大脑内被分别编码,产生相应的"特征地图"。"特征地图"中的各个特征构成预注意的表象。预注意加工是一个"自下而上"的信息处理过程,并不需要集中注意。"特征地图"中的各个特征在位置上是不确定的,要获得物体知觉就需要依靠集中注意,通过"聚光灯"对"特征地图"进行扫描,把属于被搜索目标的各个特征有机地整合在一起,实现特征的动态组装。这是速度较慢的串行过程。当目标与干扰项的差别仅仅表现为单个特征时,目标可以立刻从视野中"跳出",完成目标检测,搜索时间不受干扰项的数目的影响。而当目标与干扰项的差别表现为多个特征的结合时,就需要运用集中注意,对各个目标位置顺序扫描,这时搜索时间随干扰项的数目线性增加。

实验发现,也可以根据较复杂的属性,如三维表面,实现注意分配。特别令人感兴趣的是,特征整合模型中的特征组装构想已在视觉神经生理研究中得到部分证实。大脑中并不存在与我们所看到的物体一一对应的众多皮层神经单元,相反,物体进入视觉系统后,被分解为不同的特征或属性,如颜色、朝向、运动等。这些特征由不同的视觉通道和皮层区域分别处理。如何用不同区域神经元发放统一表征同一目标的所有属性,能否找到进行相关发放的神经元的共同标记,即所谓的"组装问题"。电生理实验表明,集中注意可以引起与被注意事件相关的神经元的同步发放。这种同步发放通常表现为 40 Hz 左右的同步振荡。这一发现为注意的特征整合模型提供了神经生理证据。然而,注意的"聚光灯"如何从一个位置移向另一个位置,这仍然是一个有待解决的问题。

注意的特征整合模型是一个具有广泛影响的认知心理学模型。然而,它并没有被神经生理学家普遍接受。有些理论甚至对注意"聚光灯"的客观存在提出了疑问。比如,注意的竞争理论就认为,注意机制并不是视野中快速扫描的"聚光灯",而是大脑的多种神经机制为解决物体竞争和行为控制而产生的涌现特性。

尽管目前还没有被普遍承认的注意理论,但注意涉及的一个瓶颈问题却是大家所公认的——注意的选择性问题。注意理论的基本思想就是:初级信息处理大体上是快速、并行的;在信息处理的某个或某些阶段就需要一个瓶颈去控制信息处理,一个时刻只能处理一件事,而其他位于非注意点的事件则被暂时抑制;然后快速移动到另一件事情,依此类推。注意是一个串行过程,需要较长的时间去完成。

4.8.3 注意的分配

人在进行两种或多种活动时能把注意同时指向不同对象。这种现象在生活中到处可见。例如,教师一边讲课,一边还能观察学生听讲的情况。

从理论上讲,大脑在同一时刻内加工信息的容量有限,注意是对于其中一部分信息的集中。集中注意的加工要求全部心理活动参加,有很高的紧张性,因此注意不可能同时指向两个不同方向,即注意分配与注意集中是矛盾的。关于注意不能分配或难以分配,已被很多实验所证明。近代用复合器做的实验发现,不同种类的刺激严格地同时作用于两个感官的时候,注意分配相当困难。复合器有一个划分为 100 份的圆刻度盘,盘上有一根迅速转动的指针,当指针经过某一刻度时,就会响起铃声。被试的任务是在响铃时,说出指针所指的度数。结果表明,被试通常不能说出铃响时指针所指的准确度数,他所说出的总是早于或晚于铃响时的度数。这说明他的注意首先指向于一个刺激物(铃声或指针的位置),而稍迟一些时间才能指向另一刺激物。还有研究表明,严格地同时给予被试两耳不同的信息并要求被试同时感受它们,即进行双耳听辨的实验,被试也难以准确反映两耳的信息。

研究表明,注意分配有不同的水平,它取决于同时并进的几种活动的性质、复杂程度以及人对活动的熟悉或熟练程度等条件。当同时进行的几种活动越复杂或难度越大时，注意分配就越困难。在智力和运动两种活动同时进行时，智力活动的效率比运动活动的效率有更大程度的降低。同时进行两种智力活动，则注意分配的难度更大。在影响注意分配的各种因素中，对活动的熟练程度起作用最大。要想能够很好地分配注意：首先在同时进行的两种活动中，必须有一种活动达到了相对"自动化"的程度，即不再需要更多的注意，这样人就能把注意集中在比较生疏的活动上；其次，使同时进行的几种活动之间建立一定的联系，或通过训练使复杂的活动形成一定的反应系统，这样注意分配也就比较容易了。

注意的分配与转移是密切联系的。所谓注意转移，是指人能根据一定的目的，主动地把注意从一个对象转移到另一个对象上。为了顺利完成某项复杂的活动，注意在不同对象间迅速往返转移，这就构成了注意分配。如果这种往返转移的速度太快，超过了注意转移的能力，注意分配就难以实现。复合器实验和双耳听辨实验的结果就是例证。

4.8.4 注意网络

根据已有的研究结果，波斯纳把注意网络分为 3 个子系统（POSNER，1994）：前注意系统、后注意系统和警觉系统。前注意系统主要涉及额叶皮层、前扣带回和基底神经节。后注意系统主要包括上顶皮层、丘脑枕核和上丘。警觉系统则主要涉及位于大脑右侧额叶区的蓝斑去甲肾上腺素到皮层的输入。这 3 个子系统的功能可以分别概括为定向控制、指导搜索和保持警觉。前注意系统在需要意识的任务中激活得越来越多，其间被试必须注意单词的词义。这个系统也关系到"行动注意"，其中被试在选择性行动过程中计划或选择一项行动。相反，后注意系统关系到皮质顶叶。顶叶是丘脑的一部分，而有些中脑区域与眼动相关。进行视觉空间注意期间，后注意系统高度激活，其中被试必须脱离或转换注意。进行视觉、听觉、运动或高级任务时皮质的视觉、听觉、运动或联想区域的神经活动也与注意相关。前注意系统和后注意系统看来能增强各个不同任务的注意。这表明，它们用来调节特定任务的相关皮质区域的激活。

注意系统的活动是否是注意项目激活度的增强、非注意项目的抑制或压制激活所导致的结果，或者是二者共同作用而导致的？波斯纳等对此做出了回答：要看情况而定。具体来讲，应根据特定任务以及所考查的大脑区域而定，所要研究的任务决定了执行什么任务时大脑的什么区域发生什么样的加工。为了勾画各种任务所涉及的大脑区域，认知神经心理学家经常用 PET 技术，PET 可以勾画出区域性的皮质血液流动。

4.9 小结

感知是客观外界直接作用于人的感觉器官而产生的。在社会实践中，人们通过眼、耳、鼻、舌等器官接触外界客观事物，使我们可以解释周围的环境。感知在发展中有感觉、知觉、表象 3 种基本形式。本章重点介绍视觉感知，人类感知外在环境的变化大部分依靠眼睛及脑部的配合。

知觉理论是指人类系统地对环境信息加以选择和抽象概括的理论。迄今为止，主要建立了 4 种知觉理论：建构理论、格式塔理论、生态知觉理论、拓扑视觉理论。

视觉通路是传递视觉信息的神经途径。视觉信息在经过视网膜初步处理之后，汇聚在第三级视觉神经元——视神经节细胞,后者发出的轴突在视网膜的视乳头聚合,形成视神经,通向中枢。皮层 17 区神经在接受来自外膝体的投射后,再发出纤维投射到邻近的 18 区和 19 区皮层,视觉信息在这些区域被进一步整合。

马尔的视觉计算理论立足于计算机科学,系统地概括了认知心理学、神经生理学、临床神经病理学等方面已取得的所有重要成果,是迄今为止最系统的视觉理论之一。马尔的视觉计算理论的出现对神经科学的发展和人工智能的研究产生了深远的影响。

注意是心理活动或意识在某一时刻所处的状态,表现为对一定对象的指向与集中。注意通常是指选择性注意,即注意是有选择地加工某些刺激而忽视其他刺激的倾向。注意力是人意识的具体表现,是人把自己的感知和思维等心理活动指向和集中于某一事物的能力。

思考题

4-1 建构理论与生态知觉理论的不同之处是什么?
4-2 扼要介绍格式塔理论的组合原则。
4-3 简述视觉感知通路。
4-4 马尔的视觉信息处理过程包括哪几个表示层次?
4-5 请给出人脸识别的主要步骤。
4-6 什么是注意?请阐述选择性注意的主要模型。
4-7 举例说明注意力机制在自然语言处理中的应用。

第 5 章　听觉和言语

听觉器官在声波的作用下产生对声音特性的感觉，其适宜刺激物是声波。声波引起耳蜗内淋巴液和基底膜纤维的振动，并由此激起听觉细胞的兴奋，产生神经冲动。神经冲动沿着听觉神经传到丘脑后内侧膝状体，交换神经元后进入大脑皮层听区（颞上回），产生听觉。听觉从外耳的集声至内耳基底膜的运动是机械运动，毛细胞受刺激后引起电变化、化学介质的释放、神经冲动的产生等活动，冲动传至中枢后则是一连串复杂的信息加工过程。

言语知觉是听觉系统对各种声音信号进行自动解码，对说话人有意发出音素的规则序列发生知觉的过程。言语知觉并不是人类特有的现象，许多动物的听觉系统与人类听觉系统十分相似，动物也可以具有相似的言语听觉机制。

5.1　听觉通路

言语听觉比我们想象的要复杂得多，部分原因是口语速率最高达每秒 12 个音素（基本口语单位）。我们能理解的口语速度最多不能超过每分钟 50~60 个语音。在正常口语中，音素会出现重叠现象，同时存在一种协同发音现象，即一个语音片断的产生会影响到后一个语音片断的产生。而线性问题是指协同发音现象引起言语知觉困难的现象。与线性问题相关的问题是非恒定性问题。这一问题是由于任何给定的语音成分（如音素）的声音模式并不是恒定不变的，而是受到前后一个或多个声音的影响。这对辅音来说更是如此，因为它们的声音模式常常依赖于紧随其后的元音。

口语一般由连续变化的声音模式以及少数停顿所组成。这与有独立声音构成的言语知觉形成鲜明对比。言语信号的连续性特征会产生分割问题，即决定一个连续的声音流怎样被分割成词汇。

从耳蜗到听觉皮质的听觉系统是所有感觉系统通路中最复杂的一种。听觉系统的每个水平上发生的信息过程和每一水平的活动都影响较高水平和较低水平的活动。在听觉通路中，从脑的一边到另一边有广泛的交叉（见图 5-1）。

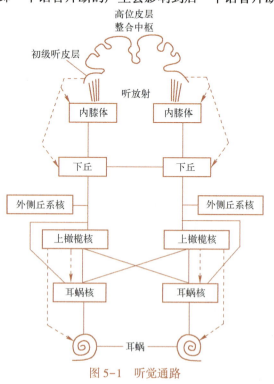

图 5-1　听觉通路

从第八脑神经听觉分支来的纤维，终止于耳蜗核的背侧和腹侧。从两个耳蜗核分别发出纤维系统，从背侧耳蜗核发出的纤维越过中线，经外侧丘系上升到皮质。外侧丘系最后终止于中脑的下丘，从腹侧耳蜗核发出的纤维，首先与同侧和对侧的上橄榄体复合体以突触联系，上橄榄体复合体是听觉通路中的第一站，在这里发生两耳的相互作用。

上橄榄体复合体是听觉系统中令人感兴趣的中心，它由几个核组成，其中最大的是内侧上橄榄核和外侧上橄榄核。几种哺乳动物的比较研究发现，这两种核的大小与动物的感觉能力之间相互关联，哈里森（J. Harrison）等指出这两种核有不同的机能。他们认为，内侧上橄榄核和关联到眼球运动的声音定位有关，凡具有高度发展的视觉系统以及能注视声音的方向而做出反应的动物，内侧上橄榄核有着显著的外形。他们还推论外侧上橄榄核与独立于视觉系统以外的声音定位有关。具有敏锐的听觉但视觉能力有限的动物，都有显著的外侧上橄榄核。蝙蝠和海豚的视觉能力有限，但它们有极其发达的听觉系统，完全没有内侧上橄榄核。

从上橄榄体复合体出发的纤维上升经过外侧丘系到达下丘。从下丘系将冲动传达到丘脑的内侧膝状体（简称内膝体）。连接这两个区域的纤维束，叫作下丘臂。从内膝体，听觉反射的纤维将冲动传导颞上回（41区和42区），即听觉皮质区。

1988年，伊里斯（A. W. Ellis）和杨（A. W. Young）提出了一个口语单词加工的口语通路模型（ELLIS et al.，1988）（见图5-2）。这个模型包括5个成分。

1）听觉分析系统：用于从声波中提取音素和其他声音信息。

2）听觉输入词典：包含听者知道的关于口语单词的信息，但不包含语义信息。这个词典的目的就是通过恰当地激活词汇单元来识别熟悉的口语单词。

3）语义系统：词义被储存于语义系统之中。

4）言语输出词典：用于提供单词的口语形式。

5）音素反应缓冲器：负责提供可分辨的口语声音。

这些成分可以用各种方式组合起来，因此在听到一个单词至说出它之间存在3条不同的通路。

（1）通路1　这条通路利用听觉输入词典、语义系统和言语输出词典。它代表了无脑损伤人群正常识别和理解熟悉单词的认知通路。如果一个脑损伤患者只能利用这条通路（也许加上通路2），那么他将能够正确地说出熟悉的单词。然而，在说出不熟悉单词或非词时将出现严重困难，因为这类材料没有存储于听觉输入词典之中。在这种情况下，患者需要使用通路3。

（2）通路2　如果患者能够使用通路2，但通路1和3受到严重损伤，那么他们应该能够重复熟悉的单词，但不能理解这些单词的意义。此外，患者也应该存在对非词的认知障碍，因为通路2不能处理非词信息。最后，由于这些患者将使用听觉输入词典，所以他们应该能够区分词与非词。

（3）通路3　如果一个患者只有通路3受损，那么他将展示在知觉和理解口语熟悉单词方面的完好的能力，但在知觉和重复不熟悉单词和非词时会出现障碍。这种情况在临床上称为听觉失认。然而，他阅读非词语的能力完好。

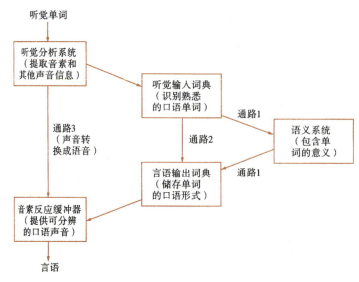

图 5-2 口语通路模型

5.2 听觉信息的中枢处理

中枢神经系统（简称中枢）的信息处理过程非常复杂，目前对它还缺乏较全面的理解。中枢的一般神经生理活动规律，有不少应是在听觉中枢活动中同样起作用的。从耳蜗神经传入的冲动，在时间和空间上因所接受的声音特性不同而有不同的构型，这是输入信息编码的总形式。最后产生的听觉，一般能准确而精细地反映声音的各种复杂特性。夹在输入输出之间的中枢信息处理过程这一个黑匣子，正是当前听觉生理研究的核心问题。

5.2.1 频率分析机理

自从 100 多年前，亥姆霍兹（Helmholtz）提出了共振学说以来，不同年代的不同的研究者提出过多种学说，解释耳蜗的频率分析机理。各种学说间意见分歧很大，但基本上可用两种观点进行概括：一种观点认为不同频率的声音使基底膜不同部位的感受细胞兴奋，兴奋部位是频率分析的依据；另一种观点认为不同频率的声音使听神经兴奋后发放不同频率的冲动，冲动频率是分析声音频率的依据。前一种观点被称为部位原则或部位学说，后一种观点被称为时间原则或冲动频率学说。两种观点都有事实依据，但也各有不足之处。现在人们普遍认为它们二者不是互相排斥的，而是可以互相补充的。听觉的频率分析不是一个简单的周边过程，中枢在精确的声音辨别中起决定性的作用。

1. 行波论

冯·贝克西（von Bekesy）在显微镜下对动物耳蜗的直接观察，以及在他所设计的耳蜗模型上的研究都表明，声音引起基底膜波动的行波的确是从耳蜗基部开始逐步向蜗顶移动的，在移动过程中行波的振幅是变化的，振幅最大点的位置及行波移动的距离都随声音的频率而变，振幅最大点在高频刺激时靠近耳蜗基部，频率逐渐降低时它便逐渐离开基部朝蜗顶方向移动，低频时靠近蜗顶。经过了最大点后振幅便很快衰减。行波振幅最大处螺旋器感受细胞受到的刺激最强。按照部位原则，行波论认为行波振幅最大点位置是对频率分析的依据，基底膜靠基部处接受高频声刺激，靠蜗顶处接受低频声刺激，当中按频率高低次序排列。因此基底膜就成为一个初级的频率分析器。

还可以用微电极分别记录不同的听纤维的频率调谐曲线，每条曲线表示单条听纤维的阈值与频率的关系，并且都有一个最小阈值，此最小阈值所对应的频率都是该束纤维的特征频率。

2. 排放论

单根神经纤维重复排放冲动的能力有限，一般在每秒数百次以下，跟不上较高的声音频率，这是早年冲动频率论受到非议的主要论据。韦佛（Wever）提出排放论，对此做出较合理的解释。排放论的解释是：若多根纤维随声波的周期而同步地轮流发放，则每一根纤维发放的频率不要很高，总体纤维上冲动排放却可跟上很高的频率（见图5-3）。排放论认为听神经上冲动排放的频率与声音的频率是一致的，它是频率分析的依据。在听神经纤维上记录神经冲动的实验表明，在声音频率较高时，单根纤维上的神经冲动虽不是每一声波周期都发放一次，但它与声波周期的一定相位总保持严格的同步关系，即锁相关系。这是排放论很有力的实验证据。

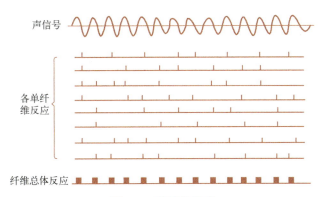

图5-3 排放的组成

3. 频率分析的中枢机理

研究表明，耳蜗的频率分辨率是不高的，在1000 Hz左右时约为30 Hz，而人在1000 Hz左右时却可辨别3 Hz甚至更小的频率差。精确的频率分析显然是在中枢进行的。在动物从耳蜗核至听皮层的各级中枢的某些部位，神经细胞的排列都或多或少地有频率区域分布。如同视网膜的各部分在视皮层都有其对应的投射区，沿着耳蜗基膜的各部分在听觉皮层表面也有其系统性的特殊投射区。神经单元的放电与刺激声的同步锁相关系在内膝体及它以下各级听觉中枢中都被观察到，在耳蜗核和上橄榄核水平尤为明显。这些事实说明部位原则和时间原则在听觉中枢的频率分析机理中也都是重要的。

心理物理学的实验结果表明，人的频率辨别精确度与声音的信号时程之间有特定的函数关系；当信号时程短于某一临界时间T时，辨别的精确度与信号时程t的平方根成正比，或辨别阈ΔF与t的平方根成反比，即$\Delta F = Kt^{-1/2}$（$t<T$）。超出这一临界时间后，辨别精确度便恒定在最佳水平，不再随时间的增长而改变，即$\Delta F = K$（$t>T$）。T为120~150 ms。这揭示了听觉中枢可能有积累传入信息并对它进行统计学处理的过程，因为若对某一量进行多次测量取其统计值，则测量结果的精确度与测量次数的平方根成正比。

5.2.2 强度分析机理

声音的强度分析相对频率分析而言研究得较少。按照一般的规律，感受细胞和神经单元的兴奋阈值有高有低，刺激强时兴奋的感受细胞和神经单元就多，每一神经单元兴奋后发放神经冲动的数目也大。兴奋的单元是高阈值的还是低阈值的？兴奋单元的总数是多是少？发放的神经冲动是多是少？这三者都可以成为强度分析的依据。在动物的听神经和听觉中枢中，声音刺激强度与反应的上述关系都不难找到实验证据。但有资料表明，听皮层及其他听觉中枢与声音的强度间还有一定的区域分布关系，即不同的区域分别对不同的刺激强度敏感，似乎部位原则也在起作用。

5.2.3 声源定位和双耳听觉

声源定位是指听觉系统对声源方位的判断，它的基础是双耳听觉。由于从声源到两耳的距离不同及声音传播途中屏障条件的不同，从某一方位发出的声音到达两耳时便有时间差和强度差，它们的大小与声源的方位有关。双耳感受到的声音时间差和强度差便是声源定位的主要依据。对于高频声，强度差的作用较重要；对于低频声，时间差的作用较重要。

除了声源定位这一重要功能外，和单耳听觉相比，双耳听觉有明显的优点。双耳综合声音的响度可以增加，相当于单耳时提高 3~6 dB；双耳听觉的辨别能力比单耳好；特别是在有噪声干扰的情况下，双耳听觉对语言的识别能力明显比单耳高。在双耳听觉的条件下，右耳对语言信号的感受占较重要的地位，左耳则对非语言信号的感受较重要，这可能和大脑两半球的分工有关。

5.2.4 对复杂声的分析

关于听觉系统如何辨别复杂声的问题，目前存在着两种截然不同的观点：①复杂声的感受以听觉系统对其简单组成成分的感受为基础，复杂声在听觉中枢引起的神经活动过程，是各组成成分引起的神经活动过程的总和；②听觉系统有分工检测各种复杂声音或声音某种特征的专门结构单元，称为探测器或特征探测器，它们只对特定的声音或特定的声音特征敏感，对其他声音或声音特征则无反应。两种意见谁是谁非，目前未有权威性定论。

5.3 语音编码

语音数字化技术基本可以分为两大类：第一类技术是在尽可能遵循波形的前提下，将模拟波形进行数字化编码；第二类技术是对模拟波形进行一定处理，但仅对语音和收听过程中能够听到的语音进行编码。其中语音编码的三种最常用的技术是脉冲编码调制（PCM）、差分脉冲编码调制（DPCM）和增量调制（DM）。通常，公用电话交换网（PSTN）中的数字电话都采用这三种技术。第二类语音数字化技术主要与用于窄带传输系统或有限容量的数字设备的语音编码器有关。采用该数字化技术的设备一般被称为声码器，声码器技术现已展开应用，特别是用于帧中继和 IP 上的语音。

除压缩编码技术外，人们还应用许多其他节省带宽的技术来减少语音所占带宽，优化网络资源。异步传输模式（ATM）和帧中继网中的静音抑制技术可将连接中的静音数据消除，但并不影响其他信息数据的发送。语音活动检测（SAD）技术可以用来动态地跟踪噪声电平，并为这个噪声电平设置一个相应的语音检测阈值，这样就使得语音/静音检测器可以动态匹配用户的背景噪声环境，并将静音抑制的可听度降到最小。为了置换网络中的音频信号，使其不再穿过网络，舒适的背景声音在网络的任一端被集成到信道中，以确保话路两端的语音质量和自然声音的连接。语音编码方法归纳起来可以分成三大类：波形编码、信源编码、混合编码。

1. 波形编码

波形编码比较简单，编码前采样定理对模拟语音信号进行量化，然后进行幅度量化，再进行二进制编码。解码器做数/模变换后再由低通滤波器恢复出现原始的模拟语音波形，这就是最简单的脉冲编码调制，也称为线性脉冲编码调制。可以通过非线性量化、前后样值的差分、自适应预测等方法实现数据压缩。波形编码的目标是让解码器恢复出的模拟信号在波形上尽量与编码前的原始波形一致，即失真要最小。波形编码的方法简单，码率较高，在 64 kbit/s 至 32 kbit/s 之间音质优良，当码率低于 32 kbit/s 的时候音质明显降低，16 kbit/s 时音质非常差。

2. 信源编码

信源编码又称为声码器，是根据人声音的发声机理，在编码端对语音信号进行分析，分解成有声音和无声音两部分。声码器每隔一定时间分析一次语音，传送一次分析的编码有/无声和滤波参数。在解码端根据接收的参数再合成声音。声码器编码后的码率可以做得很低，如 1.2 kbit/s、2.4 kbit/s，但是也有其缺点。首先是合成语音质量较差，往往清晰度可以但自然度没有，难以辨认说话人是谁；其次是复杂度比较高。

3. 混合编码

混合编码是将波形编码和信源编码的原理结合起来，码率为 4~16 kbit/s，音质比较好，最近有个别算法所取得的音质可与波形编码相当，复杂程度介于波形编码和信源编码之间。

上述的三大语音编码方案还可以分成许多不同的编码方案。语音编码属性可以分为四类，分别是比特率、时延、复杂性和质量。比特率是语音编码很重要的一方面。比特率的范围可以是从保密的电话通信的 2.4 kbit/s 到 64 kbit/s 的 G.711PCM 编码和 G.722 宽带（7 kHz）语音编码器。

5.4 韵律认知

韵律是所有自然口语的共同特征，在言语交流中起着非常重要的作用，它通过对比组合音段信息，使说话者的意图得到更好表达和理解。对人工合成语言而言，韵律控制模型的完善程度，决定了合成语言的自然度。深入全面地理解自然语言的韵律特征，无论对语音学研究，还是对提高语音合成的自然度和识别语音的准确性来说，都是至关重要的。语音流信息包括音段信息和韵律信息。音节等音段信息通过音色来表达，韵律信息则通过韵律特征来表达。

言语研究最初为集中探讨句法和语义加工过程，把韵律搁在了一边。一直到了 20 世纪 60 年代，对韵律的系统研究才开始。韵律特征主要包含 3 个方面：重音、语调和韵律结构（指韵律成分的边界结构）。

认知基础

汉语的重音是复杂的，涉及词重音和语句重音、语句重音的类型、语句重音的位置分布及等级差异。播音员语言里，大量采用对比手段，包括音高的对比和时长的对比。

汉语的语调，其构造由语势重音配合而形成。它是一种语音形式，通过信息聚焦来实施超语法的功能语义。节奏从语言的树型关系出发，按照表达的需要，利用有声形态、有限的分解度来安排节奏重音，形成多层套叠的节奏单元。语势重音和节奏重音分别调节声调音域的高音线和低音线。把语调构造各部分的音域特征综合在一起，可以区分不同的语调类型，因此语调是声调音域再调节的重要因素，而声调音域是功能语调和口气语调最重要的有声依据。

汉语语调的基本骨架可以分为调冠、调头、调核、调尾 4 部分。语调构造典型的有声表现如下：

1）调头和调核里有较强的语势重音，调冠里只有轻化音节，调尾里一般没有太强的语势重音。

2）调核之后，声调音域的高音线下移，形成明显的落差。

3）调核后一音节明显轻化。调核为上声本调时，后一音节轻化并被明显抬高，高音线落差在其后出现。

韵律结构是一个分层结构，对它的成分有多种划分方法，一般公认分为 4 级，从低到高依次是韵律词、韵律词组、韵律短语和语调短语。

1）韵律词：反映汉语节奏的两音节或三音节组，在韵律词内部不能停顿，在韵律词边界不一定有停顿但是可以有停顿。

2）韵律词组：一般为 2 个或 3 个联系比较紧密的韵律词，韵律词组内部的韵律词之间通常没有可感知的停顿，而在韵律词组尾一定有一个可以感知的停顿，但从语图上不一定能观察到明显的静音段。

3）韵律短语：由一个或几个韵律词组组成，韵律短语之间通常有比较明显的停顿，从语图上一般也可以观察到明显的静音段。在音高图上低音线的渐降是韵律短语的重要特点。

4）语调短语：由一个或几个韵律短语组成。语调短语可以是单句，或复合句中的子句，多用标点符号隔离。在语调短语后一般有个比较长的停顿。

从上面的定义可以看出，4 级韵律成分存在着包含关系，即语调短语边界一定是韵律短语边界，韵律短语边界一定是韵律词组边界，而韵律词组边界只能落在韵律词边界上。但是韵律词组边界不一定是词典词边界，词典词边界也不一定是韵律词边界。

韵律生成一开始是作为单词产生的音韵编码过程的一部分而受到关注的。随着研究手段的发展，短语和句子产生过程中的韵律生成也得到了研究。这些研究主要是从信息加工的角度进行的。韵律生成的相关模型有 Shattuck-Hufnagel 的扫描复制模型、Dell 的联结主义模型，但这两个模型并没有专门论述韵律生成。迄今为止最全面的韵律生成模型是由莱弗特（W. J. M. Levelt）等人提出来的韵律编码和加工模型（LEVELT，1989）。

莱弗特认为口语句子的生成过程中，所有阶段的加工都是并行的、递增的。韵律编码包括许多过程，一些在词的范畴进行加工，另一些在句子的范畴进行加工。在一个句子的句法结构展开的同时，词汇的语音规划也产生了。词汇通常分成两部分，词元（包含语义和句法特征）的提取和词素（包含词形及音韵形式）的提取。后者在词形—韵律提取阶段执行，它用词元作为输入来提取相应的词形和韵律结构。所以韵律特征的生成不需要知道音段信息。这些词形和韵律信息被用在音段提取阶段，提取词的音段内容（词所包含的音素及其在音节中的位置），然后韵律和音段二者结合在一起。

在最后一个阶段，韵律生成器执行话语语音规划，产生句子的韵律和语调模式。韵律的生成包括两个主要步骤：

1）产生韵律词、韵律短语和语调短语等韵律单元。韵律单元的生成是这样进行的：词形—韵律提取阶段的加工结果与连接成分组合，成为韵律词组。先扫描句子句法结构，综合各种相关信息，然后把语法短语的扩展成分包含进来，组成一个韵律短语。而说话者在语流某个点上的停顿，产生语调短语。

2）产生韵律结构的节律栅。最后用节律栅表示重音和时间模式。在句子韵律结构和单个词的节律栅的基础上，韵律产生器最终构建出整个话语的节律栅。

莱弗特等用元分析法分析了58个脑功能成像研究结果（LEVELT et al.，2001），总结词汇产生过程中，脑区的激活呈左侧化趋势，包括后额下回（Broca区）、颞上回中部、颞中回、后颞上回、后颞中回（Wernicke语言区）和左丘脑。视觉和概念上的引入过程涉及枕叶、腹侧颞叶和额前区（0~275 ms）；接着激活传至Wernicke语言区，单词的音韵代码存储在该区，这种信息传播至Broca语言区和（或）颞左中上叶，进行后音韵编码（275~400 ms）；然后进行语音编码，这一过程与感觉运动区和小脑有关，激活感觉运动区进行发音（400~600 ms）。

2002年梅耶（J. Mayer）等人用fMRI研究正常人韵律产生过程中的大脑活动（MAYER et al.，2002），发现左右半球的前头骨—前头盖底的相对较小且不重叠的区域与韵律产生有关。语言学韵律的产生仅激活左半球，而情感韵律的产生则仅激活右半球。

5.5 语音识别

语音识别，也被称为自动语音识别（automatic speech recognition，ASR），是实现人机交互尤为关键的技术，让计算机能够"听懂"人类的语音，将语音转化为文本。语音识别技术经过几十年的发展已经取得了显著的成效。近年来，越来越多的语音识别智能软件和应用走入了人们的日常生活，苹果的Siri、微软的小娜（Cortana）、百度度秘（Duer）、科大讯飞的语音输入法和灵犀语音助手等都是其中的典型代表。随着识别技术及计算机性能的不断进步，语音识别技术在未来社会中必将拥有更为广阔的前景。

5.5.1 发展历程

以1952年贝尔实验室研制的特定说话人孤立词数字识别系统为起点，语音识别技术已经历了60多年的持续发展。其发展历程可大致分为以下4个阶段：

1. 20世纪50年代至70年代

该阶段是语音识别的初级阶段，主要研究孤立词识别，动态时间规整技术、线性预测编码技术、矢量量化技术等取得了进展。IBM公司的杰利内克（F. Jelinek）等在20世纪70年代末提出n-gram统计语言模型，并成功地将trigram模型应用于TANGORA语音识别系统中。此后美国CMU（卡内基梅隆大学）采用bigram模型应用于SPHINX语音识别系统，大大提高了识别率。此后一些著名的语音识别系统也相继采用bigram、trigram统计语言模型用于语音识别系统。

2. 20 世纪 80 年代至 90 年代中期

识别算法从模式匹配技术转向基于统计模型的技术，更多地追求从整体统计的角度来建立最佳的语音识别系统。最典型的为隐马尔可夫模型（hidden Markov model，HMM）在大词汇量连续语音识别系统中的成功应用。美国国防部先进研究项目局（defense advanced research projects agency，DARPA）于 1983 年开展为期 10 年的 DARPA 战略计算工程项目，其中包括用于军事领域的语音识别、语言理解、通用语料库等。参加单位包括 MIT（麻省理工学院）、CMU、贝尔实验室和 IBM 公司等。20 世纪 80 年代末，CMU 用 VQ-HMM 实现了 SPHINX 语音识别系统，这是世界上第一个高性能的非特定人、大词汇量、连续语音识别系统，开创了语音识别的新时代。至 20 世纪 90 年代中期，语音识别技术进一步成熟，并出现了一些很好的产品。该阶段可以认为是统计语音识别技术的快速发展阶段。

3. 20 世纪 90 年代中期至 21 世纪初

该阶段语音识别研究工作更趋于解决在真实环境应用时所面临的实际问题。美国国家标准与技术研究院和美国国防部先进研究项目局组织了大量的语音识别技术评测，极大地推动了该技术的发展。在此阶段，基于高斯混合模型（Gaussian mixture model，GMM）和 HMM 的混合语音识别框架成为领域内主流技术。而区分度训练技术的提出，进一步提升了系统性能。此外，为提升系统的鲁棒性及实用性，语音抗噪技术、说话人自适应训练（speaker adaptive training，SAT）等技术被相继提出。该阶段可看作是 GMM-HMM 混合语音识别技术趋于成熟并应用的阶段。

4. 21 世纪初至今

该阶段的特点是基于深度学习的语音识别技术成为主流，以 2011 年提出的上下文相关-深度神经网络-隐马尔可夫框架为变革开始的标志。基于链接时序分类（connectionist temporal classification，CTC）搭建过程简单，且在某些情况下性能更好。2016 年，谷歌提出 CD-CTC-SMBR-LSTM-RNNS，标志着传统的 GMM-HMM 框架被完全替代。声学建模由传统的基于短时平稳假设的分段建模方法变革到基于不定长序列的直接判别式区分的建模方法，由此语音识别性能逐渐接近实用水平，而移动互联网的发展同时带来了对语音识别技术的巨大需求，两者相互促进。与深度学习相关的参数学习算法、模型结构、并行训练平台等成为该阶段的研究热点。该阶段可看作是深度学习语音识别技术高速发展并大规模应用的阶段。

我国语音识别研究工作起步于 20 世纪 50 年代，而研究热潮是从 20 世纪 80 年代中期开始的。在"863 计划"的支持下，我国开始了有组织的语音识别技术的研究。

语音识别技术正逐步成为信息技术中人机接口的关键技术，研究成果也从实验室逐步走向实用。

5.5.2 语音识别系统

语音识别系统包含 4 个主要模块：前端信号处理与特征抽取、声学模型、语言模型以及解码器（见图 5-4）。

信号处理模块输入为语音信号，输出为文本，随着远场语音交互需求越来越大，前端信号处理与特征提取在语音识别中的作用越来越重要。一般而言，主要过程为首先通过麦克风阵列进行声源定位，然后消除噪声。通过自动增益控制将收音器采集到的声音放到正常幅值。通过去噪等方法对语音进行增强，然后将信号由时域转换到频域，最后提取适用于声学模型（AM）建模的特征向量。

声学模型对声学和发音学知识进行建模，其输入为特征抽取模块产生的特征向量，输出为某条语音的声学模型得分。声学模型是对声学、语音学、环境的变量，以及说话人性别、口音的差异等的知识表示。声学模型的好坏直接决定整个语音识别系统的性能。

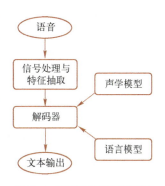

图 5-4 语音识别系统框架

语言模型（LM）则是对一组字序列构成的知识表示，用于估计某条文本语句产生的概率被称为语言模型得分。语言模型中存储的是不同单词之间的共现概率，一般通过从文本格式的语料库中估计得到。语言模型和应用领域与任务密切相关，当这些信息已知时，语言模型得分更加精确。

解码器根据声学模型和语言模型，将输入的语音特征向量序列转化为字符序列。解码器将所有候选句子的声学模型得分和语言模型得分结合在一起，将输出得分最高的句子作为最终的识别结果。

5.5.3 基于深度神经网络的语音识别系统

基于深度神经网络（deep neural network，DNN）的语音识别系统主要采用如图 5-5 所示的框架。相比传统的基于 GMM-HMM 的语音识别系统，其最大的改变是采用深度神经网络替换 GMM 模型对语音的观察概率进行建模。最初主流的深度神经网络是最简单的前馈型深度神经网络（feedforward DNN，FDNN）。DNN 相比 GMM 的优势在于：①使用 DNN 估计 HMM 的状态的后验概率分布不需要对语音数据分布进行假设；②DNN 的输入特征可以是多

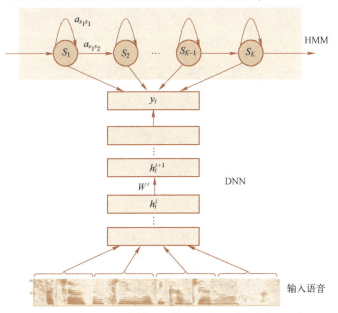

图 5-5 基于深度神经网络的语音识别系统框架

种特征的融合，包括离散或者连续的；③DNN 可以利用相邻的语音帧所包含的结构信息。

考虑到语音信号的长时相关性，一个自然而然的想法是选用具有更强长时建模能力的神经网络模型。于是，循环神经网络（recurrent neural network，RNN）近年来逐渐替代传统的 DNN 成为主流的语音识别建模方案。如图 5-6 所示，相比 FDNN，循环神经网络在隐层上增加了一个反馈连接，也就是说，RNN 隐层当前时刻的输入有一部分是前一时刻的隐层输出，这使得 RNN 可以通过循环反馈连接看到前面所有时刻的信息，这赋予了 RNN 记忆功能。这些特点使得 RNN 非常适合用于对时序信号的建模。而长短时记忆模块（long-short term memory，LSTM）的引入解决了传统简单 RNN 梯度消失等问题，使得 RNN 框架可以在语音识别领域实用化并获得了超越 DNN 的效果，目前已经被用在业界一些比较先进的语音系统中。

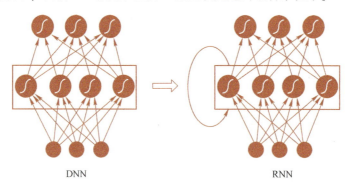

图 5-6 DNN 和 RNN 示意图

除此之外，研究人员还在 RNN 的基础上做了进一步改进工作。图 5-7 是当前基于 RNN-CTC 的主流语音识别系统框架，该框架主要包含两部分：深层双向 RNN 和 CTC 输出层。其

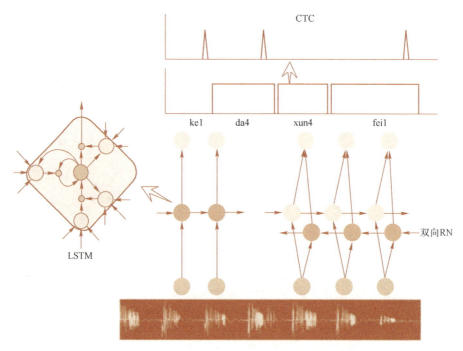

图 5-7 基于 RNN-CTC 的主流语音识别系统框架

中双向 RNN 对当前语音帧进行判断时，不仅可以利用历史的语音信息，还可以利用未来的语音信息，从而进行更加准确的决策；CTC 使得训练过程无须帧级别的标注，实现有效的"端对端"训练。

语音识别任务是将输入波形映射到最终的词序列或中间的音素序列。声学模型真正应该关心的是输出的词序列或音素序列，而不是在传统的交叉熵训练中优化的一帧一帧的标注。为了应用这种观点并将语音输入帧映射成输出标签序列，CTC 方法被引入了进来。为了解决语音识别任务中输出标签数量少于输入语音帧数量的问题，CTC 引入了一种特殊的空白标签，并且允许标签重复，从而使输出和输入序列的长度相同。

CTC 的一个迷人特点是我们可以选择大于音素的输出单元，比如音节和词。这说明输入特征可以使用大于 1000 万 Hz 的采样率来构建。CTC 提供了一种以端到端的方式优化声学模型的途径。用端到端的语音识别系统直接预测字符而非音素，从而不再需要使用词典和决策树了。

早在 2012 年，卷积神经网络（convolutional neural networks，CNN）就被用于语音识别系统，但始终没有大的突破。一个缺陷是没有突破传统前馈神经网络采用固定长度的帧拼接作为输入的思维定式，从而无法看到足够长的语音上下文信息。另外一个缺陷是只将 CNN 视作一种特征提取器，因此所用的卷积层数很少，一般只有一到两层，这样的卷积网络的表达能力十分有限。

科大讯飞研发了深度全序列卷积神经网络（deep fully convolutional neural network，DFCNN）的语音识别框架，使用大量的卷积层直接对整句语音信号进行建模，更好地表达了语音的长时相关性。DFCNN 的结构如图 5-8 所示，它直接将一句语音转化成一张图像作为输入，即先对每帧语音进行傅里叶变换，再将时间和频率作为图像的两个维度，然后通过非常多的卷积层和池化（pooling）层的组合，对整句语音进行建模，输出单元直接与最终的识别结果比如音节或者汉字相对应。

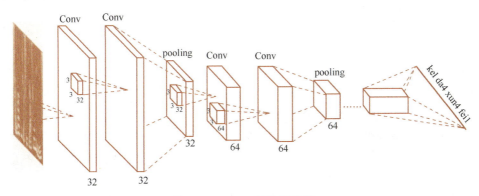

图 5-8　DFCNN 结构示意图

DFCNN 直接将语谱图作为输入，相比其他以传统语音特征作为输入的语音识别框架，具有天然的优势。从结构来看，DFCNN 与传统语音识别中的 CNN 做法不同，它借鉴了图像识别中效果最好的网络配置，每个卷积层使用 3×3 的小卷积核，并在多个卷积层之后再加上池化层，这样大大增强了 CNN 的表达能力；与此同时，通过累积非常多的卷积池化层对，DFCNN 可以看到非常长的历史和未来信息，这就保证了 DFCNN 可以出色地表达语音的长时相关性，相比 RNN 网络结构在鲁棒性上更加出色。从输出端来看，DFCNN 还可以和近期很热的 CTC 方案完美结合，以实现整个模型的端到端训练，且其包含的池化层等特殊结构可以使端到端训练变得更加稳定。

和其他多个技术结合后，科大讯飞的 DFCNN 语音识别框架在内部数千小时的中文语音短信听写任务上，与目前业界最好的语音识别框架（双向 RNN-CTC 系统）相比，获得了 15% 的性能提升；由于结合科大讯飞的 HPC 平台和多 GPU 并行加速技术，DFCNN 的训练速度也优于双向 RNN-CTC 系统。DFCNN 的提出开辟了语音识别的一片新天地。

5.6 语音合成

语音合成即让计算机生成语音的技术，其目标是让计算机能输出清晰、自然、流畅的语音。按照人类语言功能的不同层次，语音合成也可以分成 3 个层次，即从文字到语音的合成、从概念到语音的合成、从意向到语音的合成。这 3 个层次反映了人类大脑中形成语言内容的不同过程，涉及人类大脑的高级神经活动。

5.6.1 语音合成的方法

语音合成技术经历了一个逐步发展的过程，从参数合成到拼接合成，再到两者的逐步结合，其不断发展的动力是人们认知水平的提高的需求的增多。目前，常用的语音合成技术主要有：共振峰合成、LPC（线性预测编码）参数合成、PSOLA（基音同步叠加）拼接合成和 LMA（对数振幅近似）声道模型技术。它们各有优缺点，人们在应用过程中往往将多种技术有机地结合在一起，或将一种技术的优点运用到另一种技术上，以克服另一种技术的不足。

1. 共振峰合成

语音合成的理论基础是语音生成的数学模型。该模型语音生成过程是在激励信号的激励下，声波经谐振腔（声道），由嘴或鼻辐射声波。因此，声道参数、声道谐振特性一直是研究的重点。在图 5-9 所示的某一语音的频率响应图中，标有 Fp1、Fp2、Fp3 的多处为频率响应的极点，此时，声道的传输频率响应有极大

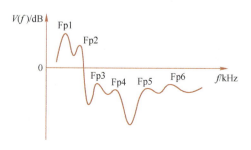

图 5-9 语音的频率响应图

值。习惯上，把声道传输频率响应上的极点称为共振峰，而语音的共振峰频率（极点频率）的分布特性决定着该语音的音色。

音色各异的语音具有不同的共振峰模式，因此，以每个共振峰频率及其带宽为参数，可以构成共振峰滤波器。用若干个这种滤波器的组合来模拟声道的传输特性（频率响应），对激励源发出的信号进行调制，并经过辐射模型就可以得到合成语音。这就是共振峰合成技术的基本原理。基于共振峰的理论有以下 3 种实用模型。

级联型共振峰模型：在该模型中，声道被认为是一组串联的二阶谐振器。该模型主要用于绝大部分元音的合成。

并联型共振峰模型：许多研究者认为，对于鼻化元音等非一般元音以及大部分辅音，上

述级联型共振峰模型不能很好地加以描述和模拟,因此并联型共振峰模型应运而生。

混合型共振峰模型:在级联型共振峰模型中,共振峰滤波器首尾相接;而在并联型模型中,输入信号先分别通过幅度调节再加到每一个共振峰滤波器上,然后将各路的输出叠加起来。将两者比较,对于合成声源位于声道末端的语音(大多数的元音),级联型共振峰模型符合语音产生的声学理论,并且无须为每一个滤波器分设幅度调节;而对于合成声源位于声道中间的语音(大多数清擦音和塞音),并联型共振峰模型则比较合适,但是其幅度调节很复杂。基于此种考虑,人们将两者结合在一起,提出了混合型共振峰模型,如图 5-10 所示。

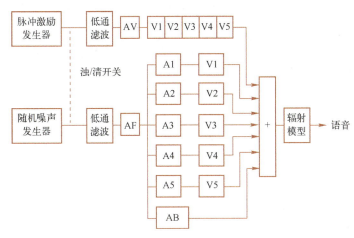

图 5-10　混合型共振峰模型

事实上,上述 3 种共振峰模型在实践中都得到了成功的应用。例如:Fant 的 OVE 系统就采用了级联型共振峰模型;Holmes 合成器采用的是并联型共振峰模型;而最为典型也是最为成功的 Klatt 合成器则以混合型共振峰模型为基础。在汉语语音合成方面,研究人员研制出了一些基于共振峰模型的成功的应用系统。

共振峰模型是基于对声道的一种比较准确的模拟,因而可以合成自然度比较高的语音,另外由于共振峰参数具有明确的物理意义,直接对应于声道参数,因此可以利用共振峰来描述自然语流中的各种现象、总结声学规则,最终形成共振峰合成系统。

但是,人们同时也发现该技术有明显的弱点。首先由于它是建立在对声道的模拟上的,因此对声道模拟的不精确势必影响合成的质量。另外,实际工作表明,共振峰模型虽然描述了语音中最基本、最主要的部分,但并不能表征影响语音自然度的其他许多细微的语音成分,从而影响了合成语音的自然度。另外,共振峰合成器的控制是十分复杂的,一个好的合成器的控制参数往往达到几十个,实现起来十分困难。

基于这些原因,研究者继续寻求和发现其他新的合成技术。人们从波形的直接录制和播放中得到启发,提出了基于波形拼接的合成技术,LPC 合成技术和 PSOLA 合成技术是其中的代表。与共振峰合成技术不同,波形拼接合成是基于对录制的合成基元的波形进行拼接的,而不是基于对发声过程的模拟的。

2. LPC 参数合成

波形拼接技术的发展与语音的编、解码技术的发展密不可分,其中 LPC 技术的发展对波形拼接技术产生了巨大的影响。

LPC 参数合成技术本质上是一种时间波形的编码技术，目的是降低时间域信号的传输速率。

在利用 LPC 参数合成技术来进行汉语语音合成和汉语文语转换的研究方面，中科院声学所做了大量的工作：1987 年，引入了多脉冲激励 LPC 技术；1989 年，又引入矢量量化；1993 年，引入码激励技术。这些工作对于 LPC 参数合成技术在汉语合成方面的运用做出了重要的贡献。

LPC 参数合成技术的优点是简单直观。其合成过程实质上只是一种简单的解码和拼接过程。另外，由于波形拼接技术的合成基元是语音的波形数据，保存了语音的全部信息，因而单个合成基元能够获得很高的自然度。

但是，由于自然语流中的语音和孤立状况下的语音有着极大的区别，如果只是简单地把各个孤立的语音生硬地拼接在一起，其整个语流的质量势必不太理想。而 LPC 技术从本质上来说只是一种录音+重放，合成整个连续语流的 LPC 参数合成技术的效果是不理想的。因此，LPC 参数合成技术必须和其他技术结合，才能明显改善 LPC 参数合成的质量。

一种典型的基于单音节和 VQLPC（矢量量化的 LPC 参数合成）技术的文语转换系统原理图如图 5-11 所示。

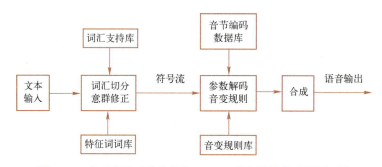

图 5-11　典型的基于单音节和 VQLPC 的文语转换系统原理图

3. PSOLA 拼接合成

20 世纪 80 年代末提出的 PSOLA（基音同步叠加）拼接合成技术给波形拼接合成技术注入了新的活力。PSOLA 拼接合成技术着眼于对语音信号超时段特征的控制，如基频、时长、音强等的控制。而这些参数对于语音的韵律控制以及修改是至关重要的，因此，PSOLA 拼接合成技术比 LPC 参数合成技术具有可修改性更强的优点，可以合成高自然度的语音。

PSOLA 拼接合成技术的主要特点是：在拼接语音波形片断之前，首先根据上下文的要求，用 PSOLA 算法对拼接单元的韵律特征进行调整，使合成波形既保持了原始发音的主要音段特征，又能使拼接单元的韵律特征符合上下文的要求，从而获得很高的清晰度和自然度。

在将 PSOLA 拼接合成技术应用于汉语文语转换系统方面，国内许多学校和科研单位进行了大量广泛深入的研究。在对 PSOLA 拼接合成技术进行研究的基础上，先后开发出了基于波形拼接的汉语文语转换系统，并且对如何进一步完善该技术、如何进一步改善合成语音的自然度等都提出了一些具体措施。

PSOLA 拼接合成技术保持了传统波形拼接技术的优点，简单直观，运算量小，而且还能方便地控制语音信号的韵律参数，具有合成自然连续语流的条件，得到了广泛的应用。

但是，PSOLA 拼接合成技术也有缺点。首先，PSOLA 拼接合成技术是一种基音同步的语音分析/合成技术，需要准确的基因周期以及对其起始点的判定。基音周期或其起始点的判定误差将会影响 PSOLA 拼接合成技术的效果。其次，PSOLA 拼接合成技术是一种简单的波形映射拼接合成，这种拼接合成是否能够保持平稳过渡以及它对频域参数有什么影响等问题并没有得到解决，因此在拼接合成时会产生不理想的结果。

4. LMA 声道模型

随着人们对语音合成的自然度和音质的要求越来越高，PSOLA 算法表现出对韵律参数调整能力较弱和难以处理协同发音的缺陷，因此，人们又提出了一种基于 LMA 声道模型的语音合成方法。这种方法具有传统的参数合成可以灵活调节韵律参数的优点，同时又具有比 PSOLA 算法更高质量的合成音质。

5. 小结

目前，主要的语音合成技术是共振峰合成技术和基于 PSOLA 算法的波形拼接合成技术。这两种技术各有所长，共振峰合成技术比较成熟，有大量的研究成果可以利用，而基于 PSOLA 算法的波形拼接合成技术则是比较新的技术，具有良好的发展前景。

过去这两种技术基本上是独立发展的，现在许多学者开始研究它们两者之间的关系，试图将两者有效地结合起来，从而合成出更加自然的语流。例如清华大学的研究人员进行了将共振峰修改技术应用于 PSOLA 算法的研究，并用于 Sonic 系统的改进，研制出了具有更高自然度的汉语文语转换系统。

采用波形拼接方法的文本—语音转换（text to speech，TTS）系统要保证在拼接和韵律调整时有较好的效果，至少要具有以下 4 个性质：

1）在合成单元的边界处要有较平滑的频谱。
2）进行时间标尺修改（time scale modification，TSM）时要保证基频不变。
3）进行基频标尺修改（pitch scale modification，PSM）时要保证时间不变。
4）对合成单元振幅的修改是线性的。

5.6.2 文语转换系统

文语转换系统包括了从视觉的文字符号（文本）到听觉的语音信号转换处理的全过程，其中语音合成技术是文语转换的核心。从文本到语音的合成技术也常常被称作文语转换技术。典型的文语转换系统如图 5-12 所示，该系统可以分为文本分析模块、韵律预测模块和声学模型模块，下面对 3 个模块进行简要的介绍。

图 5-12 典型的文语转换系统

1. 文本分析模块

文本分析模块是文语转换系统的前端。它的作用是对输入的任意自然语言文本进行分析，输出尽可能多的语言相关的特征和信息，为后续模块提供必要的信息。它的处理流程依次为：文本预处理、文本规范化、自动分词、词性标注、字音转换、多音字消歧、字形到音素（grapheme to phoneme，G2P）、短语分析等。其中，文本预处理包括删除无效符号、断句等；文本规范化的任务就是将文本中的非普通文字（如数学符号、物理符号等）字符识别出来，并转化为一种规范化的表达；字音转换的任务是将待合成的文字序列转换为对应的拼音序列；多音字消歧则是解决一字多音的问题；G2P 是为了处理文本中可能出现的未知读音的字词，这在英文或其他以字母组成的语言中经常出现。

2. 韵律预测模块

韵律即是实际语流中的抑扬顿挫和轻重缓急。例如重音的位置分布及其等级差异，韵律边界的位置分布及其等级差异，语调的基本骨架及其与声调、节奏和重音的关系，等等。由于这些韵律特征需要通过不止一个音段上的特征变化才能得以实现，因此通常称为超音段特征。韵律表现是一个很复杂的现象，对韵律的研究涉及语音学、语言学、声学、心理学等多个领域。韵律预测模块接收文本分析模块的处理结果，预测相应的韵律特征，包括停顿、句重音等超音段特征。韵律预测模块的主要作用是保证合成语音拥有自然的抑扬顿挫，提高语音的自然度。

3. 声学模型模块

声学模型的输入为文本分析模块提供的文本相关特征和韵律预测模块提供的韵律特征，输出为自然语音波形。目前主流的声学模型采用的方法可以概括为两种：①基于时域波形的拼接合成方法，声学模型模块先对基频、时长、能量和节奏等信息建模，并在大规模语料库中根据这些信息挑选最合适的语音单元，然后通过拼接算法生成自然语音波形；②基于语音参数的合成方法，声学模型模块先根据韵律和文本信息的指导来得到语音的声学参数，如谱参数、基频等，然后通过语音参数合成器来生成自然语音波形。

文语转换系统的声学模型从所采用的基本策略来看，可以分为基于发音器官的模型和基于信号的模型两大类。前者试图对人类的整个发音器官进行直接建模，通过该模型进行语音的合成，该方法也被称为基于生理参数的语音合成。后者则是基于语音信号本身进行建模或者直接进行基元选取拼接合成。相比较而言，基于信号的模型的方法具有更强的应用价值，因而得到了更多研究者和工业界的关注，它主要包括基于基元选取的拼接合成和统计参数语音合成。

5.6.3 概念—语音转换系统

日本大阪大学实现了一种概念—语音转换（concept to speech，CTS）系统。这是一个基本格结构表述的语音输出系统（speech output from case structure representation，SCOS）（http://www.zzrtu.com/jsj/）。

CTS 的输入是建立在格结构和短语模型基础上的概念表述，输出的是合成语音。这一层次的研究包括自然语言生成、韵律修饰和语音合成。它首先要由概念表述生成带有韵律修饰特性的语句，然后将语句转换成语音输出。

对 CTS 系统来说，如何表示系统输入是一个值得研究的重要问题。在 SOCS 中，基于格结构和短语模型的表述（即概念表述）被转换成合成语音。这个概念表述是在一个抽象的概念水平上描绘的。它使按照对话内容来修饰输出语句成为可能，同时也有可能构造适应性强的语言输出界面。SOCS 以两种内置的机制来控制概念表述的韵律参数。第一个是停顿标记（pause marker），这是在句子生成时和单词一同生成的。停顿标记用于插入停顿，也可以用于设置韵律短语边界的基频。第二个是嵌于惯用模板内的韵律修饰函数（Prosody Modification Function，PMF）。PMF 函数控制句型的韵律参数。

SOCS 可以作为智能工作系统（intelligent performance systems，IPS）的通用接口。以往 IPS 产生文本形式的消息，并在终端上显示。但人们期望通过语音与 IPS 交换信息。当前语音来自文语转换系统，而获得语音更方便的表示方式不应是文本。SOCS 与 IPS 的接口框图如图 5-13 所示。

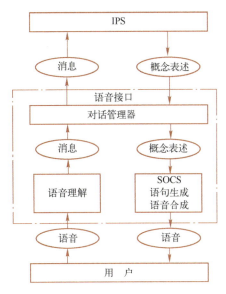

图 5-13　SOCS 与 IPS 的接口

SOCS 是把概念表述转换成语音的 CTS 系统。IPS 产生的中间表述形式叫作概念表述，通过对话管理器将它送到 SOCS。对话管理器根据上下文修改概念表述，并产生句子和韵律特征。CTS 的输入是用语义表示框架，而不是用文本来表示。它比 TTS 具有如下优点：CTS 系统直接由概念表述产生句子，因而没有必要进行文本分析。一些特征如重音、语速可直接加到概念表述中。一种概念表述可以根据上下文转换成几种句子。故此 IPS 只需决定"说什么"，而不用考虑"怎么说"。因此，CTS 是人机语音交互的一种必要手段。

5.7　听觉场景分析

听觉场景分析（auditory scene analysis）源自契利（Cherry）在 1953 年的发现，即人的听觉系统能够从复杂的混合声音中有效地选择并跟踪某一说话人的声音（鸡尾酒会效应），20 世纪 90 年代初由加拿大麦吉尔大学著名听觉心理学家布莱曼（A. S. Bregman）正式提出（BREGMAN，1990）。1995 年，德国波鸿鲁尔大学的马库斯（B. Markus）提出了一种基于人的双耳听觉特性的双耳模型 CASA 方法（MARKUS，1995），把它用于噪声环境中语音识别的前端，经该前端处理后，语音识别的效果大为改善。1999 年，英国谢菲尔德大学的戈斯马克（D. Godsmark）和布朗（J. Brown）进一步发展了一种黑板模型的计算听觉场景分析模型（GODSMARK et al.，1999）。自 20 世纪 90 年代以来我国学者开展了计算听觉场景分析的研究。

听觉场景分析是研究听觉系统如何对外界刺激进行组织与加工的。其任务有两个：一是找出那些能够使声谱成分组合到一起，或使它们分离成独立的听觉流或表象的声学特征；二是研究听觉分组的方法。听觉场景分析包含两个阶段：一是以格式塔原则为基础的初级分析，它把不同感觉元素分配到相应组中；另一阶段是图式加工，它可以对知觉组织进行验证和修复。这两个阶段分别对应自下而上和自上而下两个处理过程。

传统的听觉理论主要从生理学角度解释人的听觉过程，例如地点学说、行波学说、齐射学说等。而听觉场景分析从心理模型角度，把格式塔原则和图式过程应用于听觉信息加工，把听觉组织过程看成一个具有层次性的加工过程，丰富了听觉组织的理论。听觉场景分析还用生态学的观点来分析听觉组织过程，从而增强了理论的外部效度，更易于实际应用。然而，在某些理论与方法上，听觉场景分析仍然存在一定局限性。

1. 格式塔原则的局限性

当分组原则相冲突时，如果未产生知觉融合，则格式塔原则是有效的。相反，如果所有的格式塔原则对分离或分组都有控制作用，并且产生知觉融合，那么非格式塔原则也必须参与，知觉组织才能顺利完成。由于每个人所发出的音都有其特定性，因此语言知觉中，并不是把那些简单的声音模式分组，而是要识别发音器官所发出的复杂声音；此外，还必须借助已有的语言图式或其他知觉经验才能理解所发出的音的含义。

2. 关于图式的作用

布莱曼等只总结了那些有利于听觉场景分析的研究结果，而忽略了一些反面的研究结果。格式塔原则在实验中很容易体现出来，而图式成分的作用则难以说明。听觉场景分析把图式过程看成是万能的，不论何种条件下，一切格式塔原则所不能解释的现象都用它来解释。这种过分夸大图式作用的观点忽略了图式本身的重要特性。另外，图式的层次性、大小及相互关系等特征还有待于进一步研究。

图式的来源直接影响对图式作用的认识。与初级分析相比，图式是学习获得的。乔姆斯基认为，要确认对儿童语言的强化是极端困难的，甚至是不可能的。所以，图式也并非完全都是后天习得的。

5.8 对话系统

对话系统（dialog system）是指以完成特定任务为主要目的的人机交互系统。在现有的人与人之间对话的场景下，对话系统有助于提高效率、降低成本，比如客服与用户之间的对话。

这里列出几个对话系统的具体应用。大家都很熟悉 Siri，每个 iOS 设备上都有。Cortana 和 Siri 类似，是微软推出的个人助理应用，主要用在 Windows 系统中。亚马逊的 Echo 是一款流行的智能音箱，用户可以通过与其语音交互获取信息、商品和服务。

图 5-14 给出了对话系统的结构，对话系统由 5 个主要部分组成：①自动语音识别（automatic speech recognition，ASR）将原始的语音信号转换成文本信息；②自然语言理解（natural language understanding，NLU）将识别出来的文本信息转换为机器可以理解的语义表示；③对话管理（dialog management，DM）基于对话的状态判断系统应该采取什么动作，这里的动作可以理解为机器需要表达什么意思；④自然语言生成（natural language generation，NLG）将系统动作转变成自然语言文本；⑤文本—语音转换将自然语言文本变成语音，输出

给用户。

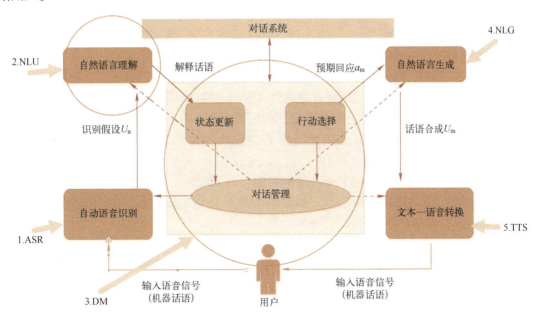

图 5-14 语音对话系统的结构

前面已经介绍了语音识别和语音合成技术，下面重点介绍对话系统中的自然语言理解、对话管理和自然语言生成。

1. 自然语言理解

自然语言理解的目标是将文本信息转换为可被机器处理的语义表示。因为同样的意思有很多种不同的表达方式，因此对机器而言，理解一句话里每个词的确切含义并不重要，重要的是理解这句话表达的意思。为了让机器能够处理自然语言，我们用语义表示来表示自然语言的意思。语义表示可以用意图+槽位的方式来描述。意图即这句话所表达的含义；槽位即表达这个意图所需要的具体参数，用槽（slot）-值（value）对的方式表示。

下面介绍自然语言理解的几种方法。第一种是基于规则的方法，大致的思路是先定义很多语法规则（即表达某种特定意思的具体方式），然后根据规则去解析输入的文本。这个方法的好处是非常灵活，可以定义各种各样的规则，而且不依赖训练数据。当然缺点也很明显，就是复杂的场景下需要很多规则，而这些规则几乎无法穷举。因此，基于规则的自然语言理解只适合相对简单的场景，适合快速地做出一个简单可用的自然语言理解模块。当数据积累到一定程度时，就可以使用基于统计的方法了。

基于统计的自然语言理解使用数据驱动的方法来解决意图识别和实体抽取的问题。意图识别可以被描述成一个分类问题，输入是文本特征，输出是它所属的意图分类。传统的机器学习模型，如 SVM、Adaboost 都可以用来解决意图识别的问题。实体抽取则可以描述成一个序列标注问题，输入是文本特征，输出是每个词或每个字属于实体的概率。传统的机器学习模型，如 HMM、CRF 都可以用来解决实体抽取的问题。如果数据量够大，也可以使用基于神经网络的方法来做意图识别和实体抽取，通常可以取得更好的效果。

自然语言理解是所有对话系统的基础。目前有一些公司将自然语言理解作为一种云服务，方便其他产品快速地具备语义理解能力，比如 Facebook 的 wit.ai、Google 的 api.ai 和微软的 luis.ai。在这类服务平台上，用户上传数据，平台根据数据训练出模型并提供接口供用户调用。

2. 对话管理

对话管理是对话系统的大脑，它主要做两件事情：

1）维护和更新对话的状态。对话状态是一种机器能够处理的数据表征，包含所有可能会影响到接下来决策的信息，如对话管理模块的输出、用户的特征等。

2）基于当前的对话状态，选择接下来的合适的动作。举一个具体的例子，用户说"帮我叫一辆车回家"，此时对话状态包括对话管理模块的输出、用户的位置、历史行为等特征。

在这个状态下，对话系统接下来的动作可能有以下几种：①向用户询问起点，如"请问从哪里出发"；②向用户确认起点，如"请问是从公司出发吗?"；③直接为用户叫车，"马上为你叫车，送你从公司回家"。

常见的对话管理方法有3种。

第1种对话管理方法是基于有限状态机的，将对话过程看成是一个有限状态转移图。对话管理每次有新的输入时，对话状态都根据输入进行跳转。跳转到下一个状态后，都会有对应的动作被执行。基于有限状态机的对话管理，优点是简单易用，缺点是状态的定义以及每个状态下对应的动作都要靠人工设计，因此不适合复杂的场景。

第2种对话管理采用部分可见的马尔可夫决策过程。所谓部分可见，是因为对话管理的输入是存在不确定性的，对话状态不再是特定的马尔可夫链中的特定状态，而是针对所有状态的概率分布。在每个状态下，对话系统执行某个动作都会有对应的回报。基于此，在每个对话状态下，选择下一步动作的策略即为选择期望回报最大的那个动作。这个方法有以下优点：①只需定义马尔可夫决策过程中的状态和动作，状态间的转移关系可以通过学习得到；②使用强化学习可以在线学习出最优的动作选择策略。当然，这个方法也存在缺点，即仍然需要人工定义状态，因此在不同的领域该方法的通用性不强。

第3种对话管理方法是基于神经网络的深度学习方法。它的基本思路是直接使用神经网络去学习动作选择的策略，即将对话理解的输出等其他特征都作为神经网络的输入，将动作选择作为神经网络的输出。这样做的好处是，对话状态直接被神经网络的隐向量所表征，不再需要人工显式地定义对话状态。对话策略优化采用强化学习技术决定对话系统要采取的行动指令。

3. 自然语言生成

自然语言生成模块是根据对话管理模块输出的系统行动指令，生成对应的自然语言回复并返回给用户。解决回复生成问题的方法目前主要分为两种，即基于检索的方法和基于生成的方法。基于检索的方法通常是在一个大的回复候选集中选出最适合的来回答用户提出的问题，虽然其保证了回复的流畅性和自然性，但其高度依赖于回复候选集的大小和检索方法的效果，有时候得不到理想的结果。基于生成的方法则借助于循环神经网络（RNN）通过对对话的学习来生成新的回复。这种方法不仅能够有效解决长距离依存问题，而且借助深度学习能够自行选择特征的机制，能够采用端到端的方式在任务数据上直接优化，在对话系统的回复生成任务中可以取得好的效果。

5.9 言语行为

英国哲学家奥斯汀（J. L. Austin）首先提出言语使用问题并进行认真的研究。他不仅首先探讨了言语使用问题，而且系统、具体地研究了其中的一个问题，那就是说话本身为何就是一种行动（AUSTIN，1962）。奥斯汀认为，说任何一句话时，人们同时要完成3种行为：言内行为、言外行为、言后行为。言外行为是通过一定的话语形式，通过协定的步骤与协定的力而取得效果，所以言外行为是协定的。而言后行为依赖于语境，不一定通过话语本身就能取得，因此是不确定的。由于"言内行为"属于言语体系的范围，"言后行为"本身又不是言语行动，而且听者的反应也不是一个言语过程，而是复杂的心理过程，所以语言学家过去不大讨论"言后行为"，而把注意力集中在"言外行为"上。最近，一些学者才将语言学问题与认知心理相结合，写出了颇具价值的文章，从而拓宽了语言学的研究领域。奥斯汀把言外行为分为5类：即判定语（verdictives）、裁定语（exercitives）、承诺语（commissives）、阐述语（expositives）和行为语（behabitives）。Searle修改了这一分类，把言外行为分为"新五类"，即断言（assertives）、指令（directives）、承诺（commissives）、表达（expressives）和宣告（declarations）（SEARLE，1975）。

言语行为理论创立后立即引起了大家关注。其中美国哲学家塞尔（J. R. Searle）将言语系统化，阐述了言语行为的原则和分类标准，提出了间接言语行为这一特殊的言语行为类型。一个人直接通过言语的字面意义来实现其交际意图，这是直接言语行为；当我们通过言语取得了言语本身之外的效果时，这就是间接言语行为。简单地讲，间接言语行为就是通过做某一言外行为来做另一件言外行为。有4种基本的提出间接请求的方式：①询问或陈述有关的能力；②陈述一个愿望；③陈述将来的行为；④举出原因。

在和别人说话时，我们内隐地建立起了一种合作活动。事实上，如果我们交谈时彼此不合作的话，我们常常不是彼此交谈而是以说过头收尾，而且也没有说出自己想说的。根据格利斯（H. P. Grice）的观点，成功的交谈遵守以下4个准则：数量准则、质量准则、相关准则和方式准则。

根据数量准则，你应该在谈话中出一份力，按要求尽可能地提供信息，但也不能不恰当地提供过多信息。根据质量准则，你在谈话中所说的应该是真实的。根据相关准则，你在谈话中所说的要和谈话的目的相关。根据方式准则，你应该表达清楚并避免生涩的表述、含糊的表达和有意混淆自己的观点。

言语行为理论的提出，无论对语言研究还是对应用语言学、社会语言学、语用学以及语言习得研究都产生了重大影响。一方面，它使学者们在有关方面的研究从以语法或言语形式为中心转向以言语功能为中心，从以单句为中心转向以语篇为中心，从以言语本身为中心转向以使用者、社团以及环境等为中心。另一方面，言语行为理论使诸多研究从以言语知识为中心转向以交际功能为中心。

5.10 小结

听觉器官在声波的作用下产生对声音特性的感觉，其适宜刺激物是声波。声波是由物体的振动所激起的空气的周期性压缩和稀疏。听觉器官是耳。听感受器是内耳蜗管里基底膜上由听觉细胞组成的科蒂氏器官。听觉细胞的兴奋,产生神经冲动。神经冲动沿着听觉神经传到丘脑后内侧膝状体,交换神经元后进入大脑皮层听区(颞上回),产生听觉。

听觉信息的中枢处理可以分为频率分析机理和强度分析机理。声源定位是指听觉系统对声源方位的判断,它的基础是双耳听觉。语音数字化技术基本可以分为两大类:第一类技术是在尽可能遵循波形的前提下,将模拟波形进行数字化编码;第二类技术是对模拟波形进行一定处理,但仅对语音和收听过程中能够听到的语音进行编码。

自动语音识别是实现人机交互尤为关键的技术,让计算机能够听懂人类的语音,将语音转化为文本。语音合成即让计算机生成语音的技术,其目标是让计算机能输出清晰、自然、流畅的话音。语音合成常见的技术有共振峰合成、LPC 合成、PSOLA 拼接合成和 LMA 声道模型技术。文语转换系统包括了从视觉的文字符号(文本)到听觉的语音信号转换处理的全过程,其中语音合成技术是文语转换的核心。概念—语音转换将抽象语义表示转换为可懂的、表达该语义的语音波形。

听觉场景分析借助格式塔原则来研究听觉组织加工过程。它包括初级分析和图式加工过程。初级分析着重研究序列整合与同时性整合;而图式加工涉及注意与知识的作用以及言语知觉的特殊性等。

思考题

5-1 请给出听觉通路基本神经模型。
5-2 听觉信息的中枢处理有哪些机制?
5-3 什么是语音编码?实现语音编码的方法有哪些?
5-4 为什么韵律在言语交流中起着非常重要的作用?
5-5 请画出语音识别系统的框图,并阐明各个模块的功能。
5-6 请概述常用的语音合成技术,并比较它们的优缺点。
5-7 什么是听觉场景分析?举例阐述听觉场景分析的过程。

第 6 章　认知语言学

语言是人类最重要的交际工具，是人们进行沟通交流的各种表达符号。语言是抽象思维的"物质外衣"，是产生人类思维的主要推动力量。语言处理一般分为计算语言学和认知语言学。计算语言学通过建立形式化的数学模型来分析、处理自然语言。认知语言学把认知心理学和语言学相结合，阐明人类语言的认知机理。

6.1　概述

语言是以语音为物质外壳、以词汇为建筑材料、以语法为结构规则而构成的体系。语言是由词汇按一定的语法，构成的复杂的符号系统，语言符号不仅表示具体的事物、状态或动作，而且也表示抽象的概念。

语言是人类最重要的交际工具，是人们进行沟通的主要表达方式。语言可以分为自然语言和人造语言。自然语言是人类交流的语言，具有口语、书面语、手语、旗语等形式。人造语言包括机器语言，如 C++、BASIC、Java、Python 等。

人们借助语言保存和传递人类文明的成果。汉语、法语、俄语、西班牙语、阿拉伯语、英语是世界上的主要语言。

语言处理一般涉及计算语言学（computational linguistics）和认知语言学（cognitive linguistics）。计算语言学通过建立形式化的数学模型，来分析、处理自然语言，并在计算机上用程序来实现分析和处理的过程，从而达到以机器来模拟人的部分乃至全部语言能力的目的。认知语言学是认知心理学和语言学相结合的一个交叉边缘学科。它一方面从人的认知，即人们认识客观世界的方式的角度观察和研究语言，另一方面把语言看作一种认知活动，认为语言是认知对世界经验进行组织的结果，是认知的重要组成部分。认知语言学通过对语言现象的规则和普遍性的观察，分析语言所反映出的认知取向，从语言的各个层面探讨认知和语言的关系及性质，说明语言是认知的产物，探讨人类的认知能力及其发展的规律性和共同性。

认知语言学形成与发展的直接动力源于语言学本身，最早是在语用学和生成语义学的理论中认识了认知在语言中的作用。语用学研究特定语境中的语言，将人的认知体系看作语境的构成因素之一，这样就把对人的认知体系的研究纳入了语言研究之中。生成语义学对认知语言学产生的贡献在于，它认为语义是句法生成的基础，语义不能独立于人的认知。这就使得语言研究走上了认知语言学的新路。

20 世纪 80 年代，认知语言学取得了很大的发展。1980 年出版的莱考夫（G. Lakoff）和约翰逊（M. Johnson）所著的《我们赖以生存的隐喻》一书（LAKOFF et al.，1980）中，以大量的语言事实论证了语言与隐喻认知结构的密切相关性。

1987 年美国出版了标志认知语言学形成的 3 部研究专著，即约翰逊的《心中之身：意义、想象和理解的物质基础》、兰盖克（R. W. Langacker）的《认知语法基础》（第一卷）、莱考夫的《范畴》。

1989年在德国杜伊斯堡召开的第一届国际认知语言学学术会议标志着认知语言学的正式诞生，会上成立了国际认知语言学协会（ICLA），宣布发行《认知语言学》杂志，出版认知语言学研究专著。认知语言学的基本研究框架包括：

1）语言研究必须与人的概念的形成过程的研究联系起来。

2）词义的确立必须参照百科全书般的概念内容和人对这些内容的解释（construal）。

3）概念形成根植于普遍的躯体经验（bodily experience），特别是空间经验中，这些经验制约了人对心理世界的隐喻性建构。

4）语言的方方面面都包含着范畴化，并以广义的原型理论为基础。

5）认知语言学并不把语言现象区分为音位、形态、词汇、句法和语用等不同的层次，而是寻求对语言现象的统一的解释。

认知语言学研究的主要内容包括：

（1）对自然语言的产生和理解的过程的研究　这是认知语言学最早的研究领域，研究的任务是力求对文本的理解和生成形成一定的模式，一些计算机程序方面的专家参与了大量的研究工作。这一领域研究取得突出成绩的语言学家首推契夫，正是他率先提出了现行知觉、激活等范畴性理论，由此派生出一系列认知语言学概念。

（2）对语言范畴化诸原则的研究

1）原型是物体范畴最好、最典型的成员，其他成员均具有不同程度的典型性。以鸟的原型为例：在英语的世界图景中，鸟的原型为画眉鸟；而对于母语为俄语的人而言则是麻雀；麻雀在中国人的认知意义中也具有典型意义。

2）根据莱考夫的论述，认知模式根据其结构原则的不同分为4种：命题模式、意象图示模式、隐喻模式和转喻模式。

3）范畴化、原型、基本范畴和上下位概念等术语的提出对认知语言学的发展具有极其重要的意义。

（3）对概念结构及语言对应类型的研究　这方面的研究最初始于对人工智能的研究。

（4）对认知语义高级范畴的研究　塔尔密是这方面研究的佼佼者。他尝试建立一套有序的形式构造层级范畴，并以此使自然语言实现对现实事物的概念化结构操作。这些范畴如认知状态、布局结构、注意力分配等，每一范畴均具有自己复杂的结构。

（5）对语言中的空间关系及运动的概念化类型的研究　这是认知语言学中一个十分重要的研究领域，也是诸多重要问题的结点。莱考夫提出了"意象图示"的重要概念并深入研究了诸如容器图示、部分-整体图示、起点-路径-终点图示、中心-边缘图示、连接图示等重要的图示类型。

（6）对认知和语言的人身物质基础的研究　认知语言学这一研究分支的理论基础为"概念的体现"的思想。与此相应，人类概念世界（即自然语言的语义）的构成，至少包括：某些最抽象的片断，受制于人的生物特性和身体的与社会相互作用而取得的经验。

（7）对语言中隐喻和转喻/换喻的研究　隐喻的研究是莱考夫教授的"拿手好菜"，正是他将隐喻从一个传统的问题变成了语言学研究领域及诸多相关科学中一个相当时髦的话题。在莱考夫看来，隐喻绝不仅仅是一种普通的语言现象，从根本上讲，隐喻是一种认知现象。隐喻性思维是人类认识事物、建立概念系统的一条必由之路。

6.2 语言认知

语言是最复杂、最系统、应用最广泛的符号系统。语言符号不仅表示具体的事物、状态或动作,而且也表示抽象的概念。单词表征中的一个中心概念是心理词典(mentallexicon),即关于语义(单词的意义)、句法(单词是如何组合成句子的)和词形(它们的拼写和发音模式)信息的心理记忆。大多数语言心理学理论都认可心理词典在语言加工中的重要作用。但是,一些理论提出一个语言理解和表达兼备的心理词典,另外一些模型则将词汇输入和输出区分开来。另外,基于视觉的正字法和基于声音的语音形式的表征在任何一个模型中都要考虑到。我们知道大脑中存在一个(或几个)储存单词的记忆模块,那么这些记忆模块是怎么组织起来形成概念的呢?

6.2.1 心理词典

心理词典和一般的大学词典不一样,心理词典是以特异性信息网络的形式组织起来的。列维特(W. Levelt)等提出,特异性信息网络在所谓的词素(lexeme)水平上以单词的形式存在,在词元(lemma)水平上以单词的语法特性的形式存在(BOCK et al., 1994)。在词元水平上,单词的语义特性也被表征出来了。这种语义信息定义了概念水平。在这种概念水平下,使用某一特定的单词是适当的。例如,这个词是代表了一个有生命的物体(活着的生物)或一个非生命物体。语义特性是通过词元水平和概念水平之间的"感觉"连接来传达的。单词的语义知识是在概念水平上表征的。概念水平超出了我们关于单词的语言知识。单词的语义知识与纯语言知识是不相同的。当我们想到那些只有一种形式的表征,但是却有两种或更多不相关语义的单词(如单词 bank)时,这种区别就很明显了。为了提取单词"bank"的意思,你需要语境信息来确定预期的意思是"河岸"还是"银行"。图 6-1 给出

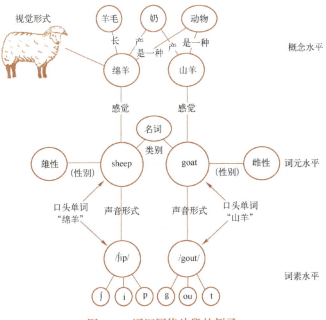

图 6-1 词汇网络片段的例子

了一个英文词汇网络片段的例子。

语义记忆对语言理解和表达有重要意义,因此与心理词典有明显联系,这一点从图 6-1 中可以看出。但是语义记忆和心理词典并不必然是同一个东西。我们可以说概念或语义表征反映了我们关于真实世界的知识。这些表征可以通过我们的思想和意图或者通过我们对单词和句子、对图片和照片,以及对真实世界中事件、物体和状态的感知来被激活。虽然很多研究都考查过概念和语义表征的特性,但是关于概念在大脑中如何以及在哪里表征的问题尚无定论。

1975 年,柯林斯(A. M. Collins)和洛夫特斯(E. F. Loftus)提出了非常有影响的语义网络模型,单词意义在其中得以表征出来。这个网络中,概念结点表征单词,而单词之间相互联系。图 6-2 展示了一个英文语义网络的例子。结点之间的连接强度和距离由单词之间的语义关系和关联关系所决定。例如,表征单词 car 的结点与表征单词 truck 的结点之间有接近且强烈的连接。

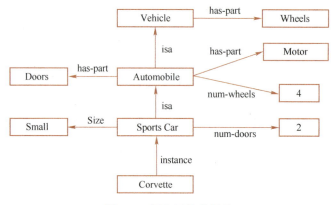

图 6-2 语义网络的例子

总体说来,单词意义是怎样被表征的仍是一个有争议的问题。然而,大家都同意,单词意义的心理记忆对一般的语言理解和表达是很重要的。来自脑损病人和脑功能成像研究的证据正帮助我们解释心理词典和概念知识是如何组织的。

6.2.2 书面语识别

在书面语输入中,有 3 种不同的书写方式来符号化单词:字母的、音节的和会意的。许多西方语言(如英语)使用字母系统,其符号与音素接近。然而,使用字母系统的语言在字母与音素对应的紧密程度上各有不同。一些语言,如芬兰语和西班牙语,有一个紧密的对应关系,即浅显正字法。相对而言,英语常常缺乏字母与音素之间的对应关系,意味着英语有着相对深层的正字法。

日语有着不同的书写方式。日文书写方式中片假名使用音节系统,每个符号反映了一个音节。日文只有大约 100 个独特的音节,音节系统是可能被模拟的。汉语可以被看作是会意方式,每个词或词素都用到一个独特的符号。在汉语中,汉字能够表示整个词素。然而,汉字也表示音素,所以汉语并不是一个纯会意方式。在书写中存在表征系统的原因是汉语是一种音调语言。根据元音音高的升降,相同词能够表示不同的意思。这种音高变化在只能表征语音或音素的系统中是很难表示的。

3种书写方式表征了言语的不同方面（音素、音节和词素或单词），但是它们都使用强制性符号。无论使用哪一种书写方式，阅读者都必须能够分析符号的原始特征或形状。对于拼音文字，这个分析就相当于对横线、竖线、闭合曲线、开放曲线、交叉和其他的基本形状进行视觉分析。

1959年，塞尔弗里奇（O. G. Selfridge）提出"妖魔模型"（pandemonium model）（SELFRIDGE，1959）。这个模型以特征分析为基础，将模式识别过程分为4个层次，每个层次都有一些"妖魔"来执行某个特定的任务，这些层次顺序工作，最后达到对模式的识别。"妖魔模型"的结构如图6-3所示。

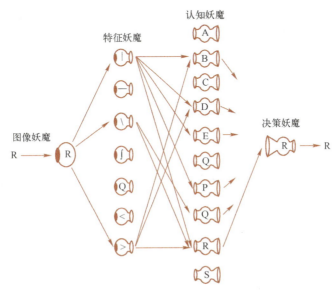

图 6-3 妖魔模型的结构

从图6-3中可以看出，第1个层次是由"图像妖魔"对外部刺激进行编码，形成刺激的图像。然后由第2个层次的"特征妖魔"对刺激的图像进行分析，即将它分解为各种特征；在分析过程中，每个"特征妖魔"的功能是专一的，只寻找它负责的那一种特征，如字母的垂直线、水平线、直角等，并且需要就刺激是否具有相应的特征及其数量做出明确的报告。第3个层次的"认知妖魔"始终监视各种"特征妖魔"的反应，每个"认知妖魔"都负责一个模式（字母），它们都从"特征妖魔"的反应中寻找其负责的那个模式的有关特征，当发现了有关的特征时，它们就会"喊叫"，发现的特征越多，"喊叫声"也越大。最后，"决策妖魔"（第4个层次）根据这些"认知妖魔"的"喊叫"，选择"喊叫声"最大的那个"认知妖魔"所负责的模式，被作为所要识别的模式。例如：在识别字母时，首先由"特征妖魔"分别报告"图像妖魔"具有的1条垂直线、2条水平线，1条斜线、1条不连续的曲线和3个直角；其次，一直注视"特征妖魔"工作的许多"认知妖魔"开始寻找与自己有关的特征，其中P、D和R三个妖魔都会喊叫，然而只有R的叫喊声最大，因为R的全部特征与前面所有"特征妖魔"的反应完全符合，而P和D则有与之不相符合的特征，所以"决策妖魔"就判定R为所要识别的模式。

1981年，麦克莱兰和鲁梅哈特提出了另一个对视觉字母识别很重要的模型（McCLEL-

LAND，1981）。这个模型假设了 3 个水平的表征：①单词字母特征层；②字母层；③单词表征层。这个模型具有一个很重要的特征：它允许自上而下的更高认知水平的单词层信息，影响发生在低水平字母层和单词特征层的表征的早期加工。这个模型与塞尔弗里奇的模型针锋相对。在塞尔弗里奇的模型中，信息流动是严格地自下而上的，从"图像妖魔"到"特征妖魔"，再到"认知妖魔"，最后到"决策妖魔"。这两个模型之间的这个区别实际上就是模块化和交互化理论之间的关键区别。

1983 年，福多（J. A. Fodor）出版了《心智的模块性》一书（FODOR, 1983），正式提出了模块理论。福多认为模块化结构的输入系统应该有以下特征：

（1）领域特异性　输入系统接收来自不同感觉系统的信息，用特异于系统的编码加工这些信息。例如，语言输入系统将视觉输入转化成语音或口语声音表征。

（2）信息封装　加工是严格朝一个方向进行的，不完整的信息是不能够被传递的。在语言加工中不存在自上而下的影响。

（3）功能定位　每个模块都是在一个特定脑区中实施功能的。

交互式观点挑战了模块理论的这些特征。对模块理论最重要的反对观点认为更高水平的认知加工能够通过系统反馈来影响更低水平的认知加工，而模块理论认为不同的子系统只能够以自下而上的方式相互交流。

另外一个重要的区别是：在麦克莱兰和鲁梅哈特模型中，加工能够平行发生，因此几个字母可以同时被加工；在塞尔弗里奇模型中，每次只能以序列方式加工一个字母。字母识别的联结主义网络片段如图 6-4 所示。3 个不同层的结点分别表示字母特征、字母和单词（也称词汇）。每一层的结点能通过外显（箭头）或内隐（线条）联结起来，影响其他层结点的激活水平。麦克莱兰和鲁梅哈特模型允许层与层之间既有兴奋性联系也有抑制性联系。例如，读者读到单词 trip，然后所有与单词 trip 的字母、字母特征、单词相匹配的表征层将

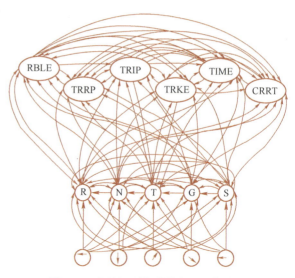

图 6-4　字母识别的联结主义网络片段

被相继激活。但是当单词结点 trip 被激活后，它会向低一些的层发送抑制信号，而与单词 trip 不匹配的字母和字母特征会被抑制。麦克莱兰和鲁梅哈特的联结主义模型在模拟词优效应时做得非常好。当 3 种类型的视觉刺激被短暂呈现给被试时，我们可在实验中观察到这种效应。刺激可能是一个单词（trip）、一个非词（pirt）或一个字母（t）。被试的任务是说出他们看到的字母串包含 t 还是 k。相比在非词中，当这个字母在一个单词中呈现时被试会表现得更好。有趣的是，字母在词中呈现比其以单独字母呈现的效果要好。这个结果表明，单词可能不是在逐个字母的基础上被觉知的。麦克莱兰和鲁梅哈特模型可以解释词优效应，他们认为单词的自上而下的信息既能够激活也能够抑制字母觉知，从而帮助了字母识别。

词汇加工的过程主要包括词汇通达、词汇选择和词汇整合。词汇通达是指知觉分析

的输出结果激活了心理词典中的词形表征（包括语义和句法属性）这样一个加工过程。在大多数情况下，词汇通达对于视觉和听觉形式会有所区别。而且，对语言理解者来说，在视觉和听觉两种形式下解码输入信号，使之能够连接心理词典中的词形表征存在着各自独特的挑战。对视觉形式的输入来说，存在这样一个问题：我们如何既能阅读那些不能直接由拼写转换成声音的词汇，也能阅读没有匹配词汇形式的假词。假词不可能是词形直接映射到正字法输出的结果，因为根本不存在这种映射。因此，为了阅读英文假词 lonocel，我们需要将字母转换成它们对应的音素。如果我们为了大声读出单词 colonel，直接将它转换成对应的音素，则我们会读错它。为了防止这样的错误，应该使用一条从正字法到词形表征的直接通路。由此研究者提出了阅读的双通路模型：一个从正字法到词形表征的直接通路，一个在把书写输入映射到词形之前就被转换成语音的间接通路（或合成通路）。

科尔希特（M. Coltheart）等人于1993年提出从文字到单词表征的直接路径，然而从整个单词的正字法输入到心理词典的单词表征可能是以两种方式完成的或是双通路完成的。双通路是指：形音转换，即所谓的间接通路；书面输入直接到心理词典，即直接通路。

塞登伯格（M. S. Seidenberg）和麦克莱兰于1989年提出了一个只需运用语音信息的单通路计算机模型。在这个模型中，书面输入单元和语音单元之间会连续交互作用，而信息反馈则允许模型学习单词的正确发音。这个模型在真词处理方面非常成功，但是在读假词方面不是很擅长。而读假词对于人类而言是没有困难的事情。

6.3 语法分析

语法分析是指在词法分析的基础上将单词序列组合成各类语法短语，确定输入句子的结构，识别句子的各个成分及其之间的关系，同时对句子结构规范化，以便简化后续处理。语法分析程序可以用 YACC 等工具自动生成。

自然语言的语法分析方法主要分为两类：①基于规则的方法，如短语结构语法和Chomsky 句法体系；②基于统计的方法。

6.3.1 形式文法

形式语言是某个字母表上一些有限长字串的集合，而形式文法是描述这个集合的一种方法。一个形式文法 G 是下述元素构成的一个元组 (N,Σ,P,S)，其中：非终结符集合 N；终结符集合 Σ，Σ 与 N 无交；一组产生式规则 P：$(\Sigma\cup N)^*$ 中的字串->$(\Sigma\cup N)^*$ 中的字串，并且产生式左侧的字串中必须至少包括一个非终结符；起始符号 S，S 属于 N。

一个由形式文法 $G=(N,\Sigma,P,S)$ 产生的语言是所有如下形式字串的集合：这些字串全部由终结符集 Σ 中的符号构成，并且可以从开始符号 S 出发，不断应用 P 中的产生式规则而得到。

最常见的形式文法是乔姆斯基于1950年发展的乔姆斯基谱系。乔姆斯基谱系把所有的文法分成4种类型：短语结构文法、上下文有关文法、上下文无关文法和正规文法。任何语言都可以由短语结构文法来表达，余下的 3 类文法对应的语言类分别是上下文有关语言、上下文无关语言和正规语言（CHOMSKY，1957）。依照排列次序，这 4 种文法类型依次拥有越来越严格的产生式规则，所能表达的语言也越来越少。尽管表达能力比短语结构文法和上下文相关文法要弱，但由于能高效率地实现，上下文无关文法和正规文法成为 4 类文法中最重要的两种文法类型。

1. 短语结构文法

短语结构文法是一种非受限文法，也称为 0 型文法，是形式语言理论中的一种重要文法。一个四元组 $G=(\Sigma,V,S,P)$，其中：Σ 是终结符的有限字母表；V 是非终结符的有限字母表；S 属于 V，是开始符号；P 是生成式的有限非空集，P 中的生成式都为 $\alpha \to \beta$ 的形式，这里 $\alpha \in (\Sigma \cup V)^* V (\Sigma \cup V)^*$，$\beta \in (\Sigma \cup V)^*$。因对 α 和 β 不加任何限制，故也称短语结构文法为无限制文法。短语结构文法生成的语言类与图灵机接受的语言类相同，称为 0 型语言类（常用 L_0 表示）或递归可枚举语言类（常用 L_{re} 表示）。

对短语结构文法中的生成式做某些限制，即得到上下文有关文法、上下文无关文法和正规文法。

2. 上下文有关文法

上下文有关文法是形式语言理论中的一种重要文法，又称为 1 型文法。一个四元组 $G=(\Sigma,V,S,P)$，其中：Σ 是终结符的有限字母表；V 是非终结符的有限字母表；S（属于 V）是开始符号；P 是生成式的有限非空集，P 中的生成式都为 $\alpha A \beta \to \alpha \gamma \beta$ 的形式，这里 $A \in V$，α、$\beta \in (\Sigma \cup V)^*$，$\gamma \in (\Sigma \cup V)^+$。其生成式的直观意义是：在左有 α、右有 β 的上下文中，A 可以被 γ 所替换。上下文有关文法所生成的语言称为上下文有关语言或 1 型语言。常用 L_1 表示 1 型语言类。

若文法 $G=(\Sigma,V,S,P)$ 的所有生成式都为 $\alpha \to \beta$ 的形式并且 $|\alpha| \leq |\beta|$，其中 $\alpha \in (\Sigma \cup V)^* V (\Sigma \cup V)^*$，$\beta \in (\Sigma \cup V)^+$，则称 G 为单调文法。单调文法可简化使 P 中任意生成式的右侧长最大为 2，即：若 $\alpha \to \beta \in P$，则 $|\beta| \leq 2$。已经证明：单调文法所生成的语言类与 1 型语言类，即上下文有关语言类相同。因此，有的文献把单调文法的定义作为上下文有关文法的定义。

例如 $G=(\{a,b,c\},\{S,A,B\},S,P)$，其中 $P=\{S \to aSAB/aAB, BA \to AB, aA \to ab, bA \to bb, bB \to bc, CB \to cc\}$，显然，$G$ 是单调文法，因而也是上下文有关文法。它所生成的语言 $L(G) = \{a^n b^n c^n | n \geq 1\}$ 是上下文有关语言。

上下文有关文法的标准型为：$A \to \xi$，$A \to BC$，$AB \to CD$。其中 $\xi \in (\Sigma \cup V)$，A、B、C、$D \in V$。上下文有关语言类与线性有界自动机接受的语言类相同。1 型语言对运算的封闭性以及关于判定问题的一些结果，参见短语结构文法中的表 1 和表 2。特别要指出的是，1 型语言对补运算是否封闭是迄今未解决的一个问题。

3. 上下文无关文法

上下文无关文法是形式语言理论中一种重要的变换文法，在乔姆斯基分层中称为 2 型文法，生成的语言称为上下文无关语言或 2 型语言，在程序设计语言的语法描述中有重要应用。

上下文无关文法（简称 CFG）可以化为两种简单的范式之一，即任一上下文无关语言（简称 CFL）可用如下两种标准 CFG 的任意一种生成：其一是乔姆斯基范式，它的产生式均取 A→BC 或 A→a 的形式；其二是格雷巴赫范式，它的产生式均取 A→aBC 或 A→α 的形式。其中 A、B、C∈V，是非终结符；a∈Σ，是终结符；α∈Σ*，是终结符串。

由于上下文无关文法被广泛地应用于描述程序设计语言的语法，因此更重要的是从机械执行语法分解的角度取上下文无关文法的子文法，最重要的一类就是无歧义的上下文无关文法，因为无歧义性对于计算机语言的语法分解至为重要。在无歧义的上下文无关文法中，最重要的子类是 LR(k) 文法，它只要求向前看 k 个符号即能做正确的自左至右语法分解。LR(k) 文法能描述所有的确定型上下文无关语言，但是对于任意的 $k>1$，由 LR(k) 文法生成的语言必可由一等价的 LR(1) 文法生成。LR(0) 文法生成的语言类是 LR(1) 文法生成的语言类的真子类。

4. 正规文法

正规文法来源于 20 世纪 50 年代中期乔姆斯基对自然语言的研究，是乔姆斯基谱系的文法分型中的 3 型文法。正规文法类是上下文无关（2 型）文法类的真子类，已应用于计算机程序语言编译器的设计、词法分析等。

正规表达式递归地定义为，设 Σ 为有限集：

1) $\emptyset$，ε 和 $a(\forall a \in \Sigma)$ 是 Σ 上的正规表达式，它们分别表示空集、空字集 $\{\varepsilon\}$ 和集合 $\{a\}$。

2) 若 α 和 β 是 Σ 上的正规表达式，则 $\alpha \cup \beta$，$\alpha \cdot \beta = \alpha\beta$ 和 α^* 也是 Σ 上的正规表达式，它们分别表示字集 $\{\alpha\}$、$\{\beta\}$、$\{\alpha\} \cup \{\beta\}$、$\{\alpha\}\{\beta\}$ 和 $\{\alpha\}^*$，运算符"∪""·""*"分别表示并、连接和星（乘幂闭包 $\{\alpha\}^* = \left(\bigcup_{i=0}^{\infty} \alpha^i\right)$），优先顺序由高至低为"*""·""∪"。

3) 只有有限次使用 1) 和 2) 确定的表达式才是 Σ 上的正规表达式，只有 Σ 上的正规表达式所表示的字集才是 Σ 上的正规集。

6.3.2 扩充转移网络

1970 年，美国人工智能专家伍兹（W. Woods）研究了一种语言自动分析的方法，叫作扩充转移网络（ATN）（WOODS, 1970）。ATN 是在有限状态文法的基础上，做了重要的扩充之后研制出来的。有限状态文法可以用状态图来表示，但这种文法的功能仅在于生成。如果从分析句子的角度出发，我们也可以用状态图来形象地表示一个句子的分析过程，这样的状态图叫作有限状态转移图（FSTD）。一个 FSTD 由许多个有限的状态以及从一个状态到另一个状态的弧所组成，在弧上只能标以终结符（即具体的词）和词类符号（如<Verb><Adj><Noun>）等，分析从开始状态出发，按着 FSTD 中箭头所指的方向，一个状态一个状态地扫描输入词，看所输入的词与弧上的标号是否相配，如果扫描到输入句子的终点，FSTD 进入最后状态，那么，FSTD 接收了输入句子，分析也就完成了（见图 6-5）。

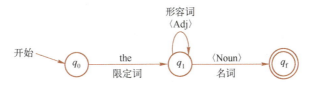

图 6-5　扩充转移网络转移图

ATN 也有一些局限性，它过分地依赖于句法分析，限制了其处理某些含语义但不完全合语法的话语的能力。

6.4 认知语义学

认知语义学强调人类在认知过程中与周围世界的相互作用，认为基本类概念和图像—图式是人类建立复杂认知模式的根本。概念的建立与人自身的经验密切相关。认知语义学认为，概念经验的基本类范畴和图像—图式是人类认识和理解周围环境和抽象概念的基础和必要条件：

1) 基本类范畴，在感知上具有总体的形状和单一的心理影像，并具有容易快速辨认的特征。

2) 图像—图式是人类理解的另一基础，例如容器、力、路径、连接、上下、前后、部分—整体等。

语义分析的任务是输入句子的句法结构和句子中每个实词的词义，推导出能反映该句子意义的某种形式化表示。对语义现象做形式化处理要比对句法现象做形式化处理困难得多，主要原因有：①语义和句法系统的界限很难划分清楚；②语义及其他认知系统的界限也很难划分清楚；③用于计算机语义处理的计算语义学还远未成熟。

1968 年费尔蒙（C. J. Fillmore）提出了格文法（case grammar）（FILLMORE，1968）。格文法的目的主要是找出动词和与它处在结构关系中的名词的语义关系，同时也扩及动词或动词短语与其他的各种名词短语之间的关系。也就是说，格文法的特点是允许以动词为中心构造分析结果，尽管文法规则只描述句法，但分析结果产生的结构却相应于语义关系，而非严格的句法关系。例如，对于英语句子：

  Mary hit Bill

的格文法分析结果可以表示为：

  （hit　（Agent Mary）
    （Dative Bill））

这种表示方法即格文法。一个语句包含的名词词组和介词词组均以它们与句子中动词的关系来表示，称为格。上面的例子中 Agent 和 Dative 都是格，而像"（Agent Mary）"这样的基本表示称为格结构。

在传统语法中，格仅表示一个词或短语在句子中的功能，如主格、宾格等，反映的也只是词尾的变化规则，故称为表层格。在格文法中，格表示的语义方面的关系，反映的是句子中包含的思想、观念等，称为深层格。和短语结构文法相比，格文法对于句子的深层语义有着更好的描述。无论句子的表层形式如何变化，如主动语态变为被动语态，陈述句变为疑问句，肯定句变为否定句等，其底层的语义关系，各名词成分所代表的格关系不会发生相应的变化。例如，被动句"Bill was hit by Mary"与上述主动句具有不同的句法分析树（见图 6-6），但格表示完全

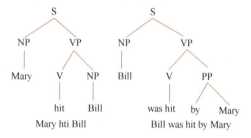

图 6-6　主动句和被动句的句法分析树

相同，这说明这两个句子的语义相同，并可以实现多对一的源-目的映射。

格文法和类型层次相结合，可以从语义上对 ATN 进行解释。类型层次描述了层次中父子之间的子集关系，或者说，父结点比子结点更一般。根据层次中事件或项的特化（specialized）/泛化（generalized）关系，类型层次在构造有关动词及其宾语的知识或者确定一个名词或动词的意义时非常有用。

在类型层次中，为了解释 ATN 的意义，动词具有关键的作用。因此可以使用格文法，通过动作实施的工具或手段（instrument）来描述动作主体（agent）的动作。例如，动词"laugh"可以是指通过动作主体的嘴唇来描述的一个动作，也可以是指带给自己或他人乐趣。因此，laugh 可以表示为下面的格框架（见图 6-7）。

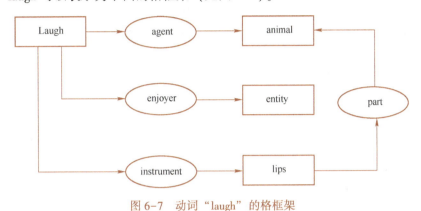

图 6-7 动词"laugh"的格框架

在图 6-7 中，矩形表示对世界的描述，两个矩形之间的关系用椭圆表示。为了对 ATN 进行语义解释，需要指出：

1) 当从 ATN 中的句子 S 开始分析时，需要确定名词短语和动词短语以得到名词和动词的格框架表示。将名词和对应格框架中的主语（动作主体）关联在一起。

2) 当处理名词短语时，需要确定名词；确定冠词的数特征（单数还是复数），并将动作的制造者和名词相关联。

3) 当处理动词短语时，需要确定动词。如果动词是及物的，则找到其对应的名词短语，并说明它为动词的施加对象。

4) 当处理动词时，检索它的格框架。

5) 当处理名词时，检索它的格框架。

格文法是一种有效的语义分析方法，它有助于删除句法分析的歧义性，并且易于使用。格表示易于用语义网络表示法描述，从而多个句子的格表示相互关联，形成大的语义网络，以便开发句子间的关系，理解多句构成的上下文，并用于回答问题。

6.5 隐喻和转喻

认知语言学家认为，语言能力是一般认知能力的反映，并由一般的神经过程所控制。根据这一观点，各种认知之间是一个连续体，语言不是人的心灵和大脑中独立的"模块"。认知语言学家从神经学和认知心理学中证明了这一观点。

在各种认知能力中，一个主要和普遍的认知能力是想象（imagination），即把一些概念投射到另一些概念中去。这就是为什么想象机制的隐喻（metaphor）和转喻（metonymy）会成为认知科学家研究的重点之一。

隐喻是一个认知机制，在这一机制中，一个认知域被部分地映现（mapped）于另一个认知域上，后者由前者而得到部分地理解；前者叫作始源域（source domain），后者叫作目标域（target domain）。转喻是在一个认知域中的映现，如部分代表整体就是一例。

隐喻和转喻中一些最抽象和最重要的隐喻和转喻可作为基本的始源域，如一些普遍的空间概念（垂直性和包容性等），它们被称为图像图式。这些图像图式是基于人的最基本的身体经验而习得的。

隐喻和转喻都是认知模式的基本类型，两者都以经验为理论依据，并用于某些语用目的。把隐喻和转喻作为"模式"强调了它们作为稳定的"认知装备"（cognitive equipment）的一部分，即隐喻和转喻应是我们人类范畴系统的稳定成分。

近些年来，隐喻和转喻被看作概念整合的一个特例。概念整合理论与隐喻和转喻的双域理论并不矛盾，因为前者以后者为前提。然而概念整合理论不仅能更准确地解释隐喻和转喻的运作情况，而且能解释那些隐喻和转喻的认知理论解释不了的现象。

隐喻和转喻常常相互作用，有时异常复杂，其相互作用的方式有两种类型：
1）在纯粹概念层次上相互作用。
2）在同一语言词语中，隐喻和转喻在话语中的相互示例。

认知语言学早期重视隐喻研究，现在逐渐重视转喻研究，因为人们发现转喻与隐喻比起来在概念上是更基本的一种认知活动。目前转喻的研究主要集中在以下 3 点：
1）转喻是一种概念映现还是一个域中的概念激活？
2）转喻总是指称性的吗？
3）转喻是如何成为常规化语言的？

例如转喻"John is a Picasso."就不是指称的，而是喻指 John 是画画的天才。

6.6　心理空间理论

心理空间理论是意义建构的理论，包含句子意义是如何被分割成心理空间等内容。虽然该理论都是被用于处理语言材料，但它在本质上不是语言的。心理空间是说话人谈论实体和其各种关系时建构的一些可能世界和有关某一领域的信息集合。1985 年，福柯尼艾尔（G. Fauconnier）在其著作《心理空间》中提出了心理空间理论（FAUCONNIER，1985），系统地考查了人类认知结构和人类语言结构在认知结构中的体现。

心理空间理论认为，语言结构的基本功能是利用描写认知视角的不同的信息辨认度（accessibility）来考查语言的用法。心理空间的各种连接或映现可使我们使用词语作为触发词，去指称其他心理空间中的另一目标实体，这些连接或映现包括语用功能，如转喻、隐喻和类比等。语用功能可把两个心理空间连接起来，例如作者名字可与该作者所著的书对应起来。

心理空间建构和连接的基本思想是，我们在思维和谈话时，在语法、语境和文化的压力下，建构和连接心理空间。随着话语的展开，我们创造出一个心理空间网络。由于每个空间都来自一个母空间（parent space），而每个空间又有许多子空间，所以空间网络将是个二维点阵（two dimensional lattice）。在这个空间网络中，我们可以从子空间到母空间，也可以从母空间到子空间。

意义建构的动态过程包括 3 点：

1）在话语的某一点上，建立并连接心理空间，其中某个空间用来表示视点（viewpoint），即该空间是辨认其他空间的起点。

2）某一特定空间是话语的焦点（focus）。

3）在空间网络中移动是从基础空间（base space）开始的，它提出了最初的视角，然后使用合适的空间连接词（connector）变换视角和焦点。

随着心理空间理论的发展，福柯尼艾尔和特纳（M. Turner）先后发现了反映许多语言现象中重要心理空间的认知操作：概念整合（conceptual blending）（FAUCONNIER et al., 2002）。概念整合是指建立相互映现的心理空间网络，并以各种方式整合成新的空间。基本的概念整合的网络包含 4 个心理空间，其中两个称为输入空间，并在其之间建立跨空间的映现。跨空间映现创造或反映了两个输入空间所共享的更抽象的空间，即类属空间（generic space）。第 4 个空间是整合空间（blended space），它是从输入空间中进行选择性映现而来的，它可以用各种方式形成两个输入空间所不具备的突生结构（emergent structure），并可把这一结构映现回网络的其他空间中去。

6.7 机器翻译

机器翻译，又称为自动翻译，是利用计算机将一种自然语言（源语言）转换为另一种自然语言（目标语言）的过程。机器翻译的概念是于 1947 年被提出的，随后成为人工智能研究的核心概念。

机器翻译的发展经历了一条曲折的道路。大体上说，20 世纪 50 年代初期到 60 年代中期为大发展时期，但是由于当时对机器翻译复杂性的认识不足而产生了过分的乐观情绪。20 世纪 60 年代中期到 70 年代初期机器翻译由于遇到了困难而处于低潮。20 世纪 80 年代机器翻译开始复兴，注意力几乎都集中在人助自动翻译上，人助工作包括译前编辑（或受限语言）、翻译期间的交互式解决问题、译后编辑等。当时几乎所有的研究活动都致力于在传统的基于规则和"中间语言"模式的基础上进行语言分析和生成方法的探索，这些探索都伴有人工智能类型的知识库。在 20 世纪 90 年代早期，机器翻译研究被新兴的基于语料库的方法向前推进，引入了新的统计方法以及出现基于记忆的机器翻译等。2006 年谷歌翻译正式上线运行，2011 年百度翻译上线。各大公司陆续推出了自己的翻译系统。2013 年神经机器翻译系统推出，整个机器翻译领域呈现出蓬勃发展的大好局面。

统计机器翻译和神经机器翻译的基本原理都是基于已有的大规模句子级双语对照语料进行模型训练，建立最优的翻译模型，最终实现从一种语言到另一种语言的翻译。通常情况下，用于模型训练的语料规模越大，模型性能表现就越好。

6.7.1 统计机器翻译

统计机器翻译的一般过程包括：源语文输入、识别与分析、生成与综合、目标语言输出。当源语文通过键盘、扫描器、话筒等输入计算机后：计算机首先对单词逐一进行识别，再按照标点符号和一些特征词（往往是虚词）识别句法和语义；其次，计算机查找机器内存储的词典、句法表、语义表，并把加工后的语文信息传输到规则系统中去。从源语文输入的字符系列的表层结构分析到深层结构时，在机器内部就得到一种类似乔姆斯基语法分析的"树形图"；再次在完成对源语文的识别和分析之后，统计机器翻译系统要根据存储在计算机内部的双语词典和目的语的句法规则，逐步生成目标语言的深层次结构，最后综合成通顺的语句，也就是从深层又回到表层；最后将翻译的结果以文字形式输送到显示器或打印机，或经过语音合成后用扬声器以声音形式输出目标语言。图6-8给出了基于规则的转换式统计机器翻译流程图。

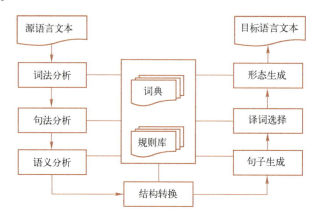

图6-8 基于规则的转换式机器翻译流程图

6.7.2 神经机器翻译

2013年基于神经网络模型的机器翻译（简称神经机器翻译）方法被提出，机器译文的质量得到大幅提升，并且很多开源工具相继被公布，机器翻译技术研究和系统推广应用均出现前所未有的盛况。

2016年9月，谷歌研究团队宣布开发谷歌神经机器翻译系统（Google neural machine translation, GNMT）（WU et al., 2016）。GNMT使用了深度学习的大型人工神经网络，通过使用数百万更广泛的来源来推断出最相关的翻译，提高了翻译的质量。GNMT还将结果重新排列并组成基于人类语言的语法翻译。2016年11月，谷歌翻译停止使用其自2007年10月以来一直使用的专有统计机器翻译技术，开始使用GNMT。2016年，GNMT尝试翻译多种语言，包括英语、法语、德语、西班牙语、葡萄牙语、汉语、日语、韩语和土耳其语。

GNMT改进了以前的谷歌翻译系统，它可以处理"零点翻译"，即直接将一种语言翻译成另一种语言（例如汉语到日语）。以前谷歌翻译会先将源语言翻译成英文，然后将英文翻译成目标语言，而不是直接从一种语言翻译成另一种语言。

以GNMT为代表的神经机器翻译的发展，为今后人机结合的翻译提供了必要的保障。

GNMT 翻译水平的提高，必然会为译文质量和效率的提升打下扎实的基础。

6.7.3 记忆机器翻译

记忆机器翻译是日本学者长尾真于 20 世纪 90 年代初首先提出来的。它是以基于案例的推理（case-based reasoning，CBR）为理论基础的。在 CBR 中，把当前所面临的问题或情况称为目标案例，而把记忆的问题或情况称为源案例。简单地讲，基于案例的推理就是由目标案例的提示而获得记忆中的源案例，并由源案例来指导目标案例求解的一种策略。因此，记忆机器翻译的大致思路是：预先构造由双语对照的翻译单元对组成的语料库，在翻译过程中选择一个搜索和匹配算法，在语料库中寻找最优匹配翻译单元对，最后根据例句的译文构造出当前所翻译单元的译文。

假设我们要翻译源语言文本 S，那么需要从事先已存好的双语语料库中找到与 S 相近的翻译实例 S'，再根据 S' 的参考译文 T' 来类比构造出 S 的译文 T。一般的记忆机器翻译系统包括候选实例模式检索、语句相似度计算、双语词对齐和类比译文构造等几个步骤。如何根据源语言文本 S 找出其最相近的翻译实例 S'，是基于实例的翻译方法的关键问题。到目前为止，研究人员还没有找到一种简单通用的方法来计算句子之间的相似度。此外，句子相似度的评价问题还需要许多人类工程学、语言心理学等知识才能得以解决。

记忆机器翻译几乎不需要对源语言进行分析和理解，只需要一个比较大的句子对齐双语语料库，因此其知识获取相对容易，结合翻译记忆技术，记忆机器翻译能从零知识自举。如果语料库中有与被翻译句子相似的句子，那么记忆机器翻译可以得到很好的译文，而且句子越相似，翻译效果越好，译文质量越高。

记忆机器翻译，还有一个优点就是：实例模式的知识表示能够简洁方便地表示大量人类语言的歧义现象，而这种歧义现象是精确规则难以处理的。

然而，记忆机器翻译的缺点也是显而易见的。当没有找到足够相似的句子时，翻译将宣布失败，这就要求语料库必须覆盖广泛的语言现象。例如卡内基梅隆大学的 PanEBMT 系统，其语料库中包含了 280 多万条英法双语句对，尽管建立 PanEBMT 系统的研究人员同时还想了许多其他办法，但对于开放文本测试，PanEBMT 的翻译覆盖面只有 70% 左右。此外，建立一个高质量的大型双语句对齐语料库，就不是一件容易的事，尤其对于那些小语种而言。

Trados（塔多思）是桌面级计算机辅助翻译软件，它基于翻译记忆库和术语库技术，为快速创建、编辑和审校高质量翻译提供了一套集成的工具。Trados 公司由胡梅尔（J. Hummel）和克尼普豪森（I. Knyphausen）在 1984 年成立，位于德国斯图加特。该公司在 20 世纪 80 年代晚期开始研发翻译软件，并于 20 世纪 90 年代早期发布了第一批 Windows 版本软件，1992 年发布 MultiTerm、1994 年发布 Translator's Workbench。1997 年，得益于微软采用 Trados 进行其软件的本土化翻译，Trados 公司在 20 世纪 90 年代末期已成为桌面翻译记忆软件行业领头羊。Trados 在 2005 年 6 月被 SDL 收购。

记忆机器翻译的一个主要的研究目标就是在规模相对小的案例模式库的条件下，提高记忆机器翻译系统翻译的覆盖面，或者说在保持翻译效果的前提下，减小案例模式库的规模。为了达到这个目标，就需要从案例模式库中自动提取尽可能多的语言学知识，包括语法知识、词法知识和语义知识等，并研究其相应的知识表示等。

6.8 语言神经模型

6.8.1 失语症

脑损伤会导致失语症的语言障碍。失语症很常见，人卒中后大约40%会引起至少最初若干个月重症期内的失语。然而，很多病人会持续失语，在口语和书面语言的理解和产生方面长期存在问题。原发性失语症和继发性失语症是不同的。原发性失语症是由言语加工机制本身的问题造成的。继发性失语症是由记忆损伤、注意障碍或知觉问题造成的。一些研究者只把病人的问题是由语言系统损伤引起的归为失语症。19世纪的研究者认为，特定位置的脑损毁将导致特定功能损失。

通过对失语病人的研究，布洛卡（P. Broca）得出结论，产生口语的区域在左半球额叶下回。这个区域后来被称为Broca区。在19世纪70年代，韦尼克（C. Wernicke）治疗的两个病人说话流利，但说出的是无意义的声音、词和句子，而且他们在理解话语方面有严重困难。韦尼克检查发现病人颞上回后部区域有损伤。因为听觉加工发生在附近，即颞横回内的颞上回前部，所以韦尼克推测这个更靠后的区域参与单词的听觉记忆，也就是单词的听觉记忆区。该区域后来被称为Wernicke区。韦尼克认为，因为这个区域已经失去了与词相关的记忆，所以这个区域的损伤导致了语言理解困难，而且他指出无意义话语是病人无法监控他们自己的语词输出的结果。韦尼克的发现是通过观察脑损伤导致的语言障碍而获得的第二条重要信息。该发现确立了具有长达100年之久影响力的关于脑和语言关系的主流观点：左半球额叶下外侧的Broca区损伤造成口语产生困难，即表达性失语症，而左半球顶叶下外侧后部和颞叶上皮质（包括缘上回、角回、颞上回）后部区域损伤阻碍语言的理解，即接收性失语症。图6-9给出了人脑的语言区分布。

图6-9a给出左半球主要沟回及与语言功能相关的区域。Wernicke语言区位于颞上回后部，靠近听觉皮质。Broca语言区靠近运动皮质的面部代表区。连接Wernicke区和Broca区的通路称为弓状束。图6-9b给出左半球的Brodmann分区。41区为初级听皮质，22区为Wernicke语言区，45区为Broca语言区，4区为初级运动皮质。根据最初的模型，人们听到一个词，信息自耳蜗基底膜经过听神经传至内侧膝状体，继而传至初级听皮质（Brodmann 41区），然后至高级听皮质（42区），再向角回（39区）传递。角回是顶-颞-枕联合皮质的一个特定区域，被认为与传入的听觉、视觉和触觉信息的整合有关。由此，信息传至Wernicke语言区（22区），进而又经弓状束传至Broca语言区（45区）。在Broca语言区，语言的知觉被翻译为短语的语法结构，并储存着如何清晰地发出词的声音的记忆。最后，关于短语的声音模式的信息被传至控制发音的运动皮质的面部代表区，从而使这个词能清晰地说出来。

在布洛卡时代，大多数研究的重点都放在单词水平分析上，几乎没有考虑句子水平加工的缺失。这些研究认为对词的记忆是关键。Broca语言区被认为是词的动作记忆的位置；Wernicke区是与词的感觉记忆有关的区域。这推动了3个大脑中心（即产生区、理解区和概念区）交互作用行使语言功能的观点的产生。

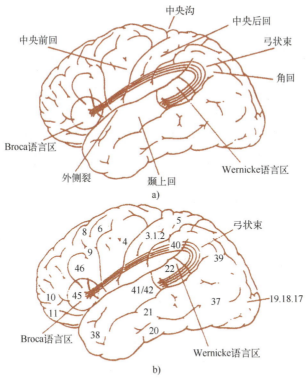

图 6-9 大脑的语言区分布

6.8.2 语言功能区

语言作为人脑的一种高级皮质功能备受关注。自 1861 年布洛卡发现 Broca 语言区后,神经语言学研究一直是脑科学研究中最热门的领域。一个多世纪以来,对语言的科学性研究已得出两条基本结论:一是脑的不同部位在语言中完成不同的功能;二是不同的脑区损伤产生不同的语言障碍。随着神经功能影像技术及电生理监测技术的进展,脑语言的功能区研究取得了较大的进展。

脑语言的功能区可分为运动性语言中枢和感觉性语言中枢。运动性语言中枢在额下回的后部(Brodmann 的 44、45 区,简写为 BA44、45),即 Broca 语言区。该区也称为前说话区,常常描述为额下回后 1/3,用于计划和执行说话功能,该区病变损伤会导致运动性失语,主要表现为口语表达障碍。辅助运动区(SMA)也称为上语言区,位于中央前回下肢运动区前方,后界为中央前沟,内侧界为扣带沟,外侧延伸至邻近的半球凸面,其前侧与外侧无明显界线。SMA 和初级运动区、运动前区扣带、前额皮质背外侧、小脑、基底节、顶叶感觉联系区相互联系。这一复杂的解剖功能系统用于发动和控制运动功能和语言表达。进一步将 SMA 分为 SMA 前区和 SMA 固有区,分别参与复杂运动的准备和执行。

优势半球运动前区皮质(PMC)包括初级运动皮质(Brodmann 4 区)、前方额叶无颗粒皮质区(Brodmann 6 区)。PMC 又分为两个亚区:腹侧 PMC(中央前回前部 Brodmann6 区的腹侧部分)和背侧 PMC(中央前沟前方的额上、中回后部 Brodmann6 区的背侧部)。研究发现腹侧 PMC 涉及发音,背侧 PMC 涉及命名。神经功能影像研究进一步支持优势半球

PMC 参与不同的语言成分处理，如阅读任务、复述单词及命名工具图片等。

在其下方额中回后部又有一书写中枢（BA8）。感觉性语言中枢可分为听觉性语言中枢和视觉性语言中枢，这两者之间无明确的界限，即 Wernicke 语言区。Wernicke 语言区也称为后说话区，一般指的是优势半球颞上回后部，但也有学者认为该区包括 Brodmann 41 和 42 区后方的颞上回、颞中回后部以及属于顶下小叶的缘上回和角回（BA22、39）。Wernicke 语言区与躯体感觉（Brodmann5、7 区）、听（Brodmann41、42 区）和视（Brodmann18、19 区）区皮质有着密切的联系，用于分析和识别语言的感觉刺激。该区病变产生感觉性失语，表现为病人的声调和语调均正常，与人交谈时不能理解别人说的话，答话语无伦次或答非所问，听者难以理解。

颞叶中部和内侧部是一个复杂的多功能区，具有广泛的视觉和听觉功能。电刺激研究发现，左颞叶中部和内侧部在听觉语言中起重要作用。刺激该处能引起失语性异常，该处病变可引起与语言有关的轻微障碍，包括找词困难、命名缺陷等。

颞底语言区位于优势半球梭状回，距离颞极 3~7 cm，是一个 Wernicke 语言区之外的独立区域。其下方的白质纤维束和 Wernicke 语言区下方的白质纤维束有直接联系。在电刺激研究中发现了颞叶下部皮质的语言作用，主要是感觉性和表达性语言缺失。电刺激颞底语言区后 80% 的病人出现命名和理解障碍。

随着研究的深入，另外一些与语言有关的脑区相继被发现。左侧颞叶下后部由于其来自大脑前动脉和后动脉的双重供血，因此不易受到缺血损伤，而被以往损伤灶模型研究所遗漏。后来发现这个区域与词汇的检索有关，被称为基底颞叶语言区。

基底神经节具有语言的皮质下整合中枢的作用，它不仅调节运动、协调锥体系功能，而且支持条件反射、空间知觉及注意转换等较简单的认知和记忆功能。有证据表明，基底神经节可能参与和语言有关的启动效应、逻辑推理、语义处理、语言记忆及语法记忆等复杂的认知和记忆功能，有对语言过程进行加工、整理和协调的作用。一些研究还发现，除经典的语言功能区外，左侧顶上小叶、两侧梭状回、左侧枕下回、两侧枕中回、辅助运动区及额下回等都参与了语言的处理。

从心理学的角度来看，语言需要的记忆方式主要有 3 种，即音韵、拼字和语义，即大脑中存在语言的音、形、义的加工。语言感觉传入可通过听觉、视觉和触觉（盲文），其传出途径可为发音、书写和绘图。采用不同的刺激方式可能会激活不同的功能区，如视觉、听觉和触觉功能区等；受试者的不同的反应方式又可激活一些脑区，如运动区、小脑等，这些区域的激活有时会干扰语言功能区的准确定位。目前，对语言的拼字、音韵和语义研究使得对脑的语言功能区又有了更精细的划分。

6.8.3 经典定位模型

韦尼克、布洛卡和他们同时期的研究者推动了这样一种观点的发展：语言定位于解剖上相互连接的结构，进而形成大脑的整个语言系统。与其相关的有语言的经典定位模型或语言的连接模型。这种观点在 20 世纪 60 年代经美国神经心理学家格施温德（N. Geschwind）重新发展后，在整个 20 世纪 70 年代都占有统治地位。请注意，格施温德的连接模型与后来由麦克莱兰和鲁梅哈特这些研究者发展出来的并通过计算机模拟实现的交互（或称联结主义）模型是不同的。在后面这类模型中，加工过程的交互特征起到了非常重要的作用，而且，与格施温德的模型不同，这类模型的功能表达被假设为分布式而非局部定位式的。为避免混淆，我们把格施温德的模型称为经典定位主义模型。

图 6-10 给出了由格施温德于 20 世纪 80 年代首先提出的一个经典定位模型。这个模型中，针对听觉或口语语言加工的 3 个主要中心在图 6-10 中被标为 A、B 和 M。Wernicke 语言区（即 A 区）代表语音词典，这个区域记忆关于单词声音的永久信息。Broca 语言区（即 M 区）是计划和组织口语交谈的区域。概念记忆在 B 区。在 19 世纪的语言模型中，概念是广泛分布于大脑中的；但相对较新的 Wernicke-Lichtheim-Geschwind 模型则把概念定位在更为离散的几个区域，例如缘上回和角回被认为是加工感觉输入特性（听觉、视觉、触觉）和单词特征的区域。

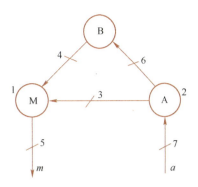

图 6-10 语言加工的 Geschwind 模型

语言加工的经典定位模型认为语言信息定位在由白质束互相连接的各独立脑区，语言加工激活了语言表征并且涉及语言区之间的表征传递。这个想法是很简单的。根据经典定位模型，听觉语言的信息流是这样的：听觉输入在听觉系统被转换，然后信息传递到以角回为中心的顶颞枕联合皮质，再传递到 Wernicke 语言区，在这里可以从语音信息中提取出单词表征；信息流从 Wernicke 语言区经过弓形束（白质神经束）到达 Broca 语言区，这里是语法特征记忆之所在，同时短语结构可以在这里得到分配；接着单词表征激活概念中心相关的概念。这样，听觉理解就发生了。在口语产生中，除了概念中心激活的概念在 Wernicke 语言区产生单词的语音表征，并被传递到 Broca 语言区来组织口语发音动作外，其他过程都是类似的。

在图 6-10 中，A、B 和 M 区之间的连线上有横断标记。这些连线代表了大脑中相互连接的 Wernicke 语言区、Broca 语言区和概念中心之间的白质纤维。损毁这些纤维被认为是将分离这些区域。损毁 A、B 和 M 区本身将造成特异性语言障碍。因此，如果 Wernicke-Lichtheim-Geschwind 模型是正确的，那么我们可以从脑损伤的形式预期语言缺陷的形式，即由该模型预测语言障碍。实际上，各种各样的失语症都符合模型的预测，因此这个模型还是相当准确的。

一些现存的证据支持 Wernicke-Lichtheim-Geschwind 模型的基本观点，但是认知和脑成像研究表明，该模型过于简单化。语言功能涉及多个脑区以及这些脑区之间复杂的相互联系，并非 Wernicke 语言区至 Broca 语言区及它们之间的联系所能概括。该模型仍然存在一些明显的缺陷：

1) 在计算机断层扫描术（CT）和磁共振成像（MRl）的神经成像技术出现之前，损毁的定位很粗劣，而且有时还依赖很难获得的尸检信息或基于其他较好定义的并发症状。
2) 尸检研究以及神经成像数据中，定义损伤部位的方式差异变化。
3) 损毁本身差异也很大，例如前脑损伤有时也会导致 Wernicke 失语症。
4) 在分类时病人常常可归类多个诊断类别。例如，Broca 失语症就有若干个子类。

图 6-11 是关于语言信息神经处理的一个较为理想的模型（MAYEUX et al., 1991）。

认知基础

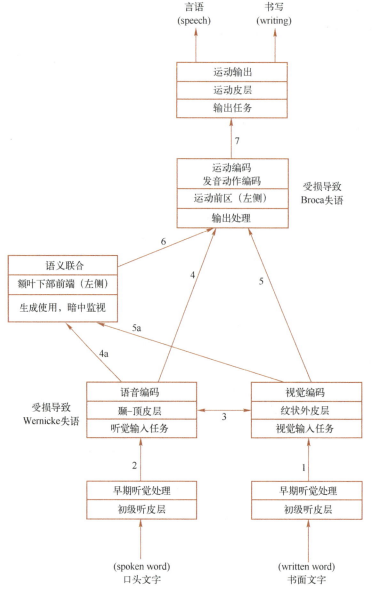

图 6-11 语言信息神经处理模型

6.8.4 记忆-整合-控制模型

新一代的神经模型不同于经典的 Wernicke-Lichtheim-Geschwind 模型，新一代的神经模型将心理语言学的各种发现与大脑中可能的神经回路联系了起来。在这些模型中，语言的神经回路仍被认为是包括由布洛卡和韦尼克确定的传统语言加工区域，但这些区域不再像经典定位模型中被认为的那样是语言特异性的，而且它们也不是只在语言加工中起作用。此外，大脑中其他一些区域也成为语言加工神经回路的一部分，但并不一定要特异于正常语言加工。

2005 年，哈古尔特（P. Hagoort）提出了一个综合近年来脑和语言研究成果的新语言神经模型，即记忆-整合-控制模型（HAGOORT，2005）（见图 6-12）。他指出了语言加工的

3种功能性成分以及它们在大脑中的可能表征。

（1）记忆　记忆是指在心理词典或长时记忆中储存和提取词汇信息。

（2）整合　整合是指将提取的语音、语义和句法信息整合成一个整体性的输出表征。在语言理解时，对语音、语义和句法信息的加工可以是平行操作的，或者说是同时进行的，并且各种信息之间是可以有交互作用的。整合过程让记忆-整合-控制模型成为一个基于约束原则的交互模型。弗里德里希（A. Friederici）给出了一个更加模块化的语言加工神经模型实例。

（3）控制　控制是指将语言和行动关联起来，如在双语转换中。

颞叶对记忆和提取单词表征尤为重要。记忆-整合-控制模型的3个部分分别覆盖在具有Brodmann分区标记的左半球上：记忆成分在左侧颞叶；整合成分在左侧额上回；控制成分在外侧额叶皮质。单词的语音和音位特征记忆在以颞上回（包括Wernicke区）后部为中心扩展到颞上沟（STS）这部分区域，而语义信息则是分布在左侧颞中回和颞下回的不同区域中。

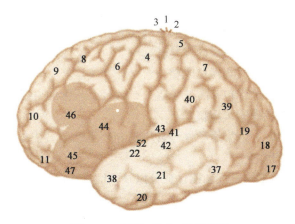

图6-12　记忆-整合-控制模型

联合和整合语音、词汇-语义和句法的信息加工过程涉及额叶的许多区域，包括Broca语言区或左侧额下回。但是，正如记忆-整合-控制模型所揭示的，Broca语言区肯定不是一个语言产生模块，也不是句法分析的所在地。而且，Broca语言区也不太可能像最初所定义的那样只执行某一种功能。

当人们进行实际交流，如需要交替说话时，该模型的控制成分就显得尤为重要。关于语言理解中认知控制的研究还不是很多，但那些在其他任务中涉及认知控制的脑区，如扣带前回和背外侧前额叶皮质（即Brodmann 46、9区）对语言理解中的认知控制同样也起作用。

人类的语言系统太复杂，大脑的生物学机制究竟是怎样实现如此丰富的语言产生和语言理解的呢？还有太多问题需要研究。研究人员正在把心理语言模型、神经科学和心智计算结合起来，以共同阐明语言这种人类心理能力的神经编码机制。语言研究的未来充满希望。

6.9　小结

认知语言学把认知心理学和语言学相结合，阐明人类语言的认知机理。计算语言学通过建立形式化的数学模型,来分析、处理自然语言。本章重点阐述认知语言学,同时兼顾计算语言学,从心理词典入手,介绍语义、句法和词形信息。语义信息描述客观世界的意义。

认知语义学强调人类在认知过程中与周围世界的相互作用。在各种认知能力中,一个主要的和普遍的认知能力是想象(imagination),即把一些概念投射到另一些概念中去,因此本章讨论想象机制的隐喻和转喻。心理空间理论是认知语言学意义建构的理论。

本章介绍了机器翻译的主要技术,基于神经网络模型的机器翻译方法使译文质量得到大幅提升。人类的语言系统太复杂,研究人员正在把心理语言模型、神经科学和心智计算结合起来,共同阐明语言的神经机制。

思考题

6-1　什么是认知语言学?

6-2　认知语言学研究的主要内容是什么?

6-3　概述乔姆斯基的四类形式文法。

6-4　什么是扩充转移网络?举例说明它的工作原理。

6-5　什么是认知语义学?主要内容是什么?

6-6　心理空间理论中如何实现概念整合?

6-7　机器翻译的一般过程包括哪些步骤?试述每个步骤的主要功能是什么。

6-8　试述神经机器翻译的关键技术。

6-9　脑语言的功能区可分为运动性语言中枢和感觉性语言中枢,请扼要介绍它们对语言的语义、音韵和拼字的影响。

6-10　试阐述语言加工的三种功能性成分以及它们在大脑中的可能表征。

第7章 学 习

人类通过学习来提高和改进自己的能力。学习的基本机制是设法把成功的行为转移到另一个类似的新情况中去。人的认识能力和智慧才能就是在毕生的学习中逐步形成、发展和完善的。任何具有智能的系统都必须具备学习的能力。学习能力是人类智能的根本特征。

7.1 概述

1973年,西蒙对学习下了一个比较好的定义:"系统为了适应环境而产生的某种长远变化,这种变化使得系统能够更有成效地在下一次完成同一或同类的工作。"学习是一个系统中所发生的变化,它可以是系统作业的长久性的改进,又可以是有机体在行为上的持久性的变化。在一个复杂的系统中,由学习引起的变化是多方面的,也就是说,同一个系统中可能包含着不同形式的学习过程,其不同部分会有不同的改进。人在学习中获得新的产生式,建立新的行为。

学习的原理是学习者必须知道最后的结果,即其行为是否能得到改善。最好他还能得到关于在他的行为中哪些部分是满意的、哪些部分是不满意的信息。对于学习结果的肯定的知识本身就是一种报酬或鼓励,它能产生或加强学习动机。关于学习结果的知识(信息)和报酬(动机)的共同作用在心理学中叫作强化,其关系如下:

$$强化 = 关于学习结果的知识(信息) + 报酬(动机)$$

强化不一定是外在的,它也可以是内部的。强化可以是积极的,也可以是消极的。学习时必须有一个积极的学习动机。强化能给学习动机以支持。老师在教育中要注意学习材料的选择,以吸引学生的注意,激励他们的学习。学习材料太简单,学生的精力不容易集中,容易产生厌烦情绪;学习材料太复杂,学生不容易理解,也会产生疲劳。可见,在学习中影响学习动机的因素是多方面的,其中包括学习材料的性质和构成等。

作者提出了一种学习系统模型(见图7-1)。椭圆形表示信息单元,而长方形表示处理单元。箭头表示学习系统中数据流的方向。

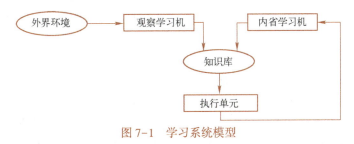

图7-1 学习系统模型

机器学习是指利用计算机模拟或实现人类的学习行为，以获取新的知识或技能，重新组织已有的知识结构，以改善自身的性能。机器学习是人工智能的核心内容之一，是使计算机具有智能的重要途径，包括内省学习、强化学习、深度学习。

影响学习系统的最重要因素是提供信息的外部环境，特别是这些信息的水平和质量。外部环境为观察学习机提供信息。观察学习机利用这些信息改善知识库。执行单元利用知识库执行它的任务。最后，执行任务时所获得的信息可以反馈给内省学习机。内省学产生学习的效用信息，存入知识库。

长期以来，心理学家在探讨学习理论的过程中，由于各自的哲学基础、理论背景、研究手段不同，因此形成了各种不同的理论观点，主要包括行为学习理论、认知学习理论、人本学习理论和观察学习理论。

7.2 行为学习理论

有些心理学家用刺激与反应的关系，把学习解释为习惯的形成，认为通过练习可以使某一刺激与个体的某种反应建立一种前所未有的关系，此种刺激反应间联结的过程，就是学习。因此，此种理论被称为刺激反应论，或称为行为学习理论。行为学习理论强调可观察的行为，认为行为的多次的愉快或痛苦的后果改变了个体的行为。巴甫洛夫（I. P. Pavlov）经典条件反射学说、华生（J. B. Watson）的行为主义观点、桑代克（Thorndike）的联结主义、斯金纳（B. F. Skinner）的操作条件反射学说以及班杜拉（A. Bandura）的社会学习理论都是代表学说。

7.2.1 经典条件反射学习理论

巴甫洛夫是经典条件反射学说的创立者。巴甫洛夫在研究狗的消化生理现象时，把食物放在狗面前，并测量其唾液分泌。通常狗吃食物时才会分泌唾液。然而，巴甫洛夫偶然发现狗尚未吃到食物，只是听到送食物的饲养员的脚步声，便开始分泌唾液。巴甫洛夫没有放过这一现象。他开始做实验：先给狗听一个铃声，狗没有反应；然后，在给狗铃声之后紧接着放食物，如此反复多次；最后，单独听铃声而没有食物，狗也"学会"了分泌唾液。铃声与无条件刺激（食物）的多次结合，使铃声从一个中性刺激变成了一个条件性刺激，引起了分泌唾液的条件性反应。巴甫洛夫将这一现象称作条件反射，即经典条件反射。巴甫洛夫认为条件反射的生理机制是暂时神经联系的形成，并认为学习就是暂时神经联系的形成。

巴甫洛夫的经典条件反射学说的影响是巨大的。在俄国（苏联），以巴甫洛夫的经典条件反射学说为基础的理论在心理学界相当长的时间内曾占统治地位。在美国，行为主义学派的心理学家华生、斯金纳等均受到巴甫洛夫经典条件反射学说的影响。

7.2.2 行为主义的学习理论

行为主义由美国心理学家华生于1913年创立（WATSON，1913）。他将巴甫洛夫的经典条件反射学说作为学习理论基础，并主张一切行为都以经典条件反射学说为基础。他认为学习就是以一种刺激代替另一种刺激建立条件反射的过程，除了出生时具有的几种条件反射（如打喷嚏、膝跳反射）外，人类所有的行为都是通过条件反射建立新的刺激—反应联结

（即 S—R 联结）而形成的。行为主义认为构成行为的基础是个体表现于外的反应，而反应的形成与改变是条件反射作用的历程。行为主义重视环境对个体行为的影响，不承认个体自由意志的重要性，因此常被称为决定论。行为主义在教育上主张奖励与惩罚兼施，不重视内发性的动机，强调外在控制的训练价值。

行为主义盛行在美国，影响扩及全世界，20 世纪 20 年代至 50 年代在心理学界占据主导地位。

7.2.3　联结学习理论

自 19 世纪末至 20 世纪初的将近 50 年的时间内，桑代克的学习理论，即联结学习学说，在美国心理学界居于领导地位。桑代克是动物心理学研究的先驱，他从 1896 年开始，在哈佛大学用小鸡、猫、狗、鱼等动物作为实验研究的对象，系统地研究动物的学习行为，从而提出了学习心理学中最早也是最为完整的学习理论。通过科学的实验方法，他发现在学习环境中，个体的学习采用一种"尝试与错误偶然成功"的方式。在这种方式下，个体经过对刺激的多次反应，使两者间建立一种联结或结合。桑代克认为学习的实质在于形成情境与反应之间的联结，因此，这种学习理论被称为联结论。

情境（以 S 表示）有时也叫刺激，包括外界情境、思想和情感等大脑内部情境。反应（以 R 表示）包括"肌肉与腺体的活动"和"观念、意志、情感或态度"等内部反应。所谓联结，就是结合、关系、倾向，指的是某种情境只能唤起某种反应，而不能唤起其他反应的倾向。用"→"作为引起或导致的符号。联结的公式为：S→R。

情境与反应之间是因果关系。它们之间是直接的联系，不需要任何中介。桑代克认为联结即本来（本能）的结合，是先天决定的原本趋向。他把联结的观点搬运到人类的学习上，认为人类所有的思想、行为和活动，都能分解为基本的单位刺激和反应的联结。人的学习与动物的学习的区别部分在于：动物的学习过程全属盲目，无须以观念为媒介；而人的学习是以观念为媒介的，是有意识的。二者的本质区别仅在于简单与复杂、联结数量的多少。动物学习的规律依然适合于人类的学习。

刺激与反应间的联结受以下 3 个原则的支配：
1) 练习的多少。
2) 个体自身的准备状态。
3) 反应后的效果。

这 3 个原则，就是桑代克著名的学习 3 定律——练习律、准备律、效果律。练习律是指个体对某一刺激进行反应时，练习的次数越多，则刺激与反应间的联结越强。准备律是指当学习者有准备时，对给予的活动就感到满意，即动机原则。动机是指引起个体活动，维持该种活动，并导致该种活动朝向某一目标进行的一种内在过程。效果律是联结论的核心，其主要内容是强调刺激反应间联结的强弱要靠反应后的效果来决定。若反应后个体能获得满足的效果，则刺激反应间的联结加强；反之，若得到的是烦恼的效果，则刺激反应间的联结便减弱。

桑代克的联结论是教育心理学史上第一个较为完整的学习理论。他运用实验而不是思辨的方法研究学习是一大进步。他的联结论引起了有关学习理论的学术争论，推动了学习理论的发展。联结论的提出也有利于确立学习理论体系中的核心地位，相应地，也有利于教育心理学学科体系的建立，推动了教育心理学的发展。

联结论以本能作为学习的基础，以情境与反应的联结公式作为解释学习的最高原则，是遗传决定论和本能主义的；它抹杀了人的学习的社会性，尤其是取消了人的学习的意识性和能动性，未能揭示人的学习的实质以及人的学习与动物的学习的本质区别，是机械主义的。它以尝试和错误概括所有的学习过程，忽视了认知、观念、理解在学习过程中的作用，不符合学习的实际。但联结论直至今日仍被看成学习的一种形式，特别是在运动技能的学习和社会行为的学习中起着重要作用。桑代克提出的学习规律有些简单，不能完整地说明学习的根本规律，不过也有部分真理性，即使现在来看，其中的一些学习规律对学习活动仍具有指导意义。

7.2.4　操作学习理论

操作学习理论是美国新行为主义心理学家斯金纳在《语言行为》一书中提出的语言学习理论。这一理论以对动物进行的操作条件反射实验为基础，认为儿童获得语言能力主要靠后天学习，学习语言也与学习其他行为一样，是通过操作条件反射来实现的。

斯金纳认为条件反射有两种，即经典条件反射和操作条件反射。巴甫洛夫的经典条件反射是应答性（或刺激性）条件反射过程，由已知刺激物引起反应，是强化物和刺激物相结合的过程，强化是为了加强刺激物的。斯金纳的操作条件反射是反应性条件反射的过程，没有已知的刺激，由有机体本身自发出现反应，是强化物和反应相结合的过程，强化是为了增强反应的。

斯金纳认为一切行为都是由反射构成的，反射有两种，行为也必然有两种（即应答性行为和操作性行为）。因此，学习也分为两种，即反射学习和操作学习。斯金纳更重视操作学习，他认为操作学习更能代表人在实际中的学习情况，人的学习几乎都是操作学习。因此，行为科学最有效的研究途径是研究操作行为的形成及其规律。

斯金纳认为强化是操作性行为形成的重要手段。强化在斯金纳的学习理论中占有极其重要的地位，是学习理论的基石和核心，有人称斯金纳的学习理论为强化理论或强化说。操作学习的基本规律是：如果一个操作发生后，接着呈现一个强化刺激，则这个操作的强度（反应发生的概率）就增大。斯金纳认为学习和行为的变化是强化的结果，控制强化就能控制行为。强化是塑造行为和保持行为强度的关键。塑造行为的过程就是学习过程。教育就是塑造行为。只要安排好强化程序，就可以随意地塑造人和动物的行为。

1954年，斯金纳在"学习科学与教学的艺术"一文中，根据他的强化理论，对传统教学进行了批评，指出：

1）传统教学控制学生行为的手段是消极的，多为负强化（如发脾气、惩罚、训斥等）。
2）行为和强化之间的时间间隔太长。
3）缺乏连续的强化程序。
4）强化太少。传统教学的最主要缺点就是强化太少。一个教师要对几十名学生同时提供足够数量的强化机会，是做不到的。

由此，斯金纳强力主张改变传统的班级教学，实行程序教学和机器教学。根据操作条件反射原理把学习的内容编制成"程序"安装在机器上，学生通过机器上的程序显示进行学习。后来还发展了不用教学机器，只使用程序教材的程序学习。

程序学习的过程是：将要学习的大问题分解成若干小问题，并按一定顺序呈现给学生，要求学生一一回答，然后学生可得到反馈信息。问题相当于条件反射形成过程中的"刺激"，学生的回答相当于"反应"，反馈信息相当于"强化"。程序学习的关键是编制出好的程序。为此，斯金纳提出了编制程序的5条基本原理（原则）。

1）小步子原则：把学习的整体内容分解成由许多片段知识所构成的教材，把这些片段知识按难度逐渐增大排成序列，使学生循序渐进地学习。

2）积极反应原则：要使学生对所学内容做出积极的反应，就要否认"虽然没有表现出反应，但是的确明白"的观点。

3）及时强化（反馈）原则：对学生的反应要及时强化，使其获得反馈信息。

4）自定步调原则：学生根据自己的学习情况，自行确定学习的进度。

5）低错误率：使学生尽可能每次都做出正确的反应，使错误率降到最低限度。

斯金纳认为程序学习有如下优点：循序渐进；学习速度与学习能力一致；及时纠正学生的错误，加速学习；有利于提高学生学习的积极性；培养学生的自学能力和习惯。

程序学习并非尽善尽美。由于它主要是以掌握知识为目标的个体化学习方式，因此人们对它的非议主要有3个方面：使学生学习比较刻板的知识；缺少班集体中的人际交往，不利于学生社会化；忽视了教师的作用。

7.3 认知学习理论

源自格式塔学派的认知学习理论，经过一段时间的沉寂之后，再度受到重视。从20世纪50年代中期之后，布鲁纳（J. S. Bruner）、奥苏贝尔（D. P. Ausubel）等一批认知心理学家的大量的创造性工作，使学习理论的研究自桑代克之后又进入了一个辉煌时期。他们认为，学习就是面对当前的问题情境，在内心经过积极的组织，形成和发展认知结构的过程。他们强调刺激反应之间的联系是以意识为中介的，强调认知过程的重要性。因此，认知学习理论在学习理论的研究中开始占据主导地位。

认知是指认识的过程以及对认识过程的分析。美国心理学家吉尔伯特（G. A. Gilbert）认为：认知是一个人了解客观世界时所经历的几个过程的总称，包括感知、领悟和推理等几个比较独特的过程，这个术语含有意识到的意思。认知的构造已成为现代教育心理学家试图理解的学生心理的核心问题。认知学习理论认为学习在于内部认知的变化，学习是一个比S—R联结要复杂得多的过程。认知心理学家注重解释学习行为的中间过程，即目的、意义等，认为这些过程才是控制学习的可变因素。认知学习理论的主要贡献有：

1）重视人在学习活动中的主体价值，充分肯定了学习者的自觉能动性。

2）强调认知、意义理解、独立思考等意识活动在学习中的重要地位和作用。

3）重视人在学习活动中的准备状态，即：一个人学习的效果，不仅取决于外部刺激和个体的主观努力，还取决于一个人已有的知识水平、认知结构、非认知因素。准备是任何有意义学习赖以产生的前提。

4）重视强化的功能。认知学习理论把人的学习看成是一种积极主动的过程，因此很重视内在的动机与学习活动本身带来的内在强化的作用。

5）主张人的学习的创造性。布鲁纳提倡的发现学习论就强调学生学习的灵活性、主动性和发现性。发现学习论要求学生自己观察、探索和实验，发扬创造精神，独立思考，改组材料，自己发现知识、掌握原理原则，提倡一种探究性的学习方法。发现学习论强调通过发现学习来使学生开发智慧潜力，调节和强化其学习动机，使其牢固掌握知识并形成创新的本领。

认知学习理论的不足之处，是没有揭示学习过程的心理结构。我们认为学习心理是由学习过程中的心理结构，即智力因素与非智力因素两大部分组成的。智力因素是学习过程的心理基础，对学习起直接作用；非智力因素是学习过程的心理条件，对学习起间接作用。只有使智力因素与非智力因素紧密结合，才能使学习达到预期的目的。而认知学习理论对非智力因素的研究是不够重视的。

格式塔学派的学习理论、托尔曼（E. C. Tolman）的认知目的理论、皮亚杰的图式理论、维果斯基（L. Vygotsky）的内化论、布鲁纳的发现学习理论、奥苏贝尔（D. P. Ausubel）的有意义学习理论、加涅（R. M. Gagne）的信息加工学习理论以及建构主义的学习理论均可作为代表性学说。认知学习理论的代表人物是皮亚杰、纽厄尔等。

7.3.1 格式塔学派的学习理论

格式塔学派又名完形学派，1912年产生于德国，代表人物有韦特海默、考夫卡、苛勒。这一学派的学习理论是在研究知觉问题时，针对桑代克的学习理论提出来的，强调经验和行为的整体性，反对行为主义的"刺激—反应"公式，于是他们设计了动物的学习实验。

苛勒在1913年—1917年在一个岛上进行黑猩猩的学习实验。在一个典型的实验中，黑猩猩被关在笼中，笼外放有香蕉和一长一短的两只木杆。黑猩猩在笼内不能直接够到香蕉。黑猩猩用"手"够香蕉失败后，停止活动，四处张望，若有所思。之后，它突然起身，用短杆取得长杆，再用长杆够到了香蕉。这一系列动作是一气呵成的。由此，苛勒认为，黑猩猩对问题的解决是由于突然领悟（即顿悟）而实现的，学习不是逐渐试误的过程，而是对知觉经验的重新组织，是对情境关系的顿悟。

格式塔学派的学习理论的基本观点：

（1）学习是组织一种完形　完形（或称"格式塔"）指的是对事物的式样和关系的认知。学习过程中问题得以解决，是基于对情境中事物关系的理解而构成一种完形来实现的。黑猩猩在实验情境中发现关系（木杆是获得香蕉的工具），从而弥合认知缺口，构成完形。无论是运动的学习、感觉的学习、感觉运动的学习和观念的学习，都在于发生一种完形的组织，并非各部分间的联结。

（2）学习是通过顿悟实现的　学习的实现和成功完全是"顿悟"的结果，即突然就理解了，而不是"试误""尝试与错误"。顿悟是对情境全局的知觉，是对问题情境中事物关系的理解，也就是完形的组织过程。

格式塔学派用来证明学习过程是顿悟而非试误的主要证据有：①从不能到能之间突然转变；②学到的知识得到良好的保持，而不是重复出现错误。格式塔学派指出，桑代克所设置的问题情境不明确，导致了盲目的尝试错误学习。

对格式塔派的学习理论的评价如下：

1）格式塔派的学习理论具有辨证的合理因素，主要表现在它肯定了意识的能动作用，强调了认知因素（完形的组织）在学习中的作用，由此弥补了桑代克学习理论的缺陷，认为刺激与反应之间的关系是间接的，而不是直接的，是以意识为中介的。格式塔派对试误说的批判，也促进了学习理论的发展。

2) 格式塔派在肯定顿悟的同时否定试误的作用，是片面的。试误与顿悟是学习过程的不同阶段，或不同的学习类型。试误往往是顿悟的前奏，顿悟又往往是试误的必然结果，二者不应是相互排斥、对立的，而应是相互补充的。格式塔派的学习理论不够完整，也不够系统，其影响在当时远不及桑代克的联结论。

7.3.2 认知目的理论

托尔曼认为自己是一名行为主义者。他对各派采取兼容并包的态度，以博采众家之长而著称。他既欣赏联结论的客观性和测量行为方法的简便，又受到格式塔整体学习观的影响。他的学习理论有很多名称，如符号学习说、学习目的说、潜伏学习说、期待学习说。他坚持主张，理论要用完全客观的方法来检验。然而许多人认为他是研究动物学习行为最有影响的认知主义者。受格式塔学派的影响，他强调行为的整体性。他认为整体行为是指向一定目的的，而有机体对环境的认知是达到目的的手段。他不同意把情境（刺激）与反应之间的关系看成是直接的联系。他提出"中介变量"的概念，认为中介变量是介于实验变量和行为变量之间并把二者联系起来的因素。具体说，中介变量就是心理过程，心理过程把刺激与反应联结起来。他的学习理论就是从上述观点出发，通过对动物学习行为全过程的考查而提出的。

托尔曼于 1930 年设计并进行了白鼠学习方位的迷宫实验。在这种迷宫中设置了白鼠通向食物箱的长短不等的 3 条通道（见图 7-2）。

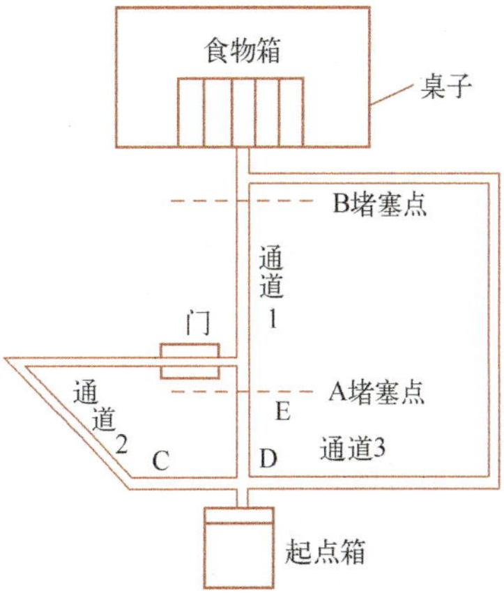

首先让白鼠在迷宫内经过探索，熟悉这 3 条通道；其次将白鼠放进起点箱内，观察它们的行为。结果：白鼠首先选择通向食物距离最短的通道 1，当通道在 A 处堵塞时，它们便在通道 2 和通道 3 中选择了较短的通道 2；而通道 2 必经的 B 处也被堵塞时，它们才不得不选择较长的通道 3。

托尔曼认知目的理论的基本观点：

(1) 学习是有目标的 托尔曼认为动物学习是有目标的，其目标就是获得食物。他不同意桑代克等人认为

图 7-2 白鼠迷宫实验

学习是盲目的观点。动物在迷宫中的试误行为是受目标指引的，是指向食物的。他认为学习就是期望的获得。期望是个体关于目标的观念。个体通过对当前的刺激情境的观察和已有的经验，建立起对目标的期望。

(2) 对环境条件的认知是达到目标的手段或途径 托尔曼认为有机体在达到目标的过程中，会遇到各式各样的环境条件，有机体必须认知这些环境条件，才能克服困难，达到目标。所以，对环境条件的认知是达到目标的手段或途径。托尔曼用"符号"代表有机体对环境条件的认知。学习不是简单、机械地形成运动反应，而是学习达到目标的符号，形成"认知地图"。所谓认知地图是动物在头脑中形成的对环境的综合表象，包括路线、方向、距离，甚至时间关系等信息。认知地图是个较模糊的概念。

总之，目标和认知是认知目的理论中的两个重要中介变量。

托尔曼认知目的理论重视行为的整体性、目的性，提出中介变量的概念，重视在刺激与反应之间的心理过程，强调认知、目的、期望等在学习中的作用，是个进步，应给予肯定。但该理论中的一些术语，如"认知地图"没有明确地界定；该理论对人类的学习与动物的学习也没有从本质上进行区分，因而是机械主义的。这些都使得认知目的理论不能成为一个完整的、合理的体系。

7.3.3 认知发现理论

布鲁纳是美国当代著名的认知心理系家，是美国认知学派的主要代表人物。1960年，他同米勒（G. Miller）一起创建了哈佛大学认知研究中心。

布鲁纳的认知学习理论（也称认知发现理论、发现学习理论）受格式塔学派的学习理论、托尔曼的思想和皮亚杰发生认识论思想的影响。布鲁纳认为学习是一个认知过程，是学习者主动地形成认知结构的过程。而布鲁纳的认知学习理论与格式塔学派的学习理论及托尔曼的认知目的理论又是有区别的。其中最大的区别在于格式塔学派的学习理论和托尔曼的认知目的理论是建立在对动物学习进行研究的基础上的，所谈的认知是知觉水平上的认知，而布鲁纳的认知学习理论是建立在对人类学习进行研究的基础上的，所谈的认知是抽象思维水平上的认知。布鲁纳的认知学习理论的基本观点主要表现在以下3个方面。

1. 学习是主动地形成认知结构的过程

认知结构是指一种反映事物之间稳定联系或关系的内部认识系统，或者说，是某一学习者的观念的全部内容与组织。人的认识活动按照一定的顺序形成，发展成对事物结构的认识后，就形成了认知结构，这个认知结构就是类目及其编码系统。布鲁纳认为，人是主动参加获得知识的过程的，是主动对进入感官的信息进行选择、转换、存储和应用的。也就是说，人是积极主动地选择知识的，是记住知识和改造知识的学习者，而不是一个知识的被动的接受者。布鲁纳还认为，学习是在原有认知结构的基础上产生的，不管采取的形式如何，个人的学习都是通过把新得到的信息和原有的认知结构联系起来，积极地建构新的认知结构。

布鲁纳认为学习包括3种几乎同时发生的过程，即新知识的获得，知识的转化，知识的评价。这3个过程实际上就是学习者主动地建构新认知结构的过程。

2. 强调对学科的基本结构的学习

布鲁纳非常重视课程的设置和教材建设，他认为，无论教师选教什么学科，都务必使学生理解学科的基本结构，即概括化了的基本原理或思想，也就是要求学生以有意义的、联系起来的方式去理解事物的结构。布鲁纳之所以重视对学科的基本结构的学习，是因为他认为：所有的知识，都有一种具有层次的结构，这些具有层次结构性的知识可以通过一个人发展的编码体系或结构体系（认知结构）而表现出来。人脑的认知结构与教材的基本结构相结合会产生强大的学习效益。如果掌握了一门学科的基本原理，就不难理解有关这门学科的特殊课题。

在教学中，教师的任务就是为学生提供最好的编码系统，以保证学习材料具有最强的概括性。布鲁纳认为，教师不可能给学生讲解每个事物，要使教学真正达到目的，教师就必须使学生能在某种程度上获得一套概括了的基本思想或原理。这些基本思想或原理，对学生来说，就是一种最佳的知识结构。知识的概括水平越高，知识就越容易被理解和迁移。

3. 通过主动发现形成认知结构

布鲁纳认为，教学一方面要考虑学生的已有知识结构、教材的结构，另一方面要重视学生的主动性和学习的内部动机。他认为，学习的最好动机是对所学材料的兴趣，而不是奖励、竞争之类的外部刺激。因此，他提倡发现学习法，以便使学生更有兴趣、更有自信地、更主动地学习。

发现学习法的特点是关心学习过程胜于关心学习结果。让学生自己去探索、去发现具体知识、原理、规律等，这样学生便积极主动地参加到学习过程中，独立思考，掌握知识。"学习中的发现确实影响着学生，使之成为一个'构造主义者'。"

学习是认知结构的组织与重新组织。布鲁纳既强调已有知识经验的作用，也强调学习材料本身的内在逻辑结构。

布鲁纳认为发现学习的作用有以下几点：

1）提高智慧的潜力。
2）使外部动机变成内部动机。
3）学会发现。
4）有助于对所学材料保持记忆。

所以，认知发现理论是值得特别重视的一种学习理论。它强调学习的主动性，强调已有认知经验、学习内容的结构、学生独立思考等的重要作用。这些对培育现代化人才是有积极意义的。

7.3.4 信息加工学习理论

加涅是美国佛罗里达州大学的教育心理学教授。他的信息加工学习理论是在行为主义和认知观点相结合的基础上，在20世纪70年代之后，运用现代信息论的观点和方法，通过大量实验研究工作建立起来的。加涅认为学习过程是信息的接收和使用的过程，学习是学习者和环境相互作用的结果，学习者内部状况与外部条件是相互依存、不可分割的统一体。

加涅认为，学习是学习者神经系统中发生的各种过程的复合。学习不是刺激与反应间的一种简单联结，因为不同的刺激是被人的中枢神经系统以一些完全不同的方式来加工的，了解学习也就在于指出这些不同的加工方式是如何起作用的。在加涅的信息加工学习理论中，学习的发生同样也可以表现为刺激与反应，刺激是作用于学习者感官的事件，而反应则是由感觉输入及其后继的各种转换而引发的行动，反应可以通过操作水平变化的方式加以描述。但刺激与反应之间，存在着"学习者""记忆"等学习的基本要素。学习者是活生生的人，他们拥有感官，通过感官接受刺激；他们拥有大脑，通过大脑以各种复杂的方式转换来自感官的信息；他们有肌肉，通过肌肉动作显示已学到的内容。学习者不断受到各种刺激，这些刺激被组织进各种不同形式的神经活动中，其中有些被储存在记忆中；在做出各种反应时，这些记忆中的内容也可以直接转换成外显的行动。加涅将学习过程看作是信息加工流程。1974年，他描绘出一个典型的学习结构模式图（见图7-3）。

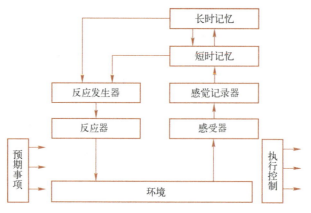

图 7-3 学习结构模式图

加涅的学习结构模式分两个部分。第一部分是操作记忆,是一个信息流。来自环境的刺激作用于学习者的感受器,然后到达感觉记录器,信息在这里经过初步的选择处理,停留的时间还不到1s,便进入短时记忆,信息在这里也只停留几秒钟,然后进入长时记忆。以后当需要回忆时,信息从长时记忆中提取而回到短时记忆中,然后到达反应发生器,信息在这里经过加工便转化为行为,通过反应器作用于环境,这样就发生了学习。第二部分是控制结构,包括预期事项(期望)和执行控制两个环节。预期事项环节起着定向的作用,使学习活动沿着一定方向进行。执行控制环节起调节、控制作用,使学习活动得以实现。第二部分的功能是使学习者引起学习、改变学习、加强学习和促进学习,同时使信息流激化、削弱或改变方向。

加涅根据信息加工理论提出了学习过程的基本模式,认为学习过程就是一个信息加工的过程,即学习者对来自环境刺激的信息进行内在的认知加工的过程,并具体描述了典型的信息加工模式。加涅把学习过程划分为8个阶段:动机产生阶段、了解阶段、获得阶段、保持阶段、回忆阶段、概括阶段、作业阶段、反馈阶段(见图7-4)。

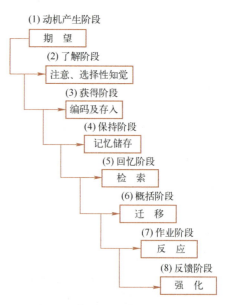

图 7-4 加涅的8个学习阶段及其相应的心理过程图

(1)动机产生阶段 与之相应的心理过程是期望。学习要先有动机,动机可以与学习者的期望建立联系。期望是目标达到时所能得到的报酬、结果或奖励,是完成任务的动力,能给学习者指明方向和道路。

(2)了解阶段 与之相应的心理过程是注意、选择性知觉。加涅认为注意是一个短暂的内部状态,注意对学习有定式作用,也起着执行控制作用。教学要引起学生的注意,通过口头指导语把注意引向学习有关的某一方面,使学生有选择地知觉其所处情况中的某些刺激。

(3)获得阶段 与之相应的心理过程是编码、存入。在这一阶段,所学知识到达短时记忆,并存入长时记忆。编码就是对获得的信息进行加工整理,以便和原有信息相联系并形成系统，存入长时记忆。

（4）保持阶段　与之相应的心理过程是记忆储存。知识到达长时记忆后，还要对材料继续加工，使之能永久保持。

（5）回忆阶段　与之相应的心理过程是检索。回忆是指能将所学材料准确地重现出来，回忆是通过检索实现的。检索是在外部刺激作用下，按一定方向进行的寻找过程。

（6）概括阶段　与之相应的心理过程是迁移。学习迁移是指对学习材料进行总结、整理、归纳，形成知识和技能，并能将知识和技能应用到各种新的情境中。

（7）作业阶段　与之相应的心理过程是反应。学习者将学习付诸行动，通过新作业和新操作的完成，表现出自己学到了什么。

（8）反馈阶段　与之相应的心理过程是强化。在这一阶段，学习者完成了新作业并意识到自己已达到预期目标，从而使第一阶段所建立的期望，在最后阶段得到证实和强化。加涅认为，强化主宰着人类的学习。

加涅认为新的学习一定要适合学习者当时的认知发展水平，即学习者已经发展形成认知结构。他认为学习要在学习者内在认知结构和新输入的信息之间，建立起相互联系和相互配合的新结构。学习的理想条件对新输入的信息与学习者已有认知结构之间所存在的矛盾或差距，进行适当调整。这样，新信息能被纳入已有认知结构中去，并建立新的认知结构。新的认知结构又作为高一级学习的基础，这样认知结构得到逐级发展和提高。

加涅认为指导结果指教师要给学生以最充分的指导，使学生沿着仔细规定的学习程序，引导学生一步一步地、循序渐进地学习。指导法是依据他对教学目标和能量的理解而提出来的。同时，他认为教学的主要目标是发展能量（即能力），而发展能量的关键在于掌握大量有组织的知识，形成一个金字塔形的知识系统。教学目标确定之后，教师首先应进行任务分析，任务分析是自上而下进行的。要确定为使学生获得终极行为，需要学生学会做哪些事，学生必须表现出什么起点行为，这样就确定了层次学习图。

加涅的信息加工学习理论注重学习的内部条件和学习的层次，重视系统知识的系统教学及教师循序渐进的指导作用，为控制教学提供了一定的依据。他的理论直接涉及课堂教学，因而对实际教学有积极的意义和一定的参考价值。加涅运用信息论、控制论的观点和方法对学习问题进行有意义的探索。他试图兼收行为主义和认知学派学习理论中的一些观点来建立自己的学习理论，反映了西方学习理论发展的一种趋势。但他的学习理论，把能力（他所说的能量）仅仅归结为大量有组织的知识，具有一定的片面性，忽视了思维和智力技能的作用及培养。

7.3.5　建构主义的学习理论

建构主义（constructivism）的学习理论是行为主义发展到认知主义以后的进一步发展，即向着与客观主义更为对立的另一方面发展。建构主义学习理论的核心观点包括：第一，认识并非学习者对于客观实在的简单的、被动的反映（镜面式反应），而是一个主动的建构过程，即所有的知识都是建构出来的；第二，在建构的过程中学习者已有的认知结构发挥了特别重要的作用，而主体的认知结构也处在不断的发展之中。皮亚杰和维果斯基是建构主义的先驱。尽管皮亚杰高度强调每个个体的新创造，而维果斯基更关心知识的工具即文化和语言的传递，但在基本方向上看，皮亚杰和维果斯基都是建构主义者。

认知基础

建构主义认为学习是学习者运用自己的经验去积极地建构对自己富有意义的理解，而不是去理解那些用已经组织好的形式传递给他们的知识。学习者对外部世界的理解是他自己积极建构的结果，而不是被动地接受别人呈现给他的知识。建构主义者认为知识是个体对现实世界建构的结果。根据这种观点，学习发生于对规则和假设的不断创造，以解释观察到的现象。而当学习者对现实世界的原有观念与新的观察之间出现不一致，原有观念失去平衡时，便产生了创造新的规则和假设的需要。可见，学习活动是一个创造性的理解的过程。相对于一般的认识活动而言，学习主要是一个"顺应"的过程，即认知结构的不断变革或重组，而认知结构的变革或重组又正是新的学习活动与认知结构相互作用的直接结果。按照建构主义的观点，"顺应"或认知结构的变革或重组正是学习者主动的建构活动。建构主义强调学习者的积极主动性，强调新知识与学习者原有知识的联系，强调将知识应用于真实的情境中而获得理解。美国心理学家维特罗克（M. C. Wittrock）提出的学习的生成过程模式较好地说明了学习的这种建构过程。维特罗克认为学习的生成过程是学习者原有的认知结构即已经储存在长时记忆中的事和脑的信息加工策略，与从环境中接受的感觉信息（新知识）相互作用，学习者主动地选择信息和注意信息，以及主动地建构信息意义的过程。

学生的学习是在学校这样一个特定的环境中，是在教师的直接指导下进行的，主要是一种文化继承的行为，即学习这一特殊的建构活动具有明显的社会性质，是一种高度社会化的行为。学习并非一种孤立的个人行为，适当的环境不仅是学习的一个必要条件，而且也在很大程度上决定了智力的发展方向。

根据建构主义的基本立场，教师和学生以及学生和学生之间的相互作用对学习活动有重要影响。小组合作学习近年来受到普遍重视，因为它为更充分地实现"社会相互作用"提供了现实的可能性。正是基于这样的认识，人们提出了"学习共同体"的概念，即认为学习活动是由教师和学生所组成的共同体共同完成的。也就是说，学习不能被看作孤立的个人行为，而是"学习共同体"的共同行为，或者说共同行为与个人行为之间存在着一种相互依赖、相互促进的辩证关系。此外，还应看到整体性的社会环境和文化传统对于个人的学习活动也有十分重要的影响。

传统的认知学习理论认为，学习的结果是形成认知结构，这是高度结构化的知识，是按概括水平的高低分层次排列的。而建构主义认为学习的结果是建构围绕着关键概念的知识网络，包括事实、概念，以及有关的价值、意向、过程知识、条件知识等。关键概念是结构性知识，而知识网络的其他方面含有非结构性知识。因此，建构主义学习理论认为学习的结果既包括结构性知识，也包括非结构性知识，而且认为这是高级学习的结果。

斯皮罗（Spiro）等人认为学习可以分为初级学习和高级学习。初级学习是学习的低级阶段，在该阶段，学习者知道一些重要的概念和事实，在测验中能将所学的东西按原样再生出来，这里所涉及的内容主要是结构良好的领域（well-structured domains）。高级学习要求学生把握概念的复杂性，并广泛而灵活地将概念运用到具体情境中，这时所涉及的是大量结构不良领域（ill-structured domains）的问题。概念的复杂性和概念实例间的差异性是结构不良领域的两个主要特点。斯皮罗认为：结构不良领域是普遍存在的，只要将知识运用到具体情境中去，就会有大量的结构不良的特征，因此往往不能靠简单地提取出某一个概念原理，而是要通过多个概念原理以及大量的经验背景的共同作用来解决实际问题。

建构主义学习理论是学习理论的一种新的发展。该理论强调学习过程中的积极主动性、对新知识的意义的建构性和创造性的理解，强调学习的社会性质，重视师生之间和同学生之间的社会相互作用对学习的影响，将学习分为初级学习和高级学习，强调学习者通过高级学习建构网络结构知识，并在教学目标、教师的作用、促进教学的条件、教学方法和设计等方面提出了一系列新颖而富有创见的主张。这些观点和主张对于进一步认识学习的本质、揭示学习的规律、深化教学改革都具有积极意义。

建构主义学习理论是在吸收了各种学习理论观点的基础上形成和发展起来的，其中一些观点的论述往往失之偏颇，甚至相互对立，这在一定程度上暴露了该理论的不足之处，有待进一步的发展和完善。

7.4 人本学习理论

人本主义心理学（简称人本主义）是20世纪50年代至60年代在美国兴起的一种心理学思潮，其主要代表人物是马斯洛（A. Maslow）和罗杰斯（C. R. Rogers）。人本主义的学习观与教学观深刻地影响了世界范围内的教育改革，是与程序教学运动、学科结构运动齐名的20世纪三大教学运动之一。

人本主义心理学家认为，要理解人的行为，就必须理解行为者所知觉的世界，即要知道从行为者的角度来看待事物。在了解人的行为时，重要的不是外部事实，而是事实对行为者的意义。如果要改变一个人的行为，就必须改变他的信念和知觉。当他看问题的方式不同时，他的行为也就不同了。换言之，人本主义心理学家试图从行为者而不是从观察者的角度来解释和理解行为。下面介绍人本主义学习理论代表人物——罗杰斯的学习理论。

罗杰斯认为，可以把学习分成两类。一类学习类似于心理学上的无意义音节的学习。罗杰斯认为这类学习只涉及心智，是一种"在颈部以上"发生的学习。它不涉及感情或个人意义，与完整的人无关。另一类是意义学习。所谓意义学习，并非那种仅涉及事实累积的学习，而是能使个体的行为、态度、个性以及在未来选择行动方针时发生重大变化的学习。意义学习不仅是一种增长知识的学习，而且是一种与每个人各部分经验都融合在一起的学习。

罗杰斯认为，意义学习主要包括4个要素：

1）学习具有个人参与（personal involvement）的性质，即整个人（包括情感和认知两方面）都投入学习活动中。

2）学习是自动自发的（self-initiated），即便推动力或刺激来自外界，也要求发现、获得、掌握和领会的感觉是来自内部的。

3）全面发展，也就是说，学习会使学生的行为、态度、人格等获得全面发展。

4）学习是由学习者自我评价的（evaluated by the learner），因为学习者最清楚这种学习是否满足其需要、是否有助于导致其想要知道的东西、是否有助于其明了自己原来不甚清楚的某些知识。

罗杰斯认为，促进学习者学习的关键不在于教师的教学技巧、专业知识、课程计划、视听辅导材料、演示和讲解、丰富的书籍等，而在于教师和学习者之间特定的心理气氛因素。那么，好的心理气氛因素包括什么呢？罗杰斯给出了自己的解释：①真实或真诚，即教师作为学习的促进者，表现真我、没有任何矫饰、虚伪和防御；②尊重、关注和接纳，即教师尊重学习者的意见和情感，关心学习者的方方面面，接纳作为一个个体的学习者的价值观念和情感表现；③移情性理解，即教师能了解学习者的内在反应，了解学习者的学习过程。在这种心理气氛下进行的学习，是以学习者为中心的，教师是学习的促进者、协作者或者说是伙伴、朋友，学习者才是学习的关键，学习的过程就是学习的目的所在。

总之，罗杰斯等人本主义心理学家从他们的自然人性论、自我实现论出发，在教育实际中倡导以学习者经验为中心的"有意义的自由学习"。这对传统的教育理论造成了冲击，推动了教育改革运动的发展。这种冲击和推动表现在：突出情感在教学中的地位和作用，形成一种以情感作为教学活动基本动力的新的教学模式；以学习者的"自我"完善为核心，强调人际关系在教学过程中的重要性；把教学活动的重心从教师引向学习者，把学习者的思想、情感、体验和行为看作是教学的主体，从而促进了个别化教学的发展。

可以看到，人本主义学习理论中的许多观点都是值得我们借鉴的。比如：教师要尊重学习者、真诚地对待学习者；让学习者感到学习的乐趣，自动自发、积极地参与到教学中；教师要了解学习者的内在反应，了解学习者的学习过程；教师作为学习的促进者、协作者或者说是学生的伙伴、朋友；等等。但是，我们也需要看到，罗杰斯过分否定教师的作用，这是不太正确的。在教学中，我们既要强调学习者的主体地位，也不能忽视教师的主导作用。

7.5 观察学习理论

班杜拉对心理学的杰出贡献在于他发掘了前人所忽视的学习形式——观察学习，给予观察学习以应有的重视和地位。他提出的观察学习模式与经典条件反射和操作条件反射一起被称为解释学习的三大工具。观察学习理论有时也被称为社会学习理论。班杜拉的学习理论不回避人的行为的内部原因，它重视符号、替代、自我调节所起的作用。因此，班杜拉的社会学习理论也被称为认知行为主义。

班杜拉在其观察学习的研究中，注重社会因素的影响，改变了传统学习理论重个体轻社会的思想倾向，把学习心理学的研究与社会心理学的研究结合在一起，对学习理论的发展做出了独树一帜的贡献。班杜拉吸收认知心理学的研究成果，把强化理论与信息加工理论有机地结合起来，改变了传统行为主义重刺激—反应和轻中枢过程的思想倾向，使解释人的行为的理论参照点发生了一次重要的转变。由于他强调学习过程中的社会因素以及认知过程在学习中的作用，因而在方法论上，他注重以人为被试的实验，改变了行为主义以动物为实验对象，把从动物实验中得出的结论推广到人类学习现象的错误倾向。班杜拉认为儿童通过观察他们生活中重要人物的行为而习得社会行为，这些观察以心理表象或其他符号表征的形式储存在大脑中，来帮助他们模仿行为。班杜拉的这一理论接受了行为主义心理学家的大多数观点，但是更加注意线索对行为、对内在心理过程的作用，强调思想对行为、行为对思想的作用。他的观点在行为主义和认知主义之间架起了一座桥梁，并对认知—行为心理治疗做出了巨大的贡献。

班杜拉的概念和理论建立在丰富坚实的实验验证资料的基础上，其实验方法比较严谨，结论比较有说服力。他的具有开放性的理论框架，在坚持行为主义立场的同时，也积极吸取现代认知心理学的研究成果与研究方法，并受人本主义心理学若干思想的启发，涉及观察学习、交互作用、自我调节、自我效能等重大课题，突出了人的主动性、社会性，受到心理学界的广泛赞同。观察学习理论认为个体、环境和行为是相互影响、彼此联系的。三者影响力的大小取决于当时的环境和行为的性质。在社会认知理论中，行为和环境都是可以改变的，但谁也不是行为改变的决定因素，例如攻击性强的儿童预测其他儿童对他产生敌意反应，这种预测使该儿童的攻击行为更有攻击性，从而又强化了该儿童的最初的预测。

观察学习不要求必须有强化，也不一定产生外显行为。班杜拉把观察学习分为以下4个过程。

1. 注意过程

注意和知觉榜样及其情景的各个方面。榜样和观察者的几个特征决定了观察学习的程度：观察者比较容易观察那些与他们自身相似的或者被认为是优秀的、热门的和有力的榜样。有依赖性的、自身概念低的或焦虑的观察者更容易产生模仿行为。强化的可能性或外在的期望影响观察者决定观察谁、观察什么。

2. 保持过程

记住他们从榜样及其情景中了解的行为。观察到的行为在记忆中以符号的形式表征，观察者使用两种表征系统——表象和言语。观察者贮存他们的感觉表象，并且使用言语编码记住这些信息。

3. 复制过程

复制从榜样及其情景中所观察到的行为。观察者将符号表征转换成适当的行为，他必须：①选择和组织反应要素；②在信息反馈的基础上精炼自己的反应，即自我观察和矫正反馈。自我效能感是影响复制过程的一个重要因素。所谓自我效能感，即一个人相信自己能成功地执行某个特定的结果所要求的行为。如果观察者不相信自己能掌握一个任务，那么他们就不会去做该任务。

4. 动机过程

因表现所观察到的行为而受到激励。观察学习论会区别获得和表现，因为个体并不模仿他们所观察的每一件事。强化非常重要，强化提供了信息和诱因，观察者对强化的期望影响其注意榜样行为，激励其编码和记忆可以模仿的、有价值的行为。

除了这种直接强化外，班杜拉还提出了另外两种强化：替代性强化和自我强化。替代性强化是指观察者因看到榜样受强化而受到的强化。例如当教师强化一个学生的助人行为时，班级中的其他人也将花一些时间互帮互助。此外替代性强化还有一个功能，那就是情绪反应的唤起。例如当电视广告上某明星因穿某种衣服或使用某种洗发水而有魅力时，如果你直觉或体验到该明星因受到注意而感觉到的愉快，这对于你就是一种替代性强化。自我强化依赖于社会传递的结果。社会向个体传递某一行为标准，当个体的行为表现符合甚至优于这一标准时，他就对自己的行为进行自我奖励。此外，班杜拉还提出了自我调节的概念。班杜拉假设，人们能观察他们自己的行为，并根据自己的标准进行判断，并由此强化或惩罚自己。

7.6 内省学习

内省是指一个人对自己的思想或情感进行考查，即自我观察，也是指一个人对自己在受控制的实验条件下进行的感觉和知觉经验所做的考查。内省是与外观相对的。外观是一个人对自身以外的情况进行的研究和观察。内省法是早期心理学的一种研究方法，它根据被试报告或描述其体验来研究心理现象和过程。内省学习则是将内省概念引入机器学习中，即智能系统通过检查和关心自身的知识处理和推理方式，从失败或低效中发现问题，形成并修正自身的学习目标，由此改进自身处理问题方法的一种学习方式。

具备内省能力的学习系统可以提高学习效率。内省学习能使学习系统在对执行任务成功和失败进行分析的基础上决定其学习目标，而不是依靠系统设计者或用户给学习系统提供一个学习目标或目标概念。学习系统能明确地决定在什么地方出错的基础上需要学习什么。换而言之，内省学习系统能够理解执行失败及与之相关的系统推理和知识方面的原因。内省学习系统具有关于自己的知识和检查自己推理能力的本领，由此实现有效学习。没有这种内省的能力，学习就是低效的。因此，对于有效学习而言，内省是必要的。

内省学习问题可分为4个子问题：①有标准决定在什么时候检查推理过程，即监视推理过程；②根据标准确定失败推理是否发生；③确定已检出失败的最终原因；④改变推理过程以免以后的类似失败。为了能发现和解释推理失败，内省学习系统需要能访问到关于自身推理过程以及当前时刻状态的知识。它需要掌握粗略的或明确的关于领域内的结果和本身内部推理过程的期望。它应能够在推理过程和问题解决执行中发现期望失败，还能够用根本推理失败解释期望失败并能决定为以后怎样改变推理过程来改正错误。一个内省学习系统必须具有完整的学习结构。除了知识库、算法库和推理机等以外，实现内省学习还需要一套表示系统推理过程的元推理表示法，用以实现跟踪和确定推理的实现过程；内省学习系统还需要一套推理评价标准，包括期望、效率分析、出错、失败等一系列从现象到原因的分析和评估标准；还要有相应的改进推理的检错、目标形成和策略执行的内省机制。

1. 内省学习的一般模型

一般内省学习过程分为3个部分：判定失败、解释失败及修正失败。

（1）判定失败　在对推理过程建立明确的和有限的期望的基础上，将期望与系统的实际推理执行过程相比较，由此发现差异。期望和要求的行为与实际行为之间的差异较大即为期望失败。确定失败是否发生意味着系统具有一组明确的关于当前系统推理点的期望值。在系统推理过程中同时监视期望失败：当进行推理过程的每一步时，将有关结果与相关的期望对照，发现期望失败。

（2）解释失败　依据期望失败的标准和推理踪迹查找对失败的解释。在查明原因后，相应提出一个明确的对推理过程的改进建议以避免再次发生同样失败。

（3）修正失败　可以将推理过程的修正措施附加在特定期望上，这样当一个期望失败产生时，就可以同时提出附加的修正方法。修正方法的描述并不能详细到怎样修改和修改什么，因此系统还应包括形成修正策略的机制。修正模块依据失败的描述和建议的修正方法，生成实际的修正策略并进行实际的修改。

图7-5为内省学习一般模型。该模型除了包括判定失败、解释失败和修正失败3个过程以外，还包括知识库、推理踪迹、推理期望和监视协议等部分内容。监视协议规定了怎样对系统推理过程进行监视。它规定在什么位置进行监视、如何监视以及系统控制权如何转换。知识库包含系统推理相关知识，它不仅是系统推理的基础，同时也是判定和解释失败的依据。推理踪迹记录了系统推理过程，它专门用于内省学习，也是判定失败、解释失败和修正失败的重要依据。推理期望是系统推理过程的理想模型，它提供了推理期望的标准，因而是判定失败的主要依据。知识智能系统的内省学习单元依据监视协议，利用已有的背景知识、推理期望和推理踪迹，检查当前状态是否发生期望失败。出现期望失败有两种情况：一

种是当有一个关于推理过程的当前理想状态的期望与当前实际推理过程不符时,期望失败即产生;另一种是在系统发生灾难性失败而不能继续时,期望失败自然发生。如果推理单元没有发现期望失败,这意味着所有期望都和实际过程相符,系统将被通知一切正常,并重新获得控制权。如果发现了一个失败,推理单元将利用背景知识、推理踪迹和理想的推理期望,查找失败的初始原因,解释失败。在一个失败被发现时,可得到的信息可能不足以诊断和修正这个失败。因此,内省学习单元可能暂停它的解释和修正任务,允许系统继续工作直到有足够多的信息。当具备必需的信息时,解释和修正任务将从暂停的地方重新开始。对失败的解释可为内省推理单元修正失败提供线索。解释失败后将生成修正失败的学习目标,修正失败模块将依据学习目标形成修正方案,并改变被确定是期望失败原因的推理。当修正完成后,或者发现不可能修正,系统将重新获得控制权。

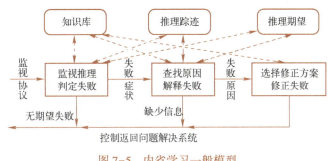

图 7-5 内省学习一般模型

2. 内省学习的元推理

元推理是关于推理的推理。因为内省学习的一个主要目标是依据推理失败或执行失败,修正推理过程,所以通过在根本层次上表示推理是内省学习的一个基础条件。引入元推理需要达到两个目标:第一个目标是记录系统推理过程,形成推理踪迹;第二个目标是解释推理过程,提供推理失败的因果链。而引入元推理的最终目的是为监视推理过程提供表示方式,为解释和修正推理失败提供必要信息。

实现元推理的表示有外部和内部两种方式。外部方式是对系统推理过程建立单独理想推理模型,在推理的不同阶段设计不同的评价标准,监督推理过程。内部方式是采用具备元解释功能的表示方式,从系统内部实现对推理过程的记录,并对异常进行解释。

3. 失败分类

失败分类是内省学习系统的一个要素。它是判定失败的基础,同时也为解释失败和形成修正学习目标提供重要线索。失败分类在某种程度上还决定内省学习的能力,因此一个内省学习系统必须建立一个合理的失败分类。失败分类要考虑两个重要因素,一个是失败分类的粒度,另一个是失败分类与失败解释、内省学习目标(修正失败)的关联性。对失败分类分层可以解决分类过细或过粗的矛盾。在失败大类中,可以抽象地描述失败。依据推理过程的不同阶段划分大类,不仅可以包括一些不可预知的情况,增强系统内省的适应性,而且可以依据不同阶段,加快失败对照过程。细类可以较详细地描述失败,这样可以为失败解释提供有价值的线索。适当处理失败分类和失败解释的关联性也将提高内省学习系统的内省能力。内省学习系统不仅需要依据失败症状推出失败原因,形成内省学习目标,还需要有处理各种不同问题的能力（即适应性）。失败解释同样可分为不同层次：抽象级和详细级两层，或者多个层次。而失败分类的层次性也有助于形成合理的失败症状与失败解释的关系。

失败按推理过程来划分。推理过程分为索引案例、检索案例、调整案例、再检索案例、执行案例、保存案例等阶段，失败也相应分阶段划分。失败分类的方法可以用失败共性法和推理过程模块法。失败共性法是从失败的共同特征入手进行分类。例如将缺少输入信息归纳为输入失败，将推理机不能推理或构造出一个问题的解决方案归为构造失败，将知识的错误归为知识矛盾，将推理性的错误归为推理失败等。失败共性法是从系统整体方面考虑失败的分类的。这种方法适合分布式环境下的内省学习。而推理过程模块法是将推理过程分为若干模块，按模块来划分失败。例如，将基于案例的推理分为检索、调整、评估、保存等若干模块，检索失败是指在检索过程中出现异常。推理过程模块法适合推理过程易于模块化的系统，如模型选择等。在某些情况下，这两种方法也可以结合运用。

4. 内省过程中的基于案例推理

基于案例推理是实现内省学习的重要手段，同时内省学习也可以改进基于案例推理过程。在基于案例推理中，把当前所面临的问题或情况称为目标案例，把记忆中的经验或情况称为源案例。内省学习过程中的一个主要环节是依据失败特征，查找失败原因。基于案例推理适于这种匹配过程。内省不仅应关注执行失败或者推理失败，还应涵盖低效的执行或者推理过程。内省学习系统除了发现错误以外，还需要对推理进行评价。从期望的角度看，判定失败也可称为监督与评价。可以将期望值归为监督与评价的标准，也可以提出评估因子进行定量评估。监督是针对推理的过程，而评价是针对推理结果。基于案例推理检索、调整、评价和保存等一系列过程实现判定失败和解释失败，可以提高判定和解释效率，因此基于案例推理是一条有效途径。

在 Meta-AQUA 系统中，从检错到形成学习目标这一过程就是一个基于案例推理的过程。该系统一方面通过失败症状查找失败原因并由此形成学习目标，而另一方面它将内省学习应用于基于案例推理的不同模块（如检索和评价模块），则扩展了其适应能力和准确性。基于案例的推理系统中，案例评价是一个重要步骤，定量内省的案例评价可以使案例能依据用户偏好，自动改变案例权值，提高案例检索效率。

7.7 强化学习

7.7.1 强化学习模型

强化学习（reinforcement learning）不是通过特殊的学习方法来定义的，而是通过在环境中响应外界环境的动作来定义的（SUTTON et al.，2018）。任何实现学习者与环境的交互的学习方法都是一个可接受的强化学习方法。强化学习也不是监督学习：在监督学习中，"教师"用实例来直接指导或者训练学习程序；在强化学习中，学习智能体自身通过训练、误差和反馈，学习在环境中完成目标的最佳策略。

强化学习是从控制理论、统计学、心理学等相关学科发展而来的，最早可以追溯到巴甫洛夫的经典条件反射实验。但 20 世纪 70 年代末至 90 年代初，强化学习技术才在人工智能、机器学习和自动控制等领域中逐渐得到广泛研究和应用，并被认为是设计智能系统的核心技术之一。

在强化学习模型中,智能体通过与环境的交互进行学习。智能体与环境的交互接口包括动作(action)、奖励(reward)和状态(state)。交互过程可以表述为如下形式:每一步,智能体先根据策略选择一个动作来执行,然后感知下一步的状态和即时奖励,通过经验再修改自己的策略。智能体的目标就是最大化长期奖励。

如图7-6所示,强化学习系统(简称系统)中,智能体接受环境的输入s,根据内部的推理机制,系统地输出相应的行为动作a。环境在系统动作a作用下,变迁到新的状态s'(即s_{i+1})。系统接受环境新状态的输入,同时得到环境对于系统的瞬时奖励r。系统的目标是学习一个行为策略$\pi: S \to A$,使系统选择的动作能够获得环境奖励的累计值最大。系统要最大化环境奖励的累计值的公式如下:

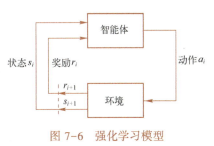

图7-6 强化学习模型

$$\sum_{i=0}^{\infty} \gamma^i r_{t+i}, \quad 0 < \gamma \leq 1 \tag{7-1}$$

式中,γ为折扣因子。

在学习过程中,强化学习的基本原理是:如果系统某个动作导致环境正的奖励,那么系统以后产生这个动作的趋势便会加强;反之系统产生这个动作的趋势便会减弱。这和生理学中的条件反射原理是接近的。

如果假定环境是马尔可夫型的,则顺序型强化学习问题可以通过马尔可夫决策过程建模。下面首先给出马尔可夫决策过程的形式化定义。

马尔可夫决策过程 马尔可夫决策过程由四元组$<S,A,R,P>$定义。该四元组包含一个环境状态集S,系统动作集合A,奖励函数R(即$S \times A \to R$)和状态转移概率函数P(即$S \times A \to PD(S)$)。记$R(s,a,s')$为系统在状态s采用a动作使环境状态转移到s'获得的瞬时奖励值;记$P(s,a,s')$为系统在状态s采用a动作使环境状态转移到s'的概率。

马尔可夫决策过程的本质是:当前状态向下一状态转移的概率和瞬时奖励值只取决于当前状态和选择的动作,而与历史状态和历史动作无关。因此在已知状态转移概率函数P和奖励函数R的环境模型知识下,可以采用动态规划技术求解最优策略。而强化学习着重研究在P函数和R函数未知的情况下,如何学习最优行为策略。

为解决这个问题,图7-7中给出强化学习的4个关键要素之间的关系,即策略π、状态值函数V、奖励函数r和一个环境模型(通常情况下)。4个要素的关系自底向上呈金字塔结构。策略定义了在任何给定时刻智能体的选择和动作的方法。这样,策略可以通过一组产生式规则或者一个简单的查找表来表示。像刚才指出的,特定情况下的策略可能是广泛搜索、查询一个模型或计划过程的结果,也可能是随机的。策略是学习系统中重要的组成部分,因为它在任何时刻都足以产生动作。

奖励函数R_t定义了在时刻t的问题的状态/目标关系。它

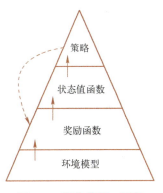

图7-7 强化学习4要素

把每个动作,或更精细的每个状态-响应对,映射为一个奖励量,以指出那个状态完成目标的期望的大小。强化学习中的智能体有最大化总奖励的任务,是它在完成任务时得到奖励。

状态值函数 V 是环境中每个状态的一个属性,它指出从这个状态继续下去的动作可以期望的奖励。奖励函数度量状态-响应对的立即的期望值,而状态值函数指出环境中一个状态的长期的期望值。一个状态从它自己内在的品质和可能紧接着它的状态的品质来得到状态值,也就是在这个状态下的奖励。例如,一个状态/动作可能有一个低的立即的奖励,但有一个较高的状态值,因为通常紧跟它的状态产生一个较高的奖励。一个低的状态值可能意味着状态没有与成功的解路径相联系。

如果没有奖励函数,就没有值,估计奖励值的唯一目的是获取更多的奖励。但是,在做决定时,我们对奖励值最感兴趣,因为奖励值指出带来最高的回报的状态和状态的综合。但是,确定奖励值比确定奖励困难。奖励由环境直接给定,而奖励值是估计得到的,然后随着时间推移根据成功和失败重新估计奖励值。事实上,强化学习中最重要也是最难的方面是创建一个有效的确定奖励值的方法。

强化学习的环境模型是抓住环境行为的一个机制。环境模型让智能体在没有实际实验它们的情况下估计未来可能的动作。基于环境模型的计划是强化学习案例的一个新的补充,因为早期的强化学习系统趋向于基于纯粹的一个智能体的实验和误差来产生奖励和值参数。

强化学习系统所面临的环境由环境模型定义,但由于环境模型中 P 函数和 R 函数未知,强化学习系统只能够依赖于每次试错所获得的瞬时奖励来选择策略。但由于在选择行为策略过程中,要考虑到环境模型的不确定性和目标的长远性,因此在策略和瞬时奖励之间构造值函数(即状态的效用函数),用于策略的选择。

$$R_t = r_{t+1} + \gamma r_{t+2} + \gamma^2 r_{t+3} + \cdots = r_{t+1} + \gamma R_{t+1} \quad (7-2)$$

$$V^\pi(s) = E_\pi\{R_t | s_t = s\} = E_\pi\{r_{t+1} + \gamma V(s_{t+1}) | s_t = s\} = \sum_a \pi(s,a) P^a_{ss'}[R^a_{ss'} + \gamma V^\pi(s')] \quad (7-3)$$

首先通过式(7-2)构造一个返回函数 R_t,用于反映强化学习系统在某个策略 π 指导下的一次学习循环中,从 s_t 状态往后所获得的所有奖励的累计折扣和。由于环境是不确定的,强化学习系统在某个策略 π 指导下的每一次学习循环中所得到的 R_t 有可能是不同的,因此在 s 状态下的值函数要考虑不同学习循环中所有返回函数的数学期望。在 π 策略下,强化学习系统在 s 状态下的值函数由式(7-3)定义,它反映了系统遵循 π 策略时所能获得的期望的累计奖励折扣和。

根据 Bellman 最优策略公式,在最优策略 π^* 下,强化学习系统在 s 状态下的状态值函数由式(7-4)定义。

$$V^*(s) = \max_{a \in A(s)} E\{r_{t+1} + \gamma V^*(s_{t+1}) | s_t = s, a_t = a\} = \max_{a \in A(s)} P^a_{ss'}[R^a_{ss'} + \gamma V^*(s')] \quad (7-4)$$

在动态规划技术中,在已知状态转移概率函数 P 和奖励函数 R 的环境模型知识的前提下,从任意设定的策略 π_0 出发,可以采用策略迭代的方法[式(7-5)和式(7-6)]逼近最优的 V^* 和 π^*。式(7-5)和式(7-6)中的 k 为迭代步数。

$$\pi_k(s) = \arg\max_a P^a_{ss'}[R^a_{ss'} + \gamma V^{\pi_{k-1}}(s')] \quad (7-5)$$

$$V^{\pi_k}(s) \leftarrow \sum_a \pi_{k-1}(s,a) P^a_{ss'}[R^a_{ss'} + \gamma V^{\pi_{k-1}}(s')] \quad (7-6)$$

但由于在强化学习中,P 函数和 R 函数未知,强化学习系统无法直接通过式(7-5)、式（7-6）进行状态值函数计算。因而实际中常采用逼近的方法进行状态值函数的估计，其中最主要的方法之一是蒙特卡罗采样，如式（7-7）。其中 R_t 是指当强化学习系统采用某种策略 π，从 s_t 状态出发获得的真实的累计折扣奖励值。保持 π 策略不变，在每次学习循环中重复地使用式（7-7），则其将逼近式（7-3）。

$$V(s_t) \leftarrow V(s_t) + \alpha [R_t - V(s_t)] \tag{7-7}$$

结合蒙特卡罗方法和动态规划技术，式（7-8）给出强化学习中时间差分（temporal difference，TD）的状态值函数迭代公式。

$$V(s_t) \leftarrow V(s_t) + \alpha [r_{t+1} + \gamma V(s_{t+1}) - V(s_t)] \tag{7-8}$$

7.7.2 Q学习

在 Q 学习中，Q 是状态-动作对到学习到的值的一个函数。对所有的状态和动作

$$Q: (\text{state} \times \text{action}) \rightarrow \text{value}$$

对 Q 学习中的一步

$$Q(s_t, a_t) \leftarrow (1-c) Q(s_t, a_t) + c [r_{t+1} + \gamma \max_a Q(s_{t+1}, a) - Q(s_t, a_t)] \tag{7-9}$$

式中，c 和 γ 都 ≤ 1，r_{t+1} 是状态 s_{t+1} 的奖励。

在 Q 学习中，回溯从动作结点开始，最大化下一个状态的所有可能动作和它们的奖励。在完全递归定义的 Q 学习中，回溯树的底部结点，以及从根结点开始的动作和它们的后继动作的奖励的序列可以到达所有的终端结点。联机的 Q 学习，从可能的动作向前扩展，不需要建立一个完全的世界模型。Q 学习还可以脱机执行。我们可以看到，Q 学习是一种时序差分的方法。

算法 7.1 Q 学习算法

Initialize $Q(s,a)$ arbitrarily
Repeat (for each episode)
　Initialize s
　Repeat (for each step of episode)
　Choose a from s using policy derived from Q (e.g., ε-greedy)
　Take action a, observer r, s'
　　$Q(s,a) \leftarrow Q(s,a) + \alpha [r + \gamma \max_{a'} Q(s',a') - Q(s,a)]$
　　$s \leftarrow s'$
　Until s is terminal

7.8 深度学习

深度学习通过组合低层特征形成更加抽象的高层表示属性类别或特征，以发现数据的分布式特征表示。含多隐层的多层感知器就是一种深度学习结构。深度学习是机器学习研究中的一个新的领域，其核心思想在于模拟人脑的层级抽象结构，通过无监督的方式分析大规模数据，发掘大数据中蕴藏的有价值的信息。深度学习随大数据而生，给大数据提供了一个深度思考的大脑。

深度学习的概念由辛顿（G. E. Hinton）等人于 2006 年提出（HINTON et al., 2006）。

基于深度置信网络（DBN）而提出的非监督贪心逐层训练算法，为解决深层结构相关的优化难题带来希望，随后提出多层自动编码器深层结构。杨立昆（Y. LeCun）等人提出的卷积神经网络是第一个真正的多层结构学习算法（LeCUN et al.，1989），它利用空间相对关系减少参数数目以提高训练性能。

卷积神经网络是一种多阶段、全局可训练的人工神经网络，它可以从经过少量预处理的甚至原始的数据中学习到抽象的、本质的和高阶的特征，在车牌检测、人脸检测、手写体识别、目标跟踪等领域得到了广泛的应用。

卷积神经网络在二维模式识别问题上，通常表现得比多层感知器好，原因在于卷积神经网络在其结构中加入了二维模式的拓扑结构，并使用3种重要的结构特征，即局部接受域、权值共享和子采样，来保证输入信号的目标平移、放缩和扭曲一定程度上的不变性。卷积神经网络主要由特征提取和分类器组成：特征提取包含多个卷积层和子采样层，分类器一般使用一层或两层的全连接神经网络。卷积层具有局部接受域结构特征，子采样层具有子采样结构特征，这两层都具有权值共享结构特征。图7-8是一个用于手写体识别的卷积神经网络的结构（LeCUN et al.，1998）。

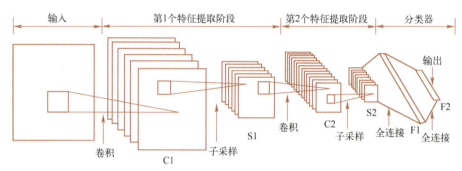

图7-8　手写体识别的卷积神经网络的结构示意图

在图7-8中，卷积神经网络共有7层：1个输入层，2个卷积层，2个子采样层和2个全连接层。输入层的每个输入样本包含32×32=1 024个像素。C1为卷积层，包含6个特征图，每个特征图包含27×27=729个神经元。C1上的每个神经元通过5×5的卷积核与输入层相应5×5的局部接受域相连，卷积步长为1，所以C1层共包含6×729×(5×5+1)=113 724个连接。每个特征图包含5×5个权值和1个偏置，所以C1层共包含6×(5×5+1)=156个可训练参数。

S1为子采样层，包含6个特征图，每个特征图包含14×14=196个神经元。S1上的特征图与C1层上的特征图一一对应，子采样窗口为2×2的矩阵，子采样步长为1，所以S2层共包含6×196×(2×2+1)=5 880个连接。S1上的每个特征图都含有1个权值和1个偏置，所以S2层共有12个可训练参数。

C2为卷积层，包含16个特征图，每个特征图包含10×10=100个神经元。C2上每个神经元通过 k 个（$k \leq 6$，6为S1层上的特征图个数）5×5的卷积核与S1上 k 个特征图中相应5×5的局部接受域相连。使用全连接的方式时 $k=6$，所以实现的卷积神经网络C2层共包含41 600个连接。每个特征图包含6×5×5=150个权值和1个偏置，所以Cl层共包含16×(150

+1) = 2 416 个可训练参数。

S2 为子采样层,包含 16 个特征图,每个特征图包含 5×5 个神经元,S2 共包含 400 个神经元。S1 上的特征图与 C2 层上的特征图一一对应,S2 上特征图的子采样窗口为 2×2,所以 S2 层共包含 16×25×(2×2+1) = 2 000 个连接。S2 上的每个特征图都含有 1 个权值和 1 个偏置,所以 S2 层共有 32 个可训练参数。

F1 为全连接层,包含 120 个神经元,每个神经元都与 S2 上 400 个神经元相连,所以 F1 包含连接数与可训练参数都为 120×(400+1) = 48 120。F2 为全连接层,也是输出层,包含 10 个神经元、1210 个连接和 1210 个可训练参数。

从图 7-8 中还可以看出,卷积层特征图数目逐层增加:一方面是为了补偿采样带来的特征损失;另一方面,由于卷积层特征图是由不同的卷积核与前层特征图卷积得到的,即获取的是不同的特征,这就增加了特征空间,使提取的特征更加全面。

卷积神经网络在有监督的训练中多使用误差逆传播(BP)算法,采用基于梯度下降的方法,通过 BP 不断调整网络的权值和偏置,使训练集样本的整体误差二次方和最小。BP 训练算法可以分为 4 个过程:网络初始化,信息流的前向传播,误差反向传播,权值和偏置更新。在误差逆向逐层传递过程中,还需计算权值和偏置的局部梯度改变量。

在网络初始化阶段,需要为各层神经元随机初始化权值。权值的初始化对网络的收敛速度有很大影响,所以如何初始化权值是非常重要的。权值的初始化与网络选取的激活函数有关,为了加快收敛速度,权值尽量取到激活函数变化最快的部分,初始化的权值太大或太小都会导致权值的变化量很小。

在信息流的前向传播中,首先卷积层提取输入中的初级基本特征,形成若干特征图,其次子采样层降低特征图的分辨率。卷积层和子采样层交替完成特征提取之后,网络就获取了输入中的高阶的不变性的特征。然后,这些高阶的不变性特征前向反馈到全连接神经网络,由全连接神经网络对这些特征进行分类。经过全连接神经网络隐藏层和输出层的信息变换和计算处理,一次学习的正向传播处理过程就完成了,最终结果由输出层向外界输出。

当实际输出与期望输出不符合时,网络进入误差反向传播阶段。误差从输出层传递到隐藏层,从隐藏层再传递到特征提取阶段的子采样层和卷积层。各层神经元都获得自己的输出误差之后,开始计算每个权值和偏置的局部改变量,最后进入权值更新阶段。

7.9 学习计算理论

学习计算理论主要研究学习算法的样本复杂性和计算复杂性。对于建立机器学习科学而言,学习计算理论非常重要,否则无法识别学习算法的应用范围,也无法分析不同方法的可学习性。收敛性、可行性和近似性的问题是本质问题,它们要求学习计算理论给出一种令人满意的学习框架,包括合理的约束。这方面的早期成果主要是哥尔德(E. M. Gold)学习框架。在形式语言学习的上下文中,哥尔德引入收敛的概念,有效地处理了从实例学习的问题。学习算法允许提出许多假设,无须知道什么时候它是正确的,只要确认某点它的计算是正确的。哥尔德学习框架算法复杂性很高,因此并没有在实际学习中得到应用。

基于哥尔德的学习框架,夏皮罗(E. Y. Shapiro)提出了模型推理算法,以研究形式语言与其解释之间的关系,也就是形式语言的语法与语义之间的关系。模型推理算法把形式语言中的公式、句子理论和它们的解释——模型,当作数学对象进行研究。夏皮罗模型推理算法只要输入有限的事实就可以得到一种理论输出。

1984年,瓦伦特(L. G. Valiant)提出了一种新的学习框架(VALIANT,1984)。它仅要求与目标概念具有高概率的近似,即"大概近似正确"而并不要求目标概念能够精确地辨识。豪斯勒(Haussler)应用瓦伦特的学习框架分析了变形空间和归纳偏置问题,并给出了样本复杂性的计算公式。瓦伦特的大概近似正确(Probably Approximately Correct,PAC),机器学习计算理论,仅要求学习算法产生的假设能以高的概率很好地接近目标概念,并不要求精确地辨识目标概念。瓦伦特因提出了机器可学习理论,而荣获2010年ACM图灵奖。

7.10 小结

任何具有智能的系统都必须具备学习的能力,学习能力是人类智能的根本特征。长期以来,在探讨学习理论的过程中,由于哲学基础、理论背景、研究手段的不同,形成了各种不同的理论观点和理论派制,主要包括行为学习理论、认知学习理论、人本主义学习理论、观察学习理论。

机器学习是利用计算机模拟或实现人类的学习行为,以获取新的知识或技能,重新组织已有的知识结构使其不断改善自身的性能。机器学习是人工智能的核心内容之一,是使计算机具有智能的重要途径。本章概要介绍了机器内省学习、强化学习、深度学习。

学习计算理论主要研究学习算法的样本复杂性和计算复杂性,对于建立机器学习科学而言,学习计算理论非常重要。本章简单介绍了哥尔德的学习框架、夏皮罗的模型推理算法、瓦伦特的学习框架。瓦伦特的"大概近似正确"学习框架已经成为机器学习的独特基础。

思考题

7-1 学习的定义是什么?试画出学习系统模型,并说明各部分的主要功能。
7-2 概述行为学习理论的主要观点。
7-3 概述认知学习理论的主要观点。
7-4 什么是人本学习理论和观察学习理论?
7-5 什么是内省学习?试画出内省学习的一般模型。
7-6 什么是强化学习模型?请描述Q学习算法。
7-7 什么是深度学习?阐述卷积神经网络的基本结构。
7-8 试讨论瓦伦特的"大概近似正确"学习框架的实质和理论意义。

第 8 章 记　　忆

记忆是人脑对经历过的事物的识记、保持、再现或再认，它是进行思维、想象等高级心理活动的基础。人有了记忆，所以才能保持过去的反映，使当前的反映在以前反映的基础上进行，使反映更全面、更深入。人有了记忆，才能积累经验、扩大经验。记忆是心理在时间上的持续。记忆使先后的经验联系起来，使心理活动成为一个发展的过程，使一个人的心理活动成为统一的过程，并形成他的心理特征。记忆是反映机能的一个基本方面。

8.1　记忆系统

记忆是在人脑中积累、保存和提取个体经验的心理过程。运用信息加工的术语，记忆是人脑对外界输入的信息进行编码、存储和提取的过程。人们感知过的事物、思考过的问题、体验过的情感和从事过的活动，都会在人们人脑中留下不同程度的印象，这就是记的过程；在一定的条件下，根据需要，这些储存在脑中的印象又可以被唤起，参与当前的活动，得到再次应用，这就是忆的过程。从向脑内存储到再次提取出来应用，这个完整的过程总称为记忆。

记忆包括三个基本过程：信息进入记忆系统——编码，信息在记忆中储存——保持，信息从记忆中提取出来——提取。编码是记忆的第一个基本过程，它把来自感官的信息变成记忆系统能够接收和使用的形式。一般说来，我们通过各种感觉器官获取的外界信息，首先要转换成各种不同的记忆代码，即形成客观物理刺激的心理表征。编码过程需要注意的参与。注意使编码有不同的加工水平，或采取不同的表现形式。例如对于一个汉字，你可以注意它的字形结构、字的发音或字的含义，分别形成视觉代码、声音代码或语义代码。编码的强弱直接影响着记忆的长短。当然，强烈的情绪体验也会加强记忆效果。总之，如何对信息编码直接影响到记忆的储存和以后的提取。一般情况下，对信息采用多种方式编码会收到更好的记忆效果。

已经编码的信息必须在人脑中得到保存，在一定时间后才可能被提取。但信息的保存并不都是自动的，在大多数情况下，为了日后的应用，我们必须想办法努力将信息保存下来。已经储存的信息还可能受到破坏，出现遗忘。研究记忆的心理学家主要关心的就是影响记忆储存的因素，以便与遗忘做斗争。

保存在记忆中的信息，只有被提取出来加以应用，才有意义。提取有两种表现方式：回忆和再认。日常所说"记得"指的就是回忆。再认较容易，原因是原刺激呈现在眼前，你有各种线索可以利用，只需要确定对它的熟悉程度。如果一些学习过的材料无法被回忆或者再认出来，那么它们是否在头脑里完全消失了呢？不是的。记忆痕迹并不会完全消失，再学习可以很好地证明这一点：让被试先后两次学习同一材料，每次达到同样的熟练水平，再次学习所需要的练习次数或时间必定要少于初次学习。

根据记忆的内容，可以把记忆分成四种：

（1）形象记忆　以感知过的事物形象为内容的记忆叫作形象记忆。这些具体形象可以是视觉的，也可以是听觉的、嗅觉的、触觉的或味觉，如人们对看过的一幅画、听过的一首乐曲的记忆就是形象记忆。这类记忆的显著特点是保存事物的感性特征，具有典型的直观性。

（2）情绪记忆　以过去体验过的情绪或情感为内容的记忆叫作情绪记忆，如学生对接到大学录取通知书时的愉快心情的记忆等。人们在认识事物或与人交往的过程中，总会带有一定的情绪色彩或情感内容，这些情绪或情感也作为记忆的内容而被存储进人脑，成为人的心理内容的一部分。情绪记忆往往是一次形成而经久不忘的，对人的行为具有较大的影响。情绪记忆的印象有时比其他形式的记忆印象更持久，即使人们早已忘记引起某种情绪体验的事实，也仍然保持着情绪体验。

（3）逻辑记忆　以思想、概念或命题等形式为内容的记忆叫作逻辑记忆，如对数学定理、公式、哲学命题等内容的记忆。这类记忆是以抽象逻辑思维为基础的，具有概括性、理解性和逻辑性等特点。

（4）动作记忆　以人们过去的操作性的行为为内容的记忆叫作动作记忆。凡是人们头脑里所保持的做过的动作及动作模式，都属于动作记忆。这类记忆对于人们动作的连贯性、精确性等具有重要意义，是动作技能形成的基础。

以上四种记忆既有区别，又紧密联系在一起。如：动作记忆具有鲜明的形象性，逻辑记忆如果没有伴随情绪记忆，其内容是很难被长久保持的。

根据记忆操作的时间长短，人类记忆分为三种类型：感觉记忆（也称瞬时记忆）、短时记忆和长时记忆。记忆系统如图 8-1 所示。来自环境的信息首先到达感觉记忆。如果这些信息被注意，它们则进入短时记忆。正是在短时记忆中，个体把这些信息加以改组和利用，并做出反应。为了分析存入短时记忆的信息，个体会调出储存在长时记忆中的知识。同时，短时记忆中的信息如果需要保存，也可以经过不断地复述存入长时记忆。在图 8-1 中，箭头表明信息流在三种记忆中的运行方向。

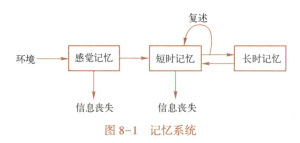

图 8-1　记忆系统

阿特金森（R. Atkinson）和雪芙林（R. M. Shiffrin）在 1968 年对记忆系统的模型进行扩展，扩展后的模型如图 8-2 所示。记忆系统的模型主体仍然由感觉记忆（感觉登记）、短时记忆（短时储存）和长时记忆（长时储存）三种储存过程构成，所不同的是加入了控制过程这一内容，阿特金森和雪芙林认为控制过程在三种储存过程中都起作用。该模型还有一个值得关注的要点就是它对长时记忆信息的认识。该模型认为长时记忆中的信息是不会消失的，长时记忆是不消退的自寻地址记忆库。

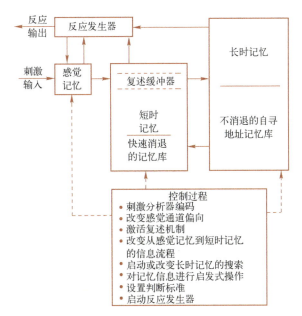

图 8-2　阿特金森和雪芙林的记忆系统模型

8.2　感觉记忆

感觉记忆又称感觉寄存器或瞬时记忆，是感觉信息到达感官的第一次直接印象。感觉寄存器只能将来自各个感官的信息保持几十到几百毫秒。在感觉寄存器中，信息可能受到注意，经过编码获得意义，继续进入下一阶段的加工活动。如果不被注意或编码，这些信息就会自动消退。

各种感觉信息在感觉寄存器中以其特有的存储形式得以继续保存一段时间并起作用，这些存储形式就是表象，如视觉表象（视象）和声音表象（声象）。可以说表象是最直接、最原始的记忆。表象只能存在很短的时间，最鲜明的视象也不过持续几十秒钟。感觉记忆具有以下特征：

1）记忆时间非常短暂。
2）有能力处理像感受器在解剖学和生理学上所能操纵的同样多的物质刺激能量。
3）以相当直接的方式编码信息。

目前关于感觉记忆的研究主要在听觉和视觉通道方面。视觉的感觉记忆被称为图像记忆（iconic memory），听觉的感觉记忆被称为声象记忆（echoic memory）。

8.3　短时记忆

在感觉记忆中经过编码的信息，进入短时记忆后，经过进一步加工，再从短时记忆进入可以长时记忆。信息在短时记忆中一般只保持20~30 s，但如果加以复述，便可以继续保存。复述保证了信息延缓消失。短时记忆中储存的是正在使用的信息，在心理活动中具有十分重要的作用。首先，短时记忆扮演着意识的角色，使我们知道自己正在接收什么以及正在做什么。其次,短时记忆使我们能够将许多来自感觉的信息加以整合,构成完整的图像。再次,短时记忆在思考和解决问题时起着暂时寄存器的作用。最后,短时记忆保存着当前的策略和意愿。这一切使得我们能够采取各种复杂的行为直至达到最终的目标。正因为短时记忆具有这些重要作用,所以在当前大多数研究中被称为工作记忆。和感觉记忆拥有可用的大量信息对比,短时记忆的能力是相当有限的。如果给被试一个7个以下数字的数字串,例如"6—8—3—5—9",被试者通常能立即背出来。但如果是7个以上数字的数字串,一般人就不能很好地背出来。1956年,美国心理学家米勒(G. A. Miller)明确提出,短时记忆容量为7±2个组块(chunk)。组块是指将若干较小单位联合而成熟悉的、较大的单位的信息加工,也指这样组成的单位。组块既是过程,也是单位。知识经验与组块的关系是:组块的作用在于减少短时记忆中的刺激单位,而增加每一单位所包含的信息;人的知识经验越丰富,组块中所包含的信息越多;知识经验与组块相似,但它不是意义分组,各成分之间不存在意义联系。为了能记忆较长的数字串,把数字分组,从而有效地减少数字串中独立成分的数量,这个办法是有效的。

有人曾经指出,刺激信息是根据其听觉特性而存储在短时记忆中的。这就是说,即使是凭视觉接收的信息,也将按其听觉的声学的特性编码。例如你看到一组字母"B—C—D",你是根据它们的读音[bi:]—[si:]—[di:]编码的,而不是根据它们的字形编码的。

人类的短时记忆编码也许具有强烈的听觉的性质,但也不能排除其他性质的编码。不会说话的猴子,也能够做短时记忆的工作。例如,给它们看过图形的一个样本以后不久,它们会在两个彩色几何图形中挑选出一个。

短时记忆复述缓冲器如图8-3所示。短时记忆由若干槽构成。每一个槽相当于一个信息通道。来自感觉记忆的信息单元分别进入不同的槽。缓冲器的复述性加工有选择地对槽中的信息进行复述。被复述的槽中的信息将进入长时记忆中。而没有被复述的槽中的信息将被清除出短时储存区而丧失。

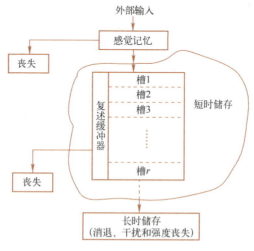

图8-3　短时记忆复述缓冲器

各槽中的信息保持的时间是不一样的。信息在槽中保持的时间越长,越有可能进入长时记忆中,也越有可能被来自感觉记忆的新的信息冲挤掉。相对而言,长时记忆才是一个真正的信息储存库，但其中的信息也有可能因消退、干扰和强度丧失等原因而产生遗忘。

短时记忆的信息提取过程是相当复杂的。它涉及许多问题，并且引出不同的假说，迄今没有一致的看法。

8.4　长时记忆

长时记忆是指保持时间在 1 min 以上的信息存储。长时记忆的能力，是分类记忆中最强的一个。长时记忆的容量、存储、恢复及持续时间，都要用实验来说明。对一个东西被记住以后能持续多长时间的测量的结果是不定的。注意不稳定，则保持时间就短；加以复述，保持时间就可以很长。长时记忆的容量是无限的。每个组块的存入时间需要约 8 s。长时记忆里的东西要先转入短时记忆，然后才能恢复和应用。长时记忆的恢复过程中，第一个数字用约 2 s，以后每个数字用 200~300 s。我们可以用不同位数的数字来做实验，如使用 34、597、743218 三个数目，测量恢复不同位数的数字所需要的时间。实验结果表明，恢复两位数字用 2200 ms，三位数字用 2400 ms，六位数字用 3000 ms。

长时记忆可以分为程序性记忆和命题记忆。程序性记忆是保持有关操作技能的，主要涉及知觉运动技能和认知技能。命题记忆是存储用符号表示的知识的，反映事物的实质。程序性记忆和命题记忆都是反映某个人现在的经验和行动受到以前的经验和行动的影响的记忆。同时，它们之间又有区别：①程序性记忆中表示的方法只有一种，要进行技能的研究；命题记忆中知识的表示方法可以是各种各样的。②在知识的真假问题方面，熟练的过程没有真假之分，真假问题只出现在个人对世界的认识以及自身与世界的关系的知识方面。③信息习得的形式不同。程序性记忆的过程信息必须通过一定的练习，而命题记忆的信息只要一次习得的机会。④程序性记忆中熟练的行动是"自动"执行的，命题记忆中信息的表达要给以注意。

命题记忆更进一步可分为情景记忆和语义记忆。前者是存储个人发生的事件和经验的记忆形式。后者是存储个人理解的事件的本质的知识，即记忆关于世界的知识。情景记忆和语义记忆的比较见表 8-1。

表 8-1　情景记忆和语义记忆的比较

区分特性		情景记忆	语义记忆
信息	输入源	感觉	理解
	单位	事件、情景	事实、观念概念
	体制化	时间的	概念的
	参照	自己	万物（世界）
	真实性	个人的信念	社会的一致
操作	记忆内容	经验的	符号
	时间的符号化	有，直接的	无，间接的
	感情	较重要	并不那么重要
	推理能力	小	大

(续)

区分特性		情景记忆	语义记忆
操作	文脉依存性	大	小
	被干涉性	大	小
	存取	按意图	自动的
	检索方法	按时间或场所	按对象
	检索结果	记忆结构变化	记忆结构不变
	检索原理	协调的	开放式
	想起内容	被记忆的过去	被表示的知识
	检索报告	觉得	知道
	发展顺序	慢	快
	小儿健忘症	受到障碍	不受障碍
应用	教育	无关系	有关系
	通用性	小	大
	人工智能	不清理	非常好
	人类智能	无关系	有关系
	经验证据	忘却	言语分析
	实验室课题	特定的情景	一般的知识
	法律证词	可以，目击者	不行，鉴定人
	记忆丧失	有关系	无关系
	杰恩斯（J. Jaynes）二分心理	无	有

情景记忆是加拿大心理学家图尔文（E. Tulving）提出来的。1983 年出版的图尔文的专著 *Elements of Episodic Memory*（TULVING，1983），专门讨论情景记忆的原理。情景记忆的基本单位是个人的回忆行为。这种回忆行为是对经历过的事件或情景生成的经验的主观再现（想起经验），或者变换到保持信息的其他形式，或者采用它们两者的结合。关于回忆，有许多构成要素和构成要素间的关系。构成要素分两类，一类是观察可能的事件，另一类是假说的构成概念。构成要素是情景记忆的要素。情景记忆的要素可以分成两类，即编码和检索。编码是关于某时某种情况的经验的事件的信息，指出变换到记忆痕迹的过程。检索主要与检索方式和检索技术有关。图 8-4 给出了情景记忆的要素和要素间的关系。

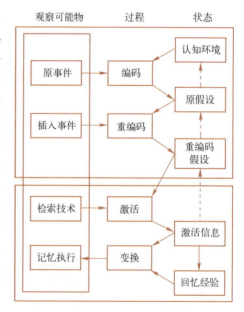

图 8-4 情景记忆的要素和要素间关系

奎连（M. R. Quillian）于 1968 年提出的语义记忆是认知心理学中的第一个语义记忆模型。在认知心理学方面，安得森（J. R. Anderson）和鲍尔（G. H. Bower），鲁梅哈特（D. E. Rumelhart）和诺尔曼（D. A. Norman）都提出过基于语义网络的各种记忆模型。在语义记忆模型中，基本单元是概念，每个概念具有一定的特征。这些特征实际上也是概念，不过它们是说明另一些概念的。在一个语义网中，信息被表示为一组结点，结点通过一组带标记的弧彼此相连，带标记的弧代表结点间的关系。图 8-5 是一个典型的语义网络。用 ISA 链接表示概念结点之间的层次关系，有时还用 ISA 链接把表示具体对象的结点与其相关概念关联起来。ISPART 链接整体与部分的概念结点。例如椅子（chair）是座位（seat）的一部分。

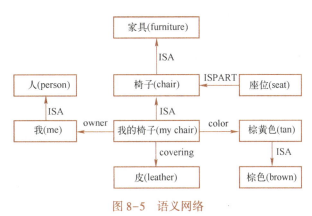

图 8-5　语义网络

从信息编码的角度将长时记忆分为两个系统，即表象系统和言语系统。表象系统以表象代码来储存关于具体的客体和事件的信息。言语系统以言语代码来储存言语信息。两个系统彼此独立又互相联系。因此，人们也把其理论称为两种编码说或双重编码说。

长时记忆的信息提取有两种基本形式，即再认和回忆。

1. 再认

再认（recognition）是指人们对感知过、思考过或体验过的事物，当它再度呈现时，仍能认识的心理过程。再认与回忆没有本质的区别，但再认比回忆简单和容易。从个体心理发展来看，再认比回忆出现得早。婴儿出生后半年内，便可再认，而其回忆的发展却要晚一些。日本学者清水曾用图画材料研究了儿童再认与回忆能力的发展。结果表明，幼儿园及小学低年级儿童的再认成绩明显优于回忆，而到五六年级时，两者几乎没有差别了。再认有感知和思维两种水平，并表现为压缩和开展的两种形式。感知水平的再认往往以压缩的形式表现出来，它的发生是迅速而直接的。例如，对于一首熟悉的歌曲，人们常常只要听见几个旋律就能立即确认无疑。思维水平的再认是以开展的形式进行的，它依赖于某些再认的线索，并包含了回忆、比较和推理等思维活动。再认有时会出现错误，如对熟悉的事物不能再认或认错对象。发生错误的原因是多方面的：如接受的信息不准确；对相似的对象不能进行分化；有的错误则是情绪紧张或疾病等原因导致的。

再认是否迅速和准确，受到主客观方面许多因素的影响。重要的因素如下：

（1）再认依赖于材料的性质和数量　对于相似的材料，再认时容易发生混淆，如"披"字与"被"字、"己"字与"已"字等。材料的数量对再认也有影响。研究发现，在再认英文单词时,每增加一个单词,再认时间就要增加 38%。

(2) 再认依赖于时间间隔　再认的效果随再认时间的间隔变化而变化。间隔越长效果越差。

(3) 再认依赖于思维活动的积极性　对不熟悉的材料进行再认时,积极的思维活动可以帮助进行比较、推论,提高效果。例如,可能记不起来一位多年不见的老朋友了,这时现有线索和回忆过去的生活情景,能有助于对他的再认。

(4) 再认依赖于个体的期待　再认的速度和准确性不仅取决于对刺激信息的提取,而且依赖于主体的经验、定式和期待等。

(5) 再认依赖于人格特征　心理学家威特金(H. A. Witkin)等将人分为场依存性的和场独立性的。实验证实,具有场独立性的人不易受周围环境的影响,而具有场依存性的人易受周围环境的影响。这两种人在识别镶嵌图形,即从复杂图形中识别简单图形时,有明显的差异。一般地说,场独立性的人比场依存性的人有较好的再认成绩。

2. 回忆

回忆是人们过去经历过的事物的形象或概念在人们的头脑中重新出现的过程。例如:考试时,人们根据考题回忆起学习过的知识;节日的情景,使人们想起远方的亲人。

在回忆过程中,人们所采取的策略,将直接影响回忆的进程和效果。

(1) 联想是回忆的基础　客观世界的各种事物不是孤立的,而是相互联系和相互制约的。人脑对客观事物的反映(即人脑中所保存的知识经验)也不是孤立的和零散的,而是彼此有一定联系的,这样人们在回忆某一事物时,也会连带地回忆起其他有关的事物。例如:想到"阴天"就会想到"下雨";想到一个朋友的名字,就会想到他的音容笑貌;等等。这种由一个事物想到另一个事物的心理活动称为联想。联想具有以下几个规律:

1) 接近律:时间、空间相近的事物容易形成联想。例如:人们看到"颐和园"就会想到"昆明湖""万寿山""十七孔桥";背诵外文单词时由形会联想到它的音和义;由元旦会想到春节;等等。

2) 相似律:形式相似和性质相似的事物容易形成联想。例如:人们提起春天,就会想到生机与繁荣;从苍松翠柏就会想到意志坚强;等等。

3) 对比律:事物间相反的特征也容易形成联想。例如,人们可能由白想到黑,由高想到矮,等等。

4) 因果律:事物间的因果关系也容易形成联想。例如,人们看到阴天就会想到下雨,看到冰雪就会想到寒冷,等等。

(2) 定式和兴趣直接影响回忆的方向和效果　定式对回忆有很大的影响,由于个人的心理准备状态不同,同一个刺激物可以使人回忆起不同的内容,产生不同的联想。另外,兴趣和情感状态也可以使人们对某一类事物的联想处于优势。

(3) 双重提取　寻找关键点是回忆的重要策略。在回忆过程中,借助表象和词语的双重线索,可以提高回忆的完整性和准确性。例如,被问"家里有几扇窗户"时,首先在头脑中出现家中的窗户的形象,然后再提取窗户的数目,效果较好。在回忆中,寻找回忆材料的关键点,也有利于信息的提取。例如,回忆英文字母表时,如果问字母表 B 后面的字母是什么,大部分人都能回忆起来,如果问 J 后面的字母是什么,就比较难回答。在这种情况下,有的人从 A 开始通读字母表,知道 J 后面的字母是 K;而更多的人只从 G 或 H 开始,因为 G 在整个字母表中的形象比较突出，可能成为记忆材料的关键点。

（4）暗示回忆和再认有助于信息的提取　在回忆比较复杂和不熟悉的材料时，呈现与回忆内容有关的上下文线索，将有助于材料的迅速恢复。暗示与回忆内容有关的事物，也能帮助回忆。

（5）与干扰做斗争　在回忆过程中，经常会发生提取信息的困难，这可能是干扰所引起的。例如，有人考试时明知考题的答案，但是由于当时情绪紧张，因此一时想不起来。这种明明知道而当时又回忆不起来的现象叫"舌尖现象"，即话到嘴边又说不出来。克服这种现象的简便方法是当时停止回忆，经过一段时间后再进行回忆，要回忆的事物便可能油然而生。

8.5　工作记忆

1974 年，巴德勒（A. D. Baddeley）等在模拟短时记忆障碍的实验的基础上提出了工作记忆的概念（BADDELEY et al., 1974）。传统的巴德勒模型认为工作记忆由语音回路、视觉空间画板两个附属系统以及中枢执行系统（也称中央执行系统）组成。语音回路负责以声音为基础的信息的储存与控制，包含语音储存和发音控制两个过程，能通过默读重新激活消退着的语音表征以防止衰退，还可以将书面语言转换为语音代码。视觉空间画板主要负责储存和加工视觉空间信息，可能包含视觉和空间两个分系统。中枢执行系统是工作记忆的核心，负责各子系统之间以及它们与长时记忆的联系、注意资源的协调、策略的选择与计划等。大量行为研究和神经心理学上的证据表明了三个子系统的存在，对工作记忆的结构、作用和形式的认识也在不断地丰富和完善。

1. 工作记忆模型

所有的工作记忆模型可以大致分成两大类。一类是欧洲传统的工作记忆模型，其突出代表就是巴德勒的多成分模型，强调把工作记忆模型分成多种具有独立资源的附属系统，突出通道特异性加工和储存。另一类是北美传统的工作记忆模型，以 ACT-R 模型为代表，强调工作记忆模型的整体性，突出一般性的资源分配和激活。前者的研究主要集中在工作记忆模型的储存成分，即语音回路和视觉空间画板。巴德勒明确指出，应该在探讨更复杂的加工问题之前，先把比较容易操作的短时储存问题研究清楚。而后者注重探讨工作记忆模型在复杂认知任务中的作用，如阅读和言语理解。因此北美传统的工作记忆模型类似于欧洲传统的工作记忆模型中的一般性中枢执行系统。现在两种研究传统正越来越多地相互认同，并在各自的理论建构上产生相互影响。如情境缓冲区与 Barnard 的"认知交互模型"中的命题表征系统很相似。因此，两大研究传统已表现出一定的整合和统一趋势。

巴德勒近年来有关工作记忆最大的发展是在传统模型的基础上，增加了一个新的子系统，即情境缓冲区（BADDELEY, 2000）。巴德勒认为，传统的模型没有注意到不同类型的信息是怎样整合起来的，以及其整合结果是怎样保持的，因此不能解释随机的单词记忆任务中，被试只能即时系列回忆出 5 个单词左右，但如果根据散文内容进行记忆，则能够回忆出 16 个左右的单词。情境缓冲区是一个能用多种维度代码储存信息的系统，为语音回路、视觉空间画板和长时记忆提供了一个暂时的信息整合的平台，通过中枢执行系统将不同来源的信息整合成完整连贯的情境。情境缓冲区与语音回路、视觉空间画板并列，受中枢执行系统控制。虽然不同类型信息的整合本身由中枢执行系统完成，但是情境缓冲区能保存其整合结果，并支持后续的整合操作。情境缓冲区独立于长时记忆，但却是长时情境学习中的一个必经阶段。它可用于解释系列回忆中的列表间位置干扰的问题、言语和视觉空间过程间的相互影响问题、记忆组块问题和统一的意识经验问题等。新增情境缓冲区之后的四成分模型如图 8-6 所示。

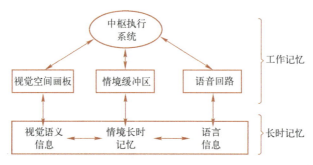

图 8-6 工作记忆的四成分模型

罗夫特（Lovett）等的 ACT-R 模型则可用于解释大量个体差异方面的研究数据。该模型把工作记忆资源看成一种注意激活，叫作源激活。源激活从当前的注意焦点扩散到与当前任务相关的记忆结点，并保存那些处于可获得状态的结点。ACT-R 是一个产生式系统，根据产生式规则的激活进行信息加工；强调加工活动对目标信息的依赖性，当前目标越强烈，相关信息的激活水平就越高，信息加工就越迅速、准确。该模型认为工作记忆容量的个人差异实际上反映了源激活总量的差异，用参数 W 表示。而且这种源激活具有领域普遍性和单一性，语言和视觉空间信息的源激活基于相同的机制。该模型的明显缺陷在于只用一个参数说明复杂认知任务中的个体差异，而工作记忆的个体差异还可能与加工速度、认知策略、已有知识技能有关。但 ACT-R 模型强调工作记忆的单一性，以详细阐明共同结构作为主要任务，能弥补强调工作记忆多样性的模型的不足。

2. 工作记忆和推理

工作记忆与推理关系密切，工作记忆在推理中基本上有两个作用：一是保持信息；二是在工作记忆中形成初步的心理特征，中枢执行系统的表征形式比两个子系统更为抽象。工作记忆是推理的核心，推理是工作记忆能力的总和。

根据工作记忆系统的概念，研究工作记忆各成分和推理之间的关系时一般采用"双重任务"实验范式。双重任务指的是同时进行两种任务，一种是推理任务，另一种是可以干扰工作记忆各成分的任务，即次级任务。干扰中枢执行系统的活动是要求被试随机产生字母或数字，或者利用声音吸引被试的注意并做出相应行动；干扰语音回路采取的方法是要求被试不断发音，例如"啊，啊……"或者按一定顺序数数，比如按 1、3、6、8 顺序数数等；干扰视觉空间画板初步加工的任务是持续的空间活动，比如要求被试不看键盘，按一定顺序盲打。所有的次级任务都要保证一定的速率和正确率，并且与推理任务同时进行。双重任务的原理是两个任务同时竞争同一有限的资源。例如对语音回路的干扰使得推理任务和次级任务同时占用工作记忆子系统语音回路的有限资源，在这种条件下如果推理的正确率下降，时间延长，我们就可以确定语音回路参与了推理过程。一系列研究表明次级任务对工作记忆各成分的干扰是有效的。

吉尔霍利（Gilhooly）等利用一系列实验研究了演绎推理和工作记忆的关系。实验之一发现，呈现句子的方式会影响演绎推理的正确率，在视觉方式下的正确率比听觉方式时高，这是因为视觉方式对记忆的负荷低于听觉方式。实验之二，在双重实验范式和视觉同时呈现句子的条件下，发现当有记忆负荷，即对中枢执行系统进行干扰的情况下，演绎推理最容易受到影响和损害，次之是语音回路，视觉空间画板最少参与。这表明在演绎推理中的表征是一种更为抽象的形式，符合推理的心理模型理论，中枢执行系统参与了推理活动。有可能语音回路也起了作用，因为与推理任务同时进行的语音活动减慢了，这表明两种任务可能在竞争同一有限资源。在此实验中，吉尔霍利等人发现被试在演绎推理中可能运用一系列的策略，可以根据推理结果来推测被试使用了哪种策略。次级任务不同，被试使用的策略也可能不同，其对记忆的负荷也就不同；增加任务的负荷也会引起策略的变化，因为策略变化后，其对记忆的负荷也就降低了。1998 年，吉尔霍利等人又用序列视觉呈现句子的方式采用双重任务实验范式研究工作记忆各成分和演绎推理的关系。序列呈现句子的方式比同时呈现句子的方式要求更多的储存空间。结果发现视觉空间画板和语音回路都参与了演绎推理，而且中枢执行系统仍然在其中起着重要的作用。从以上结果可以得出结论，无论是序列呈现方式还是同时呈现方式，中枢执行系统都参与了演绎推理；当记忆负荷增加时，有可能视觉空间画板和语音回路也参与了推理过程。

3. 工作记忆的神经机制

多年以来，特别是近十年来脑科学的研究进展，已经发现思维过程涉及两类不同的工作记忆：一类用于存储言语材料（概念），采用言语类编码；另一类用于存储视觉或空间材料（表象），采用图形编码。进一步的研究表明，不仅概念和表象有各自不同的工作记忆，而且表象本身也有两种不同的工作记忆。事物的表象有两种：一种是表征事物的基本属性，用于对事物进行识别的表象，被称为"属性表象"或"客体表象"；另一种是用于反映事物空间结构关系（与视觉定位有关）的表象，被称为"空间表象"或"关系表象"。空间表象不包含客体内容的信息，只包含确定客体空间位置或空间结构关系所需的特征信息。这样，我们就有三种不同的工作记忆：

1）存储言语材料的工作记忆（简称言语工作记忆），它适用于时间逻辑思维。

2）存储客体表象（属性表象）的工作记忆（简称客体工作记忆），它适用于以客体表象（属性表象）作为加工对象的空间结构思维，即通常所说的形象思维。

3）存储空间表象（关系表象）的工作记忆（简称空间工作记忆），它适用于以空间表象（关系表象）作为加工对象的空间结构思维，即通常所说的直觉思维。

当代脑神经科学的研究成果已经证明，这三种工作记忆以及它们各自对应的思维加工机制，均可在大脑皮层中找到对应的区域（尽管有些工作记忆的定位目前还不很准确）。根据目前脑科学研究的新进展，布朗大学的布隆斯腾（S. E. Blumstein）指出，言语功能并不是定位在一个狭小的区域上的（按传统观念，言语功能只涉及左脑的 Broca 语言区和 Wernicke 语言区），而是广泛地分布于左脑外侧裂周围区域上，并向额叶前部和后部延伸，包括布洛卡区、紧邻脸运动皮层的下额叶和左侧中央前回（但不包括额极和枕极）。其中 Broca 语言区受损将影响言语表达功能，Wernicke 语言区受损将影响言语理解功能。但是和言语理解与表达有关的加工机制并不仅仅限于这两个区。一般都认为用于暂存言语材料的工作记忆是在左前额叶，但具体是在左前额叶中的哪一部位，目前尚未精确定位。

与言语工作记忆相比，客体工作记忆与空间工作记忆的定位情况要准确得多。1993 年，密歇根大学心理系的钟尼兹（J. Jonides）等人运用当时脑科学研究的最先进测量技术之一——正电子发射断层成像（positron emission tomography，PET），对客体表象与空间表象的生成过程做了深入研究，得到了关于这两种表象生成机制与工作记忆定位的、富有价值的成果。PET 以发射正电子的同位素作为标记物，将其引入脑内某一局部区域参与已知的生化代谢过程，然后用计算机断层扫描技术，将标记物参与代谢过程的代谢率以立体成像形式表达出来，因此具有定位准确、对大脑无损伤，适合于大量被试进行测试的优点。

8.6 遗忘理论

记忆是一种高级心理过程，受许多因素影响。旧联想主义者只是从结果推论原因，没有给予科学的论证。而艾宾浩斯则冲破不能用实验方法研究记忆等高级心理过程的禁区，严格控制原因并观察结果，对记忆过程进行定量分析，为此他专门创造了无意义音节和节省法。

旧联想主义者之间的争论虽多，但他们对联想本身的机制结构从不进行分析。艾宾浩斯用字母拼成无意义音节作为实验材料，这就使联想的内容结构统一，排除了成年人用意义进行联想对实验的干扰，这是一项创造性工作。对记忆实验材料的数量化是一种很好的手段和工具。例如，艾宾浩斯先把字母按一个元音和两个辅音拼成无意义的音节，构成 zog、xot、gij、nov 等共 2300 个音节，然后由几个音节合成一个音节组，由几个音节组合成一项实验的材料。这样的无意义音节只能依靠重复的诵读来记忆，这就创造出各种记忆实验的材料单位，使记忆效果一致，便于统计、比较和分析。艾宾浩斯以此研究不同长度的音节组（7 个、12 个、16 个、32 个、64 个音节的音节组等）对识记、保持效果的影响，以及学习次数（或过度学习）与记忆的关系等。

为了从数量上检测每次学习（记忆）的效果，艾宾浩斯又创造了节省法。节省法，也叫作重学法，它要求被试把识记材料一遍一遍地诵读，直到第一次（或连续两次）能流畅无误地背诵出来为止，并记下诵读到能背诵所需要的重读次数和时间。然后过一定时间（通常是 24 h）再学再背，看看重读的次数和时间，把第一次和第二次的次数和时间比较，看看节省了多少次数和时间。节省法为记忆实验创造了一个数量化的统计标准。例如，艾宾浩斯的实验结果证明：7 个音节的音节组，只要诵读一次即能背诵，这就是后来被公认的记忆广度。12 个音节的音节组需要读 16.6 次才能背诵，16 个音节的音节组则要 30 次才能背诵。如果识记同一材料，诵读次数越多，记忆越牢固，以后（第二天）再学时节省下的诵读时间或次数就越多。不同时间间隔后的记忆成绩见表 8-2。

表 8-2 不同时间间隔后的记忆成绩

时间间隔	重学节省诵读时间百分数（%）
20 min	58.2
1 h	44.2
8 h	35.8
1 日	33.7

(续)

时间间隔	重学节省诵读时间百分数（%）
3 日	27.8
6 日	25.4
31 日	21.1

为了使学习和记忆尽量少地受已有的和日常工作经验的影响，艾宾法斯应用了无意义音节作为学习、记忆的材料，并以自己做被试，把识记材料学到恰能成诵，过了一定时间，再行重学，以重学时节约的诵读时间或次数，作为记忆的指标。他一般以 10~36 个音节，作为一个字表。在七八年间先后学了几千个字表。他的研究成果《记忆》发表于 1885 年。他的研究结果（参见表 8-2 的数据）可以绘制成一条曲线，一般被称为遗忘曲线（见图 8-7）。

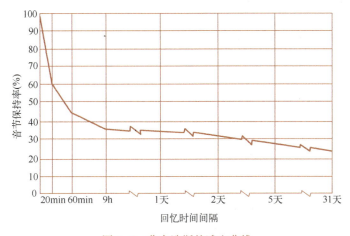

图 8-7　艾宾浩斯的遗忘曲线

从艾宾浩斯的遗忘曲线中可以看到，一个明显的结果是遗忘的过程是不均衡的：在第一个小时内，保存在长时记忆中的信息迅速减少，然后，遗忘的速度逐渐变慢。在艾宾浩斯的研究中，甚至在距初学 31 天以后，仍然存在着某种程度的节省，所记的信息仍然有所保存。艾宾浩斯的开创性研究引发了两个重要的发现。一个重要的发现是描述遗忘过程的遗忘曲线。心理学家后来用单词、句子甚至故事等各种材料代替无意义音节进行了研究，结果发现，无论要记的材料是什么，遗忘曲线的发展趋势都与艾宾浩斯的结果相同。另一个重要发现是揭示了在长时记忆中信息的保存能够持续多长时间。研究发现，在长时记忆中信息可以保留数十年。因此，儿童时期学过的东西，即使多年没有使用，一旦有机会重新学习，就会较快地恢复到原有水平。一些信息不再使用，可能被认为是完全忘记了，但事实上遗忘绝不是完全彻底的。

遗忘和保持是记忆的矛盾的两个方面。记忆的内容不能得以保持或者提取时有困难就是遗忘，如识记过的事物，在一定条件下不能再认和回忆，或者再认和回忆时发生错误。遗忘有各种情况：能再认不能回忆叫不完全遗忘；不能再认也不能回忆叫完全遗忘；一时不能再认或重现叫临时性遗忘；永久不能再认或回忆叫永久性遗忘。

对遗忘的原因，有各种不同的理论，归纳起来有下述四种：

1. 衰退理论

衰退理论认为，遗忘是记忆痕迹得不到强化而逐渐减弱，以致最后消退的结果。这种理论易于被人们接受。因为一些物理的、化学的痕迹有随时间而衰退甚至消失的现象，所以在感觉记忆和短时记忆的情况下，未经注意或重述的学习材料，可能由于痕迹衰退而遗忘。但衰退理论很难用实验来证实，因为在一段时间内保持量的下降，可能是其他材料的干扰，而不是痕迹衰退的结果。有些实验已证明，即使在短时记忆的情况下，干扰也是造成遗忘的重要原因。

2. 干扰理论

干扰理论认为，长时记忆中信息的遗忘主要是因为在学习和回忆时受到了其他刺激的干扰。一旦干扰被解除，记忆就可以恢复。干扰又可分前摄干扰与倒摄干扰两种。前摄干扰是指已学过的旧信息对学习新信息的抑制作用，倒摄干扰是指学习新信息对已有旧信息回忆的抑制作用。一系列研究表明，在长时记忆里，信息的遗忘尽管受自然消退因素的影响，但主要是由信息间的相互干扰造成的。一般说来，先后学习的两种材料越相近，干扰作用越大。对于不同内容的学习如何进行合理安排，以减少彼此干扰，在巩固学习效果方面是值得考虑的。

3. 压抑理论

压抑理论认为，遗忘是情绪或动机的压抑作用所引起的，如果这种压抑被解除了，记忆也就能恢复。这种现象首先是由弗洛伊德在临床实践中发现的。他在给精神病人施行催眠术时发现，许多人能回忆起早年生活中的许多事情，而这些事情平时是回忆不起来的。他认为，之所以不能回忆这些经验，是因为回忆它们时，会使人产生痛苦、不愉快和忧愁，于是人便拒绝它们进入意识，将其储存在无意识中，也就是被无意识动机所压抑。只有当情绪联想减弱时，这种被遗忘的材料才能被回忆起来。在日常生活中，由于情绪紧张而引起遗忘的情况也是常有的。例如，考试时，情绪过分紧张致使一些学过的内容被遗忘。压抑理论考虑到个体的需要、欲望、动机、情绪等在记忆中的作用，这是前面两种理论所没有涉及的。因此，尽管它没有实验材料的支持，也仍然是值得重视的一种理论。

4. 提取失败

有的研究者认为，储存在长时记忆中的信息是永远不会丢失的，我们之所以想不起来某些事情，是因为我们在提取有关信息的时候没有找到适当的提取线索。例如，我们常常有这样的经验，明明知道对方的名字，但就是想不起来。提取失败的现象提示我们，从长时记忆中提取信息是一个复杂的过程，而不是一个简单的"全或无"的问题。如果没有关于某一件事的记忆，即使给我们很多的提取线索我们也想不出来。同样，如果没有适当的提取线索，我们也无法想起曾经记住的信息。这就像在一个图书馆中找一本书，我们不知道它的书名、著者和检索编号，虽然它就放在书库中，我们也很难找到它。因此，在记忆一个词义的同时，应尽量记住单词的其他线索，如词形、词音、词组和语境等。

我们在平常阅读时，提取信息非常迅速，几乎是自动化过程。但有些时候，我们提取信息需要借助于特殊的提取线索。提取线索使我们能够回忆起已经忘记的事情，或再认出储存在记忆中的事物。当回忆不起一件事物时，应该从多方面去寻找线索。一个线索对提取的有效性主要依赖于以下条件：

（1）与编码信息联系的紧密程度　在长时记忆中，信息经常是以语义方式组织的，因此，与信息意义紧密联系的线索往往更有利于信息的提取。例如触景生情，我们之所以浮想联翩是因为故地的一草一木都紧密地与往事联系在一起，它们激发了我们对昔日的回忆。

（2）情境和状态的依存性　一般来说，当努力回忆在某一环境下学习的内容时，我们往往能够回忆出更多的事物。因为事实上我们在学习时，不仅对要记的事物予以编码，也会将许多同时发生的环境特征编入长时记忆。这些环境特征在以后的回忆中就成为有效的提取线索。环境上的相似性有助于或有碍于记忆的现象叫作情境依存性。

与外部环境一样，学习时的内在心理状态也会被编入长时记忆，作为一种提取线索，即状态依存性。例如，一个人在饮酒的情况下学习新的材料，而且测试也在饮酒的条件下进行，回忆结果一般会更好些。在心情好的情况下，人们往往回忆出更多美好的往事；而当人们心绪不佳时，往往更多地记起倒霉事。

（3）情绪的作用　个人情绪状态和学习内容的匹配也影响记忆。在一项研究中，让一组被试阅读一个包含各种令人高兴和令人悲伤事件的故事，然后在不同条件下让他们回忆。结果显示，当人感到高兴时，回忆出来的更多的是故事中的快乐事件，而在悲愤时则相反。已有研究表明，心境一致性效应既存在于对信息的编码中，也包含在对信息的提取里。情绪对记忆的影响强度取决于情绪类型、强度和要记的信息内容。一般来说，积极情绪比消极情绪更有利于记忆，强烈的情绪体验能导致异常生动、详细、栩栩如生的持久性记忆。此外，当要记的材料与长时记忆中保持的信息没有多少联系时，情绪对记忆的作用最强。这可能是由于在这种情况下情绪是唯一可用的提取线索。

艾宾浩斯的研究是心理学史上对记忆的第一次实验研究，它是一项首创性的工作，为实验心理学打开了一个新局面，即用实验法研究所谓高级心理过程，如学习、记忆、思维等。它在方法上力求对实验条件进行控制和对实验结果进行测量。它激起了各国心理学家研究记忆的热潮，大大促进了记忆心理学的发展。艾宾浩斯虽然对记忆实验做出了历史性的贡献，但其实验研究也不是完美无缺的。其主要缺点是：艾宾浩斯对记忆过程的发展只做了定量分析，对记忆内容性质上的变化没有进行分析；他所用的无意义音节是人为的，脱离实际，有很大的局限性；他把记忆当作机械重复的结果，没有考虑到记忆是个复杂的主动过程。

8.7　层次时序记忆

霍金斯（J. Hawkins）相信智能是大量集群的神经元涌现的行为，用基于记忆的世界模式产生连续不断的对未来事件的一系列预测。2004 年，他提出了层次时序记忆模型（hierarchical temporal memory，HTM）（HAWKINS et al.，2004），阐述记忆-预测理论的神经机制。他认为智能是用对世界模式的记忆和预测能力来衡量的，这些模式包括语言、数学、物体的物理特性以及社会环境。大脑从外界接收模式，将它们存储成记忆，然后结合它们以前的情况和正在发生的事情进行预测。

大脑的记忆模式为预测创造了充分条件，可以说智能就是基于记忆的预测行为。大脑皮层的记忆具有如下属性：

1）存储的是序列模式。
2）以自联想方法回忆模式。
3）以恒定的形式存储模式。

4）按照层次结构存储模式。

1. 恒定表征

图 8-8 显示了识别物体的前 4 个视皮层区域，分别用 V1、V2、V4、IT 表示。V1 表示条纹状视觉皮层区域，它对图像很少进行预处理，但包含着丰富的图像细节信息。V2 进行视觉映射，其视觉图谱信息少于 V1 的。视觉输入用向上的箭头表示，始于视网膜，传递到 V1 区。视觉输入是随时间变化的模式，视觉神经传输涉及大约 100 万个神经轴突。

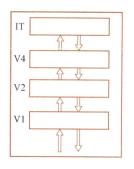

图 8-8 识别物体的前 4 个视皮层区域

在从视网膜到 IT 区的 4 个不同层次的区域中，细胞从快速变化、空间相关、能识别细微特征的细胞，逐渐变成了稳定激活、空间无关、能识别物体的细胞。例如，IT 的"人脸细胞"，只要遇到人脸，就会被激活，不管出现的人脸是倾斜的、旋转的、还是部分被遮盖的，这是"人脸"的恒定表征。

预测时反馈连接很重要，大脑需要将输入信息送回到最初接收输入的区域。预测需要比较真正发生的事情和预期发生的事情。真正发生的事情的信息会自下而上流动，而预期发生的事情的信息会自上而下流动。

2. 层次时序记忆模型

大脑皮层的细胞按密度和形状从上到下是有差异的（这种差异造成了分层），因此可分为 6 层。最顶部的第 1 层是 6 层中最独特的，包含的细胞很少，主要由一层平行于皮层表面的神经轴突组成。第 2 层和第 3 层比较类似，主要由很多紧挨在一起的金字塔形细胞组成。第 4 层由星形细胞组成。第 5 层既有一般的金字塔形细胞，也有一种特别大的金字塔形细胞。最下面的第 6 层也有几种独特的神经元细胞。

霍金斯提出的层次时序记忆模型，如图 8-9 所示。层次时序记忆模型中脑区是分层次的，它还包括一起协同工作的纵向细胞单元组成的垂直柱。每个垂直柱中的不同分层都通过上下延伸的轴突互相连接，并形成神经突触。在 V1 区的垂直柱有些对某方向的倾斜的线段

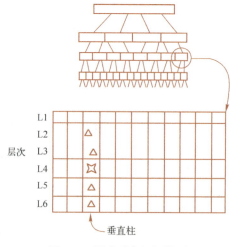

图 8-9 层次时序记忆模型

（／）发生反应，而另一些会对朝另一个方向倾斜的线段（＼）发生反应。每个垂直柱中的细胞都紧密互联，它们的整体会对相同刺激产生反应。第 4 层的激活细胞会让在它之上的第 3 层和第 2 层的细胞激活，也会让它之下的第 5 层和第 6 层的细胞激活。信息在同一个垂直柱的细胞中上下传播。霍金斯认为，垂直柱是进行预测的基本单元。

运动皮层（M1）中的第 5 层细胞与肌肉以及脊髓中的运动分区存在着直接的联系。这些细胞高度协同地不断激活和抑制，让肌肉收缩，驱动运动。在大脑皮层的每个区域中都遍布着的第 5 层细胞，在各种类型的运动中都发挥作用。

第 5 层细胞的轴突进入丘脑区，连接到某类非特定的细胞上。这些非特定的细胞又会将轴突投射回大脑皮层不同区域的第 1 层中。这个回路与自联想记忆中能够学会形成序列的延时反馈相似。第 1 层承载着大量信息，包括序列的名字以及在序列中的位置。利用第 1 层的这两种信息，一个皮层区域就能够学习和回忆模式序列了。

3. 大脑皮层区如何工作

大脑皮层具有 3 种回路：沿皮层体系向上的模式会聚、沿皮层体系向下的模式发散，以及通过丘脑形成的延时反馈。它们对大脑皮层区完成所需的功能极为重要。这些功能包括：

1）大脑皮层区如何将输入模式分类。
2）如何学习模式序列。
3）如何形成一个序列的恒定模式或者名字。
4）如何做出具体的预测。

大脑皮层的垂直柱中，来自较低区的输入信息激活了第 4 层细胞，导致该细胞兴奋。接着第 4 层细胞激活了第 2 层和第 3 层细胞，然后是第 5 层，进而导致第 6 层细胞被激活。这样整个垂直柱就被低层区输入信息激活了。当其中一些突触随着第 2 层、第 3 层、第 5 层的激活而激活时，这些突触就会得到加强。如果这种情况发生足够多次，第 1 层的这些突触就会变得足够强，能够让第 2 层、第 3 层、第 5 层的细胞在第 4 层细胞没有激活的情况下也被激活。这样，第 2 层、第 3 层、第 5 层细胞就能根据第 1 层的模式预测应该何时激活。在这种学习前，垂直柱细胞只能被第 4 层细胞激活。而在学习之后，垂直柱细胞能够根据记忆获得部分的激活。当垂直柱通过第 1 层中的突触激活时，它就是在预测来自下方较低区的输入信息，这就是预测。

第 1 层接收的输入信息：一部分来自相邻垂直柱和相邻区的第 5 层细胞，这些信息代表了刚刚发生的事件；另一部分来自第 6 层细胞，是稳定的序列名字。如图 8-10 所示，第 2 层、第 3 层细胞的轴突通常会在第 5 层形成突触，而从较低区到第 4 层的轴突也会在第 6 层形成突触。这两种突触在第 6 层的交集同时接收两种输入信息，就会被激活，并根据恒定记忆做出具体预测。

作为普遍规律，沿着大脑皮层向上流动的信息是通过细胞体附近的突触传递的，因此向上流动的信息在传递过程中越来越确定。同样，作为普遍规律，沿着大脑皮层向下流动的反馈信息是通过细胞体远处的突触传递的，远距离的细树突上的突触能够在细胞激活中扮演积极且具有高度特异性的角色。通常情况下，反馈的轴突纤维要比前馈的多，反馈信息能够迅速、准确地引起大脑皮层第 2 层中多组细胞激活。

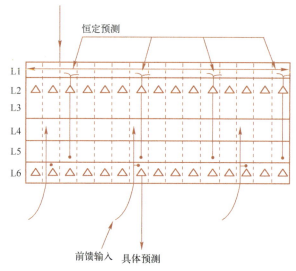

图 8-10 根据恒定记忆大脑皮层区做出具体预测

8.8 互补学习记忆

8.8.1 海马体

一般认为,记忆的生理基础与新皮层和海马有关。端脑表面所覆盖的灰质被称为大脑皮层。大脑皮层分为古皮层(archeocortex)、旧皮层(paleocortex)和新皮层。人类新皮层高度发达,约占全部皮层的96%。

海马体是大脑内部一个大的神经组织,它处于大脑半球内侧面皮层和脑干连接处。海马体由海马、齿状回和海马台组成。海马呈层形结构,没有攀缘纤维,而有许多侧支。构成海马的细胞有两类,即锥体细胞和篮细胞。在海马中,锥体细胞的细胞体组成层状并行的锥体细胞层,它的树突是沿海马沟的方向延伸的。篮细胞的排列非常有序。图 8-11 给出了海马体的构造。

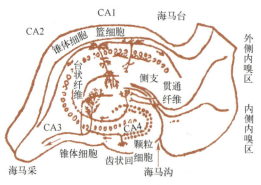

图 8-11 海马体的构造

海马区在存储信息的过程中扮演着至关重要的角色。短时记忆储存在海马体中。如果一个记忆片段，比如一个电话号码或者在短时间内被重复提及的一个人，海马体就会将其转存入大脑皮层，成为长时记忆。存入海马体的信息如果一段时间没有被使用，就会被自行"删除"，也就是被忘掉了。而存入大脑皮层的信息也并不是完全永久的，如果该信息长时间未被使用，大脑皮层也许就会把这个信息给"删除"。有些人的海马体受伤后就会出现失去部分或全部记忆的状况。记忆在海马体和大脑皮层之间的传递过程要持续几周，并且这种传递可能在睡眠期间仍然进行。

一些研究者运用PET技术来研究与陈述性记忆有关的大脑结构。当被试完成陈述性记忆任务时右侧海马的脑血流量要比完成程序性记忆任务时的更高一些。这一发现支持海马结构在陈述性记忆中起到重要作用的观点。

8.8.2 互补学习系统

斯坦福大学心理学教授麦克莱兰根据马尔早期的想法，于1995年提出了互补学习系统（complementary learning systems，CLS）理论（McCLELLAND et al.，1995）。该理论认为人脑学习是互补学习系统的综合产物。互补学习系统由两部分组成：一部分是大脑新皮层学习系统，通过接受体验，慢慢地对知识与技能进行学习；另一部分是海马体学习系统，记忆特定的体验，并让这些体验能够进行重放，从而与新皮层学习系统有效集成。2016年，谷歌深度思维公司的库玛拉（D. Kumaran）、哈萨比斯（D. Hassabis）和斯坦福大学的麦克莱兰在《认知科学趋势》刊物上发表文章（KUMARAN et al.，2016），拓展互补学习系统理论：大脑新皮层学习系统是结构化知识表示的，而海马体学习系统则迅速地对个体体验的细节进行学习。文章对海马体记忆重放的作用进行了拓展，指出记忆重放能够对体验统计资料进行目标依赖衡量。通过周期性展示海马体踪迹，支持部分泛化形式，新皮层对于符合已知结构知识的学习速度非常迅速。文章还指出了互补学习系统理论与人工智能的智能体设计之间的相关性，突出了神经科学与机器学习之间的关系。

图8-12给出大脑半球的侧视图。其中虚线表示大脑内或深处的区域内侧表面，主要感觉和运动皮层显示为浅红色。内侧颞叶（medial temporal lobe，MTL）包围虚线，海马以深灰色和周围的内侧颞叶（MTL）皮层浅灰色（大小和位置是近似的）。灰色箭头表示整合的新皮层关联区域内和之间，以及在这些区域和模态特定区域之间的双向连接。黑色箭头表示新皮层区域和内侧颞叶（MTL）之间的双向连接。黑色和灰色连接是互补学习系统理论中结构敏感的新皮层学习系统的一部分。内侧颞叶内的红色箭头表示海马内的连接，较浅红色的箭头表示海马之间的连接

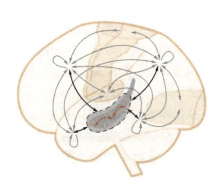

图8-12 大脑半球的侧视图

和周围的内侧颞叶（MTL）皮层；这些连接表现出快速突触可塑性，这对将事件的元素快速结合成整合的海马表示非常重要。系统级合并涉及重播期间通过用黑色箭头指示的途径扩散到新皮层关联区域的海马活性，从而支持在新皮层内连接（灰色箭头）内的学习。系统级合并是在记忆检索时完成的，重新激活相关的新皮层表示集成，可以在无海马情况下完成。

图8-13给出海马子区域、连通性和表示示意图，其中圆形或三角形表示神经元细胞

体,红色线条表示高可塑性突触的投影,而灰色显示相对稳定的可塑性突触的投影。互补学习系统理论框架内的工作依赖于内侧颞叶分区的生理特性。在体验期间,来自新皮层的输入在内嗅皮层(entorhinal cortex,ERC)中产生激活的模式,可以被认为是压缩描述的贡献皮层区域中的模式。内嗅皮层的说明性活动神经元以浅红色显示。内嗅皮层神经元产生投射到海马体的三个分区:齿状回(dentate gyrus,DG)、CA1 和 CA3。

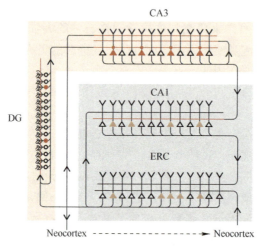

图 8-13 海马的子区域、连通性和表示示意图

海马体学习系统实现模式选择和模式分解。新的内嗅皮层(ERC)模式激活一组以前未提交的齿状回(DG)神经元,在图 8-13 中显示红色,这些神经元可能是相对年轻的神经元,通过神经发生创建。这些神经元反过来通过大的"引爆突触"选择 CA3 中的神经元的随机子集。在从齿状回(DG)投影到 CA3 表示为黑点,用作 CA3 中的记忆表示,确保新 CA3 模式与用于其他记忆的 CA3 模式尽可能不同,包括用于经验的模式,类似于新的经验。来自活动的 CA3 神经元反复连接到其他活动 CA3 神经元上,表示体验增强,使得相同神经元的子集稍后变为活动,其余的模式将被重新激活。从内嗅皮层(ERC)到 CA3 的直接连接也得到加强,允许内嗅皮层(ERC)输入在检索期间直接激活 CA3 中的模式,而不需要齿状回(DG)参与。

从内嗅皮层(ERC)到 CA1 和背部的连接改变相对缓慢,这使得 CA1 和内嗅皮层(ERC)之间的模式相对稳定地对应。在记忆编码期间,当 CA1 模式与相应的 CA3 模式被重新激活时,从活动的 CA3 神经元到活动的 CA1 神经元的连接得以加强。从 CA1 到 ERC 的稳定连接则允许适当的模式有待重新激活,内嗅皮层(ERC)和新皮层区域之间稳定的连接传播模式到大脑皮层。重要的是,CA1 和内嗅皮层(ERC)之间,以及内嗅皮层(ERC)和新皮层之间的双向投影,支持内嗅皮层(ERC)和新皮层模式的可逆 CA1 表示的形成和解码,并允许重复计算。这些连接不应该快速改变给定的记忆中海马的扩展作用,否则在海马中存储的记忆在新皮层中难以恢复。

图 8-14 解释了海马的连接编码,模式分解和合成。在图 8-14a 中,5 个输入端连接 10 个输出端,每个输出端连接 2 个不同模式的输入。每个连接单元检测相邻输入单元的活动。齿状回(DG)可以使用高阶的连接,放大这些活动的影响。图 8-14b 说明模式分离函数的

一般形式，显示在输入和输出之间的关系重叠。箭头表明图 8-14a 中输入和输出的重叠。图 8-14c 表示模式分解和合成的情况与 CA3 相关，在较低的输入重叠减小少，而较高的输入重叠减小多。

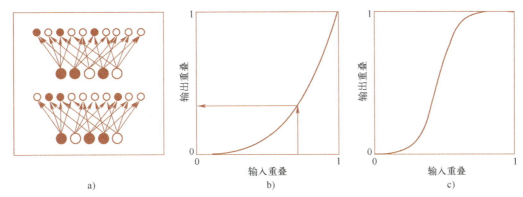

图 8-14 海马的连接编码，模式分解和合成
a) 海马的连接编码　b) 齿状回中模式分解　c) CA3 中模式分解和合成

模式分解和模式合成是根据影响神经活动的模式之间的重叠或相似性的变换来定义的。模式分解使得类似模式通过连接编码更清晰，其中每个输出神经元仅响应于有效输入神经元的特定组合。图 8-14a 和 b 显示了这种情况是如何发生的。模式分解是在齿状回（DG）中实现的，使用了高阶连接以减少重叠。

模式合成是一个过程，需要采集模式的片段并完成其余的功能。采取与熟悉模式相似的模式，使它们更加类似。计算模拟已经表明，CA3 区域组合分离的模式特征和合成，使得中等和高度重叠，导致模式合成并保存在记忆中，而重叠较少的模式导致创建一个新的记忆，如图 8-14c 所示。这种情况下，当环境输入在内嗅皮层（ERC）中产生类似于先前模式的模式时，CA3 输出更接近其先前用于该在内嗅皮层（ERC）模式的模式。然而，当环境在内嗅皮层（ERC）上产生与以前记忆模式重叠低的输入时，齿状回（DG）在 CA3 中创建新的、统计独立的细胞群。新出现的证据建议模式合成（以及海马处理的其他特征）所需的重叠量可以发生在海马近端末梢和背腹侧轴，并可能由神经调节因子（如乙酰胆碱）形成。研究指出，CA3 和 CA1 分区之间的差异在于它们的神经活动模式对环境变化的响应。广义上讲，CA1 分区倾向于反映来自内嗅皮层（ERC）的输入重叠程度，而 CA3 更多显示反映模式分解或合成的不连续响应。

8.9 小结

记忆是人脑对经历过的事物的识记、保持、再现或再认，它是进行思维、想象等高级心理活动的基础。根据记忆操作的时间长短，人类记忆分为三种类型：感觉记忆（也称瞬时记忆）、短时记忆和长时记忆。短时记忆也称工作记忆，是一种对信息进行暂时加工和储存容量有限的记忆。

层次时序记忆模型（HTM）由一簇以分层结构排列的层区组成，层是 HTM 进行存储和预测的基本单元。随着分层的逐渐上升，有很多子层中的细胞连接汇聚到了同一个父层，信息发生逐层汇聚。层次时序记忆模型是一种记忆-预测理论的神经机制。

人脑学习是互补学习系统的综合产物。互补学习系统由两部分组成：一部分是大脑新皮层学习系统，通过接受体验，慢慢地对知识与技能进行学习；另一部分是海马体学习系统，记忆特定的体验，并让这些体验能够进行重放，从而与新皮层学习系统有效集成。

思考题

8-1 什么是记忆？记忆系统由哪几部分构成？

8-2 什么是情景记忆？什么是语义记忆？试比较它们的差异。

8-3 工作记忆的特点是什么？

8-4 记忆的内容不能保持或者提取时有困难就是遗忘，试简述引起遗忘的因素有哪些。

8-5 什么是分层时序记忆模型？为什么它具有预测功能？

8-6 在人脑的互补学习系统中，新皮层和海马体是怎样工作的？

第 9 章　思维和决策

人脑对客观事物一般特性和规律的间接概括反映称为思维。思维是以感觉、知觉为基础，以已经具有的知识为中介的高级、复杂的认知心理活动。思维提供关于客观现实的本质的特性、联系和关系的知识，在认知过程中实现着"从现象到本质"的转化。与感觉和知觉，即与直接感性反映过程不同，思维是对现实的非直接的、经过复杂中介的反映。思维以感觉作为自己唯一的源泉，但是它超越了直接感性认识的界限，使人能够得到关于其感觉器官所不可能感知的现实的那些特性、过程、联系和关系的知识。

9.1　思维形态

思维是具有意识的人脑对于客观现实的本质属性、内部规律性的自觉的、间接的和概括的反映。简单地说，思维的本质是具有意识的头脑对客体的反映。"具有意识的头脑"的含义既是有知识的头脑，又是具有自觉摄取知识的习性的头脑。"对客体的反映"是指反映客体的内在联系和本质属性，而不是对表面现象的反映。

思维最显著的特性是概括性、间接性。它之所以能揭示事物的本质和内在规律的关系，主要是因为它有抽象和概括的过程，即思维是概括的反映。所谓概括的反映，是指思维所反映的不是个别事物或其个别特征，而是一类事物的共同的、本质的特性。思维的概括性不只表现在它反映客观事物的本质特征上，也表现在它反映事物之间本质的联系和规律上。

间接性是指间接的反映，就是说不是直接地，而是通过其他事物的媒介来反映客观事物。首先，思维凭借着知识经验，能对没有直接作用于感觉器官的事物及其属性或联系加以反映。例如中医专家通过望、闻、问、切四诊获得种种信息，就可以确定病人的症状和体征。

20 世纪 80 年代初，钱学森倡导开展思维科学（noetic science）的研究。"思维科学"这一概念在我国近代最早是南叶青于 1931 年在一篇题为《科学与哲学》的文章中提出来的。钱学森把自然、社会和思维 3 种现象放在同一层面上进行了严格的界定，然后指出，自然、社会和思维的根本区别就在于"自然现象是不经过人的行为就已经存在的。社会现象是要经过人的行为才能够存在的。思维现象是未经过人的行为，因而未外化成事实的观念作用和观念形态"。

1984 年，钱学森提出思维科学的研究（钱学森，1986），研究思维活动规律和形式，并把思维科学划分为思维科学的基础科学、思维科学的技术科学和思维科学的工程技术 3 个层次。其中，思维科学的基础科学，研究思维活动的基本形式——逻辑思维、形象思维和灵感思维，并通过对这些思维活动基本形式的研究，揭示思维的普遍规律和具体规律。因此，思维科学的基础科学可有若干分支，如逻辑思维学、形象思维学等。个体思维的累积和集合，构成社会群体的集体思维。研究社会群体的集体思维的是社会思维学。

认知基础

人类思维的形态主要有感知思维、形象（直感）思维（简称形象思维）、抽象（逻辑）思维（简称抽象思维）和灵感（顿悟）思维（简称灵感思维）。

感知思维是一种初级的思维形态。人们开始认识世界时，只是把感性材料组织起来，使之构成有条理的知识，此时人们所能认识到的仅是现象，在此基础上形成的思维形态即感知思维。人们在实践过程中，通过眼、耳、鼻、舌、身等感官直接接触客观外界而获得对各种事物的表面现象的初步认识。感知思维的来源和内容都是客观的、丰富的。

形象思维主要是用典型化的方法进行概括，并用形象材料来思维，是一切高等生物所共有的思维形态。形象思维是与神经机制的连接论相适应的。模式识别、图像处理、视觉信息加工都属于这个范畴。

抽象思维是一种基于抽象概念的思维形态，通过符号信息处理进行思维。语言的出现，使得抽象思维成为可能，语言和思维互相促进，互相推动。可以认为物理符号系统是抽象思维的基础。

至今对灵感思维的研究甚少。有人认为，灵感思维是形象思维扩大到了潜意识：人脑有一部分对信息进行加工，但是人并没有意识到。也有人认为，灵感思维就是顿悟。灵感思维在创造性思维中起重要作用，有待深入研究。

人的思维过程中，注意发挥着重要作用。注意使思维活动有一定的方向和集中，保证人能够及时地反映客观事物及其变化，使人能够更好地适应周围环境。注意限制了可以同时进行的思考的数目。因此在有意识的活动中，大脑更多地表现为串行的。看和听则是并行的。

9.1.1 抽象思维

抽象思维凭借科学的抽象概念对事物的本质和客观世界发展的深远过程进行反映，使人们通过认识活动获得远远超出感觉器官所直接感知的知识。科学的抽象概念是指反映自然界或社会物质过程的内在本质的思想，它是在对事物的本质属性进行分析、综合、比较的基础上，抽取出事物的本质属性，撇开事物的非本质属性，使认识从感性的具体进入抽象的规定，而形成的概念。空洞的、臆造的、不可捉摸的抽象是不科学的抽象。科学的、合乎逻辑的抽象思维是在社会实践的基础上形成的。

抽象思维深刻地反映着外部世界，使人能在认识客观规律的基础上科学地预见事物和现象的发展趋势，预言"生动的直观"所没有直接提供出来的，但存在于意识之外的自然现象及其特征。它对科学研究具有重要意义。

抽象思维在感性认识的基础上，通过概念、判断、推理，反映事物的本质，揭示事物的内部联系概念是反映事物的本质和内部联系的思维形式。概念不仅是实践的产物，同时也是抽象思维的结果。例如，"人"这个概念，就是在对千差万别的人进行分析、综合、比较的基础上，撇开他们的非本质属性（肤色、语言、国别、性别、年龄、职业等），抽取出他们的本质属性（都是能够进行高级思维活动、能够按照一定目的制造和使用工具的动物）而形成的。

概括是指在思想中把某些具有若干相同属性的事物中抽取出来的本质属性，推广到具有这些相同属性的一切事物，从而形成关于这类事物的普遍概念。任何一个科学的概念、范畴和一般原理，都是通过抽象和概括而形成的。一切正确的、科学的抽象和概括所形成的概念和思想，都更深刻、更全面、更正确地反映着客观事物的本质。

判断是对事物情况有所肯定或否定的思维形式。判断是展开了的概念，它表示概念之间的一定联系和关系。事物永远是具体的，因此，要做出恰当的判断，必须注意事物所处的时间、地点和条件。人们的实践和认识是不断发展的，与此相适应，判断的形式也是不断变化的，从低级到高级，即从单一判断向特殊判断，再向普遍判断转化。

由判断到推理是认识进一步深化的过程。推理揭露了各个判断之间的必然联系，即从已有的判断（前提）逻辑地推论出新的判断（结论）。判断构成推理，在推理中又不断发展。这说明，推理与概念、判断是相互联系、相互促进的。

9.1.2 形象思维

形象思维是凭借头脑中储有的表象进行的思维。这种思维活动多由右脑完成，因为右脑主要负责直观的、综合的、几何的、绘画的思考认识和行为。爱因斯坦这样描述他的思维过程："我思考问题时，不是用语言进行思考的，而是用活动的、跳跃的形象进行思考的，当这种思考完成以后，我要花很大力气把它们转换成语言。"

形象思维或叫直感思维，主要采用典型化方式进行概括，并用形象材料来思维。形象是形象思维的细胞。形象思维具有以下 4 个特性：

（1）形象性　形象材料的最主要特征是形象性，即具体性、直观性。这与抽象思维所使用的概念、理论、数字等是显然不同的。

（2）概括性　概括性是指通过典型形象或概括性形象把握同类事物的共同特征。科学研究中广泛使用的抽样试验、典型病例分析、各种科学模型等，均具有概括性的特点。

（3）创造性　创造性思维所使用的思维材料和思维产品绝大部分都是加工改造过或重新创造出来的。艺术家构思的人物形象和科学家设计新产品时的思维材料都具有"创造性"的特点。既然一切有形物体的创新与改造，一般都表现在形象的变革上，那么设计者在构思时就必须对思维中的形象加以创造或改造。不仅在创造一个新事物时如此，而且在用形象思维方式来认识一个现有事物时也不例外。科学家卢瑟福在研究原子内部的结构时，根据粒子散射实验，设想出原子内部像是一个微观的太阳系。原子核居中，电子则在各自的特定轨道上运行，如群星绕日旋转。这便产生了著名的原子行星模型。

（4）运动性　形象思维作为一种理性认识，其思维材料不是静止的、孤立的、不变的。形象思维提供各种想象、联想与创造性构思，促进思维的运动，对形象进行深入的研究分析，获取所需的知识。

这些特性使形象思维既超出了感性认识而进入了理性认识的范围，又不同于抽象思维，成为另一种理性认识。模式识别是典型的形象思维，它用计算机进行模式信息处理，对文字、图像、声音、物体进行分类、描述、分析和理解。目前模式识别已在一定程度上得到直接或间接应用。各种模式信息系统已被设计出来，光学文字识别机、细胞或血球识别机、声音识别装置等在国外已成为商品。模式识别技术也开始用于设计，用于图像信息为基础的自动检验系统。序列图像分析、计算机视觉、语音理解和图像理解系统的研究与实现已成为研究热点。

平克（D. H. Pink）在《全新思维》一书中指出：人的大脑分为两个半球，左半球负责顺序、逻辑和分析能力，右半球则是非线性的、直觉的和整体的（PINK, 2005）。平克认为我们的经济和社会正在从以逻辑、线性等能力为基础的信息时代向概念时代转变，概念时代的经济和社会建立在创造性思维、共情能力和全局能力的基础上。《全新思维》介绍了6种基本的能力，即"六大感知"，包括：设计感（Design）、故事感（Story）、交响能力（Symphony）、共情能力（Empathy）、娱乐感（Play）、探寻意义（Meaning）。

9.1.3 灵感思维

灵感思维是人们借助直觉启示而猝然迸发的一种领悟或理解的思维形态。诗人、文学家的"神来之笔"，军事指挥家的"出奇制胜"，思想战略家的"豁然贯通"，科学家、发明家的"茅塞顿开"等，都说明了灵感的"顿悟"特点。它是在经过长时间的思索，问题仍没有得到解决，而突然受到某一事物的启发，一下子解决了"问题"的思维形态。"十月怀胎，一朝分娩"，就是对其形象化的描写。灵感来自信息的诱导、经验的积累、联想的升华、事业心的催化以及不懈的坚持。

一般说来，抽象思维发生在显性意识中，借助于概念实施严格的逻辑推理，从某一前提出发，一步接一步地推论下去，直至得到结论。整个推理过程表现为线性的、一维的。形象思维主要发生在显性意识中，也时有潜意识参与活动。形象思维，是用形象来思考和表达的。形象思维的发生过程：既离不开灵敏、直觉、想象等非逻辑思维的启迪，也少不了按照相似律、对照律等方法的推论；比抽象思维的发生过程复杂了，是二维的。灵感思维则主要发生在潜意识中，是显性意识和潜意识相互交融的结果。灵感的孕育过程，表现为知觉经验信息、新鲜的课题信息、脑高级神经系统的"建构"活动这3个方面综合进行的拓扑同构。灵感思维，是非线性的、三维的。因而，灵感思维有着抽象思维、形象思维所不具有的特征。

根据人们的实践经验，诱发灵感的机制大致可分5个阶段，即境域、启迪、跃迁、顿悟、验证。这里分别扼要论述一下。

（1）境域　境域是指那种足可诱导灵感迸发的充分且必要的境界。创造性课题在大脑中形成后，必须竭尽全力进入"神动天随，寝食咸废，精凝思极，耳目都融，奇语玄言，恍惚呈露"那样一种精神的全新境界。创造者入境后表现出来的那种潜意识与显性意识随意交融，思意驰骋，神与物游的"忘我"境域，正是"创作的最高境界"。

（2）启迪　启迪是指机遇诱发灵感的偶然性信息。"万事俱备，只欠东风"。启迪，好比东风，它使已有准备的心灵受惠。从认识论来说，启迪是诱导思维发生的一种普遍方式，是连接各种思维信息的纽带，是开启新思路的金钥匙。

（3）跃迁　跃迁是指灵感发生时的那种非逻辑质变方式。显性意识和潜意识交互作用，促使潜思维孕育的灵感达到"神思方远，万涂竞萌"之时，正是信息在思维过程中实现跃迁。这种跃迁就是潜思维的特征，是一种跨越推理程序的、非连续的质变方式。

（4）顿悟　顿悟是指灵感在潜意识孕育成熟后，与显性意识沟通时的瞬间表现。宋代大哲学家朱熹称顿悟为"豁然贯通"。"茅塞顿开"等都说明了此时灵感是被意识到了的。

（5）验证　验证是指对灵感思维结果的真伪进行科学的分析与鉴定。随着灵感的迸发，新概念、新理论、新思路脱颖而出。但是，直觉可能是模糊的，顿悟可能有缺陷，不能认为每一个新概念、新理论、新思路都是有效的，因此需要对它们进行验证。

人脑是个复杂的系统。复杂的系统经常采取层级结构，它是由相互联系的子系统组成的系统，每个子系统在结构上又是层级式的。人的中枢神经系统也是有层次的，而灵感可能是人脑中的不同部分共同发挥作用，使问题得以解决。

9.2 精神活动层级

明斯基在《情感机器》（MINSKY，2006）中指出，情感是人类一种特殊的思维方式。明斯基还在洞悉思维本质的基础上，指出了人类思维的运行方式，提出了塑造未来机器的6大维度：意识，精神活动，常识，思维，智能，自我。精神活动又可以分为6个层级：本能反应，后天反应，沉思，反思，自我反思，自我意识反思（见图9-1）。每一个层级都建立在下一个层级的基础之上。

1. 本能反应

我们天生就拥有本能反应，它会保护我们，使我们获得生存能力。在20世纪的心理学领域，"刺激—反应"模型极受欢迎，有些研究者甚至认为这种模型能够解释人类的所有行为。这种"刺激—反应"模型可视为 If→Do 规则。由于大多数行为的发生取决于我们自身所处的环境，这些简单的规则很少会起作用。例如，"如果看见食物，就吃掉它"规则会迫使我们吃掉自己看到的所有食物，不管我们是否感到饥饿或是否需要食物。为了防止此类情形的出现，每一个 If 必须指明具体的目标，因此明斯基提出了更强大的规则，即 If+Do→Then 规则。

图 9-1 精神活动的6大层级

2. 后天反应

出生之后学习到的自我反应能力被称为后天反应。所有动物具有与生俱来的"远离逼近物体"的本能。只要动物一直生活在激发本能的环境中，其固有本能就能有效地发挥作用；但是，一旦动物生活的世界发生变化，每一物种就都需要学习新的反应方式。

当遭遇新情况时，动物会随机应变地采取一些行动，而如果在某些行为中尝到了"甜头"，这些行为便会在动物的大脑里得到"强化"，因此当动物再次遭遇相同的情况时，就更可能重复得到强化的这些行为。

虽然本能反应左右着我们对很多事情的反应，但我们也在不断更新着反应方法来适应环境的变化，这需要人类大脑组织模型的第二个层次——后天反应。

3. 沉思

为了实现更为复杂的目标，我们需要通过使用从过去经历中学到的全部知识来制订更为详细的计划。这种内部精神活动赋予了人类很多特殊的能力。

如果你处在情况 A 中，且想进入情况 Z，那你就可能已经知道达到这个目标的规则了，例如 If 情况 A→Do 行动→Then 情况 Z。这种情况下仅执行"行动"就能实现目标。

如果你根本不知道这类规则的存在呢？你便可能搜索记忆，寻找两个规则链，通过中间情况 M 来实现目标。

If 情况 A→Do 行动 1→Then 情况 M，然后

If 情况 M→Do 行动 2→Then 情况 Z

如果一个或两个这样的规则链不能解决问题，就必须搜索寻找更多的规则链，尽可能地缩小搜索范围。

4. 反思

大脑应该反思以下思维活动：错误的预测、受阻的计划和无法获取的知识。机器虽并不像自我意识实体一样可以对自我进行全面的认识，但一旦其拥有表现自身广泛活动的多个模型，便可以实现对自己的全面的认识。有时，模型有助于机器中的一些部位思考其他部位发生的事情，但是想让机器思考其本身的所有细节是不切实际的。

5. 自我反思

人类不同于动物的另一种能力是，人类像一个思想家一样拥有自我意识和反思能力，可以自我反思，动物则不会自我反思。

认识到自我反思的重要性，就如同认识到自身的困惑一样，是件颇具智慧的事情。因为只有当我们意识到自我困惑时，才会知道应该升华自己的动机和目标了。自我反思有助于我们认识到以下几个问题：自己要做什么，是否在无关痛痒的细节上浪费时间，是否正在追寻一个不太合适的目标。自我反思也有助于我们制订更好的计划、思考更大的范围情感活动。当人们不能使用常规思维系统时，自我反思便开始发挥作用。

6. 自我意识反思

沉思和反思有助于解决更复杂的难题。有些问题牵涉到自我模型、未来的可能结果时，便进入自我反思的研究范围。自我反思也是反思的一种，它有助于人们了解自己的行为在多大程度上实现了自己的理想。

沉思、反思和自我反思之间的区别并不是很明显。即使我们最简单的想法也会涉及对时间和资源分配的"反思"，如"如果不能使用一种方法，我将尝试另一种方法"或"我已经在那件事上花费了很长时间"。大脑是一个异常复杂的系统，任何单一的模型都不能够解读它，除非这个模型本身相当复杂，但这个模型也会因为太过复杂而变得毫无用处。因此，心理学家们需要成倍地扩充思维（和大脑）模式，使每一种模式都可以解释思维的不同方面和类型，个体在处理相互矛盾的模式时，就需要自我意识反思。

精神活动 6 个层级可以解释人类思维能力的结构和过程。

9.3 推理

人或机器要预测未来行动的结果，就必须拥有大量的常识和理性思维。推理在理性思维中发挥关键作用。推理是从已有的知识得出新的知识的思维形式，在推理中可以清楚地看到人类思维的创造性。人们用推理的方法去认识那些原本能直接观察到的现实过程时，只要能够在实践中证实推理的复杂链条中的必需的重要环节，并且合乎逻辑地进行推论，那么所做出的新判断（结论）、提出的新概念就是科学的。

推理研究表明人类是理性的，人类常用的推理方式有演绎推理、归纳推理、反绎推理、类比推理、因果推理、常识性推理等。

9.3.1 演绎推理

演绎推理（deductive reasoning）通常是指假设在某些表述或者前提成立的条件下，推测必然会出现什么样的结果，即前提与结论之间有蕴含关系的推理，或者说，前提与结论之间有必然联系的推理，由一般推演出特殊。

A 是 Γ（即 Γ 中的公式）的逻辑推理，记作 $\Gamma \vDash A$，当且仅当任何不空论域中的任何赋值 φ，如果 $\varphi(\Gamma) = 1$，则 $\varphi(A) = 1$。

给定不空论域 S。当 S 中任何赋值 φ 都使得

$$\varphi(\Gamma) = 1 \Rightarrow \varphi(A) = 1$$

成立时，我们说在 S 中 A 是 Γ 的逻辑推理，记作：在 S 中 $\Gamma \vDash A$。

在数理逻辑中研究推理时，通过形式推理系统研究演绎推理。可以证明：凡是形式推理所反映的前提与结论之间的关系在演绎推理中都是成立的，因此形式推理没有超出演绎推理的范围，形式推理可靠地反映了演绎推理；凡是在演绎推理中成立的前提与结论之间的关系，都是能被形式推理所反映的，因此形式推理在反映演绎推理时并没有遗漏，形式推理对于反映演绎推理来说是完备的。

经常应用的一种推理形式是三段论。它由也只由三个性质判断组成，其中两个性质判断是前提，另一性质判断是结论。就主项和谓项而言，三段论包含而且只包含三个不同的概念，每个概念在两个判断中各出现一次。这三个不同的概念，分别叫作大项、小项与中项。大项是作为结论的谓项的那个概念，用 P 表示。小项是作为结论的主项的那个概念，用 S 表示。中项是在两个前提中都出现的那个概念，用 M 表示。由于大项、中项与小项在前提中位置不同而形成不同的三段论形式，叫作三段论的格。三段论有下面 4 个格：

第 1 格：   M—P
              S—M
              ————
              S—P

第 2 格：   P—M
              S—M
              ————
              S—P

第 3 格：   M—P
              M—S
              ————
              S—P

第 4 格：   P—M
              M—S
              ————
              S—P

基于规则的演绎系统，一般可分为基于规则的正向演绎系统、基于规则的逆向演绎系统和基于规则的双向综合演绎系统。在基于规则的正向演绎系统中，作为 F 规则用的蕴含式对事实的总数据库进行操作运算，直至得到目标公式的一个终止条件为止。在基于规则的逆向演绎系统中，作为 B 规则用的蕴含式对目标的总数据库进行操作运算，直至得到包含这些事实的终止条件为止。在基于规则的双向综合演绎系统中，分别从两个方向应用不同的规

则（F 规则或 B 规则）进行操作运算，这种系统是一种直接证明系统，而不是归结反演系统。

9.3.2 归纳推理

归纳推理（inductive reasoning）是由个别的事物或现象推出该类事物或现象的普遍性规律的推理，这种推理反映前提与结论之间有必然性联系。这是由特殊推出一般的思维过程。

数十年来国外归纳推理的研究在两个方向上进行着，一是在培根归纳推理的古典意义上继续寻找从经验事实导出相应的普遍原理的推理途径；另一个方向是运用概率论和形式化、合理化的手段来探索有限经验事实对适应于一定范围的普遍命题的"支持"或"确证"的程度，这种推理实际上是一种理论评价的推理。

培根关于归纳法的主要思想是：

1）感官必须得到帮助和指导，以克服感性认识的片面性和表面性。
2）构成概念时要经过适当的归纳程序。
3）公理的构成应当用逐步上升的方法。
4）必须重视反演法和排斥法等在归纳过程中的作用。

这些思想构成了穆勒（John S. Mill）提出的归纳法四条规则的基础。穆勒在《逻辑体系》一书中提出了有关归纳的契合法、差异法、共变法、剩余法。他认为"归纳可定义为发现和证明一般命题的操作"。

概率逻辑是 20 世纪 30 年代兴起的。莱欣巴哈（H. Reichenbach）以相对频率为基础，利用概率论的数学工具来求出一个命题的频率极限，并以此来预测未来事件。在 20 世纪四五十年代，卡尔纳普（P. R. Carnap）建立了以合理信念为基础的概率逻辑。他采取贝叶斯主义的立场，把合理信念直接描绘成概率函数，并把概率看作代表一个陈述和另一个证据陈述之间的逻辑关系。贝叶斯公式可表示为

$$P(h \mid e) = P(e \mid h) \frac{P(h)}{P(e)} \tag{9-1}$$

式中，P 为概率；h 为假设；e 为证据；这个公式就是说，h 相对于 e 的概率等于 h 相对于 e 的似然值，也就是当 h 为真时 e 的概率乘以 h 的先验概率与 e 的先验概率之比。先验概率是指在这次试验前已经知道的概率。如 $A_1, A_2, \cdots$，是导致试验结果的"原因"，$P(A_i)$ 就称先验概率。若试验产生了事件 B，这个信息将有助于探讨事件发生的"原因"。条件概率 $P(A_i \mid B)$ 就称为后验概率。所以，卡尔纳普在采取了贝叶斯主义的立场之后，就要对先验概率做出合理的解释。卡尔纳普不同意把先验概率仅仅理解为个人的主观的相信度，而力求对合理信念做出比较客观的解释。

卡尔纳普把他的概率的逻辑概念理解为"确定程度"。他用符号 C 表示他所理解的概率概念，用"$C(h,e)$"表示"假设 h 相对于证据 e 的确定程度"，并进一步引入可信任函项 Cred 和信念函项 C_r 来解决怎样将归纳逻辑应用于合理的决策的问题。确定度 C 定义为

$$C(h, e_1, e_2, \cdots, e_n) = r \tag{9-2}$$

即陈述（归纳前提）$e_1, e_2, \cdots, e_n$ 联合起来将逻辑概率 r 给予陈述（归纳结论）h。这样，卡尔纳普又依据某观察者 x 在 t 时对某一条件概率所寄予的价值的期望定义了信念函项等概

念。他把假设陈述 H 相对于证据陈述 E 的信念函项 C_r 定义为

$$C_{rx,t}(H/E) = \frac{C_{rx,t}(E \cap H)}{C_{rx,t}(E)} \tag{9-3}$$

进一步，他定义了可信任函项 Cred，某观察者 x，在 T 时所有的观察知识是 A，则他在 T 时对 H 的信任程度是 $\mathrm{Cred}(H/A)$。信念函项是以可信任函项为基础的，即

$$C_{rT}(H_1) = \mathrm{Cred}(H_1/A_1) \tag{9-4}$$

卡尔纳普认为有了这两个概念，就能从规范的决策理论过渡到归纳推理，并将信念函项和可信任函项与纯逻辑概念相对应。相应他称 C_r 为 m-函项，即归纳量度函项。相应地，他称 Cred 为 C-函项，即归纳确证函项。这样就可把概率演算的通用公理作为对 m 的归纳推理的基本公理。他指出："在归纳推理中，C-函项较 m-函项更重要，因为某一 C 值表示信念的合理程度并有助于在合理决策中做出决定。m-函项则主要作为定义 C-函项并决定其值的方便手段。m-函项在公理的概率演算的意义上公理（绝对的）概率函项；而 C-函项则是一个条件的（相对的）概率函项。"他说如果我们把 C 作为原始词项，则对 C 的公理可以这样来阐述：

（1）下限公理

$$C(H/E) \geqslant 0 \tag{9-5}$$

（2）自我确证公理

$$C(H/E) = 1 \tag{9-6}$$

（3）互补公理

$$C(H/E) + C(-H/E) = 1 \tag{9-7}$$

（4）一般乘法公理　若 $E \cap H$ 是可能的，则

$$C(H \cap H'/E) = C(H/E)C(H'/E \cap H) \tag{9-8}$$

卡尔纳普正是在这些公理的基础上构建他的归纳推理的形式化体系的。

归纳推理的合理性是哲学史上长期争论的问题。休谟提出归纳疑难，其核心思想就是不能依据过去而推断未来，不能依据个别而推断一般。休谟认为"根据经验来的一切推论都是习惯的结果，而不是理性的结果"。从而就可以得出归纳法的合理性是不可证明的，与之相联系的经验科学也没有合理性的不可知论的结论。

波普尔在《客观知识》一书中，将归纳疑难表达为：

1）归纳能否被证明？
2）归纳原理能否被证明？
3）能否证明"自然齐一律"如"未来与过去一样"这样的一些归纳原理？

9.3.3　反绎推理

反绎推理（abduction reasoning）也称溯因推理。在反绎推理中，我们给定规则 $p \Rightarrow q$ 和 q 的合理信念，希望在某种解释下得到谓词 p 为真。

基于逻辑的办法是建立在解释的更高级的概念的基础上的。莱维斯克（Levesque）于 1989 年定义某些前面无法解释的现象集合 O 为假设集 H 中与背景知识 K 的最小集合。假设 H 连同背景知识 K 必须能推导解释出 O。更形式化一点，$\mathrm{abduce}(K, O) = H$，当且仅当：

1) K 不能推导解释出 O。
2) $H \cup K$ 能推导解释出 O。
3) $H \cup K$ 是一致的。
4) 不存在 H 的子集有性质 1、2 和 3。

需要指出的是，总体来说，可能会存在许多假设集，也就是说，对一个给定的现象会有很多可能的解释集。

基于逻辑的反绎推理的定义暗示了：发现知识库系统中的内容的解释有相应的机制。如果可解释的假设必须能推导解释出现象 O，则建立一个完整的解释的方式就是从 O 向后推理。

9.3.4 类比推理

依据两个对象之间存在着某种类似或相似的关系，从已知其中一个对象有某种性质而推出另一个对象具有某一相应的性质的推理过程称为类比推理（analogical reasoning）。类比推理的客观基础在于事物、过程和系统之间各要素的普遍联系，以及这种联系之间所存在着的可比较的客观基础。

类比推理的原理如图 9-2 所示，其中 β_i 和 α 是 S_1 成立的事实，β_i' 是 S_2 中成立的事实，φ 是对象之间关系的相似性。所谓类比推理，即 $\beta_i \varphi \beta_i', i(1 \leq i \leq n)$ 时，$\alpha \varphi \alpha'$ 的 S_2 中，将推论得出 α'。为了实现这样的类比推理，给出下列条件是必要的：

对象　S_1：前提$\beta_1, \cdots, \beta_n \rightarrow$ 结论 α
　　　　　　相似性 φ
对象　S_2：前提$\beta_1', \cdots, \beta_n' \rightarrow$ 结论 α'？

图 9-2　类比推理的原理

1) 相似性 φ 的定义。
2) 从所给对象 S_1 和 S_2 求出 φ 的方法。
3) 为了推出 $\alpha \varphi \alpha'$ 的 α' 的操作。

首先，相似性 φ 的定义应该与对象的表现和它的意义有关。这里，类推的对象是判断子句的有限集合 S_i。定义子句 A，β_i 作为文字常量，构成 "if—then 规则"。不含 S_i 的变元的项 t_i，表示对象的个体，谓词符号 P 表示个体间的关系，不含变元的原子逻辑式 $P(t_i, \cdots, t_n)$ 表示个体 t_i 间的关系 P。以后，不含变元的原子逻辑式简称为原子。由全部原子构成的集合用 β_i 表示。S_i 的最小模型 M_i 是由 S_i 逻辑地推出的原子的集合。

$$M_i = \{\alpha \in \beta_i : S_i \rightarrow \alpha\} \tag{9-9}$$

这里，→在谓词逻辑中表示逻辑推理，并且，将 M_i 的个体称为 S_i 的事实。

为了确定 M_i 间的类比关系，考虑 M_i 的对应关系是必要的。为此，给 S_i 的项的对应定义如下：

1) $U(S_i)$ 作为 S_i 不含变元的集合，这时，$\varphi \subseteq U(S_1) \times U(S_2)$ 的有限 φ 称为配对，而 $\times$ 表示集合的直积。

因为项表示对象 S_i 的个体，配对可以解释为表示个体间某种对应关系。S_i 一般不是常数，而具有函数符号，因此对应 φ 可以扩充为 $U(S_i)$ 间对应关系 φ^+。

2) 由 φ 生成的项的关系 φ^+，若满足下列关系，则定义为最小关系：

$$\varphi \subseteq \varphi^+ \tag{9-10}$$

$$<t_i, t_i'>E\varphi^+ (1 \leq i \leq n) \Rightarrow <f(t_1, \cdots, t_n), f(t_1', \cdots, t_n') \in \varphi^+ \tag{9-11}$$

式中，f 是 S_1 和 S_2 共同的函数。

可是，对于所给的 S_1 和 S_2，可能的配对一般存在多个。各配对 φ 每个关系一致，即谓词符号一致的类比可以按下面方法确定。

3）设 $t_j \in U(S_i)$，φ 是配对，α、α' 分别是 S_1、S_2 的事实，这时 α 和 α' 由 φ 而看成是相同的，是指对于谓词符号 P，写成

$$\alpha = P(t_1, \cdots, t_n),$$
$$\alpha' = P(t_1', \cdots, t_n')$$

并且 $<t_j, t_j'> \in \varphi^+$。依据 φ、α 和 α' 看成是相同的，将写成 $\alpha \varphi \alpha'$。根据类推，为了求得原子 α'，首先将规则

$$R': \alpha' \leftarrow \beta_1', \cdots, \beta_n'$$

利用 φ 由规则

$$R: \alpha \leftarrow \beta_1, \cdots, \beta_n$$

做出。由 $\alpha' \leftarrow \beta_1', \cdots, \beta_n'$ 和已知事实 $\beta_1', \cdots, \beta_n'$，用三段论就可推出 α'。基于 φ，由 R 构造 R' 称为规则的变换，求解 α' 的过程可以表达成图 9-3 的基本图式。

例示	$A \leftarrow B_1, \cdots, B_n$
利用 φ 进行规则变换	$\alpha' \leftarrow \beta_1, \cdots, \beta_n$
三段论法	$\beta_1', \cdots, \beta_n' \quad \alpha' \leftarrow \beta_1', \cdots, \beta_n'$
	α'

图 9-3　基本图式

在基本图式中，例示和三段论法属于演绎推理。如果规则变换可以在演绎系统内实现，那么类比推理就可以在演绎系统中得到统一处理。

9.3.5　因果推理

因果性是科学中的一个基本概念，它在提供解释、预测，以及决策和控制中扮演重要角色。因果推理（causal reasoning）能够"由果溯因"，实现"知其然，且知其所以然"，是通向可解释人工智能的关键。因果推理是解释性分析的强大建模工具，它可使当前的机器学习变得可解释。

因果推理通常需要的不仅是观测数据，还需要变量的先验知识。因果推理的步骤如下：

1）确定和清晰的定义所研究涉及的变量，以及研究的目标。

2）用因果图表示相关变量之间的因果关系。一般情况下是有向无环图。

3）在因果模型给定的情况下，清晰地定义有关因果效应的问题。一般包含珀尔（J. Pearl）提出的 do-operation 表达式来表示哪些变化将改变潜在的结果。

4）数据产生的一些假定。例如，数据是否独立同分布，在观察结果和潜在结果之间分布是否具有一致性。

5）在足够数据时估算出因果量。

6）确定因果量时，可以用各种机器学习和统计方法来估计其统计量。

7）在先验因果知识、数据产生等假定下，关注因果量的情况。

认知基础

珀尔在 20 世纪 80 年代最先把贝叶斯算法引入了机器学习领域（PEARL，2000）。2011年，他获得了计算机领域的最高奖项——图灵奖。2018 年，珀尔等出版了著作《为什么：关于因果关系的新科学》，讲述了珀尔本人在因果关系研究领域的经验与心得，他把对因果关系的认知分成了 3 个层级（PEARL et al.，2018）：

第 1 个层级是关联。凭着经验的观察可发现，有两件事情常常是一起出现的，它们之间有着很强的相关性。如果这种相关性一直存在，我们常常误把这种相关性当作是因果性来看待。大多数动物和当前的机器学习都处于这一层级，它们通过关联进行学习。

第 2 个层级是干预。通过有计划地采取行动（而非仅靠模仿行事）来进行干预，也可以通过实验来确定干预的效果。有时候我们靠观察得出来的因果关系结论是不可靠的，因此我们需要学会控制因果关系假设中的变量。这大概是婴儿获取大多数因果知识的方式，也是早期人类使用工具时获取知识的方式。

第 3 个层级是想象。可以想象并不存在的世界，考虑所谓的反事实；也就是在现有事实的基础上，我们试想假如某件事情没有出现，那么另一件事情还会不会继续出现，并推测观察到的现象的原因是什么。

因果关系演算由两种语言组成，即因果图和符号语言。因果图用以表达我们已经知道的事物。符号语言用以表达我们想知道的事物。因果图是由简单的点和箭头组成的图。点代表了目标量，即变量。箭头代表这些变量之间已知或疑似存在的因果关系。因果图能被用于概括现有的某些科学知识。

与图表式的"知识语言"并存的是符号式的"问题语言"，"问题语言"被用于表述我们想要回答的问题。例如，如果我们感兴趣的是药物（D）对病人生存期（L）的影响，可以用符号写成：$P(L \mid do(D))$。其中，do 是干预算子，以确保观察到的病人存活期 L 的变化能完全归因于药物本身。

反事实与数据之间存在着一种特别棘手的关系：因为数据就是事实，所以它无法告诉我们在反事实或虚构的世界里会发生什么；在反事实世界里，观察到的事实即数据被直接否定了。然而，人类的思维却能可靠地、重复地进行寻求背后解释的推理，将反事实置于因果关系之梯的顶层，充分表明人类意识进化的关键时刻，对虚构创造物的描述甚至可以引发认知革命。

9.3.6 常识性推理

常识性推理旨在帮助计算机更自然地理解人的意思以及跟人交互，其方式是收集所有背景假设，并将它们教给计算机。常识性推理的代表性系统之一是 Cycrop 公司的 Cyc 系统，该系统运营着一个基于逻辑的常识知识库。

Cyc 系统是由莱纳特（D. Lenat）在 1984 年开始研制的。该系统最开始的目标是将上百万条知识编码成机器可用的形式，用以表示人类常识（LENAT，1995）。CycL 是 Cyc 系统专有的知识表示语言，这种知识表示语言是基于一阶关系的。1986 年，莱纳特认为完成 Cyc 这样庞大的常识知识系统，涉及的 25 万条规则，并要花费约 350 个人年才能完成。1994年，以 Cyc 系统为基础，Cycorp 公司在美国得克萨斯州奥斯丁成立了。

2009 年 7 月，OpenCyc 2.0 版发布，涵盖了完整的 Cyc 本体，其中包含了 47000 个概念、306000 个事实。这些资源主要是分类断言，并不包含 Cyc 中的复杂规则。这些资源都采取 CycL 语言来进行描述，CycL 语言采取谓词代数描述，语法上与 Lisp 程序设计语言类似。CycL 和 SubL 解释器（允许用户浏览并编辑知识库，并具有推理功能）是免费发布给用户的，但是仅包含二进制文件，并不包含源代码。OpenCyc 具有针对 Linux 操作系统及微软 Windows 操作系统的发行版。开源项目 Texai 发布了 RDF（资源描述框架）版本的 OpenCyc 知识库。

Cyc 系统的知识库是由许多"microtheories"（Mt）构成的，概念集合和事实集合一般与特定的 Mt 关联。与整体的知识库有所不同的是，每一个 Mt 都相互之间并不矛盾，每一个 Mt 都具有一个常量名，以字符串"Mt"结尾。例如：#$MathMt 表示包含数学知识的 Mt，Mt 之间可以相互继承，以得到并组织成一个层次化的结构。例如#$MathMt 特化到更为精细的层次，便包含了 #$GeometryGMt，即有关几何的 Mt。

Cyc 系统的推理引擎是从知识库中经过推理获取答案的计算机程序。Cyc 系统的推理引擎支持一般的逻辑演绎推理，包括肯定前件假言推理（modus ponens）、否定后件假言推理（modus tollens）、全称量化（universal quantification）、存在量化（existential quantification）。

2011 年 2 月，IBM 公司"沃森"（Watson）超级计算机最终赢得某问答节目的冠军，勇夺 100 万美元大奖，它就采用了常识性推理 Cyc 系统。

9.4　问题求解

问题求解是指由一定的情景引起，按照一定的目标，应用各种认知活动、技能等，经过一系列的思维操作，使问题得以解决的过程。需要做出新的过程的问题求解被称为创造性问题求解，而采用现存的过程的问题求解被称为常规问题求解。

在人工智能中，问题求解的基本形式可描述如下：由两个集合 S、A 和 $S×A$ 到 S 的部分函数 f，以及 S 的两个元 s_i 和 s_g 构成的五元组 $<S,A,f,s_i,s_g>$ 称作问题，$s_g=f(f(\cdots(f(f(s_i,a_1),a_2),a_3),\cdots),a_n)$ 那样执行 A 的元 $a_1,\cdots,a_n$，称为那个问题的问题求解。

上述定义中，S、A、f、s_i、s_g 分别称为状态空间、操作集合、状态转移函数、初始状态、目标状态。所谓状态，是指为了描述事物特征的一组变元 q_0，q_1，$\cdots$，q_n 构成的一个有序组 $<q_0,q_1,\cdots,q_n>$，其中 q_i 的取值不同，即反映了事物的差异或变化。这里的每一个 q_i 都称为分量。这里 n 的有限性并不是一个必需的限制，也可以是无限个分量。通过引起状态中的某些分量发生变化，而使问题从一个状态变化到另一个状态的作用，称为操作。

一个问题用全部可能的状态及其相互关系的图来描述的方法，被称为状态空间表示法。利用状态空间表示法时，问题的求解过程也就转化为在状态空间中寻求从初始状态 s_i 到目标状态 s_g 的路径问题，或者说从 s_i 到 s_g 的操作序列的问题，即

$a=a_1,a_2,\cdots,a_n$

$s_g=f(f(\cdots(f(f(s_1,a_1),a_2)a_3),\cdots),a_n)$

智能系统所面临的实际问题，大多数属于部分信息环境中的不确定性问题，系统不知道与问题有关的全部信息，因而无法知道该问题的全部状态空间，不可能用一套算法来求解其中的所有问题。只有依靠部分状态空间和一些特殊的经验性规则来求解其中的部分问题。有的问题虽然是全信息环境的，但是由于解题效率太低，因此根本无法实现。为了提高解题效率，必须利用一些经验性的启发式信息。有些启发式信息对大量问题领域都通用，有些启发

式信息仅代表与某一特定问题的解有关的某种专门知识。启发式信息的表示方式一般有两种：

（1）规则　例如，下棋系统的规则不仅能简单描述一组合法棋步，而且能描述一组由书写规则的人确认的"高明"棋步。

（2）启发式函数　启发式函数能对单个问题状态做出估计，以确定其合乎要求的程度。

启发式函数是一个映射函数，它把问题状态描述并映射成希望的程度，而这种程度通常用数来表示。考虑问题状态的哪些方面，怎样对所考虑的方面做出估计，如何选择单方面的权等，都取决于搜索过程中某一给定结点处的启发式函数值，对该结点是否在通向问题求解结果的预想路径上做出尽可能好的估计。

启发式函数设计得好，对有效引导搜索过程、获得解具有重要作用。有时，非常简单的启发式函数对某一路径是否好，能做出相当令人满意的估计。但在有些场合下，则要使用非常复杂的启发式函数。下面列出了几个问题的启发式函数。

1）下棋：我方超过对方的棋子优势。
2）九宫重排：已归位的将牌个数。
3）巡回售货员问题：至此的距离总和。
4）一字棋：我方能赢的每一行赋值1，我方有一棋子的每一行算值1，我方有两棋子的每一行算值2，上述值的和。

注意，有时高的启发式函数值表明某位置相当好（如下棋、九宫重排、一字棋），而有时低的启发式函数值表明某有利情况（如巡回售货员问题）。一般说来，以何种方法指出函数关系不大。使用启发式函数的程序会酌情使值极小或极大。

启发式函数旨在当有多条路径可选时建议该选哪条路径，从而指导搜索过程朝最有利的方向搜索。启发式函数对搜索树（或图）中每一结点的真正优点估计得越精确，解题过程中就越少走弯路。在极端情况下，启发式函数能好得让系统不做任何搜索就直接走向某一解。可是对许多问题而言，计算启发式函数值的耗费，会超过由减少搜索过程而节省下来的耗费。但毕竟还是能够通过从所考虑的结点出发做完整搜索，并确定该搜索是否通向一个好的解，这就是算出一个完美的启发式函数的意义所在。一般说来，求启发式函数值的耗费与用该函数节省下来的搜索时间这两者总是有得有失的。

我们求解问题时，有的问题需要采用正向推理搜索策略，有的问题需要采用逆向推理搜索策略，也常常需要采用混合策略。混合策略首先求解某问题的主要部分，然后求解在整合主要部分时出现的小问题。手段目的分析法就是一种混合策略。

手段目的分析法是指人先有一个目标，该目标与人当前的状态之间存在着差异，人认识到这个差异，就要利用某种活动来缩小这个差异。但是要完成这个活动，还要先满足某些条件。手段目的分析法中的"目的"就是"目标"，所谓"手段"就是用什么活动去达到这个目标。

手段目的分析法的第一个人工智能程序是通用解题程序（GPS）。手段目的分析依赖于将一个问题状态转换成另一个问题状态的一组规则。不过，不用按照完整的状态描述来表达这些规则。只需将每条规则表达成左部和右部。左部描述应用此规则应该满足的条件，称为前件。右部描述此规则的应用会改变该问题状态的哪些方面，称为结果。下面列出一个简单的家用机器人所用的操作符。

操作符
- push(obj,loc)　前件
  　　at(robot,obj)∧large(obj)∧clear(obj)∧armempt
  　　结果
  　　at(obj,loc)∧at(robot,loc)
- carry(obj,loc)　前件
  　　at(robot,obj)∧small(obj)
  　　结果
  　　at(obj,loc)∧at(robot,loc)
- walk(loc)　前件
  　　无
  　　结果
  　　at(robot,loc)
- pickup(obj)　前件
  　　at(robot,obj)
  　　结果
  　　holding(obj)
- putdown(obj)　前件
  　　holding(obj)
  　　结果
  　　¬holding(obj)
- place(obj1,obj2)　前件
  　　at(robot,obj2)∧holding(obil)
  　　结果
  　　on(obj1,obj2)

表9-1是描述每一操作符何时适合的差别表。注意，有时可能有多个操作符都能缩小一给定差别，有时一给定操作符能缩小多个差别。

假设要机器人将一写字台从一房间搬到另一房间，放在写字台上的两件东西也随之搬走。则开始状态与目标状态之间的主要差别是写字台的位置。为缩小这一差别，应挑选push或carry。

表9-1　差别表

	push	carry	walk	pickup	putdown	place
移动对象	√	√				
移动机器人			√			
清除对象				√		
在对象上获取对象						√
清空手臂					√	√
保持对象						

若先选 carry，则要满足其前件，存在两个要缩小的差别：机器人的位置和写字台的大小。机器人的位置可用 walk 来处理，但没有操作符能改变写字台的大小（因未给操作符 saw—apart）。因此，该路径不通。沿另一分支，试应用 push。图 9-4 就是问题求解程序在此刻的进展。它已找到做某项有用事件的方法，但还不在做那件事项的状态，且即便做此事件也尚未完全到达目标状态。因此，现要缩小 A 与 B 之间的差别以及 C 与 D 之间的差别。

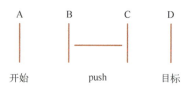

图 9-4　手段目的分析法的进展

push 有三条前件，其中两条产生开始状态与目标状态之间的差别。因为写字台很大，所以有一前件不建立差别。用 walk 把机器人带到正确的位置。用两次 pickup 可清掉写字台表面。但在一次 pickup 之后，试做第二次时有另一差别，即清空手臂。putdown 可用来缩减那一差别。

一旦做完 push，问题状态就接近但不完全到达目标状态。需要把物体放回在写字台上。place 能做此事，但不能立即应用：另一差别需要消去，因为机器人要抓物体。图 9-5 就是问题求解程序在此处的进展。

图 9-5　手段目的法的更大进展

先用操作符 walk 将机器人带回到物体处，再用 pickup 和 carry，从而缩小 C 与 E 之间的差别。采用手段目的分析法解决问题，可以缩小目标和当前状态之间的差异，减少步子，缩短距离，使问题易于得到解决。

9.5　决策理论

决策过程是一个信息流动和再生的过程：在决策的各个阶段，信息在信息源（通过信息载体）和决策者之间交互，将知识、数据、方法等传递给决策者，影响决策的制定；同时，决策形成过程中产生的新知识、新数据、新方法又回流到信息源，经过信息载体的整理加工，生成新的信息并记录下来，同时也完成信息载体中错误、陈旧信息的修改、更新工作；信息对决策的影响还体现在决策实施过程中，信息流可以随时把出现的情况和问题反馈给信息载体，经过信息再生过程后记录下来，用以指导新的决策工作。

西蒙倡导的决策理论，是以社会系统理论为基础，吸收古典管理理论、行为科学和计算机科学等的内容而发展起来的。由于他在决策理论研究方面的突出贡献，他被授予 1978 年度诺贝尔经济学奖。

西蒙认为，决策贯穿于管理的全过程，管理就是决策（SIMON, 1945）。决策是一个过程，至少包括以下四个步骤：①找出存在的问题，确定决策目标。②拟定各种可行的备择方案。③分析比较各备择方案，从中选出最满意的方案。④执行决策方案。西蒙对决策的程序、准则、类型及决策技术等做了科学的分析，并提出用"满意原则"来代替传统决策理论的"最优原则"。图 9-6 表示的是决策过程中的信息流动过程。

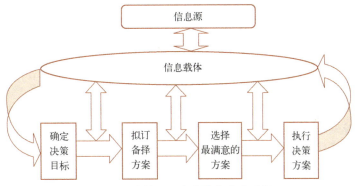

图 9-6　决策过程中的信息流动过程

信息源是指信息的出处。常见的信息源包括各种类型的出版物、档案资料、会议记录、传媒工具以及重要人物的讲话等。在计算机技术飞速发展的信息时代，各种类型的计算机情报检索数据库的建立，使得远距离快速获取信息成为可能。信息载体包括人脑、语言、文献资料和实物等。信息附着在信息载体上，并通过信息载体发挥作用。

信息流动的最终目的是要方便人们做出科学的决策以解决实际问题。信息是决策的基础，但并不是说只要有了信息，就一定可以做出正确的决策，关键在于如何对信息进行科学的加工处理。实际上，整个信息的流动过程也就是一个信息处理和再生的过程。只有以对充分的信息进行适当处理为基础，才能产生出新的、用以指导行动的策略信息。

9.5.1　决策效用理论

关于决策的最早的理论之一是"经典决策理论"，它反映了经济学的观点。经典决策理论假设决策者：

1）知晓所有可能的选择，以及每项选择可能带来的后果。
2）对各项选择之间的细微差异无限敏感。
3）在确定选择哪个选项时完全是理性的。

决策效用理论则主要考虑每个决策者的心理学成分，测出各个决策结果的效用值，并按效用期望值的大小来评价、选择方案。在进行一次性（或重复性不强）的风险决策时，应该求出各决策结果的效用值，而效用值可通过效用函数来计算。典型的效用函数曲线如图 9-7 所示。

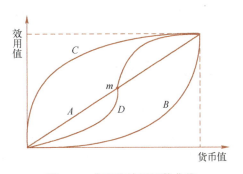

图 9-7　典型的效用函数曲线

曲线 A（中间型）：效用值与货币值呈线性关系。具有这种效用函数的决策者，对决策风险持中立态度，或者决策者认为该项决策可以重复进行，因此不必对决策的不利后果特别关注而谨慎从事。由于该效用函数是线性的，因此效用函数曲线与期望货币曲线重合。

曲线 B（稳妥型）：这是减速递增型效用函数，即虽随着货币值的增大效用值也递增，但递增的速度越来越慢。具有这种效用函数的决策者对亏损特别敏感，而对大量的收益兴趣不大，即宁可不赚大钱也不愿意承担大风险。

曲线 C（冒险型）：这是加速增加型效用函数，即随着货币值的增大效用值也随着递增，而且递增的速度越来越快。具有这种效用函数的决策者十分关注收益而不太顾及风险，敢于冒险，乐于做孤注一掷的大胆尝试。

曲线 D（组合型）：这是存在拐点的效用函数。具有这种效用曲线的决策者在货币值不大时具有一定的冒险胆略，但货币值增至一定数量时，决策者就转为采用稳妥策略了。曲线上的拐点 m 就是这一变化的分界线。

决策者做出各种合理决策的根据：
1) 所有可能选项都被考虑到了，这里假设某些选项是未能预见到的。
2) 最大程度地利用了已知信息，假设某些相关信息或许未能了解到。
3) 如果是主观的，仔细地衡量每一选项的潜在代价（风险）和利益。
4) 仔细地计算各种结果发生的概率，假设结果的必然性不可知。
5) 在考虑到上述所有因素的基础上最大限度地进行合理推理。

9.5.2 满意原则

西蒙指出，不是说人类必定无理性，而是说人类是有限理性的。西蒙提出了"满意原则"的决策策略。在"满意原则"中，人们并不需要考虑所有可能的选项，也不需要仔细计算整个选项库中哪一个选项可以最大限度地实现目标，同时使损失最小。相反，人们只是一个接一个地考虑各个选项，一旦发现有一个选项可以令自己满意，或者它已经足够好，可以达到能够接受的最低水平，此时便立即做出选择。因此，人们只考虑了最少数量的备择项目便可以做出一个决策，此对人们相信自己的最低要求已得到满足。

9.5.3 逐步消元法

在20世纪70年代，特沃斯基（A. Tversky）在西蒙有限理性思想的基础上观察到，当人们面临的选项远远多于其感觉自己能够合理应对的选项数目时，有时会采用另外一种策略。在这种情况下，人们并不会试图对所有可能选项的各个属性都予以考虑，而是会采用逐步消元法：首先集中关注这些选项的某一方面（属性），并且在这个方面制定一个最低标准，将那些不符合这一标准的选项排除；其次，在剩下的选项中，继续选择第二个方面（属性）并制定其最低标准，以此再去掉一些选项；依此类推，逐步消元，直到最后只有一个选项剩下。

特沃斯基观察到，人们经常是在非最优策略的基础上做出决策的。他和助手经过多次研究最终发现，人们在做决策的时候经常采用某些心理捷径甚至可能是偏见。这些捷径和偏见会限制甚至有时会扭曲人们做出理性决策的能力。人们利用的心理捷径是以其概率估计为中心的。

9.5.4 贝叶斯决策方法

利用贝叶斯公式求得后验概率,并根据后验概率进行决策的方法,称为贝叶斯决策方法。贝叶斯公式是关于随机事件 A 和 B 的条件概率和先验概率的概率判断。

$$P(A|B) = \frac{P(B|A)P(A)}{P(B)} \tag{9-12}$$

式(9-12)中,$P(A|B)$是在 B 发生的情况下 A 发生的可能性;$P(A)$是 A 的先验概率,它是根据历史资料或主观判断,未经实验证实所确定的概率,不考虑任何 B 方面的因素;$P(B|A)$是已知 A 发生后 B 的条件概率,也由于得自 A 的取值而被称作 B 的后验概率;$P(B)$是 B 的先验概率,也称作标准化常量。因此贝叶斯公式可表述为

$$后验概率 = \frac{相似度 \times 先验概率}{标准化常量}$$

也就是说,后验概率与先验概率和相似度的乘积成正比。另外,$P(B|A)/P(B)$有时也被称作标准相似度,因此贝叶斯公式可表述为

$$后验概率 = 标准相似度 \times 先验概率$$

9.6 小结

思维是具有意识的人脑对于客观现实的本质属性、内部规律性的自觉的、间接的和概括的反映。思维方式是人们进行思维活动时对特定对象进行反映的基本方式,即概念、判断、推理。人类思维的形态主要有感知思维、形象(直感)思维、抽象(逻辑)思维和灵感(顿悟)思维。

推理是从已有的知识得出新的知识的思维形式,在推理中可以清楚地看到人类思维的创造性。常用的推理方式有演绎推理、归纳推理、反绎推理、类比推理、因果推理、常识性推理。

管理就是决策,决策过程是一个信息流动和再生的过程,包括四个步骤:找出存在的问题,确定决策目标;拟定各种可行的备择方案;分析比较各备择方案,从中选出最满意的方案;执行决策方案。

思考题

9-1 试比较抽象思维和形象思维的不同点。
9-2 什么是演绎推理?举例说明演绎推理的重要性。
9-3 什么是归纳推理?举例说明归纳推理的重要性。
9-4 类比推理的基本原理是什么?
9-5 扼要阐述因果关系认知成分分层。
9-6 什么是常识性推理?如何实现常识性推理?
9-7 如何构建大规模知识库系统?
9-8 为什么说管理就是决策?一般决策过程包括哪些步骤?

第 10 章 智 力 发 展

智力发展是认知科学研究的重要内容。皮亚杰对儿童认知发展领域的语言、思想、逻辑、推理、概念形成、道德判断等进行长期的临床研究,创立了以智力发展阶段理论为核心的认知发展理论。这一理论不仅对世界心理学、认知科学的发展有重大影响,而且成为许多国家教育改革的重要理论依据。本章首先阐述智力的实质、智力的差异、智商以及智力的发展特征,然后介绍不同心理学家如何看待智力,讨论智力能否测量以及如何做到精确和客观地评估智力。

10.1 引言

人类认知是一个处于互动过程中的复杂系统,认知系统产生、编码、转换或者处理各种类型的信息。皮亚杰的理论可谓是智力发展领域的出发点。他提出了许多其他理论家迄今还在探究的重要问题。他通过四个阶段描述认知的质的变化:感知运动阶段、前运算阶段、具体运算阶段和形式运算阶段。皮亚杰的重要观点有:某种动作逻辑变成心理的逻辑运算,这种心理的逻辑运算应用于越来越抽象的表征中;认知系统在大量的环境经历过程中主动地创造了一个关于现实世界的心理结构,而并非是对所经历事物做一个简单的心理复制。人与环境的每一次认知冲突常常具有两个解决方式,即同化与顺应。同化实质上是按照个体已有的认知系统对外部资料进行解释或分析;环境际遇经过认知转化,从而与系统已拥有的知识和思考方式相一致。顺应则意味着对认知系统做出稍微的改变,以便顾及外部资料的结构。

受皮亚杰的影响,认知发展学家沿着五个主要方向开展工作。新的观点探究如下问题:

1) 比认知发展阶段更为有限的认知结构的可能性。
2) 儿童的表现随同一领域内的不同任务的变化而变化,或随不同领域的变化而变化的原因。
3) 变化过程。
4) 生物影响和过程。
5) 认知的社会方面(FLAVELL et al.,2001)。

新皮亚杰主义融合了皮亚杰的观点、信息加工理论,有时还包括社会文化理论。与皮亚杰不同,他们研究的是认知技能的领域特殊性、心理容量的发展变化,以及对认知活动的社会支持。例如,凯斯(R. Case)强调的是心理容量和问题解决策略在认知发展中的作用。认知发展的过程包括对环境中更多元素的加工和协调、对信息的区分,以及将设置次级目标作为达成最终目标的手段。一组领域特殊性的核心概念结构,负责协调诸如对客体的探索、对他人的观测和模仿,以及在解决诸如数或社会认知等某一特定领域的问题时与他人的合作等活动。

信息加工理论的出发点是信息在一个类似于计算机的系统内的流动。人类注意信息,将其转化为某种信息表征,将其与自身已有的信息加以比较,赋予一定的含义并加以储存。儿童信息加工速度的提高,以及由此导致的容量的增长,促进了其认知的发展。儿童对刺激编码的灵活性和全面性的提高,以及各种新策略的获得,也是重要的变化来源。然而,能够加工多少信息的限制严重束缚了儿童的发展。研究者通过计算机模拟或者对行为进行详细而精确的描述,对认知发展的各种假设进行检验。信息加工连接主义或神经计算,各种各样强度的连接模式的变化,构成了认知变化。连接主义者强调与大脑的类比。

各种生物理论有望揭示大脑发展的作用。新近在神经成像方面的进展,激发人们对认知神经发展科学的浓厚兴趣。大脑变化和行为变化之间的相关,暗示着两者之间的双向影响,在某一个发展时刻大脑制约和促进思维,行为反过来决定着大脑接收的刺激的性质。先天模块论采纳的是相当激进的观点,认为某些基本的概念是先天具有的。每个模块是某一个特定领域所特有的,诸如语言、面孔再认或物理客体,并且只是相当松散地与其他模块相联系。

目前,"理论"观点十分活跃,特别是在心理理论领域。研究者研究儿童非正式的直觉的关于世界的"理论",或连贯的因果解释框架。幼儿可能只有一些"理论",而年长儿童可能具有各种各样领域的"理论"。一个"理论"包含一组关于某一领域内的实体和这些实体之间关系的信念。"理论"不同于其他类型的心理表征,它是解释性的,可以回答"为什么"的问题。

认知动力系统框架理论试图把整个认知系统结合起来。因为认知系统是自组织的,所以它根据自身的当前状态和系统所处的特定环境组织某个概念和行动。该理论考查认知系统每一时刻的变化,正是这种变化构成了认知变化。

源自维果茨基的社会文化理论,将处于社会情境中的儿童作为分析的主要单元。社会文化历史的综合影响和邻近的社会影响,尤其是父母和其他具有重要意义的成人,是儿童认知变化的主要来源。成人和年长的同伴对儿童解决问题进行指导、支持、鼓励和纠正,从而推动儿童跨越最近发展区。儿童通过参与指导性的活动,达到他们认知功能的最高水平。通过观察具有较高认知能力的他人,以及在成人的指导下尝试新的技能,儿童像学徒那样主动地学习许多内容。

所有这些目前均十分活跃的理论,为我们提供了更加全面的视野,有助于我们认识儿童是如何通过主动建构类别、规则、认知结构、技能、理论和程序而认识世界的。生物和环境既促进又制约儿童认知发展。儿童通过同化、顺应、编码以及与成人或同伴的协同建构,而建构知识体系。

10.2　智力理论

智力(intelligence)是什么?迄今为止心理学家尚未提出一个为众人所接受的明确的定义。有人认为,智力主要是抽象思维的能力;也有心理学家将智力解释为"适应能力""学习能力""获得知识的能力""认识活动的综合能力";还有某些智力测验的先驱认为"智力就是智力测验的那个东西"。心理学家对智力所下的定义,大致可分为三类:

(1) 智力是个体适应环境的能力　对其所生活的环境,尤其对变化莫测的新环境越能适应的人,智力越高。

（2）智力是个体学习的能力　能较易、较快学习新事物，又能利用经验解决困难问题的人，其智力较高。这种定义，在学校教育上具有实际的意义。

（3）智力是个体抽象思维的能力　能由具体事物获得概念，能运用概念做逻辑推理、判断的人，则其智力较高。

当代著名测验学家魏斯勒（D. Wechsler）综合上面三种意见，将智力定义为：智力是个体有目的的行为、合理的思维，以及有效地适应环境的综合能力。

以上各种定义，尽管有的强调某一侧面，有的重视全体，但在两个方面是共同的：

1）智力是一种能力，而且是潜在的能力。

2）这种能力通过行为表现。表现方式可以是适应环境、学习、抽象思维等行为的单独表现，也可以是上述三种行为的综合表现。换言之，智力可看作是个体在事、物、情景各方面表现的功能，而这些功能是由行为而表现。

10.2.1　智力的因素论

1. 智力的二因论

英国心理学家斯皮尔曼（C. Spearman）在 20 世纪初最早对智力问题进行了探讨。他发现，几乎所有心理能力测验之间都存在正相关。斯皮尔曼提出，在各种心理任务上的普遍相关是由一个非常一般性的心理能力因素或称 g 因素所决定的。在一切心理任务上，都包括一般因素（g 因素）和特殊因素（或称 s 因素）两种因素。g 因素是人的一切智力活动的共同基础，s 因素只与特定的智力活动有关。一个人在各种测验结果上所表现出来的正相关，是由于这些测验都涉及共同的 g 因素；而测验结果又不完全相同，则是由于每个测验包含着不同的 s 因素。斯皮尔曼认为，g 因素就是智力，它不能直接由任何一个单一的测验题目来度量，但可以由许多不同测验题目的平均成绩进行近似的估计。

2. 流体智力和晶体智力说

20 世纪中期以后，卡特尔（R. Cattell）提出了流体智力和晶体智力理论。他认为，一般智力或 g 因素可以进一步分成流体智力和晶体智力两种。流体智力是指一般的学习和行为能力，由速度、能量、快速适应新环境的测验度量，如逻辑推理测验、记忆广度测验、解决抽象问题和信息加工速度测验等。晶体智力是指已获得的知识和技能，由词汇、社会推理以及问题解决等测验度量。

卡特尔认为，流体智力的主要作用是学习新知识和解决新异问题，它主要受人的生物学因素影响；晶体智力的主要作用是处理熟悉的、已加工过的问题。晶体智力一部分是由教育和经验决定的，一部分是早期流体智力发展的结果。

到 20 世纪 80 年代，进一步的研究发现，随着年龄的增长，流体智力和晶体智力经历不同的发展历程。和其他生物学方面的能力一样，流体智力随生理成长曲线的变化而变化，在 20 岁左右达到顶峰，在成年期保持一段时间以后，开始逐渐下降；而晶体智力的发展在成年期不仅不下降，而且在以后的过程中还会有所增长。由于流体智力影响晶体智力，它们彼此相关，因此我们可以假想，不论人的能力有多少种，也不论要处理的任务性质如何，在一切测验分数或成绩的背后，存在一种类似于 g 因素的一般心理能力。在大多数智力测验中，均包括偏重于测量晶体智力和流体智力的两类题目。

3. 智力多因素论

美国心理学家瑟斯顿（L. L. Thurstone）于1938年对芝加哥大学的学生实施了56个能力测验，他发现，某些能力测验之间具有较高的相关性，而与其他测验的相关较低，它们可归为7个不同的测验群：字词流畅性，语词理解，空间能力，知觉速度，计数能力，归纳推理能力和记忆能力。瑟斯顿认为，斯皮尔曼的二因素理论不能很好地解释这种结果，过分强调g因素也达不到区分个体差异的目的，因此，他提出智力由以上7种基本心理能力构成，并且各基本心理能力之间彼此独立。这是一种多因素论。根据多因素论的思想，瑟斯顿编制了基本心理能力测验。其研究结果发现，7种基本心间能力之间都有不同程度的正相关，似乎仍可以抽象出更高级的心理因素，也就是g因素。

10.2.2 多元智力理论

多元智力理论是由美国心理学家加德纳（H. Gardner）提出的。他认为，智力的内涵是多元的，由7种相对独立的智力成分所构成。每种智力成分都是一个单独的功能系统，这些系统可以相互作用，产生外显的智力行为。这7种智力成分为：

（1）言语智力　言语智力渗透在所有语言能力之中，包括阅读、写文章以及日常会话能力。

（2）逻辑—数学智力　逻辑—数学智力包括数学运算与逻辑思维能力，如做数学证明题及逻辑推理。

（3）空间智力　空间智力包括导航、认识环境、辨别方向的能力，比如查阅地图和绘画等。

（4）音乐智力　音乐智力包括对声音的辨别与韵律表达的能力，比如拉小提琴或作曲等。

（5）身体运动智力　身体运动智力包括支配肢体完成精密作业的能力，比如打篮球、跳舞等。

（6）人际智力　人际智力包括与人交往且能与人和睦相处的能力，比如理解别人的行为、动机或情绪。

（7）内省智力　自省智力是指对自身内部世界的状态和能力具有较高的敏感水平，包括认识自己并选择自己生活方向的能力。

10.2.3 智力结构论

美国心理学家吉尔福特（J. P. Guilford）认为，智力活动可以区分出3个维度，即内容、操作和产物，这3个维度的各个成分可以组成为一个三维智力结构模型。智力活动的内容包括听觉、视觉（所看到的具体材料，如大小、形状、位置、颜色）、符号（字母、数字及其他符号）、语义（语言的意义概念）和行为（本人及别人的行为）。它们是智力活动的对象或材料。操作是指智力活动的过程，它是由上述种种对象引起的，包括认知（理解、再认）、记忆（保持）、发散思考（寻找各种答案或思想）、聚合思考（寻找最好、最适当、最普通的答案）和评价（做出某种决定）。

智力活动的产物是指运用上述操作所得到的结果。这些结果可以按单元计算（单元），可以分类处理（类别），也可以表现为关系、转换、系统和应用。由于这3个维度的存在，因此人的智力可以在理论上区分为 5×5×6=150 种（见图 10-1）。

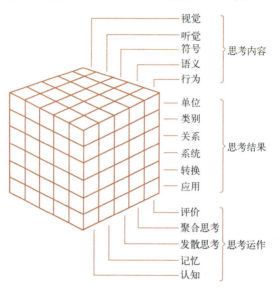

图 10-1　三维智力结构模型

吉尔福特的三维智力结构模型同时考虑到智力活动的内容、操作和产物，对推动智力测验工作起了重要的作用。1971 年吉尔福特宣布，测验结果已经证明了三维智力结构模型中的近百种能力。这一成就对智力测验的理论与实践，无疑是巨大的鼓舞。

10.3　智力的测量

从智力测验的观点看，行为可以表现智力的观念是极为重要的。因此，有些心理学家干脆把智力定义为：智力是一种智力测验的对象。我们可以进一步追问：智力测验所测量的对象是什么？这个问题虽不易回答，但有一点是肯定的，即所测的对象绝非智力本身，而是个体表现在外的行为。间接地测量个体表现在外的行为特征，并量化，以推估个体智力的高低，这就是智力测量的基本原则。智力本身只是一个抽象的概念，无法直接测量。这正如物理学上的"能"，必须经由物体运动所做的功率以衡量。

在 20 世纪初，法国心理学家比奈（A. Binet）承担了编制一套测验的任务，该测验用以鉴定有智力缺陷的学生，让他们能够进入不教授标准课程的学校。从那以后智力测验就用来帮助预测儿童的能力，预测他们在"智力"训练中获益多少。现在越来越多地倾向于编制和应用智力测验去测定人的能力的不同方面。对于智力测验的主要要求就是要将人准确地按照能力的类别进行分组。这个要求能否得到满足有赖于智力理论的研究和新智力测验的创造。

智力测验有多种。如：按被试人数分成个人测验和团体测验；以限定时间内做出正确反应的数目决定分数的，为速度测验；而以成功完成作业的难度决定分数的，为才能测验；要求以言语回答问题的为言语测验，以非言语的动作反应回答问题的为作业测验。不管是哪种类型的智力测验，它们一般都包括数量较大、内容不同的测验项目或作业。智力测验的分数就是根据成功地完成作业的数目来确定的。

智力测验的每一项目都能提供与之适合的年龄水平值。当测试一个儿童时，他所得到的分数是以他通过的项目的数目为依据的。因此他的分数可以用年龄来表示。例如，特曼（L. M. Terman）等人的测验要求给每一个词下定义，有 60% 的 13 岁儿童能做对，就将这一项目在测验中规定为 13 岁。

假设一个孩子通过了 10 岁儿童测验（10 岁及 10 岁以前）的全部项目，他还通过了 11 岁和 12 岁儿童测验的某些项目。以他 10 岁儿童测验的所有项目记分，11 岁的儿童测验项目通过 1/2，12 岁的儿童测验项目通过了 1/4，那么他的记分就再加上 6 个月（11 岁的）和 3 个月（12 岁的），把他的分数全部加在一起为 10 年 9 个月，这就是智力年龄（MA，简称智龄）。因此，智龄是根据智力测验的作业成绩换算而得的，它是由所通过的测验项目的难度水平决定的。

智商（IQ）定义为智龄除以实足年龄，然后乘以 100，公式如下

$$智商(IQ) = \frac{智龄(MA)}{实足年龄(CA)} \times 100 \tag{10-1}$$

公式中乘以 100 可以消去小数，使所得的智商成为整数。这种确定智商的方法是假定智力年龄是与实际年龄一起增长的。如果相反，在到达某一实际年龄时智力年龄不再增长，那么一个人若已到此年龄，此后他的年龄再增长时，则他所得的智商就越来越小。但实际上他的智商并未减少。人到达一定的实际年龄之后，智力年龄的发展就停留在相对稳定的水平。由于在 15 岁时智力年龄不再与实际年龄成正比增加，因此对 15 岁及 15 岁以上的人所用求智商的公式为

$$IQ = \frac{MA}{15} \times 100 \tag{10-2}$$

这种方法也不能取得满意的结果。魏斯勒（D. Wechsler）提出成人智力量表，主要内容如下：

1）性质及内容：在性质上，这个测验项目分为言语和作业两类。前者包括常识、理解、算术、类同、记忆广度、词汇 6 个分测验，共计 84 题。后者包括物形配置、填图、图系排列、按照图案搭积木、符号替换 5 个分测验，共计 44 题。两者合起来为 128 题。题目性质广泛，所测为个人普通能力。

2）适用范围：适用于 16 岁以上的成人。

3）实施程序：个别实施，全测验约需 1 h。

4）记分与标准：各分测验的原始分数经过换算变为加权分数。前 6 个分测验的加权分数之和即为言语量表的总分。后 5 个分测验的加权分数之和即为作业量表的总分。两个量表的总分相加即为全测验的总分。量表总分可再按年龄组别查对照表而求得标准分数智商。

本测验标准的建立是根据具有代表性的 700 人所组成的标准化样本。在此样本中对性别（男女各半）、年龄（16~64 岁）、地域、种族、职业以及教育程度等因素均有适当分配，故其代表性甚高。

5）信度与相关系数：由折半法求得信度系数为言语量表 0.96，作业量表 0.93，全量表 0.97。相关系数的研究以斯坦福—比奈量表为标准，求得相关系数为言语量表 0.83，作业量表 0.93，全量表为 0.85。

个体智力存在差异。如对大量未经选择的人，施以智力测验，得到的智商分布见表 10-1。

这是采用1973年修订的斯比量表，对2~18岁的2904人进行智力测验的结果。由智商分布表看出，智商极高及极低的均占少数，大多数人的智力属于中等或接近中等。

表 10-1　智商分布

智 商	类 别	百 分 比 (%)
140 及其以上	优异	1
120~139	优	11
110~119	中上	18
90~109	中等	46
80~89	中下	15
70~79	临界	6
70 以下	弱智	3

美国心理学家特曼，采用追踪观察的方法来研究智力超常儿童的才能发展。在1921年—1923年期间，特曼选择1528名智商超过130的中小学生，其中男生857人，女生671人。他对所有研究对象都做了学校调查和家庭访问，详细了解老师和家长对他们智力的评价，还对1/3的人做了体格检查。1928年他回访这些学生所在的学校和家庭，了解他们进入青少年时期以后的智力发展和变化情况。1936年，这些研究对象都已经长大成人，各自走上了不同岗位。特曼继续采用通信的方式进行随访，掌握他们的才能发展状况。1940年，他特地把这些研究对象邀集到斯坦福大学来座谈，并且做了一次心理测验。以后，他仍旧坚持每隔5年做一次通信调查，直到1960年。

特曼逝世以后，美国心理学家西尔斯（R. R. Sears）等人继续进行这项研究。1960年，这些研究对象的平均年龄已达49岁。西尔斯做了一次通信调查，被调查的人数是最初（1528人）的80%。1972年，他再次进行了通信随访，被调查的人数保持在最初（1528人）的67%。这时，他们的平均年龄已经超过60岁。

该研究前后持续了半个世纪，积累了大量的宝贵资料。研究表明：早期智力超常并不能保证成年以后具备杰出的才能，卓有建树；一个人的能力与儿童期的智力关系不大；有才能、有成就的人并不都是老师和家长认为十分聪明的人，而是那些长年锲而不舍、精益求精的人。由于这项研究成果在心理学上具有重大意义，美国心理学会（APA）在1976年把卓越贡献奖授予这项研究。

怎样鉴别优秀儿童（学生）呢？美国学者里思（J. P. Rice）提出以下17项可用于鉴别的心理学准则。

1）知识和技能：具有基本技巧和知识，能够适当应用这些技巧解决具体问题。

2）注意力集中：不容易分心，能在充分的时间里对一个问题集中注意力，来求得解决的办法。

3）热爱学习：喜欢探讨问题和做作业。

4）坚持性：把指定的任务作为重要目标，用急切的心情去努力完成它。

5）反应性：容易受到启发，对成人的建议和提问都能做出积极反应。

6）理智的好奇心：从自己解答问题中得到满足，并且能够自己提出新的问题。

7）对挑战的反应：乐意处理比较困难的问题，乐于完成作业和进行争论。

8）敏感性：具有超过年龄的机灵性和敏锐的观察力。

9）口头表达的熟练程度：善于正确地应用众多的词汇。

10）思维流畅：能够形成许多概念，善于理解新的、比较深刻的概念。

11）思维灵活：能够摆脱自己的偏见，用他人的观点看问题。

12）独创性：能够用新颖的或者异常的方法去解决问题。

13）想象力：能够独立思考，富于想象力。

14）推理能力：能够把给定的概念推广到比较广泛的关系中去，能够从整体的关系中去理解给定的材料。

15）兴趣广泛：对各种学问和活动都感兴趣，如艺术：戏剧、书法、阅读、数学、科学、音乐、体育活动和社会常识。

16）关心集体：乐于参加各种集体活动，助人为乐，和他人融洽相处，对别人不吹毛求疵。

17）情绪稳定：经常保持自信、愉快和安详，有幽默感，能够适应日常变化，不暴怒。

10.4　皮亚杰的经典认知发展理论

1882年德国生理学家和心理学家普莱尔（W. Preyer）的《儿童心理》一书问世，标志着科学儿童心理学的诞生。在这之后100多年来，各国心理学家对儿童智力成长过程进行了大量观察和研究，在这些人当中有盖塞尔（A. Gesell）的自然成熟论、弗洛伊德（S. Freud）精神分析理论、华生（J. B. Watson）行为主义以及埃里克森（E. H. Erikson）人格发展渐成说等，他们的工作增进了人们对儿童智力发展的理解，同时也成了当今儿童发展心理的主要流派，其影响是巨大而深远的。

皮亚杰的心理学，从实验到理论都有独到之处。皮亚杰学派对儿童的语言、判断、推理、因果观、世界观、道德观念、符号、时间、空间、数、量、几何、或然、守恒、逻辑等问题进行了大量的实验研究，为儿童心理学、认知心理学或思维心理学开辟了新园地，提出了一套全新的学说。对当代儿童心理学产生了广泛而又深刻的影响。

根据皮亚杰的推论，人类生来就有组织和适应倾向，人类将事物系统地予以组合使之成为系统、严密的整体，称为组织倾向。人类对环境的适应或调整称为适应倾向。人类的智能过程将经验转换成适应新情境所需的认知结构，与生物学过程将食物消化并转换成身体所需的能量一样。人类的认知过程求均衡作用，与生物学过程维持平衡相同。均衡作用是一种自动调节作用，它使人类所获的概念得到稳定。适应倾向是通过顺应和同化两种相互配合发生作用的。顺应是改变自己的认知结构或认知模式，以适应新的经验。同化是融合新的经验于现存的认知结构里。皮亚杰对孩子是如何犯错误的思维过程进行了长期的探索，发现分析一个儿童对某问题的不正确回答比分析正确回答更具有启发性。采用临床法（clinical method）方法，皮亚杰先是观察自己的三个孩子，之后与其他研究人员一起，对成千上万的儿童进行观察，他找出了不同年龄儿童思维活动的质的差异以及影响儿童智力的因素，进而提出了独特的儿童智力阶段性发展理论，引发了一场儿童智力观的革命。虽然这一理论在很多方面目前仍存在争论，但正如一些心理学家指出的，它是"迄今被创造出来的唯一完整系统的认知发展理论"。

10.4.1 图式

皮亚杰认为智慧是有结构基础的，而图式就是他用来描述智慧（认知）结构的一个特别重要的概念（PIAGET，1968）。皮亚杰对图式的定义是"一个有组织的、可重复的行为或思维模式"。简单地说，图式就是动作的结构或组织。图式是认知结构的一个单元，一个人的全部图式组成这个人的认知结构。初生的婴儿，具有吸吮、哭叫，以及视、听、抓握等行为，这些行为是与生俱来的，是婴儿能够生存的基本条件，这些行为是先天性遗传图式，全部遗传图式综合构成一个初生婴儿的智力结构。遗传图式是在人类长期进化的过程中所形成的。以这些先天性遗传图式为基础，随着儿童年龄的增长及机能的成熟，在与环境的相互作用中，通过同化、顺应及平衡的作用（后述），图式不断得到改造，认知结构不断发展。儿童在智力发展的不同阶段，有着不同的图式。如：在感知运动阶段，其图式被称为感知运动图式；在思维的运算阶段，其图式就是运算思维图式。

图式作为智力的心理结构，是一种生物结构，它以神经系统的生理基础为条件，目前的研究还无法指出这些图式的生理性质和化学性质。但是这些图式在人的头脑中的存在是可以根据观察到的行为推测的。事实上，皮亚杰是根据大量的、通过临床法所观察到的现象，结合生物学、心理学、哲学等学科的理论，运用逻辑学以及数学概念（如群、群集、格等）来分析描述智力结构的。由于这种智力结构符合逻辑学和认识论原理，因此图式不仅是生物结构，而且是一种逻辑结构（主要指运算图式）；尽管视觉抓握动作的神经生理基础是新神经通路髓鞘形成，而髓鞘形成似乎是遗传程序的产物。包含着遗传因素的自然成熟也确实在使儿童智慧发展遵循不变的连续阶段的次序方面起着不可缺少的作用，但在从婴儿到成人的图式发展中，成熟并不起决定作用。智慧演变为一种机能性结构，是诸多因素共同作用下的结果。儿童成长过程中智力结构的完整发展不是由遗传程序所决定的。遗传因素主要为发展提供了可能性，或是说为结构提供了门径，在这些可能性未被提供之前，结构是不可能演化的。但是在可能性与现实性之间，还必须有一些其他因素，例如练习，以及经验和社会的相互作用等。

还必须指出，皮亚杰所提出的智力结构具有三种性质，即整体性、转换性和自动调节性。结构的整体性是指结构具有内部融贯性，各成分在结构中的安排是有机的联系，而不是独立成分的混合，整体和部分都由一个内在规律所决定。一个图式有一个图式的规律，由全部图式所构成的儿童的智力结构并非各个图式的简单相加。结构的转换性是指结构并不是静止的，而是有一些内在的规律控制着结构的发展，儿童的智力结构在同化、顺应、平衡的作用下不断发展，就体现了这种转换性。结构的自动调节性是指结构由于其本身的规律而自行调节，结构内的某一成分的改变必将引起其结构内部其他成分的变化；只有作为一个自动调节的转换系统的整体，才可被称为结构。

同化与顺应是皮亚杰用于解释儿童图式的发展或智力发展的两个基本过程。皮亚杰认为"同化就是外界因素整合于一个正在形成或已形成的结构"，也就是把环境因素纳入主体已有的图式或结构之中，以加强和丰富主体的动作。也可以说，同化是通过已有的认知结构获得知识（本质上是旧的观点处理新的情况）。例如，学会抓握的婴儿看见床上的玩具时，会反复用抓握的动作去获得玩具。当他独自一个人，玩具又较远，手够不着（看得见）时，他仍然试图用抓握的动作得到玩具，这一动作过程就是同化，即婴儿用以前的经验来对待新的情境（远处的玩具）。从以上解释可以看出，同化的概念不仅适用于主体的生活，也适用于行为。顺应是指"同化性的格式或结构受到它所同化的元素的影响而发生的改变"也就是改变主体动作以适应客观变化，也可以说是改变认知结构以处理新的信息（本质上即改变旧观点以适应新情况）。例如上面提到那个婴儿为了得到远处的玩具，反复抓握，偶然地他抓到床单一拉，玩具从远处来到了近处，这一动作过程就是顺应。

皮亚杰以同化和顺应释明了主体认知结构与环境刺激之间的关系。同化时主体把刺激整合于自己的认知结构内，一定的环境刺激只有被个体同化（吸收）于他的认知结构（图式）之中，主体才能对其做出反应达到平衡。或者说，主体之所以能对刺激做出反应，也就是因为主体已具有使这个刺激被同化（吸收）的结构，使得这个结构具有对其做出反应的能力。认知结构由于受到同化刺激的影响而发生改变，这就是顺应，不做出这种改变（顺应），就无法达到平衡。简言之，刺激输入的过滤或改变叫作同化，而内部结构的改变以适应现实就叫作顺应。同化与顺应之间的平衡过程，就是认识的适应，也即是人的智慧行为的实质所在。

同化不能改变或更新图式，顺应则能起到这种作用。但皮亚杰认为，对智力结构的形成主要有贡献的机能是同化。虽然顺应使结构得到改变，但却是同化过程中主体动作的重复和概括导致了结构的形成。

运算是皮亚杰理论的主要概念之一。在这里运算指的是心理运算。心理运算是内化了的、可逆的、有守恒前提、有逻辑结构的动作。从这个定义中可看出，心理运算具有4个重要特征：

1）心理运算是一种在心理上进行的、内化了的动作。例如，把热水瓶里的水倒进杯子里去，倘若我们实际进行这一倒水的动作，就可以见到在这一动作中有一系列外显的、直接诉诸感官的特征。然而对于成人和一定年龄的儿童来说，可以用不着实际去做这个动作，而在头脑里想象完成这一动作并预见它的结果。这种心理上的倒水过程，就是所谓"内化的动作"，是动作能被称为心理运算的条件之一。可以看出，心理运算其实就是一种由外在动作内化而成的思维，或是说在思维指导下的动作。新生婴儿也有动作，如哭叫、吸吮、抓握等，这些动作都是一些没有思维的反射动作，所以不能算作心理运算。事实上心理运算还有其他一些条件，儿童要到一定的年龄才能出现可称为心理运算的动作。

2）心理运算是一种具有可逆性（reversibility）的内化动作。这里又引出了可逆的概念。可以继续用上面倒水过程的例子加以解释，在头脑中我们可以将水从热水瓶倒入杯中，事实上我们也能够在头脑中让水从杯中回到热水瓶去，这就是可逆性，可逆是动作成为心理运算的又一个条件。一个儿童如果在思维中具有了可逆性，可以认为其智慧动作达到了运算水平。

3）心理运算是有守恒性（conservation）前提的动作。当一个动作已具备思维的意义，这个动作除了应是内化的可逆的动作外，它同时还必定具有守恒性前提。所谓守恒性是指认识到数目、长度、面积、体积、重量、质量等尽管以不同的方式或不同的形式呈现，但保持不变。装在大杯中的100 mL水倒进小杯中仍是100 mL，一个完整的苹果切成4小块后其重量并不发生改变。自然界能量守恒、动量守恒、电荷守恒都是具体的例子。当儿童的智力发展到了能认识到守恒性，则儿童的智力就达到运算水平。守恒性与可逆性是内在联系着的、同一过程的两种表现形式。可逆性是指过程的转变方向可以为正或为逆，而守恒性表示过程中量的关系不变。儿童思维如果具备可逆性（或守恒性），则差不多可以说他们的思维也具备守恒性（或可逆性）。否则两者都不具备。

4）心理运算是具有逻辑结构的动作。前面介绍过，智力是有结构基础的，即图式。儿童的智力发展到运算水平，即动作已具备内化、可逆性和守恒性特征时，智力结构演变成运算图式。运算图式不是孤立存在的，而是存在于一个有组织的运算系统之中。一个单独的内化动作并非心理运算，而只是一种简单的直觉表象。而事实上动作不是单独的、孤立的，而是互相协调的、有结构的。例如，人们为了达到某种目的而采取动作，这时需要动作与目的有机配合，而在达到目的的过程中形成动作结构。在介绍图式时已说过，运算图式是一种逻辑结构，这不仅是因为心理运算的生物学生理基础目前尚不清楚，是由人们推测而来的，而且是因为这种结构的观点是符合逻辑学和认识论原理的。因此心理运算又是具有逻辑结构的动作。

以心理运算为标志，儿童智力的发展阶段可以分为前运算时期和运算时期，又可将前运算时期分为感知运动阶段和表象阶段，将运算时期区分为具体运算阶段和形式运算阶段。

10.4.2 儿童智力发展阶段

皮亚杰将儿童从出生后到 15 岁的智力发展划分为 4 个阶段。对于发展的阶段性，皮亚杰概括有 3 个特点：

1）阶段出现的先后顺序固定不变，不能跨越，也不能颠倒。它们经历不变的、恒常的顺序，并且所有的儿童都遵循这样的发展顺序，因而阶段具有普遍性。任何一个特定阶段的出现不取决于年龄而取决于智力发展水平。皮亚杰在具体描述阶段时附上了大概的年龄只是为了表示各阶段可能出现的年龄范围。事实上由于社会文化不同，或文化相同但教育不同，各阶段出现的平均年龄有很大差别。

2）每一阶段都有独特的认知结构，这些相对稳定的结构决定儿童行为的一般特点。儿童发展到某一阶段，就能从事水平相同的各种性质的活动。

3）认知结构的发展是一个连续构造（建构）的过程，每一个阶段都是前一阶段的延伸，在新水平上对前面阶段进行改组而形成新系统。所有阶段的结构形成一个结构整体，它不是无关特性的并列和混合。前面阶段的结构是后面阶段结构的先决条件，并为后者所取代。

1. 感知运动阶段（出生至 2 岁左右）

自出生至 2 岁左右，是智力发展的感知运动阶段。在此阶段的初期即新生儿时期，婴儿所能做的只是为数不多的反射性动作。通过与周围环境的感觉运动接触，即通过他施加给客体的行动和这些行动所产生的结果来认识世界。也就是说婴儿仅靠感觉和知觉动作的手段来适应外部环境。这一阶段的婴儿形成了动作格式的认知结构。皮亚杰将感知运动阶段根据不同特点再分为 6 个分阶段。从刚出生时婴儿仅有的诸如吸吮、哭叫、视听等反射性动作开始，随着大脑及机体的成熟，在与环境的相互作用中，到此阶段结束时，婴儿渐渐形成了随意但有组织的活动。在感知运动阶段，儿童仍只能对当前感觉到的事物施以实际的动作。在阶段中、晚期，儿童形成物体永久性的意识，并有了最早期的内化动作。

2. 前运算阶段（2~7 岁）

与感知运动阶段相比，前运算阶段儿童的智慧在质方面有了新的飞跃。到前运算阶段，物体永久性的意识得到巩固，动作大量内化。随着语言的快速发展及初步完善，儿童频繁地借助表象符号（语言符号与象征符号）来代替外界事物，重视外部活动，开始从具体动作中摆脱出来，凭借象征格式在头脑里进行"表象性思维"，所以这一阶段又称为表象思维阶段。

皮亚杰将此阶段的思维称为半逻辑思维，与感知运动阶段的无逻辑、无思维相比，这是一大进步。

3. 具体运算阶段（7~11岁）

以儿童出现了内化了的、可逆的、有守恒前提的、有逻辑结构的动作为标志，儿童智力进入运算阶段，首先进入具体运算阶段。

具体运算是指儿童的思维运算必须有具体的事物支持，有些问题在具体事物帮助下可以顺利获得解决。皮亚杰举了这样的例子：爱迪丝头发的颜色比苏珊的淡些，爱迪丝头发的颜色比莉莎的黑些，问儿童"谁的头发最黑？"这个问题如果是以语言的形式出现的，则具体运算阶段的儿童难以正确回答。但如果拿来3个头发黑白程度不同的布娃娃，分别命名为爱迪丝、苏珊和莉莎，按题目的顺序两两拿出来给儿童看，儿童看过之后，提问者将布娃娃收起来，再让儿童回答谁的头发最黑，他们会毫无困难地指出苏珊的头发最黑。

具体运算阶段儿童智慧发展的最重要表现是其获得了守恒性和可逆性的概念。守恒性包括质量守恒、重量守恒、对应量守恒、面积守恒、体积守恒、长度守恒等。具体运算阶段的儿童并不是同时获得这些守恒性概念的，而是随着年龄的增长，先是在7~8岁获得质量守恒概念，之后再获得重量守恒（9~10岁）、体积守恒（11~12岁）等概念。皮亚杰将质量守恒概念达到时作为儿童具体运算阶段的开始，而将体积守恒达到时作为具体运算阶段的终结或下一个运算阶段（形式运算阶段）的开始。

进入具体运算阶段的儿童获得了较系统的逻辑思维能力，包括：思维的可逆性与守恒性；分类、顺序排列及对应能力；在运算水平上掌握数的概念（这使空间和时间的测量活动成为可能）；自我中心性减弱；等等。

4. 形式运算阶段（12~15岁）

上面曾经谈到，具体运算阶段的儿童只能利用具体的事物、物体或过程来进行思维或运算，不能以语言、文字陈述的事物和过程为基础来运算。例如爱迪丝、苏珊和莉莎谁的头发最黑的问题，具体运算阶段的儿童不能根据文字叙述来进行判断。而当儿童智力进入形式运算阶段，思维不必从具体事物和过程开始，儿童可以利用语言文字，在头脑中想象和思维，重建事物和过程来解决问题。因此儿童可以不很困难地答出苏珊的头发黑而不必借助于布娃娃的具体形象。这种摆脱了具体事物束缚，利用语言文字在头脑中重建事物和过程来解决问题的运算就叫作形式运算。

除了利用语言文字外，形式运算阶段的儿童甚至可以根据概念、假设等前提，进行假设演绎推理，得出结论。因此，形式运算也往往被称为假设演绎运算。由于假设演绎运算是一切形式运算的基础，包括逻辑学、数学、自然科学和社会科学等，因此儿童是否具有假设演绎运算能力是判断他智力高低的极其重要的尺度。

10.5 认知发展的态射-范畴论

智能科学中的认知结构是指认知活动的组织形态和操作方式，包含了认知活动中的组成成分以及成分之间的相互作用等一系列操作过程，即心理活动的机制。认知结构理论以认知结构为研究核心，强调认知结构建构的性质、认知结构与学习的互动关系。

纵观认知结构的理论发展，认知结构的理论主要有皮亚杰的图式理论、格式塔的顿悟理论、托尔曼的认知地图理论、布鲁纳的归类理论、奥苏伯尔的认知同化理论等。

晚年的皮亚杰尝试用新的逻辑-数学工具来形式化认知发展，从而更好地说明从认知发展的一个阶段向下一个阶段的过渡和转变。这也就是认知发展的建构性特点。在《态射与范畴：比较与转换》（PIAGET et al.，1992）书中，皮亚杰指出其理论是建立在态射（morphism）和范畴这两种相互协调的数学工具的基础上的。态射是建立在两个集合之间关系系统之上的一种结构，这两个集合就像数学的群集一样，都有一个或几个共同的补偿规则。范畴是拓扑代数的一部分。

10.5.1 范畴论

范畴论（category theory）是抽象地处理数学结构以及结构之间联系的一门数学理论，以抽象的方法来处理数学概念，将这些概念形式化成一组组对象及态射。1945 年，艾伦伯格（S. Eilenberg）和麦克兰恩（S. MacLane）引入范畴、函子和自然变换。这些概念最初出现在拓扑学，尤其是代数拓扑学里，在同态（具有几何直观）转化成同调论（公理化方法）的过程中起了重要作用。范畴自身也是一种数学结构。函子（functor）将一个范畴的每个对象（object）和另一个范畴的对象关联起来，并将第一个范畴的每个态射和第二个范畴的态射关联起来。一个范畴 C 包含两个部分：对象和态射。

态射是两个数学结构之间保持结构的一种过程抽象。在集合论中，态射就是函数；在群论中，它们是群同态；而在拓扑学中，它们是连续函数；在泛代数（universal algebra）的范围中，态射通常就是同态。

这里给范畴 C 定义如下：

1）一族对象 obC。

2）任意一对对象 A,B，对应一个集合 $C(A,B)$，其元素称为态射使得当 $A \neq A'$ 或者 $B \neq B'$ 时，$C(A,B)$ 与 $C(A',B')$ 不相交。

范畴满足下面条件：

① 复合律：若 $A,B,C \in \mathrm{ob}C, f \in C(A,B), g \in C(B,C)$，则存在唯一的 $gf \in C(A,C)$，gf 可称为 g 与 f 的复合。

② 结合律：若 $A,B,C,D \in \mathrm{ob}C, f \in C(A,B), g \in C(B,C), h \in C(C,D)$，则有
$$h(gf) = (hg)f$$

③ 单位态射：每一个对象 A，存在一个态射 $l_A \in C(A,A)$，使得对任意的 $f \in C(A,B)$ 及 $g \in C(C,A)$ 有
$$fl_A = f, \quad l_A g = g$$

范畴的定义在一些文献中有着不同的表达形式，一些文献中的范畴的定义并不要求任意两个对象之间的态射的全体是一个集合。在范畴论中记号约定如下：用花体字母如"$\mathscr{D}$""$\mathscr{C}$"等表示范畴，范畴中的对象用大写英文字母表示，而态射用小写英文字母或小写希腊字母表示，设 $\mathscr{C}$ 是一个范畴，$\mathscr{C}$ 的态射的全体记作 $\mathrm{Mor}\mathscr{C}$。

下面列出一些范畴例子，这里只给出对象和态射。

- 集合范畴：Set（在某个给定的集合论模型中），其对象为集合，态射为映射。
- 群范畴 Gp，其对象为群，态射为群同态。类似地有 Abel 群范畴 AbGp、环范畴 Rng 和 R 模范畴 Mod_R。
- 拓扑空间范畴 Top，其对象为拓扑空间，态射为连续映射。类似地有拓扑群范畴 TopGp，其对象为拓扑群，态射为连续的群同态。可微流形为对象光滑，映射为态射的范畴 Diff。
- 拓扑空间同伦范畴 Htop，其对象为拓扑空间，态射为连续映射的同伦等价类。
- 点拓扑空间范畴 Top*，其对象为序对(X,x)，其中 X 是非空拓扑空间，$x \in X$，态射为保点连续映射$(f:(X,x) \to (Y,y)$ 称为保点连续映射，当且仅当$f: X \to Y$是连续映射并且满足$f(x) = y$）。

10.5.2 Topos

20 世纪 60 年代早期，格罗滕迪克（Grothendieck）用希腊语 Topos（拓扑斯）表示数学对象的通用框架，提出用拓扑空间 X 上的集值层（set valued sheaf）的全体做成的范畴 $Sh(X)$ 作为推广了的拓扑空间 X，用以研究空间 X 上的上同调。他把拓扑的概念推广到小范畴（small category）C 上，称为一个景（site）（或称为 Grothendieck 拓扑）。

劳维尔（F. W. Lawvere）研究了 Grothendieck topos 和布尔值模型构成的范畴，发现它们都具有真值对象 D。1969 年夏，劳维尔和蒂尔尼（Tierney）决定合作研究层论（sheaf theory）的公理化问题。20 世纪 70 年代初，他们发现了一个比层（sheaf）更广的类可以用一阶逻辑来刻画，同时这也是一个泛化了的集合论，他们提出了初级 Topos（elementary topos）的概念。这样，$Sh(X)$，$Sh(C,J)$ 以及布尔值模型构成的范畴是初级 Topos，但后者还包括了在层之外的其他范畴。初级 Topos 同时具有几何和逻辑的特性。Topos 的核心思想是：用连续变化的集合来代替传统的不变的常量的集合，为研究可变结构（variable structure）提供一个更为有效的基础。

Topos 或者初级 Topos 是满足下列等价条件之一的范畴：
1）具有指数和子对象分类的完全范畴。
2）具有子对象分类和它的幂对象完全范畴。
3）具有等价类和子对象分类的笛卡儿闭范畴。

10.5.3 态射-范畴论

皮亚杰的新形式化理论基本上放弃了运算结构论，而代之以态射—范畴论。于是传统的前运算—具体运算—形式运算的发展系列变成了内态射（intramorphic）—间态射（intermorphic）—超态射（extramorphic）的发展系列。

第一阶段称为内态射水平。心理上只是简单的对应，没有组合。共有的特点都是基于正确的或不正确的观察，特别是以可见的预测为基础。这仅是一个经验的比较，依赖于简单的状态转换。

第二阶段称为间态射水平，标志着系统性的组合建构开始。间态射水平的组合建构只是局部的、逐步发生的，最后并没有建构成一个封闭性的一般系统。

第三阶段是超态射水平。主体借助运算工具进行态射的比较，而所用的运算工具，正是对组成先前态射内容进行解释和概括而得到的。

皮亚杰采用了如图 10-2 所示的同轴盘装置（PIAGET et al.，1992）。这套装置由直径不一的圆盘组成，其中心钉于一个支架上。每个圆盘的顶端都有一个能挂上不同重物的砝码栓，挂上重物后圆盘会向不同方向旋转。主试要求儿童向两个或更多个圆盘上挂重物，但不能使圆盘旋转，也就是说要保持平衡。

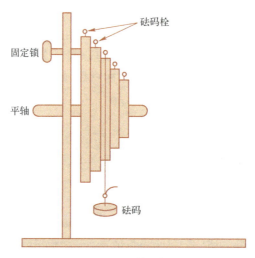

图 10-2　同轴盘装置

第一组实验观察到，即使是能圆满完成标准守恒任务的 9 岁半儿童，也仅仅是以简单的对应性为基础进行推理的：重量的大小↔影响的大小。这种推理被称为"心理内态射推理"，此时儿童以对应性中的共变为基础进行预测。

第二组 11 岁、12 岁的儿童开始运用第二种对应性，即圆盘的大小↔影响的大小。这一组儿童能够意识到，在大盘上的同样的重物会比在小盘上产生更大的力量，也就是说，他们开始将重物和圆盘这两种对应性联合起来考虑，这时儿童就达到了"心理间态射水平"。但问题在于，处于心理间态射水平的儿童并不能解释圆盘保持平衡的原因，他们还无法判断出这两种对应性之间的相互依赖关系，即重物产生力的大小依赖于圆盘的大小，它们之间是一种交互的或相乘的关系。此时儿童仅根据可见的关系（对应性）进行推理，还不能凭借抽象的、不可见的关系进行推理。

要想达到新的态射水平，必须涉及一种概括化过程，即从经验的对应性发展到以转换为基础的、更抽象的对应性。例如，具有超态射水平的儿童可以意识到，如果增加更多的苹果，那么将得到一个更大的水果集合，即对水果的转换也会同时发生。这样，发展就成了将转换变为在层级水平上的整体对应性问题，它超越了经验式的对应性。儿童一般到 12~15 岁才能达到超态射水平。

10.6　心理逻辑

数理逻辑肇始于莱布尼茨（G. W. Leibniz），在布尔和弗雷格处发生了分流，形成了所谓的逻辑的代数传统和逻辑的语言传统。在图灵机理论中，图灵核心阐述了"自动机"和

"指令表语言"这两个概念，这两者很好地契合了莱布尼茨关于"理性演算"和"普遍语言"的构想。皮亚杰在其儿童思维产生及其发展的研究过程中，发现了心理运算的结构，于是改造经典的数理逻辑，而创立了一种新型的逻辑——心理逻辑（psycho-logic），并用来描述儿童不同智力水平的认知结构（李其维，1990）。这种逻辑包括具体运算和形式运算两个系统。具体运算主要有类和关系的 8 个群集，形式运算则主要包括 16 种命题的运算以及 INRC 群结构。皮亚杰的心理逻辑系统更新了我们对逻辑的观念，成为解决逻辑认识论问题的基础，用逻辑结构来刻画认知结构。晚年皮亚杰在《走向意义的逻辑》《态射与范畴》《可能性与必然性》等一系列新著作中，以一种更新的、更有力的方式修正和发展了他的理论，修正和发展后的理论被称为"皮亚杰的新理论"。

10.6.1 组合系统

皮亚杰认为，当儿童思维可以脱离具体事物进行时，其首要成果便是使事物间的"关系"和"分类"从具体的或直觉的束缚中解放出来，组合系统使儿童的思维能力得到了扩展和增强。所谓 16 种二元命题，一般被称为"含有 2 个支命题的复合命题可能具有的 16 种类型的真值函项"。表 10-2 给出了二元复合命题的 16 种类型真值函项。

一般数理逻辑书中，以 $p \vee q, p \rightarrow q, p \leftrightarrow q$ 和 $p \wedge q$ 这 4 个最基本的二元真值形式，即析取式、蕴含式、等值式和合取式来分别表示 f_2、f_5、f_7、f_8 这 4 种真值函项。皮亚杰对其余的命题函项也加以命名：f_1 为 $p \cdot q$（完全肯定），f_3 为 $p \leftarrow q$（反蕴含），f_4 为 $p(q)$（p 的肯定），f_9 为 $p/q\{\overline{p} \vee \overline{q}\}$（不相容），$f_{10}$ 为 pw（互反排斥），f_{11} 为 $q\{\overline{p}\}$（q 的否定），f_{12} 为 $p \cdot \overline{q}$（非蕴含），f_{13} 为 $\overline{p}(q)$（p 的否定），f_{10} 为 $q \cdot \overline{p}$（非反蕴含），f_{15} 为 $\overline{p} \cdot \overline{q}$（合取否定；非析取），$f_{16}$ 为（0）（完全否定）。皮亚杰认为它们体现于青少年的实际思维之中，构成青少年的认知结构。

表 10-2　二元复合命题的 16 种类型真值

(p,q)	F_1	F_2	F_3	F_4	F_5	f_6	f_7	f_8	f_9	f_{10}	f_{11}	f_{12}	f_{13}	f_{14}	f_{15}	f_{16}
(1,1)	1	1	1	1	1	1	1	1	0	0	0	0	0	0	0	0
(1,0)	1	1	1	1	0	0	0	0	1	1	1	1	0	0	0	0
(0,1)	1	1	0	0	1	1	0	0	1	1	0	0	1	1	0	0
(0,0)	1	0	1	0	1	0	1	0	1	0	1	0	1	0	1	0

10.6.2 INRC 四元群结构

INRC 转换群是形式思维出现的另一种认知结构，它与命题运算关系密切。皮亚杰以两种可逆性（即反演和互反）为轴，将它们构成 4 种不同类型的 INRC 转换群。皮亚杰试图以此为工具，阐明现实的思维机制，特别是它的可逆性质。以可逆性概念贯穿于分析主体的智慧发展过程，这是皮亚杰理论的特色之一。

INRC 四元群的含义是：任何一个命题都有相应的 4 个转换命题，或者说，它可以转换成 4 个互相区别的命题。其中 1 个转换是重复原来的命题（I），称为恒等性转换。另外 3 个转换是依据反演可逆性的反演转换（N）、依据互反可逆性的互反性转换（R）以及建立在这两种可逆性基础之上的对射性转换（C）。这4种转换所生成的4个命题（其中有1个是原命题）就构成了一个关于"转换"的群。虽然只有4个命题，即4个元，但它们之间的关系符合群结构的4个基本条件。四元转换群中两种可逆性的综合体现在对射性转换上，因为对射就是互反的反演或反演的互反，即 C=NR 或 C=RN。

由此可知，四元转换群实质就是二元复合命题通过算符（如合取、析取、蕴含等）之间的内在联系而形成的某种整体组织。因此，分析四元群结构不能不从命题出发。皮亚杰认为，16种二元命题构成了4种类型的四元转换群：

A型：析取、合取否定、不相容和合取构成 A 型四元群。

B型：蕴含、非蕴含、反蕴含和非反蕴含构成 B 型四元群。

C型和D型是两种特殊型，在C型中，原运算与互反运算相同，反演运算与对射运算相同。"完全肯定"与"完全否定""等价"与"互相排斥"构成 C 型的两个亚型。在 D 型中，原运算与对射运算相同，反演运算与互反运算相同，"p 的肯定"与"p 的否定""q 的肯定"与"q 的否定"构成 D 型的两个亚型。

INRC 集合具有以下性质：

1) 集合中的两个元素的组合仍是集合内的一个元素（封闭性）。
2) 组合是结合性。
3) 每一个元素有一个逆运算。
4) 有一个中性元素（I）。
5) 组合是可交换的。

10.7　智力发展的人工系统

随着计算机科学技术的发展，人们试图通过计算机或其他人工系统对生物学的机理进行深入的理解，用计算机复制自然和自然生命的现象和行为，于是1987年建立了人工生命的新学科。人工生命是指用计算机和精密机械等生成或构造表现自然生命系统行为特点的仿真系统或模型系统，体现自然生命系统的组织和行为过程，将自然生命系统的行为特点和动力学原则表现为自组织、自修复、自复制的基本性质，以及形成这些性质的混沌动力学、环境适应性及其进化。

研究人工生命的智力发展，使人工生命也像人一样通过自主学习变得越来越聪明，其最根本的或者说是最本质的问题是：开发人工生命像人一样的学习能力。这是机器智能研究的一个巨大挑战。在过去的几十年里，人们主要采用4种方法来研究机器智力发展（WENG，2001）：

（1）基于知识的方法　对机器进行直接编程从而完成预定的任务。

（2）基于行为的方法　用行为模型来取代传统的世界模型，智能程序开发者针对不同层次的行为状态和所期望的行为编写程序。这种方法的特点是基于行为的手动建模和基于行为的手动编码。

（3）遗传搜索方法　在计算机模拟的虚拟世界中，机器按照适者生存的原则进化，但没有一种方法使得机器能像成年人一样，具有处理复杂、多变事务的综合能力。

(4) 基于学习的方法　机器在具体任务学习程序的控制下，输入人类编辑好的感知数据，如有教师学习和强化学习。但由于学习过程是非自动的，因此训练系统时的开销比较大。

传统手工机器智能开发的具体过程是：首先让人类专家弄清楚所需求解问题（或任务）的具体内容，其次由人类专家根据具体问题设计其知识表示方法，再次利用设计好的知识表示进行具体问题的程序设计，最后运行所谓的"智能"程序。在程序执行的过程中，利用感知数据对上述预先设计的知识及有关参数进行修改，这就是机器学习。在传统机器智能开发方式下，机器只会做事先设计好的事情。事实上，机器根本搞不清自己在做什么。

自主机器智力开发程式不同于传统的机器智能开发程式，主要包含下列内容：首先根据机器的生态工作条件（如陆地、水下等环境）设计合适的机器，其次在此基础上设计机器智力开发程序，并在机器投入使用时（或者说"出生"时）运行机器智力开发程序。为达到开发机器智力的目标，人类需要不断地与机器实时交互来培养正在进行智力开发的机器。由此可见，机器的智力发育也是一个漫长的过程，其本质是使机器自主地生活并使它越来越聪明。

作者将自主学习机制引入智能体（agent），目标是让智能体（agent）具有像人类一样的自主学习能力。自主学习机制结构如图10-3所示（史忠植等，2004）。其中控制中枢和自主智力发展（autonomous mental development，AMD）是智能体（agent）的根本，知识库、通信机制、感知器和效应器也是一个具有自主学习能力的智能体所必不可少的组件。控制中枢类似于人脑的神经中枢，对其他各组件起控制和协调作用，反应智能体的功能也在控制中枢中得到体现。AMD是智能体的自主学习系统，其功能体现为一个智能体的自主学习能力。通信机制采用通信语言（如ACL）直接与智能体所处的环境进行信息交互。控制中枢拥有特殊的感知器或效应器。感知器就如同人的眼睛和耳朵等感觉器官，用于感知智能体所处的环境。效应器就如同人的手脚、嘴等器官，用于完成智能体所要做的事情。智能体通过执行AMD的AA学习（automated animal—like learning）算法不断地增长自己的知识、提高自己的能力——主要体现在功能模块数量的不断增加和功能的不断增强上。知识库相当于人的大脑的记忆部件，用于存储信息。自主机器智力开发的一个非常重要的功能就是信息的自动存储，因此如何有效地自动组织并存储各种类型的信息（如图像、声音、文本等）是一个AMD成功的关键。

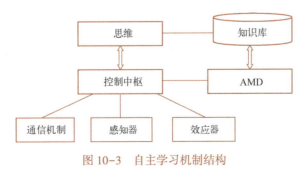

图10-3　自主学习机制结构

10.8 小结

智力是个体有目的的行为、合理的思维,以及有效地适应环境的综合能力。智力发展指个体智力在社会生活条件和教育的影响下,随年龄的增长而发生的有规律的变化。皮亚杰将儿童从出生后到15岁的智力发展划分为四个阶段:感知运动阶段、前运算阶段、具体运算阶段、形式运算阶段。

认知结构是指认知活动的组织形态和操作方式,包含了认知活动中的组成成分以及成分之间的相互作用等一系列操作过程,即心理活动的机制。认知结构的理论主要有皮亚杰的图式理论、格式塔的顿悟理论、托尔曼的认知地图理论、布鲁纳的归类理论、奥苏伯尔的认知同化理论等。

皮亚杰的智力发展的新理论用新的逻辑-数学工具来形式化认知发展,从而更好地说明从认知发展的一个阶段向下一个阶段的过渡和转变。这也就是认知发展的建构性特点。这种新理论是建立在态射和范畴这两种相互协调的数学工具的基础上的。

思考题

10-1 皮亚杰将儿童从出生后到15岁的智力发展划分为哪些阶段?
10-2 为什么图式可以作为认知结构的基本单元?
10-3 什么是智商?
10-4 举例说明什么是认知结构。
10-5 采用态射-范畴论描述认知结构的基本原理是什么?
10-6 如何构建智力发展的人工系统?

第 11 章 情绪和情感

情绪是对外界事物态度的主观体验，是人脑对客观外界事物与主体需求之间关系的反应，是多种感觉、思想和行为综合产生的心理和生理状态。在智能科学研究中，要想真正或者更大程度上模拟真实的人类高级功能，就必须深入考虑情感因素的作用。机器智能只有被赋予了情感的成分，才能实现有效的人机交互。

11.1 概述

人类在认识外界事物时，会产生喜与悲、爱与恨等主观体验。我们把人对客观事物的态度体验及相应的行为反应，称为情绪。这里，概要介绍情绪的构成要素、基本形式和功能。

11.1.1 情绪的构成要素

情绪的构成包括 3 种层次的组成部分：在认知层次上的主观体验，在生理层次上的生理唤醒，在表达层次上的外部行为。当情绪产生时，这 3 种层次共同活动，构成一个完整的情绪体验过程。

1. 主观体验

情绪的主观体验是人的一种自我觉察，即大脑的一种感受状态。人有许多主观感受，如喜怒哀惧等。人们对不同事物的态度会产生不同的感受。人对自己、对他人、对事物都会产生一定的态度，如对朋友的同情、对敌人的仇恨、自己事业成功的欢乐、自己考试失败的悲伤。这些主观体验是个人内心真正感受到或意识到的，如我知道"我很高兴"，我意识到"我很痛苦"，我感受到"我很内疚"，等等。

2. 生理唤醒

生理唤醒是指情绪产生的生理反应。它涉及广泛的神经结构，如中枢神经系统的脑干、中央灰质、丘脑、杏仁核、下丘脑、蓝斑、松果体、前额皮层，以及外周神经系统和内、外分泌腺等。生理唤醒是一种生理的激活水平。不同情绪的生理反应模式是不一样的，如满意、愉快时心跳节律正常；恐惧或暴怒时，心跳加速、血压升高、呼吸频率增加甚至出现间歇或停顿；痛苦时血管容积缩小等。脉搏加快、肌肉紧张、血压升高及血流加快等生理指数，是一种生理反应过程，常常是伴随不同情绪而产生的。

3. 外部行为

在产生情绪时，人们还会出现一些可观察到的反应过程，这一过程也是情绪的表达过程。如人悲伤时会痛哭流涕，激动时会手舞足蹈，高兴时会开怀大笑。伴随情绪出现的这些相应的身体姿态和面部表情，就是情绪的外部行为。外部行为经常成为人们判断和推测情绪的指标。但由于人类心理的复杂性，有时人们的外部行为会出现与主观体验不一致的现象。比如某人在一大群人面前演讲时，明明心里非常紧张，却还要做出镇定自若的样子。

主观体验、生理唤醒和外部行为作为情绪的 3 个组成部分，在评定情绪时缺一不可，只有 3 者同时活动，同时存在，才能构成一个完整的情绪体验过程。例如，当一个人佯装愤怒时，他只有愤怒的外在行为，却没有真正的主观体验和生理唤醒，因而也就称不上有真正的情绪体验过程。因此，情绪必须是上述 3 方面同时存在，并且有一一对应关系的，一旦出现不对应，便无法确定真正的情绪是什么。这也正是情绪研究的复杂性，以及对情绪下定义的困难所在。

在现实生活中，情绪与情感是紧密联系在一起的，但二者却存在着一些差异。

（1）从需要的角度看差异　情绪更多的是与人的物质或生理需要相联系的态度体验。如当人们满足了饥渴需要时会感到高兴，当人们的生命安全受到威胁时会感到恐惧，这些都是人的情绪反应。情感更多的是与人的精神或社会需要相联系。如友谊感的产生是由于我们的交往需要得到了满足，当人们获得成功时会产生成就感。友谊感和成就感就是情感。

（2）从发展的角度看差异　从发展的角度来看，情绪发生早，情感产生晚。人出生时会有情绪反应，但没有情感。情绪是人与动物所共有的，而情感是人所特有的，它是随着人的年龄增长而逐渐发展起来的。如人刚生下来时，并没有道德感、成就感和美感等，这些情感反应是随着儿童的社会化过程而逐渐形成的。

（3）从反映特点看差异　情绪与情感的反映特点不同。情绪具有情境性、激动性、暂时性、表浅性与外显性，如当我们遇到危险时会极度恐惧，但危险过后恐惧会消失。情感具有稳定性、持久性、深刻性、内隐性，如大多数人不论遇到什么挫折，其自尊心都不会轻易改变。父母对孩子殷切的期望、深沉的爱都体现了情感的深刻性与内隐性。

实际上，情绪和情感既有区别又有联系，它们总是彼此依存，相互交融在一起的。稳定的情感是在情绪的基础上形成的，同时又通过情绪反应得以表达，因此离开情绪的情感是不存在的。而情绪的变化也往往反映了情感的深度，而且情绪变化的过程中常常也饱含着情感。

11.1.2　情绪的基本形式

人类具有 4 种基本的情绪：快乐、愤怒、恐惧和悲哀。快乐是一种追求并达到目的时所产生的满足体验。它是正性情绪，使人产生超越感、自由感和接纳感。愤怒是人因受到干扰而不能达到目标时所产生的体验。当人们意识到某些不合理的或充满恶意的因素存在时，愤怒会骤然产生。恐惧是企图摆脱、逃避某种危险情景时所产生的体验。引起恐惧的重要原因是缺乏应对危险情景的能力与手段。悲哀是在失去心爱的对象、愿望破灭、理想不能实现时所产生的体验。悲哀情绪的体验程度取决于所失去的对象、愿望、理想的重要性与价值。

在以上 4 种基本情绪之上，可以派生出众多的复杂情绪，如厌恶、羞耻、悔恨、嫉妒、喜欢、同情等。

11.1.3　情绪的功能

1. 情绪的动机作用

情绪与动机的关系十分密切，情绪能够以一种与生理性动机或社会性动机相同的方式激发和引导行为。有时我们会努力去做某件事，只因为这件事能够给我们带来愉快与喜悦。从情绪的动力性特征看，分为积极增力的情绪和消极减力的情绪。快乐、热爱、自信等积极增力的情绪会提高人们的活动能力,而恐惧、痛苦、自卑等消极减力的情绪则会降低人们活动的积极性。有些情绪兼具增力与减力两种动力性质,如悲痛可以使人消沉,也可以转化为力量。

情绪也可能与动机引发的行为同时出现,情绪的表达能够直接反映个体内在动机的强度与方向。所以,情绪也被视为动机潜力分析的指标,即对动机的认识可以通过对情绪的辨别与分析来实现。动机潜力是在具有挑战性环境下所表现出的行为变化能力。例如当个体面对一个危险的情境时,动机潜力会发生作用,促使个体做出应激的行为。对这个动机潜力的分析可以由对情绪的分析获得。当面对危险情景时,个体的情绪会发生生理唤醒的、主观体验的及外部行为3方面的变化,这些变化会告诉我们个体在危险情景动机潜力的方向和强度。当面临危险时:有的人头脑清晰、沉着冷静地离开;而有些人则惊慌失措,浑身发抖,不能有效地逃离。这些情绪指标可以反映出人们动机潜力的个体差异。

2. 情绪是心理活动的组织者

情绪对认知活动的作用,只用"驱动"来描述是不够的,情绪可以调节认知的加工过程和人的行为。诸如情绪可以影响知觉中对信息的选择,监视信息的流动,因此情绪可以驾驭行为,支配有机体与环境相协调,使有机体对环境信息做出最佳处理。同时,认知加工对信息的评价通过神经激活而诱导情绪。在这样的相互作用中,无论是情绪还是认知,它们都是心理过程,都以其内容而起作用。不同的是:认知以外界情境事件本身的意义而起作用;而情绪则以情境事件对有机体的意义,通过体验快乐、悲伤、愤怒或恐惧而起作用。它们之间的根本性质上的区别所导致的后果在于,情绪具备动机的作用而能激活有机体的能量,从而制约认知和行动。就此而言,情绪似乎是脑内的一个监测系统,调节着其他心理过程。

近年来,情绪心理学家把情绪对其他心理过程的作用具体化为组织作用。其含义包括组织的功能和破坏的功能。一般来说,正性情绪起协调、组织的作用,而负性情绪起破坏、瓦解或阻断的作用。耶基斯-多德森定律揭示了情绪在不同唤醒水平上对手工操作的效果有所不同,呈现为一个倒"U"形曲线关系。

11.2 情绪加工理论

人类存在基本情绪,但是有关情绪加工的理论和研究主要是针对焦虑和抑郁这两种情绪状态完成的,针对快乐的研究只有很少一部分,而对愤怒和厌恶的研究更少。一些情绪加工理论强调心境对情绪加工的作用,而另外一些理论则关注人格因素对情绪加工的影响。然而,这两种理论之间实际上是存在重叠的。例如,我们可能想研究特质焦虑的影响因素。如果我们要做一个研究,那么那些具有高特质焦虑的被试很可能比低特质焦虑的被试处于更焦虑的心境状态。在这种情况下,很难分清人格和心境的作用。下面将介绍由鲍尔(G. H. Bower)、贝克(A. T. Beck)以及威廉姆斯(J. M. G. Williams)等提出的理论。

11.2.1 情绪语义网络理论

鲍尔与其助手所提出的情绪语义网络理论的主要特点见图11-1。

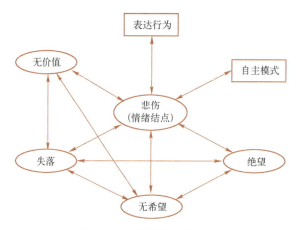

图 11-1 情绪语义网络理论

情绪语义网络理论有以下 6 个假设：

1) 情绪是语义网络中的单元或者结点，这些情绪结点与相关的观念、生理系统、事件、肌肉和表达模式等存在大量联结。

2) 情绪材料以命题或主张的形式储存于语义网络之中。

3) 思维是通过激活语义网络中的结点而产生的。

4) 结点可以被外部刺激或者内部刺激所激活。

5) 被激活的结点把激活扩散到与其相连的其他结点上。这个假设是相当关键的，因为这意味着一个情绪结点（如悲伤）的激活会引起语义网络中与情绪相关的结点或概念（如失落、绝望）的激活。

6) "意识"是指网络中所有被激活结点的总激活量超过某一阈限值。

鲍尔的情绪语义网络理论显得过于简单。这一理论把情绪或者心境以及认知概念都表征为语义网络中的结点。然而，心境和认知实际上差别很大。例如，心境在强度方面改变很慢，而认知往往是全或无的，常常是从一种认知加工迅速转变为另一种认知加工。

11.2.2　贝克的情感图式理论

贝克提出了一个情感图式理论，核心内容是，某些人比其他人具有更高的易感素质（vulnerability），易发展出抑郁或者焦虑障碍。这种易感素质取决于个体在早期生活经验中形成的某些图式或有组织的知识结构。贝克等的假设图式会影响大部分认知加工过程，如注意、知觉、学习和信息提取等。图式会引起加工偏向，即图式一致性或情绪一致性信息的加工更受欢迎。如此一来，拥有焦虑相关图式的个体倾向选择加工威胁性信息，而拥有抑郁相关图式的个体则选择加工负性情绪信息。虽然贝克和克拉克强调图式对加工偏向的作用，但他们认为只有当个体处于焦虑或者抑郁状态时，图式才会被激活并且会影响加工过程。

贝克的情感图式理论最初是为了给理解临床焦虑症和抑郁症提供一个理论框架。然而，该理论也可以应用于人格研究。某些个体拥有一些使他们表现出临床焦虑或抑郁症状的图式。这一观点是很有价值的。然而，要证明这种图式是引起焦虑障碍或者抑郁症的原因却是很困难的。图式理论存在一些缺陷：

1) 图式的核心理论架构是模糊的，它常常不过是一种信念而已。

2）特定图式存在的证据常常是基于循环论证的。在焦虑症患者中，关于认知偏向的行为数据被用来推导图式的存在，这些图式又被用来解释所观察到的认知偏向。换句话说，通常不存在直接或独立的证据证明图式的存在。

11.2.3　威廉姆斯的情绪加工理论

威廉姆斯等关注的是焦虑和抑郁对情绪加工的影响。他们是基于启动和精细加工之间的区别开始研究的。启动是一个自动加工过程。在启动条件下，一个刺激词激活长时记忆中该词的各个组成成分。而精细加工则是一个后期的策略加工过程，它涉及相关概念的激活。根据他们的理论，焦虑个体表现出对威胁刺激的初始启动效应，因此他们对威胁存在注意偏向。相反，抑郁个体表现出对威胁刺激的精细加工，所以他们对威胁刺激表现出记忆偏向，即发现他们提取威胁性信息比提取中性信息要容易。

威廉姆斯等所做的一些主要预测是关于焦虑和抑郁对外显记忆和内隐记忆的影响作用。外显记忆是指有意识地回忆过去事件，这涉及精细加工。相反，内隐记忆不涉及有意识回忆，它主要依赖启动和自动加工过程。抑郁的个体应该表现出外显记忆偏向，喜欢以外显的记忆方式提取威胁性材料。而焦虑的个体则表现出内隐记忆偏向，喜欢以内隐的记忆方式提取威胁性信息。

研究结果更多地支持威廉姆斯等的理论范式，而支持鲍尔的情绪语义网络理论和贝克等的图式理论的证据则相对较少一些。例如，有很力的证据证明焦虑与注意偏向有关，而证明抑郁与注意偏向相关的证据则弱得多。根据情绪语义网络理论和图式理论，心境抑郁的个体对与心境状态一致的刺激的加工（和注意）应该更快，而且应该表现出对这类刺激材料的注意偏向。相反，威廉姆斯等认为抑郁个体不会给予威胁刺激过多的知觉加工，所以对这类刺激不会表现出注意偏向。威廉姆斯等的理论也可以较好地解释外显记忆和内隐记忆偏向的研究结果。焦虑个体表现出对内隐记忆的偏向，抑郁的个体表现出对外显记忆的偏向，这一预测得到一些研究的证实。

11.3　情商

智商测验不能全面衡量一个人的综合水准。对于智商高的人，他的其他智能并不一定成熟，其他的智能方面包括情感、艺术和体育等。换一句话说：智商高并不能保证他的未来就一定前途无量。过分强调先天的智慧，会把后天重要的能力培养部分忽略掉。

智力测验的缺陷主要它太注重语言和数理逻辑能力的重要性，其实智能是多元的，它至少应该包括以下7种不同的智力：①言语智力；②数理逻辑智力；③空间智力；④音乐智力；⑤体能智力；⑥人际智力；⑦自知智力。这是加德纳（H. Gardner）初步对多元智能的概念的概述，为以后探讨情感智能做了有力的铺垫。

1990年，萨拉维（P. Salovey）和梅耶尔（J. D. Mayer）正式提出了情感智能（emotional intelligence，EI）和情商（emotional quotient，EQ）的概念。情感智能被定义为一种社会智能，包括察觉自己和他人情绪的能力、区分自己和他人情绪的能力，以及运用情绪信息去指导思维和行动的能力。情感智能包括以下5方面内容：

1）了解和表达自己情感的能力，真正知道自己感受的能力。

2）控制自己感情和延缓满足自己欲望的能力。

3）了解别人的情感以及对别人的情感做出适当反应的能力。

4）能否以乐观态度对待挑战的能力。

5）处理人际关系的能力。

正如智商被用来反映传统意义上的智力一样，情商也被用来衡量一个人的情感商数的高低，主要是指人在情绪、意志、耐受挫折等方面的品质。如果说智商分数被认为可以用来预测一个人的学业成就，那么情商分数被认为可以用于预测一个人能否取得职业成功或生活成功，它更好地反映了个体的社会适应性。

情商绝对无法用智商测验得知。为什么学校里成绩最优异的学生后来走入社会而难以成功？20世纪90年代戈尔曼（D. Goleman）指出智商的高低并不是决定一个人胜败的关键，其具备的情商才是最为重要的因素。因为情商反映人的自觉程度、冲动控制、坚持耐力、感染魅力、灵活程度和处事能力等方方面面。

一般说来，在职场智商高者更易被录用，但是情商高者往往更容易被晋升。特别是在美国，许多大公司里藏龙卧虎，有无数顶尖大学毕业出来的高才生。然而这些人，由于一直很优秀，所以容易过于独断高傲，难与人相处。那些平易近人、善解人意的员工反而会被优先考虑晋升。这些人观察周围，观察人，把自己协调到合适的状态。

情商高的人：能够控制自己的感情冲动，不求一时的痛快和满足；懂得如何激发自己，不断努力；与人交往时，善于理解别人的暗示，这样的人能了解人生遇到的荣辱成败。如果家长具备这些素质并能给予指导，孩子就很容易具备这些素质。家长可以从以下几方面培养孩子的情感智能：

1）培养孩子正确的情绪反应，使孩子提早形成正确的情绪习惯。

2）学会准确表达自己的感觉。沟通中只有准确表达各自的感觉和想法，才能避免偏见和误会。

3）帮助孩子学会控制自己的欲望。家长可以通过生活中的事例让孩子明白，一个人想实现自己的愿望必须经过不懈的努力，克服种种困难。

11.4 情感计算

有关人类情感的研究，早在19世纪末就已进行了，但是极少有人将"感情"和无生命的机器联系起来。让计算机具有情感能力是由美国MIT明斯基在1985年提出的。问题不在于智能机器能否有任何情感，而在于机器实现智能时怎么能够没有情感。2006年，明斯基发表专著《情感机器》（MINSKY，2006）。他指出情感是人类一种特殊的思维方式，他还提出了塑造智能机器的6大维度：意识、精神活动、常识、思维、智能、自我。

MIT媒体实验室皮卡德（R. W. Picard）在1997年提出情感计算（affective computing）（PICARD，1997）。她指出情感计算是关于情感、情感产生以及其影响因素的计算。传统的人机交互，主要通过键盘、鼠标、屏幕等方式进行，只追求便利和准确，无法理解和适应人的情绪或心境。但如果缺乏情感理解和表达能力，就很难指望计算机具有类似人一样的智能，也很难期望人机交互做到真正的和谐与自然。由于人类之间的沟通与交流是自然而富有感情的，因此，在人机交互的过程中，人们也很自然地期望计算机具有情感能力。情感计算就是要赋予计算机类似于人一样的观察、理解和生成各种情感特征的能力,最终使计算机像人一样能进行自然、亲切和生动的交互。

情感计算的目的是通过赋予计算机识别、理解、表达和适应人的情感的能力来建立和谐人机环境,并使计算机具有更高、更全面的智能。研究的重点就在于通过各种传感器获取由人的情感所引起的生理及行为特征信号,建立"情感模型",从而创建具有感知、识别和理解人类情感的能力,并能针对用户的情感做出智能、灵敏、友好反应的个人计算系统,缩短人机之间的距离,营造真正和谐的人机环境。情感计算的主要研究内容包括:

(1) 情感机理的研究　情感机理的研究主要是情感状态判定,以及其与生理和行为特征之间的关系,涉及心理学、生理学、认知科学等,为情感计算提供理论基础。人类情感的研究已经是一个非常古老的话题,心理学家、生理学家已经在这方面做了大量的工作。任何一种情感状态都可能会伴随几种生理或行为特征的变化;而某些生理或行为特征也可能起因于数种情感状态。因此,确定情感状态与生理或行为特征之间的对应关系是情感计算理论的一个基本前提,这些对应关系目前还不十分明确,需要做进一步的探索和研究。

(2) 情感信号的获取　情感信号的获取研究主要是指各类有效传感器的研制,它是情感计算中极为重要的环节。可以说没有有效的传感器,就没有情感计算的研究,因为情感计算的所有研究都是基于传感器所获得的信号的。各类传感器应具有以下基本特征:保证使用过程中不影响用户(如重量、体积、耐压性等),传感器应该经过医学检验以对用户无伤害;数据的隐私性、安全性和可靠性;传感器价格低、易于制造等。MIT 媒体实验室的传感器研制具有世界领先水平,已研制出多种传感器,如脉压传感器、皮肤电流传感器、汗液传感器及肌电流传感器等。脉压传感器可时刻监测由心动变化而引起的脉压变化。皮肤电流传感器可实时测量皮肤的导电系数,通过导电系数的变化可测量用户的紧张程度。汗液传感器是一条带状物,可通过其伸缩的变化时刻监测呼吸与汗液的关系。肌电流传感器可以测得肌肉运动时的弱电压值。

(3) 情感信号的分析、建模与识别　一旦由各类有效传感器获得了情感信号,下一步的任务就是将情感信号与情感机理相应方面的内容对应起来,这里要对所获得的信号进行建模和识别。情感状态是一个隐含在多个生理和行为特征之中的不可直接观测的量,不易建模,部分可采用诸如隐马尔可夫模型、贝叶斯网络模式等数学模型。MIT 媒体实验室给出了一个隐马尔可夫模型,可根据人类情感概率的变化推断得出相应的情感走向。该模型是研究如何度量人工情感的深度和强度的,包括定性和定量的情感度量的理论模型、指标体系、计算方法、测量技术。

(4) 情感理解　通过对情感信号的获取、分析、建模与识别,计算机便可了解其所处的情感状态。情感计算的最终目的是使计算机在了解用户情感状态的基础上,做出适当反应,适应用户情感的不断变化。因此,这部分主要研究如何根据情感信息的识别结果,对用户的情感变化做出最适宜的反应。在情感理解的模型的建立和应用中,应注意以下事项:情感信号的跟踪应该是实时的和保持一定时间记录的;情感的表达是根据当前情感状态的,适时的;情感理解的模型是针对个人生活的,并可在特定状态下进行编辑;情感理解的模型具有自适应性;反馈理解情况,以调节识别模式。

(5) 情感表达　前面的研究是从生理或行为特征来推断情感状态。情感表达则是研究其反过程,即给定某一情感状态,研究如何使这一情感状态在一种或几种生理或行为特征中体现出来。例如如何在语音合成和面部表情合成中体现情感状态,使机器具有情感,能够与用户进行情感交流。情感表达提供了情感交互和交流的可能,对于单个用户来讲,情感的交互、交流主要包括人与人、人与机、人与自然和人与自己的交互、交流。

(6) 情感生成 情感生成在情感表达基础上,进一步研究如何在计算机或机器人中,模拟或生成情感模式,开发虚拟或实体的情感机器人或具有人工情感的计算机及其应用系统的机器情感生成理论、方法和技术。

情感计算与智能交互技术试图在人和计算机之间建立精确的自然交互方式,将会是计算技术向人类社会全面渗透的重要手段。未来随着技术的不断突破,情感计算的应用势在必行,其对未来日常生活的影响将是方方面面的,目前我们可以预见的有:情感计算将有效地改变过去计算机呆板的交互服务,提高人机交互的亲切性和准确性。一个拥有情感能力的计算机,能够对人类的情感进行获取、分类、识别和响应,进而帮助使用者获得高效而又亲切的感觉,并有效减轻人们使用计算机的挫败感,甚至帮助人们理解自己和他人的情感世界。

利用多模式的情感交互技术,可以构筑更贴近人们生活的智能空间或虚拟场景等。情感计算还能应用在机器人、智能玩具、游戏等相关产业中,以构筑更加拟人化的风格和更加逼真的场景。

11.5 情感模型

随着情感计算技术的引入,机器可以像人类一样观察、理解和表达各种情感特征,并能在互动中与人类进行情感交流,使人类与机器的交流更加自然、亲切、生动,使人们有一种情感依赖。因此,情感计算及其在人机交互中的应用将是认知科学、人工智能领域的一个重要研究方向。

情感建模是情感计算的一个重要过程,是情感识别、情感表达和人机情感交互的关键。其意义在于通过建立情感状态的数学模型,以便更直观地描述和理解情感的内涵。

11.5.1 数学模型

数学模型是利用数学符号、数学公式、程序、图形等,对实际对象的本质属性进行抽象、简洁的描述。数学模型可以解释一些客观现象,预测未来的发展规律,或者为控制对象提供最佳或更好的策略,促进某种现象在某种意义上的发展。

情感的哲学本质是事物价值关系的主观反映。情感与价值的关系实质上是主观与客观的关系。也可以说,人类情感活动的逻辑过程与一般认知活动的逻辑过程基本相同,主要区别在于它们反映的对象不同。一般认知活动所反映的对象是事物的事实关系,情感活动所反映的对象是事物的价值关系。

价值的客观目的是确定事物的价值率,价值是事物价值率的主观反映。在价值观的引导下,人们可以做出不同的选择。

根据对象所有活动的价值率和相应的行为量表,我们可以找到一个加权平均价值率,即对象的中值率或平均价值率,用 P_o 表示。

事物的价值率 P 与对象的中值率 P_o 之差称为事物价值率的高度差,用 ΔP 表示,即

$$\Delta P = P - P_o \tag{11-1}$$

事物的价值率的高度差是一个非常重要的价值特征参数,它从根本上决定了人们对事物的基本"立场、态度、原则和行为取向",决定了人们对事物的价值投资方式和规模,因此,它必然反映人的思想,形成特定的主观意识和情感。

人对事物价值率的高度差 ΔP 所产生的主观反映值,被定义为人对事物的情感,用 μ 表示。

情感发生的逻辑过程:当事物价值率的高度差大于零时,人们通常会产生积极的情感,如满足、幸福、信任等;当事物价值率的高度差小于零时,人们通常会产生消极的情感,如失望、痛苦等;当事物价值率的高度差等于零时,人们通常不会产生情感,从而维持事物不变。情绪强度与事物价值率的高度差不成正比,而是成对数函数关系

$$\mu = K_m \log(1+\Delta P) \tag{11-2}$$

式中,K_m 为情绪强度系数。生物或生理规律的客观目的是,当情绪强度系数较小时,情感与事物价值率的高度差成正比,人们的情绪能够准确、小范围地感知事物价值率的变化信息;当情绪强度系数较大时,情感与事物价值率的高度差成正比,人们可以在一个粗略而广泛的范围内获得事物价值率的变化信息。

人类对一切事物情感的数学向量,被称为情感向量,用 M 表示,即

$$M = \{\mu_1, \mu_2, \cdots, \mu_n\} \tag{11-3}$$

式中,μ_i 是指人们对事物 i 的情感,一些抽象事物是由许多具体事物构成的,那么人对抽象事物的情感可以由对许多具体事物的情感所构成的情感向量来描述。此时,抽象事物的情感可以用二维情感矩阵来描述。

$$M = \{\mu_{ij}\}_{m \times n} \tag{11-4}$$

类似地,可以定义 n 维情感矩阵。

11.5.2 认知模型

1988 年,奥顿(A. Ortony)、克洛里(G. L. Clore),柯林斯(A. Collins)构建了 OCC 情感认知模型(简称 OCC 模型)(ORTONY et al.,1988),如图 11-2 所示。

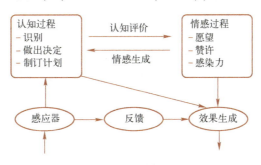

图 11-2 OCC 情感认知模型

该模型通过描述引发情感的认知过程解释情感的诱因。OCC 模型因其良好的可计算性而成为情感计算领域广泛应用的情感模型。它是第一个以计算机实现为目的而发展起来的模型。它假设情感是作为一个认知评价过程的结果而产生的。认知评价取决于 3 种成分:事件(event)、智能体(agent)和对象(object)。对象世界中的事件根据智能体的目标,被评价为满意的或不满意的;智能体自身或其他智能体的行为根据一组标准的集合,被评价为赞成

的或不赞成的；对象则根据智能体的态度，被评价为喜欢的或不喜欢的。

OCC 模型不是采用基本情感集或一个明确的多维空间来表达情感的，而是用一致性的认知导出条件来表述情感的。该模型假定情感是对事件（满意的、不满意的）、智能体（赞成的、不赞成的）和对象（喜欢的、不喜欢的）构成的倾向（正面或负面的）反应。OCC 模型通过不同认知条件推导归纳出 22 种情感类型，并包括用来产生这些情感类型的基本构造规则。OCC 模型具有以下特点：

1）基于情感的类型，OCC 模型包含 3 个主要的分支，这 3 个分支与人们对世界的 3 种反应方式相对应，每种反应都包含不同的情感，这些情感因强度不同或诱发的原因不同而被区分。OCC 模型中一共归纳出了 22 种情感类型。

2）一个智能体在进行评价时：如果关注的是事件的后果，那么目标是最重要的；如果关注事件中对象的行为，那么标准是最重要的；如果关注的是事件中的对象本身，那么态度是最重要的。

3）OCC 模型包含一个完整的影响情感强度的变量集合。变量可能是全局的，影响所有的情感类型，也可能是局部的，只影响一些情感类型。

除了以上 3 点，OCC 模型还具有其他特点。这些特点使 OCC 模型的结构化规则易于在计算机中实现，因此现在许多模拟认知情感产生中广泛采用 OCC 模型。

下面以"快乐"为例，说明情感是怎样在 OCC 模型中产生的。令 $D(p,e,t)$ 代表 p 在时间 t 想做事件 e 的期望度。如果事件期望具有有益的结果，则函数返回正值；如果事件期望具有有害的结果，则返回负值。令 $I_g(p,e,t)$ 代表总的强度变量的组合（如期望、实现、近似），$P_j(p,e,t)$ 代表产生快乐状态的可能性。则产生"快乐"的规则为

IF $D(p,e,t)>0$

THEN $P_j(p,e,t)=F_j(D(p,e,t),I_g(p,e,t))$

其中 $F_j(\ )$ 为表示快乐的函数。上面的规则不能引起快乐或快乐感觉的体验，但可用来触发另一个规则，从而设置快乐的强度 I_j。给一个阈值 T_j，则有

IF $P_j(p,e,t)>T_j(p,t)$

THEN $I_j(p,e,t)=P_j(p,e,t)-T_j(p,t)$

ELSE $I_j(p,e,t)=0$

这条规则激活了快乐情感，当强度超过快乐的阈值时则给一个非零的强度。得出的强度能被映射为多种快乐族中的一种。例如，"高兴"为中等值，"陶醉"为罕见的高值。

11.5.3 基于马尔可夫决策过程的情感模型

基于马尔可夫决策过程的情感模型的基本思想是：人类情感在不同状态间的转移，是一种马尔可夫决策过程（MDP），其转移概率矩阵可以通过统计方法加以确定。马尔可夫决策过程是序贯决策的数学模型，是一种动态优化方法。序贯决策是指按时间顺序排列起来，以得到按顺序的各种决策（策略）；也就是在时间上有先后之别的多阶段决策方法，也称为动态决策法。马尔可夫决策过程由以下 5 个要素组成：$\{T,S,A,P,r\}$。

1）T 是所有决策时间集。

2）S 是一组可数非空状态，是系统所有可能状态的集合。

3）A 是系统处于给定状态时所有可能的决策行为的集合。

4) P 表示移动到状态 j 的概率,即系统处于状态 $i \in S$,并且采取决策行为 $a \in A(i)$。
$$\sum_{j \in S} P(j \mid i, a) = 1 \tag{11-5}$$

5) $r = r(i, a)$ 被称为一个报酬函数,它表示系统在任何处于 $i \in S$ 状态,采取决策行为 $a \in A(i)$ 时所获得的期望报酬。

策略 π 表示,在每一个状态时系统应该采取什么行动。在马尔可夫决策过程中,转移概率和期望报酬只取决于当前的状态和决策者选择的行为,而与过去的情况无关。

11.6　情绪的神经机制

情绪是人脑的高级功能,保证着有机体的生存和适应,对有机体的学习、记忆、决策有着重要的影响。从 20 世纪初开始,一些研究者发现,脑内有多个部位参与情绪的产生过程,且对不同的情绪有着不同的影响。1937 年,美国神经解剖学家帕佩兹(J. Papez)提出了一个脑与情绪的回路理论,认为情绪反应涉及由下丘脑、前丘脑、扣带回和海马等组成的网络。后来麦克林(P. D. Maclean)正式把这些脑结构命名为"帕佩兹回路"。随后麦克林扩展了该情绪网络,加入了前额皮层、杏仁核和部分基底神经节。1952 年麦克林正式提出边缘系统(limbic system)这一术语,边缘系统就是指那些由前脑古皮质、旧皮质演变而来的结构,以及与这些结构具有密切组织学联系并位于附近的神经核团。

麦克林将边缘系统确定为情绪的脑的神经机制。边缘系统整合加工情绪信息,产生情绪行为。前额皮层中的不对称性与趋近系统和退缩系统有关,左前额皮层与趋近系统和积极情绪有关,右前额皮层与消极情绪和退缩系统有关。杏仁核易被消极的情绪刺激所激活,尤其是恐惧。海马在情绪的背景调节中起着重要作用。前额皮层和杏仁核的激活不对称性的个体差异是情绪个体差异的生理基础。

许多文献表明,有两个基本的情绪和动机系统(或者积极和消极感情形式):趋近和退缩。1999 年,戴维森(R. J. Davidson)等人认为:趋近系统有利于促进欲求行为和产生特定的与趋近有关的积极情绪,如愉快、兴趣等;退缩系统有利于有机体从厌恶刺激源撤退或者组织对威胁线索的适当反应,产生与撤退有关的消极情绪,如厌恶和恐惧等。各种证据表明,趋近系统和退缩系统是由部分独立的回路执行的。

1. 边缘系统

边缘系统的概念来自法国神经生物学家布洛卡在 1878 年发表的一篇文章。他首先指出,在所有哺乳动物大脑的内侧表面,都有一组明显区别于周围皮层的区域。因为该区域形成了围绕脑干的一个环,所以布洛卡用拉丁语中表示"边缘"的词(limbus)将这部分脑区称为边缘叶。边缘叶涉及海马、扣带回、嗅皮层(在脑的底面)等位于胼胝体周围的皮层。布洛卡当时的报道并未提到这些结构对于情绪的重要性。而且,在此后相当长的一段时间内,边缘叶一直被认为其主要功能是参与嗅觉的实现。第一次世界大战期间,大量的颅脑损伤伤员需要进行外科手术抢救,在抢救过程中,早期的神经科学家和脑外科医生开始对人脑的某些功能进行研究。他们发现,大脑的不同区域拥有不同的功能。手术时某些特定刺激可以让伤者产生特定的感觉,某些脑区的损伤有可能造成伤者特定心智活动的损害。而很多证据表明,边缘叶当中各个结构的损伤均可导致情绪失调。图 11-3 给出了边缘系统的示意图。

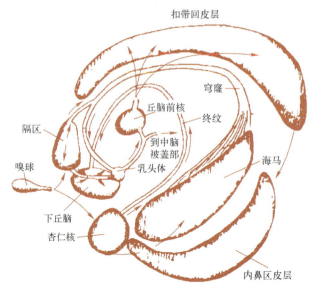

图 11-3 边缘系统的示意图

帕佩兹研究发现，某些皮层区域的毁损对于情绪行为有深刻的影响。帕佩兹提出了脑内存在一条与情绪有关的神经通路的理论。帕佩兹将海马→穹窿→乳头体→乳头丘脑束→丘脑→扣带回→大脑皮层额叶→海马构成的回路称为情绪的神经通路，认为情绪发源于海马，通过乳头体投射到丘脑，在那里产生心跳、呼吸和体温的变化等生理方面的情绪效应，同时换元之后的神经纤维投射到扣带回和大脑皮层额叶，产生清晰的情绪体验。最后信号通过皮层到海马的投射返回海马，产生情绪记忆。这个回路中的各个结构和整个环路本身在情绪体验和情绪表达中都起着关键作用。帕佩兹回路学说不仅提到丘脑与情绪有关，还将大脑新皮层和旧皮层与情绪联系在一起。

2. 前额皮层

灵长类动物的前额皮层（PFC）可分为 3 个子分区：背侧 PFC（DLPFC）、腹内侧 PFC（vmPFC）、眶额皮层（OFC）。前额皮层的各个部分与情绪有关。左前额皮层与积极情绪有关，右前额皮层与消极情绪有关。

在已有研究的基础上，米勒（E. K. Miller）和科恩（J. D. Cohen）提出了一个综合的前额机能理论，认为前额皮层维持对目标的表征和达到目标的方法。腹内侧 PFC 与对未来积极和消极情绪后果的期待有关。贝卡拉（A. Bechara）等人于 1994 年报告腹内侧 PFC 两侧损伤的病人在期待未来的积极和消极后果中有困难。这样的病人与控制组相比，在期待冒险选择中，表现出皮肤电活动水平的降低。

3. 杏仁核

杏仁核对知觉、产生消极情绪和联想厌恶学习很重要。杏仁核在对恐惧面部表情的反应中被激活。许多研究报告在厌恶条件作用的早期阶段杏仁核激活。对几个诱发消极情绪的实验程序的反应中也可观察到杏仁核激活，包括厌恶嗅觉线索和厌恶味觉刺激等。图 11-4 给出了杏仁核情绪网络的示意图。

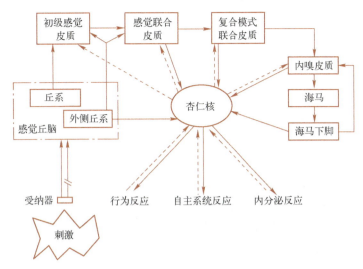

图 11-4　杏仁核情绪网络的示意图

双侧杏仁核损伤病人在恐惧和愤怒声音的识别方面有困难，这表明缺陷并不限于面部表情。杏仁核损伤病人对厌恶刺激无反应。总之，研究结果表明，双侧杏仁核受破坏的病人加工消极情绪任务的能力被损害，可见杏仁核对识别威胁或危险线索是重要的。

利铎克斯（J. E. LeDoux）关注焦虑这一情绪反应，他强调杏仁核的作用，把它看作是大脑的"情绪计算机"，负责计算出刺激的情绪价值。根据利铎克斯的观点，情绪刺激的感觉信息是从丘脑同时传送到杏仁核和大脑皮质的。在此基础上，利铎克斯提出焦虑存在两条不同的情绪回路：

1) 一条是丘脑—大脑皮质—杏仁核的慢回路，它负责对感觉信息进行详细分析。

2) 另一条是丘脑—杏仁核的快回路，它负责对刺激的简单特征（如刺激强度）进行加工。这条回路无须经过大脑皮质。

来自大脑新皮质的信号对杏仁核的激活与情绪加工发生在认知加工之后这一传统观点是吻合的，而来自丘脑的信号对杏仁核的激活是与情感优先假说是一致的，即情绪加工可以发生在前意识水平而且是发生在认知加工之前。丘脑—杏仁核回路使人类能够对危险情景做出快速反应，因而这条回路在保障人类的生存方面很有价值。相反，丘脑-大脑皮质-杏仁核回路可以详细评价情境的情绪意义，能以最佳方式对情境做出反应。

4. 海马和前扣带回

近年来才开始研究海马在情绪中的作用。海马是大脑中有很高葡萄糖皮质激素类受体密度的部位，在情绪调节中很重要。戴维森等人提出，海马在情绪行为的背景调节中起关键作用。如果海马损害，则个体正常背景的调节作用受到损害，因而在不适当的背景中表现出情绪行为。研究发现，左和右杏仁核对赢钱和输钱有不同的激活，左侧杏仁核对赢更多的钱显示激活的提高，而右侧杏仁核对输钱显示激活的提高。

神经成像方法的研究结果表明，前扣带回在情绪反应中激活。对情绪单词的 Stroop 任务（一个刺激的两个不同维度发生相互干扰的现象）的反应中，观察到背侧前扣带回激活。

5. 腹侧纹状体

PET 研究中观察到，在图片诱发情绪期间，听神经核的腹侧纹状体区域被激活，被试在看愉快的视频时,这一区域中的多巴胺水平提高。

情绪是人脑的高级功能,是人类生存适应的第一心理工具。它具有组织、调节和动机的功能,是个性的核心内容,也是控制心理病理的关键成分。因此对情绪发生、发展脑机制规律的揭示,有利于促进个体智力的发展、身心的健康,使个体形成良好的个性。

11.7 情感机器

情感是人类特有的一种思维方式。明斯基认为情感、直觉和情绪并不是与众不同的事物,而只是一种人类特有的思维方式。他同时揭示了为什么人类思维有时需要理性推理,而有时又会转向情感的奥秘。通过对人类思维方式进行建模,他为我们剖析了人类思维的本质,为大众提供了一幅创建能理解、会思考,具备人类意识、常识性思考能力,乃至自我观念的情感机器的路线图。

明斯基在《情感机器》一书中(MINSKY,2006),洞悉思维本质,提出创建情感机器的6大维度:

(1)意识 心灵的每个阶段都是一个同时存在多种可能性的"剧场",而意识则将这些可能性相互比较,通过注意力的强化和抑制作用,选择一些可能性,抑制其他可能性。

(2)精神活动层级 大脑是如何产生如此多新事物和新想法的?精神活动可以分为6种不同的层级——本能反应、后天反应、沉思、反思、自我反思、自我意识反思。

(3)常识 我们所做的许多常识性事情和常识性推理,要比吸引更多关注、获得令人敬仰的专业技能复杂得多。

(4)思维 人人都有不同的思维方式。在众多的兴趣爱好当中,是什么选择了我们下一步将要思考的内容?批评家是如何选择所使用的思维方式的?

(5)智能 每个物种的个体智力都会从愚笨逐渐发展到优秀,即使是最高级的人类思维也应从这个过程发展而来。

(6)自我 每当想尝试理解自己时,我们都可能需要采取多种角度来看待自己。一些性格是与生俱来的,而另一些性格则来自个人经验。

情感机器人就是用人工的方法和技术赋予计算机或机器人以人类式的情感,使其具有表达、识别和理解情感。模仿、延伸和扩展人的情感的能力,是许多科学家的梦想,与人工智能技术的高度发展相比,人工情感技术所取得的进展是微乎其微的。情感始终是横跨在人脑与计算机之间一条无法逾越的鸿沟。

情感的产生与运行是一个非常复杂的过程,情感机器人的研发必须建立在科学的情感理论的基础之上,才是现实的,没有一个全新的科学的情感理论作为指导,要研发真正意义上的情感机器人是不可能的。这种全新的情感理论必须突破心理学的局限,也必须突破社会科学的局限,成为一门独立的、横跨自然科学与社会科学的交叉性科学理论,其根本目的在于情感数字化。这种全新的情感理论就是"数理情感学",它以"统一价值论"为理论前提,采用数理逻辑方法分析情感现象与情感规律。

11.8　小结

情绪是对外界事物态度的主观体验，是人脑对客观外界事物与主体需求之间关系的反应，是多种感觉、思想和行为综合产生的心理和生理状态。人类具有快乐、愤怒、悲哀、恐惧 4 种基本的情绪。

情商主要是指人在情绪、意志、耐受挫折等方面的品质。总体来讲，人与人之间的情商并无明显的先天差别，更多与后天的培养息息相关。个人提高情商可以增强自己理解他人及与他人相处的能力。

情感计算的目的是通过赋予计算机识别、理解、表达和适应人的情感的能力来建立和谐人机环境，并使计算机具有更高、更全面的智能。情感建模是情感计算的一个重要过程，是情感识别、情感表达和人机情感交互的关键；其意义在于通过建立情感状态的数学模型，更直观地描述和理解情感的内涵。

情绪是人脑的高级功能，脑内有多个部位参与情绪的产生过程。边缘系统为情绪的脑的神经机制。边缘系统整合加工情绪信息，产生情绪行为。左前额皮层与趋近系统和积极情绪有关，右前额皮层与退缩系统和消极情绪有关。杏仁核易被消极的情绪刺激所激活，尤其是恐惧。海马在情绪的背景调节中起着重要作用。

思考题

11-1　为什么说情感是一种人类特殊的思维方式？
11-2　什么是情商？
11-3　情感计算的目的是什么？
11-4　画出 OCC 情感认知模型的框图，并阐明该模型的工作原理。
11-5　脑内多个部位参与情绪的产生，请概述各部位的主要功能。

第 12 章　意　　识

意识（consciousness）的起源与本质是最重大的科学问题之一。在认知科学中，意识问题是特别的挑战。存在如何决定意识，客观世界如何反映到主观世界中去，既是哲学研究的主题，也是当代自然科学研究的重要课题。意识涉及知觉、注意、记忆、表征、思维、语言等高级认知过程，其核心是觉知（awareness）。近年来，由于认知科学、神经科学和计算机科学的发展，特别是新的无损伤性实验技术的出现，意识的研究再度被提到日程上来，并且开始成为众多学科共同研究的热点。在 21 世纪，意识问题将是智能科学力图攻克的难题之一。

12.1　概述

意识是一种复杂的生物现象，哲学家、医学家、心理学家对意识概念的定义各不相同，迄今尚无定论。当代著名哲学家丹尼特（D. C. Dennett）认为："人类的意识大概是最后一个难解的谜。"

意识的哲学概念是高度完善、高度有组织的特殊物质——人脑的机能，是人所特有的对客观现实的反映。意识也是思维的同义词，但意识的范围较广，包括认识的感性和理性阶段，而思维则仅指认识的理性阶段。辩证唯物主义认为意识是物质高度发展的产物，是存在的反映，又对存在起着巨大的能动作用。

医学上，不同学科对意识的认识也略有差异。在临床医学领域，意识是指病人对周围环境及自身的认识和反应能力，分为意识清楚、意识模糊、昏睡、昏迷等不同的水平；在精神医学中，意识又有自我意识和环境意识的分别。意识障碍表现为意识不清、嗜睡、昏睡、昏迷、朦胧状态、梦样状态。

心理学中的意识是对外部环境和自身心理活动，例如感觉、知觉、注意、记忆、思想等客观事物的觉知或体验。进化生物学家、理论神经科学家卡尔文（W. H. Calvin）在《大脑如何思维》一书中列出了一些意识的定义。

从认知科学的角度，意识是一种主观体验，是对外部世界、自己的身体及心理过程体验的整合。意识是一种大脑本身具有的"本能"或"功能"，是一种"状态"，是多个脑结构对于多种体验的"整合"。广义的意识是高等生物与低等生物都具有的一种生命现象。随着生物的进化，进行意识加工的器官也在不断进化。人类进行意识活动的器官主要是脑。要揭示意识的科学规律，建构意识的脑模型，不仅需要研究有意识的认知过程，而且需要研究无意识的认知过程，即脑的自动信息加工过程，以及这两种认知过程在脑内的相互转化机制。对意识的研究是认知神经科学中不可缺少的内容，对意识及其脑机制的研究是自然科学的重要内容。哲学所涉及的是意识的起源和意识存在的真实性等问题，对意识的智能科学研究的核心问题是意识产生的脑机制——物质的运动是如何变成意识的。

历史上最早使用意识这个词的是培根（F. Bacon）。他将意识定义为一个人对自己思想里发生了什么的认识。所以，意识问题一直是哲学家研究的领域。德国心理学家冯特（Wundt）于1879年建立了第一个心理学实验室，明确提出心理学主要是研究意识的科学，他以生理学方法研究意识，报告在静坐、工作和睡眠条件下的意识状态。从此心理学以一门实验科学的身份进入了一个新的历史时期，一系列对心理现象的研究都得到了迅速发展，但是对意识的研究因缺少非意识的直接客观指标而进展迟缓。1902年詹姆斯（W. James）提出意识流的概念，指出意识就像流水一样波浪起伏、源源不断。弗洛伊德（S. Freud）认为人的感觉和行为受非意识需要、愿望和冲突的影响。根据弗洛伊德的观点，意识流具有深度，意识与非意识加工有不同的认识水平，它不是全或无的现象。但是，由于用内省法研究意识，缺乏客观指标，只能停留在描述性初级水平上而无法前进。自从华生宣告心理学是一门行为科学之日起，意识问题就被"打入冷宫"。所以有很长一段时间，神经科学因其太复杂而无人问津，心理学又不愿染指这个领域。

在20世纪50年代至60年代，科学家们通过解剖学、生理学实验来理解意识状态的神经生理基础。例如，1949年莫罗兹（G. Moruzzi）与马戈恩（H. Magoun）发现了觉知的网状激活系统；1953年阿塞林斯基（E. Aserinsky）与克雷特曼（N. Kleitman）观察了快速眼动睡眠的意识状态；20世纪60年代至70年代，对割裂脑病人的研究结果表明在大脑两半球中存在独立的意识系统。上述研究结果开创并奠定了意识的认知神经科学研究基础。

现代认知心理学始于20世纪60年代，对于认知心理学家来说，阐明客观意识的神经机制始终是一个长期的挑战。迄今关于意识客观体验与神经活动关系的直接研究还非常少见。近年来，随着科学技术的突飞猛进，利用现代电生理技术（脑电图，EEG；事件相关电位，ERP）和放射影像技术（正电子断层扫描，PET；功能磁共振成像，fMRI），意识研究已迅速成为生命科学和智能科学的新生热点。

关于意识脑机制的研究虽然非常复杂，任务艰巨，但意义重大，已引起了全世界认知科学，神经生理、神经成像和神经生物化学等神经科学，社会科学以及计算机科学诸多领域学者的极大兴趣。1997年成立的意识科学研究学会（Association for the Scientific Study of Consciousness，ASSC），连续召开意识问题国际学术会议。会议主题分别是：内隐认知与意识的关系（1997年）；意识的神经相关性（1998年）；意识与自我知觉和自我表征（1999年）；意识的联合（2000年）；意识的内容，知觉、注意和现象（2001年）；意识和语言（2002年）；意识的模型和机理（2003年）；意识研究中的经验和理论问题（2004年）。

研究意识问题的科学家所持的观点是多种多样的。从人的认识能力最终是否有可能解决意识问题的角度考虑，意识的研究观点有神秘主义和还原论（reductionism）之分。持神秘主义观点的人认为我们永远无法理解意识。例如当代著名哲学家福多（J. Fodor）参加第一次"towards to science of consciousness"会议时公开怀疑：任何一种物理系统怎么会具有意识状态呢？在意识问题研究中十分活跃的美国哲学家查尔莫斯（D. J. Chalmers）认为，意识应当分为"容易问题"（easy problem）和"艰难问题"（hard problem）（CHALMERS, 1996），他对意识问题的总看法是："没有什么严谨的物理理论（量子机制或神经机制）可以理解意识问题。"

克里克（F. Crick）在《惊人的假设》（CRICK, 1994）一书中公开申明对意识问题的看法是还原论的。他和他的年轻的追随者Koch在许多文章中陈述这一观点。他们把这个复杂的意识问题"还原"成神经细胞及其相关分子的集体行为。美国著名的计算神经科学家索诺斯基（T. J. Sejnowski）和哲学家丹尼特等人所持观点，大体上与克里克相同。

在研究意识问题时，从所持的哲学观点角度考虑，历来就有两种相反的观点：一种是一元论，认为精神（包括意识）是由物质（脑）产生的，是可以从脑的角度来研究和解释精神现象的。另一种是二元论，认为精神世界独立于人体（人脑），二者之间没有直接的联系。笛卡儿（René Descartes）是典型的二元论者，他认为：每个人都有一个躯体和一个心灵（mind）；人的躯体和心灵通常是维系在一起的，但心灵的活动不受机械规律的约束；躯体死亡后，心灵将继续存在，并且还发挥作用；一个人的心灵所进行的种种活动是无法被他人察知的，因此只有个体自己才能直接知觉其内心的状态和过程；如果把躯体比拟为"机器"，身体按照物理规律运行，那么，心灵就是"机器中的灵魂"。笛卡儿是伟大的数学家，所以他有正视现实的一面，明确地提出"人是机器"的论断，但他受古代哲学思想和当时社会环境的影响较深，所以他把脑的产物（心灵）看成是与躯体截然分开的东西。

在当代从事自然科学研究的科学家中，有不少相信二元论的。诺贝尔奖获得者埃克尔斯（J. C. Eccles），热衷于意识问题的研究。他本人是神经科学家，在研究神经细胞的突触结构和功能方面取得重大成果。他不讳言他的意识观是二元论的。他本人以及与人合作的关于脑的功能方面的著作有7本之多，他与哲学家波普尔（K. Popper）的著作中提出"三个世界"的理论，其中，第1世界是物理世界，包括脑的结构和功能；第2世界是所有主观精神和经验；社会、科学和文化活动则可看作第3世界。他后期的著作中，根据神经系统的结构和功能，提出"树突子"的假设，树突子是神经系统的基本结构和功能单元，由约100个顶部树突构成，估计在人脑中有40万个树突子。他进而又提出"心理子"的假设，第2世界的心理子与第1世界的树突子相对应。由于树突中的微结构与量子尺度相近，所以量子物理有可能用于意识问题研究。

意识问题的研究需要依靠人来进行，特别需要用人脑去研究，这就牵涉到人脑能否理解人脑的问题，因此有人比喻说，用手把自己头发拉起是不可能做到脱离地球的。实际上意识问题上的一元论和二元论者之间、可知论与不可知论之间、唯物论与唯心论之间的界限并不是截然分明的。

12.2　意识的基本要素和特性

法伯（I. B. Farber）和丘奇朗德（P. S. Churchland）在其"意识与神经科学，哲学与理论问题"一文中，从3个层次讨论了意识概念。第1层次是意识觉知，包括：感觉觉知（通过感觉通道对外部刺激的觉知）、概括性觉知（与任一感觉通道都不相连的对身体内部状态的觉察，如疲劳、眩晕、焦虑、舒服、饥饿等）、元认知觉知（能觉察到自己认知范围内的所有事物，包括当前的和过去的思维活动）和有意识回忆（能觉察到过去发生的事情）。第2层次是高级能力，即不仅能被动地感知和觉知信息，还具有能动作用或控制等高级功能，这些功能包括注意、推理和自我控制（如理性或道德观念对生理冲动的抑制作用）。第3层次是意识状态，可将意识状态理解为一个人正在进行的心理活动，包括意识概念中最常识性的也是最困难的环节，这种状态可以分为不同的层次：有意识与非意识、综合性调节、粗略的感觉等。法伯的前两个层次对意识概念是颇有启发性的，但第三个层次却缺乏实质性内容。

1977年奥恩斯泰（R. E. Ornstein）提出意识存在两个模式：主动—言语—理性模式（主动模式）与感知—空间—直觉—整体模式（感知模式）。他认为：两个模式分别被一侧大脑半球所控制；对主动模式的评价是自动进行的，人类限制了觉知的自动化以阻挡与其生存能力无直接相关的经验、事件和刺激；当人们需要加强正在进行的归纳与判断时，通过感知模式增加正常的觉知。根据奥恩斯泰的观点，静坐、生物反馈、催眠，甚至试验某些特异性药物均助于人学习使用感知模式来平衡主动模式。智力活动是主动发生的，具有左半球优势，而直觉行为具有感受性，为右半球优势的。两个模式的整合构成了人类高级功能的基础。

意识功能是由哪些要素构成的？关于这一问题，克里克认为意识至少包括两个基本功能部件，一是注意，二是短时记忆。注意一直是意识的主要功能，这已为大家所公认。巴尔斯（B. J. Baars）的"剧场"隐喻中，把意识比喻为一个舞台，不同的场景轮流上场。舞台上的聚光灯可比喻为注意机制，这是一个流行的隐喻。克里克也认可这个隐喻。没有记忆的人肯定没有"自我意识"。没有记忆的人或机器，看过即忘，或听过即忘，也不能妄谈意识。但记忆的时间长短可以讨论，长时记忆固然重要，但克里克认为短时记忆更显必要。

美国哲学家与心理学家詹姆斯认为意识的特点是：
1）意识是个人的，不能与他人共享。
2）意识是永远变化的，不会长久停留在某一种状态。
3）意识是连续的，一个内容包含着另一个内容。
4）意识是有选择性的。

总之，詹姆斯认为意识不是一个东西，而是一种过程，或一种"流"，是一种可以在几分之一秒内变化的过程。这种"意识流"概念，很生动地刻画了意识的一些特性，这一概念在心理学中受到重视。

埃德尔曼（G. M. Edelman）强调意识的整合性和分化性。依据脑的生理病理和解剖学上的事实，埃德尔曼认为丘脑-皮质系统在意识的产生方面起关键作用。

美国心脑问题的哲学家丘奇兰德（P. S. Churchalnd）为意识问题列出一张特性表：
1）与工作记忆有关。
2）不依赖感觉输入，即我们能思考并不存在的东西和想象非真实的东西。
3）表现出可驾驭的注意力。
4）有能力对复杂或模棱两可的资料做出各种解释。
5）在深睡时消失。
6）在梦中重新出现。
7）在单次统一的经验中能包容若干感觉模态的内容。

2012年，巴尔斯和埃德尔曼在文章（BAARS et al.，2012）中阐述了他们关于意识的自然观，列出了意识状态的17个特性：

（1）意识状态的EEG标记　脑的电生理活动呈现不规则、低幅度和快速的电活动，频率为 $0.5\sim400\,Hz$。意识的EEG看起来与无意识状态（类同沉睡情况）显著不同，癫痫病人和全身麻醉的人的意识状态呈现规则、高幅度和慢变化的电压。

（2）大脑和视丘　意识取决于视丘的复杂性，开启和关闭通过脑干来调节，并且与脑皮层下区域没有交互作用，不直接支持意识经验。

（3）广泛的大脑活动　可报告意识事件与广泛的具体脑活动内容有关。无意识的刺激只唤起局部的脑活动。意识瞬间也对外边专注意识内容引发广泛的影响，表现为隐性学习、情景记忆、生物反馈训练等。

（4）大范围的可报告内容　意识有特别广泛的可报告内容——各种感觉的知觉、内生的形象化描述、感情感觉、内部语言、概念、有关行动的想法和某些外部经验。

（5）信息性　当信号变得多余时意识可以消失；信息损失可以导致意识访问的丢失。选择性注意的研究结果也显示，信息更丰富的刺激受到意识强烈偏爱。

（6）意识事件的适应性和飞逝的本质　瞬时感觉输入可以维持几秒，短暂认知可以持续存在不到半分钟。相反，庞大的无意识知识可以储存在长时记忆中。

（7）内部一致性　意识以一致约束为特征。一般，同时给予的两个刺激不一致时，只有一个能变得有意识。一个词多义时，只有一个词义变得有意识。

（8）有限能力和顺序性　意识的能力在任何规定的片刻好像限制在仅对一个一致景象，即意识的有限能力。与直接同时观察时脑形成的大量并行处理相反，意识景象流是串行的，这体现了意识的顺序性。

（9）感觉捆绑　大脑就其功能作用而言是分块的，不同的脑区对不同的特征（例如形状、颜色或者目标运动）做出反应。一个基本的问题是这些功能作用不同的脑区是怎样协调活动，产生普遍的、有意识的综合完形知觉的。

（10）自我特性　意识经验总是以自我经历为特点，即具有自我特性，正如威廉·詹姆斯所称的"观察自我"。自我功能看起来与中央脑区有关，人脑包括脑干、楔前叶（precuneus）和前额叶（orbitofrontal）皮层。

（11）准确可报告性　大多数使用意识的行为迹象是准确可报告的。全范围的意识内容因为大范围自愿的反应是可报告的，所以经常有非常高的准确性。可报告性不要求完全明确的词汇，因为主体能自动地对意识事件进行比较、指向和发挥其作用。

（12）主观特性　意识以事件私有流方式提供给经历主体为特征。这样的隐私没有违反立法。这表明自我物体综合是有意识认知的关键。

（13）关注非主流结构　意识被认为倾向于专注明白清楚的内容，"非主流意识"事件，如亲情感、舌尖经验、直觉等同样重要。

（14）促进学习　几乎没有证据表明学习无须意识。相反，意识经验促进学习的证据是压倒性的，即使隐性（间接的）学习也需要有意识的注意。

（15）内容的稳定性。意识内容给人的深刻印象是稳定的。即使像自身的信念、概念和专题一样的抽象意识内容，可能在几十年内非常稳定。

（16）关注特性　意识的景象和目标，一般说来是外部的，虽然它们的形成严重依赖于无意识的框架。

（17）意识知道和决策　意识对于我们知道周围世界，以及一些我们的内部过程是有用的。意识的表达，包括感觉、概念、判断和信仰，可能特别适于自如的决策。但是，并非全部有意识事件都涉及大范围的无意识机制。这样，意识报告的内容绝不是仅需要被解释的特征。

12.3 意识的全局工作空间理论

12.3.1 剧场假设

关于意识问题，最经典的一个假设即"剧场"隐喻。这个隐喻，把多个感觉输入综合成一个有意识的经验，并将其比拟为在黑暗的剧场舞台上用聚光灯打出一个光亮点照到某个地方，然后传播给大量的无意识的观众。在认知科学中，关于意识和选择性注意的假设多数来自这个隐喻。巴尔斯是"剧场"隐喻的最主要的继承者和发扬光大者（BAARS，1988）。

巴尔斯将心理学和脑科学、认知神经科学紧密结合起来，把一个从柏拉图和亚里士多德时代开始就一直被用于理解意识的"剧场"隐喻改造成"意识剧场"模型，并运用大量引人注目的神经影像学的先进研究成果，阐述人类复杂的心灵世界（见图12-1）（BAARS，1997）。

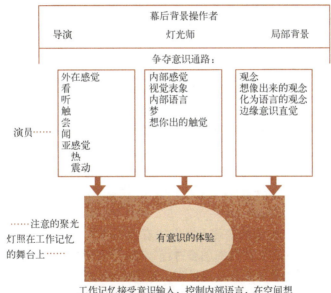

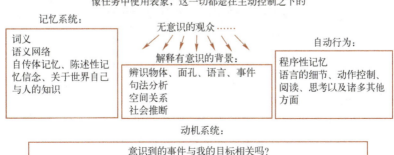

图 12-1 "意识剧场"模型

这一模型的基本观点是：人的意识活动是一个容量有限的舞台，需要一个中央认知工作空间，它与剧场的舞台非常类似。意识作为一种人认识现象的心理状态，基本上有5种活动类型：

1）工作记忆就像剧场的舞台，主要包括"内心语言"和"视觉想象"这两种成分。

2）意识体验的内容好比前台演员，在不同的意识体验内容之间显示出竞争和合作的关系。

3）注意如同聚光灯，它照在工作记忆这个舞台上的演员身上时，意识的内容便出现了。

4）幕后的背景操作由布景后面的背景操作者系统来执行，其中"自我"类似幕后背景操作的导演，许多普遍存在的无意识活动也构成了类似舞台的背景效应，背景操作者则是大脑皮层上的执行、控制系统。

5）无意识自动活动程序和知识资源组成了剧场中的"观众"系统。

按照巴尔斯的观点，尽管人的意识能力有限，但人的优势却在于可以接触大量的信息资料，并具有某种潜在的计算能力。这些能力包括多感官输入、记忆、先天与后天习得技能等。巴尔斯同时还提出，意识的脑工作是广泛分布式的，共有4种脑结构空间维度、4类脑功能模块来支撑，它们同时投射在时间轴上，形成了一种超立体的空间、时间活动维度的一体化的心智模型。

脑结构的4个空间维度同时投射在时间轴上：①从脑的深层到皮层的皮层化维度；②从后头部向前头部发展的前侧化维度；③大脑两半球功能的左右侧化发展维度；④脑背侧和腹侧发展维度。

4类脑功能模块：①与本能相关的功能模块——具有明确的功能定位；②人类种属特异的本能行为模块——自动化的功能定位；③个体习得的习惯性行为模块——半定位的自动化系统；④高级意识活动——没有明确的定位系统，意识的内容似乎可以整个地传播到遍布大脑的神经网络上，从而形成一个分布式的结构系统。人类意识经验是个统一体，自我是这个统一体的"导演"。

巴尔斯还在"意识剧场"模型的基础上提出"有意识与无意识相互作用"模型，简洁地隐喻了有意识与无意识之间相互转化的动态过程，即多种形式的有意识与无意识活动的相互转化，形成一种复杂的脑内整体工作信息处理、意识内容和丰富多彩的主观自身感受经验约束。根据巴尔斯的观点，在无意识过程建构基础的背后隐藏着一个专门、特殊的无意识处理器，该处理器的功能是统一或者模块的。特别需要强调的是，无意识处理器十分有效而且快捷，它们很少有错误，同时这样的处理器也可能在操作上与其他系统汇集在一起。专门的处理器是分离和独立的，它们能够对主要的信息进行机动处理。这种专门的处理器的特征十分类似于认知神经心理学上所讲的"模块"。

意识的形成是否由特定的脑过程引起？是否可以用复杂系统来为脑过程的意识形成建立模型？这些是意识研究关心的问题。对意识活动的神经机制的探索发现，意识的清醒状态是心理活动得以进行的基本条件，而意识的清醒程度明显与脑干的网状结构、丘脑等边缘系统的神经通路存在密切联系。一般来讲，脑干网状结构的兴奋与注意的强度有关，感官输入的大量信息在经过脑干网状结构时需要进行初级的分析整合，许多无关或次要的信息被有选择地过滤掉，只有引起注意的有关信息才能到达脑干网状结构。因此，有学者提出，意识活动主要体现在以网状结构为神经基础的注意机制之上，只有注意到的刺激才能引起意识，而很多非注意的刺激没能达到意识水平就不会被意识到，被意识到的刺激依赖一种确定的精神机能——注意的介入。当然，意识与无意识有着不同的生理基础和运行机制。大量的无意识活动是并行处理的过程，而有意识活动是串行处理的过程。不同的意识状态可以在非常短的时间内快速转换，意识的开启就是指从无意识状态向有意识状态的转化过程。

巴尔斯的"意识剧场"模型比较准确地阐述了有意识、无意识、注意、工作记忆和自我意识等的相互联系与区别，也得到了许多神经生物学证据的支持，在学术界的影响越来越大。著名学者西蒙曾说，巴尔斯"为我们提供了关于意识的令人兴奋的解释，将这个问题从哲学的桎梏中解脱出来，将它稳固地置于实验研究的领地之中"。也有的学者认为，"意识剧场"模型为当前的意识研究提供了一种核心假设。他比较了无意识与有意识心理过程之间的差异，其核心思想是存在分离的有意识与非意识两种有区别的过程。在此基础上，巴尔斯提出有意识与无意识活动是可以被认识的，它们在神经系统中有着各种不同的建构过程。

意识的剧场隐喻也受到一些学者的反对。如丹尼特认为，这个隐喻中一定要有个"舞台"才能有"意识"演出，那么就是说，大脑中有一个专门的意识的舞台。这很容易落入17世纪笛卡儿的"松果体"假说。反对者认为，大脑中没有一个专门的地方集中所有的输入刺激。

12.3.2 全局工作空间理论

全局工作空间理论的目的在于详细说明大脑意识活动在认知活动中的角色和作用（BAARS，1988）。图12-2给出了全局工作空间意识模型示意图（BAARS et al.，2007）。用剧场来比喻全局工作空间理论是最为贴切的。观众作为戏院中无意识的处理器，接受舞台上意识焦点的广播。对这个焦点的控制相当于选择性注意。在后台，无意识的连接系统形成和导向有意识的内容。全局工作空间理论是可检验假设的严格集合，用剧场这个比喻可以说明它的一些基本特征。

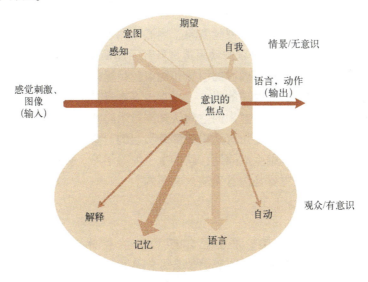

图12-2 全局工作空间意识模型示意图

全局工作空间理论是基于有意识的处理过程的强有力证据的。有意识的处理过程结合了"黑板结构"这个人工智能的概念，这个结构结合不同认知来源以在复杂、嘈杂、含糊的环境中鉴别出一个声音信号。这样多噪声含糊的信号在人们平时观察、思考、计划和控制等情况中是常见的。基于大量比较有意识和无意识活动的实验，人们提出了经验性总结：有意识的活动是和有限容量的处理过程强烈相关的，表现出有意识内容的内部相容性和低计算效率，因此有技巧的演讲者不能自觉地标注一个句子的语法，即使他们经常使用无意识的语法分析的结果；与有意识的活动形成鲜明对比的是，无意识的活动表现出大得多的容量上限，没有内部相容性的限制，通常有很好的计算效率。如果一个人按照注重效率的算法或者神经网络输出的方式来考虑意识，则会有一个令人困惑的问题：有意识认知的相关方面看起来好像对在以快速精确的选择为基础的世界的生存是不利的。这个问题看起来是言之有理的，然而，意识被看作"大脑中的声望"，它能使用大量以高度分布的方式来响应意识活动的焦点的无意识的知识源。

第一个全局工作空间理论是纽厄尔和他的合作伙伴一起提出的，用来分辨在嘈杂环境中的词语声音。这是一个难度很大的挑战，因为空间会把反射和背景噪声加到一个已分辨出来的声音信号上，这会使得标准的模式识别算法在很大程度上是低效率的。纽厄尔等人的全局工作空间理论解决了这个问题。全局工作空间理论表现出一个很强的功能性优点，弥补了前面低效率的缺点。

全局工作空间理论假设人类的认知过程是由相当多几乎全是无意识的且相当小的专门处理过程来执行的。尽管在今天看来这已经是老生常谈，但是大脑中广泛分布的专门处理的观念在刚提出时还是有很大争议的。不同的处理需要竞争使用全局工作空间的使用通道。这种有限容量的全局工作空间理论用于信息以竞争胜出的处理部件上传递到所有无意识的处理部件上，目的是为了采纳更多资源以处理异常的和高优先级的输入，解决目前存在的问题。从这个角度来看，有意识允许我们处理那些常规的、无意识处理无法有效处理的异常或者有挑战性的情况。有意识的认知能够通过通向那些不可预知但是又必需的知识源的通道的授权来解决人工智能和机器人学科中遇到的"关联问题"。在默认的情况下，意识会提供一个查找函数来发现潜在的危险和机遇，所以在意识的内容和重要的感知输入之间存在特殊的、紧密的联系。外部的感觉能通过感知到的视觉表象、内心语言和内心感觉等途径自发模拟出来。这些内源性"感觉"已经被证明可以调动因类似外部活动而变得活跃的皮层及皮下区域。

有意识的内容总是受到无意识内容的引导和约束：目标内容、感知内容、概念内容和共享环境内容。每个内容本身都是处理的组合。尽管内容本身是无意识的，但它们形成了一个有意识的处理过程。例如，需要无意识的空间认知来指示有意识地观察目标的方向。在全局工作空间方法中，学习活动通常是由有意识的部分引起的。要求无意识的处理者执行有意识的内容，解决了难以报告的规则生成问题，就产生了内隐学习。像语言学习这样的任务在很大程度上是内隐的，但它们主要是由意识输入引起的。

12.3.3 智能数据分析软件——LIDA

智能数据分析软件——LIDA 是由巴尔斯和富兰克林（S. Franklin）合作设计的（BAARS et al., 2009）。该软件主要是基于意识的全局工作空间理论而设计的，也丰富了心理学和神经心理学的理论。LIDA 的计算架构来自 LIDA 的认知模型。每一个智能体都必须频繁地采集（感知）环境信息，处理（理解）输入，并选择合适的响应（动作）。LIDA 的系统结构和工作流程如图 12-3 所示（SNAIDER et al.，2010）。

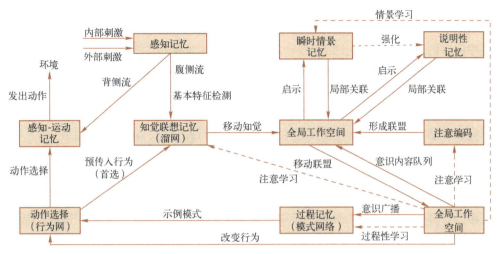

图 12-3　LIDA 的系统结构和工作流程

智能数据分析软件 LIDA 的工作流程可以分为 9 步，如图 12-3 所示：

1）输入的感知刺激因素被前意识知觉所过滤，意图被加进来，产生感知记忆。

2）目前的感知记忆被移至前意识的工作记忆，和此前的循环还没有衰减的感知记忆一起加入更高级别感知的结构中。

3）当前工作记忆的结构会诱发瞬时情景记忆和说明性记忆，产生储存在长期工作记忆的局部关联。

4）长时工作记忆的内容的组合为意识展开竞争，使得意识可能把系统资源用在最合适、最紧急、最重要的任务成分上。

5）意识广播按全局工作空间方法产生，使得不同形式的学习以及内部资源的补充成为可能。基于一些经验性资源，假设广播需要 100 ms 的时间。

6）程序上的记忆需要响应意识广播的内容。

7）产生其他（无意识）的响应方案，例如行为选择机制的自我复制、捆绑变量、激活传递等。

8）行为选择机制为该认知循环选择一个响应。

9）智能数据分析对内部或者外部环境产生响应。

LIDA 的认知周期可分为 3 个阶段：理解阶段、注意（意识）阶段和动作选择阶段。理解阶段开始于刺激输入，激活感觉记忆中的初级特征检测器。输出信号被发送到知觉联想记忆中，那里的更高层次的功能探测器用于更抽象的实体，如对对象、类别、行动、事件等的检测。所产生的知觉移动到全局工作空间，在那里产生局部关联的瞬时情景记忆和说明性记忆会被做线索标记。这些局部关联与知觉结合，产生当前情景模型，用以表示智能体对当前正在发生的事情的理解。

注意编码器通过当前情景模型中选定部分之间形成连接，开始了注意（意识）阶段，并把形成的联结转移到全局工作空间。

全局工作空间模块通过竞争随后选出最突出、最相关、最重要和最紧迫的联结，它们的内容就成为意识的内容。然后，这些意识的内容被广播到全空间，启动行动的选择阶段。LIDA认知周期的行动选择阶段也是一个学习阶段，这个学习阶段中会有几个处理操作并行进行。新的实体和联合，以及加强过的旧有意识会随着意识发布到知觉联想记忆而发生。意识广播中的事件为瞬时情景记忆的编码为新的记忆。可能采取的行动计划，连同它们的背景和预期的结果，从意识发布提取到程序记忆中。旧的计划得到了加强。与所有学习过程并行发生的、可能的行动主体使用意识内容从程序记忆中再被使用。每个这样的副本与其绑定的变量一起实例化，并传送到行动的选择环节，竞争的结果就是此轮认知周期选择的行为。选定的行为触发感觉运动记忆，产生一个合适的算法执行此行为。认知周期结束。

全局工作空间内部结构是由各种不同的输入缓冲区和3个主要模块组成的：当前情景模型、暂存器和意识内容队列（SNAIDER et al.，2010）。当前情景模型是一个存储代表实际的、当前内部和外部事件的结构。结构构建编码器负责创建使用工作区的各种子模型中的元素的结构。暂存器是在工作区的辅助空间，结构构建编码器可以在这里构建可能的结构，然后将这些结构转移到当前的情景模型。意识内容队列存储着持续的几个广播的内容，使LIDA系统理解和操作与时间有关的概念。

12.4　意识的还原论理论

诺贝尔奖获得者、DNA双螺旋结构的提出者克里克是还原论意识理论的典型代表之一。他认为意识问题是整个神经系统高级功能中的关键问题，所以他于1994年出版了一本书，名为《惊人的假设》（*The Astonishing Hypothesis*），副标题为"用科学方法探索灵魂"（CRICK，1994）。他大胆地提出了一个基于还原论的"惊人的假设"。他认为"人的精神活动完全由神经细胞、胶质细胞的行为和构成，以及影响它们的原子、离子和分子的性质所决定"。他坚信，意识这个心理学的难题，可以用神经科学的方法来解决。他认为意识问题与短时记忆和注意的转移有关，他还认为意识问题虽然牵涉到人的许多感觉，但可以从视觉意识着手，因为人是视觉性动物，对视觉注意易于进行心理物理实验，而且神经科学在视觉系统研究方面积累了许多资料。20世纪80年代末至90年代初，在视觉生理研究方面有一个重大的发现：从不同的神经元的发放中记录到同步振荡现象，这种大约40Hz的同步振荡现象被认为是联系不同图像特征之间的神经信号。克里克等提出了视觉注意的40Hz振荡的模型，并推测神经元的40Hz同步振荡可能是视觉中不同特征进行"捆绑"的一种形式。关于"自由意志"，克里克认为它与意识有关，牵涉到行为和计划的执行。克里克分析了一些"自由意志"丧失者的情况，认为大脑中负责"自由意志"的部位位于前扣带回，靠近Brodmanm区（24区）。

克里克和科赫（C. Koch）认为研究意识的最困难的问题是感受性问题，即人如何感受到红颜色、痛苦的感觉等。这是由意识的主观性和不可表达性决定的，因此他们转向研究意识的神经相关物（NCC），即了解意识的某些方面的神经活动的一般性质。克里克和科赫列举了意识研究中神经相关物的10条框架（CRICK et al.，2003）。

（1）无意识的侏儒（homunculus）　首先考虑脑整体的工作方式，大脑的前部注视着感觉系统，感觉系统的主要工作是在脑的后部进行的。人并不直接知道自己的想法，而只知道意象中的感觉表象。这时，前脑的神经活动是无意识的。脑中有一个"侏儒的假设"，现在已不再时髦，但是，离开这个假设，人如何能想象他们自己呢？

（2）刻板（zombie）方式和意识　对于感觉刺激，许多反应是快速的、瞬态的、刻板的和无意的，而意识处理的东西更慢、更广，且需要更多时间决定合适的想法和更好的反应。进化发展出两种策略以相互补充：视觉系统的背侧通道（大细胞系统）执行刻板的快速反应；腹侧系统（小细胞系统）执行有意识的识别任务。

（3）神经元联盟　此处联盟是 Hebb 集群加上它们之间的竞争。联盟中的神经元并非固定不变的，而是动态的。竞争中获得优势的联盟会保持一段时间的统治地位，这就是我们会意识到什么的时候。这个过程犹如国家的选举，选举中获胜的政党会执政一段时间，并影响下一阶段的政局。注意机制相当于舆论界和选情预测者的作用，试图左右选举形势。皮质第 V 层上的大锥体细胞好像是选票。但是，每次选举之间的时间间隔并不是有规律的。当然这仅仅是比喻。

神经元联盟的大小和特性是变动的。清醒时的神经元联盟与做梦时的不一样，闭眼想象时的神经元联盟与睁眼观看时的也不一样。脑前部的联盟可能反映"快感""统治感"等自由意志方面的意识，而脑后部的联盟可能以不同方式产生，它们会相互影响和作用。

（4）显性表象　视场中某一部分的显性表象意味着存在一小组神经元，它们可以像检测器那样做出反应，而无须复杂的加工。在一些病例中，某些显性神经元的缺失造成某种功能的丧失，例如颜色失认症、面孔失认症、运动失认症。这些病例的患者的其他视觉功能仍保持正常。

在猴子实验中，运动皮质（MT/VS 区）一小部分受损，造成运动感知的丧失。损伤部位较少，几天内就可恢复，大范围的损伤则会造成永久性丧失。必须注意，显性表象是意识的神经相关物的必要条件而非充分条件。

（5）高层次优先　一个新的视觉输入来到后，首先神经活动快速地、无意识地上行到视觉系统的高层次，可能是前脑，其次信号反馈到低层次，所以，视觉输入到达意识的第一阶段在高层次，把意识信号发送到额叶皮质，随后在较低层次上引起相应活动。当然这是过于简单的描述，整个系统中还有许多横向联系。

（6）驱动性和调制性联系　了解神经联系的本质很是重要的，不能认为所有兴奋性联系都是同一类型。可以把皮质神经元的联系粗略地分为两大类：一类是驱动性的，另一类是调制性的。对皮质锥体细胞而言，驱动性联系多半来自基底树突，而调制性输入来自丛状树突，它们包括反向投射、弥散状投射，特别是丘脑的层间核。从侧膝体到 V1 区的联系是驱动性的，从脑的后部到前部的联系也是驱动性的。而逆向联系多半是调制性的。皮质第 5 层上的细胞（它投射到丘脑）是驱动性的，而第 6 层则是调制性的。

（7）快照　神经元可能以某种方式超过意识的阈值，或者保持高发放率或某种类型的同步振荡，或者某种簇发放。这些神经元可能是锥体细胞，它投射到前脑。维持高于阈值的神经活动，会涉及神经元的内部动力学，诸如 Ca^{2+} 等化学物质的积聚，或者皮质系统中再入线路的作用。也可能正反馈环的作用使得神经元的活性不断增强，达到阈值，并维持高活性一段时间。阈值问题也可能出现某种复杂性，它可能依赖于达到阈值的速率，或者输入维持多长时间。

视觉觉知过程由一系列静态的快照组成，也就是说感知出现在离散的时间内。视皮质上有关神经元的恒定发放率,代表有某种运动发生,运动是发生在一个快照与另一个快照之间的,每个快照停留的时间并不固定。关于形状和颜色的快照时间可能碰巧一样,它们的停留时间与 α 节律或甚至 δ 节律有关。快照的停留时间依赖于开启信号、关闭信号、竞争和适应等因素。

(8) 注意和绑定　把注意分成两类是有用的:一类是快速的、显著性驱动的和自下而上的;另一类是缓慢的、自主控制的和自上而下的。注意的作用是左右那些正在竞争的活跃的联盟。自下而上的注意从皮质第 5 层的神经元出发,投射到丘脑和上丘。自上而下的注意从前脑出发,分散性地反投射到皮质第 1 层、第 2 层和第 3 层上神经元顶树突,可能途径丘脑的层间核。普遍认为丘脑是注意的器官。丘脑的网状核的功能在于从广泛的对象范围中做出选择。注意在一群竞争的联盟中做出倾向性作用,从而使某个对象和事件受到注意,而不被注意的对象却瞬间消失了。

什么是绑定?所谓绑定,是指把对象或事件的不同方面,如形状、颜色和运动等联系起来。绑定可能有几种类型。如果它是后天造成的,或者经验学得的,那么它可能具体化在一个或几个结点上,而不需要特殊的绑定机制。如果需要的绑定是新的,那么那些分散的基本结点的活动需要联合起来一起活动。

(9) 发放风格　同步振荡可以在不影响平均发放率的情况下提高一个神经元的效率。在同步发放的意义和程度方面仍有争议。计算研究表明其效果取决于输入的相关程度。我们不再把同步振荡(如 40 Hz)作为神经相关物的足够条件。同步发放的目的可能是在于支持竞争中的一个新生联盟。如果视刺激非常简单,如空场上的一个条形物,此时没有有意义的竞争,同步发放可能不出现。同样,一个成功的联盟达到意识状态时,这种发放也可能不必要了。正如你获得一个永久职位后,可能放松一阵子。在一个基本结点上,一个先期到达的脉冲可能获得的好处大于随后的脉冲。换言之,脉冲的准确时间可能影响到竞争的结果。

(10) 边缘效应和意义　一小群神经元对面孔的某些方面有反应。实验者知道这一小群神经元的视觉特性,但是大脑怎么知道神经元的发放代表的是什么呢?这就是"意义"问题。神经相关物只直接关系到一部分锥体细胞,但是它会影响到许多其他神经元,这就是边缘效应。边缘效应由两部分组成,一是突触效应,二是发放率。边缘效应并不是每个基本结点效应的总和,而是神经相关物整体的结果。边缘效应包括神经相关物神经元过去的联合、神经相关物期望的结果、与神经相关物神经元有关的运动等。边缘效应本身不能被意识到,它的部分可能变为神经相关物的一部分。边缘效应的神经元的某些成员可能反馈投射到神经相关物的部分成员,支持神经相关物的活动。边缘神经元可能是无意识的启动的部位。

克里克和科赫的 10 条框架把神经相关物的想法从哲学、心理和神经的角度结合在一起,其关键性的想法是竞争性联盟。有人猜测,一个结点的最小数量的神经元群可能是皮质功能柱。这种大胆的猜测无疑给意识的研究指出了一条道路,那就是通过研究神经网络、细胞、分子等各层次的物质基础,最终将能找到意识问题的答案。但是这个猜测面临着一个核心问题——到底谁有"意识"?如果是神经细胞的话,那么"我"又是谁?

12.5　神经元群组选择理论

诺贝尔奖获得者埃德尔曼(G. M. Edelman)依据脑的生理、病理和解剖学上的事实,强调意识的整合性和分化性（EDELMAN，2004）。他认为丘脑-皮质系统在意识的产生方面起关键作用。这里丘脑特指丘脑层间核。丘脑、网状核和前脑的底部，可统称为"网状激活系统"，这部位的神经元弥散性地投射到丘脑和皮质，其功能是激发丘脑-皮质系统，使整个皮质处于清醒状态。近年来的一些无损伤实验结果表明，皮质的多个脑区被同时激发，而不是单一脑区的单独兴奋。

2003 年，埃德尔曼在美国国家科学院院刊（PNAS）上发表了一篇论文（EDELMAN，2003），论文开篇就主张摒弃二元论。他分析了意识的特性后，指出意识研究必须考虑：

1）意识状态的可变性，分化性与联合统一后出现的个体性之间存在反差，其统一性又需要把来自各感觉通道的信息绑定在一起。

2）意向性，意识是普遍的，同时又受注意调制，并与记忆和意象有广泛的联系。

3）主观感觉和感受性。

神经科学表明，意识不是单个脑区或某些类型神经元的性质，而是广泛分布的神经元群体（group）中动态、相互作用的结果。对意识活动起主要作用的系统是丘脑-皮质系统。意识经验的整合动态性认为丘脑-皮质系统的行为像一种功能性簇（cluster），其相互作用主要发生在其本身，当然它与其他系统也有一些相互作用，例如与基底核的相互作用。在这些神经结构中活动的阈值受到上行价值系统的支配，如中脑的网状系统与丘脑层间核的相互作用，去甲肾上腺素能、五羟色胺能、胆碱能和多巴胺能核团。丘脑掌控了意识状态的水平，来自层间核的输入改变皮质活动的阈值。此外，在睡眠时，脑干对丘脑的作用在影响意识状态方面起重要作用。

埃德尔曼认为脑是一个选择性系统，后天产生大量可变的线路，人在经验中选择出某个特殊的线路。在这个选择系统中，结构不同的线路可能提供相同的功能或产生相同的输出。这就是神经元群组选择理论（theory of neuronal group selection，TNGS）。在这个理论中有一个重要概念，即再入（re-entry），它是一个过程，又是意识涌现的中心环节，也是埃德尔曼一贯主张的观点。再入是脑皮质内区域之间众多平行互逆纤维中进行的循环信号。再入是平行进行的选择性过程，它不同于反馈，后者是指令性的，牵涉到误差函数，而且是在信号通道中序列式传递的。竞争性神经元群组之间的相互作用和再入，在广泛分布的脑区中的同步活动，都会由于再入而决定选择的取向。这也可能为绑定问题提出一个解决方案：在缺少操作程序和上级协调者的情况下，把不同脑区的活动关联起来。把功能上分离的脑区活动联系起来是感觉分类的一个中心问题。

按神经元群组选择理论，脑中的选择性事件受到上行的弥散的价值系统的约束。价值系统用调制或改变突触阈值的办法影响选择过程。价值系统包括：蓝斑、缝核、胆碱能、多巴胺能、组胺能核。边缘系统和价值系统会作用到突触强度的改变，极大地影响前脑、顶叶和颞叶皮层的活动，也是意识涌现的关键。

埃德尔曼提出的神经元群组选择理论（或神经达尔文主义）是他的意识理论框架的中心，主要体现在以下两点：①从本质上来说，一个选择性神经系统有十分巨大的多样性，这一点是脑意识状态复杂性所必需的。②再入在此起关键作用，它把分散的多个脑区的活动联系起来，然后在感觉分类时动态地改变。因此，多样性和再入是意识经验的基本性质。

埃德尔曼把意识分为两类：一类是初级意识，另一类是高级意识。初级意识只考虑眼下的事件，高级意识只在进化的后期才出现。人类具有高级意识，可以使用语言交流，并可对行为做出计划。但神经活动在这两类意识中应当是类似的。埃德尔曼认为从爬行类进化到哺乳类的过程中，大量新的互逆性联系发展出来，丰富的再入活动在前后脑之间发生，而后脑主要对感觉分类负责，前脑对价值系统负责。这种再入活动为感觉综合提供神经基础，也为眼前的复杂场景与过去经历的事件的记忆建立联系。在进化的最后期，再入通路把语义和行为联系起来，并形成概念，从而出现高级意识。

在此基础上，埃德尔曼引入"再入性动态核心"的概念。一个复杂系统由许多小区域组成，小区域之间半独立地活动，又通过相互作用形成较大的集群以产生整合性功能。丘脑-皮质系统就是这种复杂系统。再入性动态核心是一种过程，在 500 ms 或少于这个时间内形成一种功能簇堆，然后向其他再入性动态核心转移。再入性动态核心就是功能簇。这发生在复杂系统中，以产生多样化的统一状态：这一点与克里克的"神经元联盟"有许多共同之处。

12.6 意识的量子理论

量子论揭示了微观物质世界的基本规律，是所有物理过程、生物过程和生理过程的微观基础。量子系统超越了粒子与波或相互作用与物质的划分，综合表现为一种不可分割的并行分布式处理系统。非局域性和远距相关性是量子特性，量子整体可能与意识密切相关。

量子波函数坍缩是一种变迁，是指量子波函数从众多量子本征态的线性组合的描述态向一个本征纯态的变迁，简单地说就是众多量子图式的叠加波变换成单一的量子图式。波函数坍缩意味着一种从亚意识记忆到显式记忆的意识表象的选择性投射。有两种可能的记忆和回忆的理论：量子理论，经典（神经）理论。记忆可能是突触连接系统的一种并行分布图式，但也可能是更精细的结构，比如由埃弗里特（H. Everett）提出的多世界解释量子理论的并行世界及玻姆（D. Bohm）的隐次序等。

澳大利亚国立大学脑意识研究中心主任、哲学家查尔默斯（D. Chalmers）提出了多种量子力学方式来解释意识。他认为，坍塌的动力机制为相互作用论者的解释提供了开放余地。查尔默斯认为问题在于我们如何解释。我们想知道的不仅是关联，我们还想要解释大脑过程如何产生意识，以及为什么产生意识。最有可能的解释是，在意识状态不可能被叠加的条件下，意识状态和大脑的整体量子状态有关。大脑作为意识的物理系统，在非叠加的量子状态中，其物理状态和精神现象相互关联。

美国数学家和物理学家彭罗斯（R. Penrose）根据哥德尔不完全性定理发展了自己的理论，认为人脑有超出公理和正式系统的能力。他在自己第一部有关意识的书——《皇帝新脑》中提出（PENROSE, 1989）：大脑有某种不依赖于计算法则的额外功能，这是一种非计算过程，不受计算法则驱动；而算法是大部分物理学的基本属性，计算机必须受计算法则的驱动。对于非计算过程，量子波在某个位置的坍缩，决定了位置的随机选择。波函数塌缩的随机性，不受算法的限制。人脑与计算机的根本差别，可能是量子力学不确定性和复杂非线性系统的混沌作用共同造成的。人脑包含了非确定性的自然形成的神经网络系统，具有计算机不具备的"直觉"，这正是系统的"模糊"处理能力和效率极高的表现。而传统的图灵机则是确定性的串行处理系统，虽然也可以模拟这样的"模糊"处理，但是效率太低下了。

只有正在研究中的量子计算机和计算机神经网络系统才真正有希望解决这样的问题，达到人脑的能力水平。

彭罗斯又提出了一种波函数塌缩理论，该理论适用于不与环境相互作用的量子系统，该量子系统却可能自行塌缩。他认为，每个量子叠加都有自身的时空曲率，当量子间距离超过普朗克长度（10^{-35} m）时就会塌缩，即客观还原（objective reduction）。彭罗斯认为，客观还原所代表的既不是随机，也不是大部分物理所依赖的算法过程，而是非计算的，受时空几何基本层面的影响，在此之上产生了计算和意识。

1989年彭罗斯在撰写《皇帝新脑》时，还缺乏对量子过程在大脑中如何作用的详细描述。从事癌症研究和麻醉学的哈梅罗夫（S. R. Hameroff）读了彭罗斯的书，提出了微管结构，作为对大脑量子过程的支持。支持神经元的细胞骨架蛋白主要由一种微管构成，而微管由微管蛋白二聚体亚单位组成，其功能包括传输分子、联系神经突触的神经传导素、控制细胞生长等。每个微管蛋白二聚体都有一些憎水囊，彼此间距约8 nm，里面含有离域π电子。微管蛋白还有更小的非极性域，含有π电子富集吲哚环，相隔约2 nm。哈梅罗夫认为这些电子之间距离很近，足以形成量子纠缠。

哈梅罗夫进一步提出，这些电子能形成一种玻色-因斯坦凝聚态，而且一个神经元中的凝聚态能通过神经元之间的间隙接点扩展到其他多个神经元，由此在扩展脑区形成宏观尺度的量子特征。当这种扩展的凝聚波函数坍缩时，就形成了一种非计算性的影响，而这种影响与深植于时空几何中的数学理解和最终意识体验有关。这种凝聚态的活动性造成了大脑中的伽马波同步，传统神经科学认为这种同步与意识和间隙接点的功能有关。

彭罗斯和哈梅罗夫合作，在20世纪90年代早期共同建立了广受争议的"和谐客观还原模型"（Orch-OR模型）。按照Orch-OR规定的量子叠加态进行运算之后，哈梅罗夫的团队宣布：新的量子退相干所需的时间尺度要比泰格马克（M. Tegmark）的结果大7个数量级。但这个结果依然比所需的时间少了25 ms——如果想要使量子过程如同Orch-OR所描述的那样，能够和40 Hz的伽马波同步产生关联的话。因此哈梅罗夫等人做了一系列假设和提议。首先他们假设微管内部可以在液态和凝胶态之间互相转换。其次他们进一步假设，在凝胶状态下水的电偶极子会沿着微管外围的微管蛋白同向排列。哈梅罗夫认为这种有序排列的水将会屏蔽微管蛋白中任何量子退相干过程。每个微管蛋白还会从微管中延伸出一条带负电荷的"尾巴"，从而可以吸引带正电荷的离子。这可以进一步屏蔽量子退相干的过程。除此之外，还有人推测微管可在生物能的驱使下进入相干态。

佩罗斯（M. Perus）提出将神经计算与量子意识相结合的设想。在神经网络理论中神经元系统的状态是由一个向量描述的，正好反映神经元系统随时间变化的活动性分布。特定的神经元图式代表一定的信息。在量子理论中量子系统的状态则可以用随时间变化的波函数描述。这样一来，神经元状态是神经元图式的一种叠加就可以变为是量子本征波函数的一种叠加了，并且叠加的量子本征波函数通常具有正交性和正则性。在本征态的线性组合中，每一种本征态都有一个对应的系数，描述在系统的实际状态中一种特定意义表达的可能性程度。神经元信号的时空整合可以用薛定谔方程的Feynman形式来描述。神经系统从潜意识到意识的转变对应到波函数坍缩，实现从隐序到显序转变的结果。神经系统模型是以显式方式来给出神经系统的空间信息编码的，而对于时间信息编码则要来得间接。不过，通过傅里叶变换，同样很容易建立起具有显式时间结构信息的描述方程。如果说，神经激活图式代表对意识对象的描述，那么傅里叶变换后的神经激活频谱代表的神经元激活振荡频率分布就与意识本身相关联了。这就是意识活动互补性的两个方面，它们共同给出意识过程整体性时空编码。

12.7 综合信息论

托诺尼（G. Tononi）与埃德尔曼等发表了一系列论文，阐明意识的综合信息论（integrated information theory）（EDELMAN et al., 2000）。他们提出意识量是由复杂元素生成的综合信息量，并由它生成的信息关系规定体验质量。托诺尼提出综合信息的两个测度（ALEKSANDER et al., 2012）。

1. 测度 Φ_1

测度 Φ_1 是神经系统静态性质的度量。如果托诺尼是正确的，它会测量在一个系统中类似的意识潜力。它不能是系统当前的意识水平，因为它是一个固定的神经结构的固定值，而不管系统当前的发放率（例如，响应于输入或内部动态变化）如何。托诺尼的这项测度的工作原理考虑了所有双分区的神经系统（分裂成两部分）：综合信息的能力被称为 Φ，并且由双分区子集可以交换的最小有效信息给定。托诺尼的方法需要检查所考虑的双分区的每个子集。每个双分区均分为两个不重叠的部分。假设 S，可二分为 A 和 B。托诺尼定义了一个测度，并称其为有效信息（EI）。有效信息使用信息论中的标准度量互信息（MI）。这不是标准的互信息测度，而是考虑 A 和 B 之间的连通性的信息增益互信息测度。托诺尼的 EI 是一个衡量累积的信息增益的测度，当 A 的输出在所有可能的值随机变化时，考虑对 B 的效果。其目的是将因果关系的一些因素结合起来。MI 可以用如下公式来描述

$$\mathrm{MI}(A:B) = H(A) + H(B) - H(AB)$$

式中，$H(.)$ 是熵，反映不确定性的测度。如果 A 和 B 之间没有交互，则互信息为零，否则互信息是正值。

2. 测度 Φ_2

托诺尼和合作者提出 Φ 的修订测度，那就是 Φ_2。该修订测度 Φ_2 比 Φ_1 优越，因为它可以处理随时间变化的系统，提供一个瞬时到瞬时变化的测度，对应于衡量瞬时到瞬时的意识水平。

Φ_2 也被定义为有效信息，但是它与 Φ_1 完全不同。在这种情况下，有效信息是通过已知的因果结构中，系统在离散的时间步长下演变定义的。考虑系统在时间 t_1 时的状态 x_1：给定该系统的体系结构，则只有某些状态可能导致 x_1，托诺尼称这种状态的集合（其相关概率）为后验项；我们不知道时间 t_1 时状态的情况，还需要一个系统可能状态（和它们的概率）的测度，托诺尼称之为先验项。在我们对所有关于它的因果架构什么都不知道的情况下，必须认为每一个神经元的所有可能的激活值是平等的，计算先验项。先验项和后验项将有各自相应的熵值。例如，如果先验项包括 4 个同样可能的状态，后验项有 2 个同样可能的状态，那么熵值将分别为 2 bit 和 1 bit。这意味着，在时间 t_1 发现系统的状态为 x_1，因此可以获得较早一个时间步的系统状态的信息。托诺尼认为，这是系统变成状态 x_1 时生成多少信息的测度。

在定义系统有多少信息生成的测度时，托诺尼再次对如何"整合"这个信息测度提出要求。因此，他观察可以任意地分解系统的可能性。每个部分（单独考虑）给定的当前状态只能来自某些可能的父状态。因此，我们可以问，有没有可能分解成几部分？这样，系统整体的信息就不大于单独的部分的信息吗？如果有可能，那么我们已经找到了一种方法将系统分解成完全独立的部分。

在系统不能分解成完全独立的部分的情况下，我们可以寻找整体相对于部分最小的附加信息的分解，托诺尼称这是最小信息划分。最小信息划分的有效信息（由整个系统给定的附加信息，而不是部分的）是该系统的 Φ_2 值。

最后，通过对所有的独立的部分进行穷举搜索来定义复杂性。复杂性是指系统具有给定的 Φ_2 值，这不包含在任何具有较高 Φ 的大系统内。类似地，整个系统的主复杂性用最大值的 Φ_2 表示，系统 Φ_2（或意识）的真正测度是主复杂性的 Φ_2。

在研究 Φ_2 时，我们注意到，很多 Φ_1 的问题仍然存在。EI 和 Φ_2 本身是紧密联系在一起的；而且虽然 Φ_1、Φ_2 和 EI 是通用的概念，但是目前的数学没有广泛适用的标准信息论测度。

托诺尼认识到，综合信息论被用来研究系统维持状态的能力，可以说是"智能"。他与巴勒杜兹（D. Balduzzi）仔细推敲了感受性（Qualia）（BALDUZZI et al., 2009）。感受性原来主要用于哲学领域，用以说明内部体验的质量，如玫瑰的发红。

托诺尼宣布已经找到感受性的信息机制，他以几何的方式，引入形状，以体现由系统相互作用产生的一整套信息关系作为感受性的概念。他与巴勒杜兹探讨了感受性涉及底层系统的特征和体验的基本特征，提供了关于感受性的几何神经生理学和现象学几何的初始数学词典[21]。感受性空间（Q）是具有复杂性的每个可能状态（活动模式）的轴线空间。在 Q 内，每个子机制规定一个点来对应系统状态。在 Q 内项目之间的箭头定义信息的关系。总之，这些箭头规定感受性的形状，反映意识体验的质量，具有完全和明确的特点。形状的高度 W 是与体验相关的意识量。

12.8 机器意识系统

图 12-4 给出了心智模型 CAM 的机器意识系统，它由觉知模块、全局工作空间、注意模块、动机模块、元认知模块、内省学习模块构成。

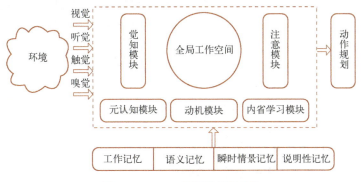

图 12-4　CAM 的机器意识系统

认知基础

觉知模块开始于外界刺激的输入，激活感知系统的初级特征检测器。输出信号被发送到知觉联想记忆中，在那里更高层次的功能探测器用于更抽象的实体，如对象、类别、行动、事件等的检测。所产生的知觉移动到全局工作空间，在那里产生本地联系的瞬时情景记忆和说明性记忆会被做线索标记。这些本地联系与知觉结合，产生当前情景模型，用以表示智能体对当前正在发生的事情的理解。

全局工作空间是处在工作记忆部位的，在工作记忆里不同系统可以执行各自的活动。全局意味着工作记忆中的符号通过众多的处理器被分配、传递开来。当然，每一个处理器都可能产生并运行一些局部的变量。处理器对全局性的符号、信息却是相当敏感，可以及时做出感应。当面对全新的及与习惯性刺激存在差异的事物时，我们的各种感官都会产生定向反应，同时各种智能处理器会通过合作或竞争的方式在全局工作空间中展示它们对该新事物及习惯性刺激存在差异的事物的认知分析方案，直到获得最佳的结果。可以将全局工作空间看作信息共享的黑板系统，通过使用黑板系统，各个处理器试图传播全局性的信息，联合建立问题解决的办法。

全局工作空间通过竞争，选出最突出、最相关、最重要和最紧迫的事件，这些事件的内容就成为意识的内容。然后，这些意识的内容被广播到全空间，启动对行动的选择。

注意是复杂的认知功能，这是人类行为的本质。注意具有选择、维持、调节等功能。注意是一个外部选择过程，对声音、图像、气味等外部刺激或内部（思维）事件都必须保持一定水平的觉知。根据给定的语境情况下，被注意到的信息会得到优先处理。选择性注意使你专注于一个信息，而明智地识别和区分不相关信息。CAM采用兴趣度策略来实现注意的选择功能。

动机是直接推动个体活动以达到一定目的的内在动力和主观原因，是引发和维持个体活动的心理状态。在CAM中，动机的实现是通过短时记忆系统完成的。在CAM的机器意识系统中，信念记忆存储智能体当前的信念，包含了动机知识。愿望是目标或者说是期望的最终状态。意图是智能体选择的需要现在执行的目标。目标/意图记忆模块存储当前的目标/意图信息。在CAM的机器意识系统中，目标是由子目标组成的有向无环图，执行时分步处理。一个个子目标按照有向无环图所表示的路径来完成，当所有的子目标都完成之后，总目标完成。对于一个动机执行系统来说，最关键的就是智能体内部的规划部分。通过规划，通过一系列的动作来完成每个子目标，从而，最终实现所希望看到的任务。规划主要处理内部的信息和系统新产生的动机。

元认知模块为智能体提供关于其思维活动和学习活动的认知和监控，其核心是对认知的认知。元认知模块具有元认知知识、元认知自我调节控制和元认知体验的功能。元认知知识包括关于智能体的知识、任务的知识和策略的知识。元认知体验指的是智能体对于其认知过程的体验。在认知过程中，通过元认知自我调节控制，选择合适的策略，实现策略的使用、进程与目标的比较、策略的调整等。

内省学习模块是通过关注和检查智能体自身的知识处理和推理方式，从失败或低效工作中发现问题，形成修正自身的学习目标，由此改进自身处理问题的方法。在一般内省学习模型的基础上，CAM的机器意识系统采用本体技术构建知识库。内省学习模块中的一个重要问题就是失败的分类问题。失败的分类是诊断任务的基础，同时它为解释失败和构建修正学习目标提供重要的线索。失败的分类需要考虑两个重要的因素，一个是失败分类的粒度，另一个是失败分类、解释失败及内省学习目标的关系。基于本体的知识库是将基于本体的知识表示方式与专家系统的知识库相结合，从而使知识库具有概念化、形式化、语义明确、共享等优点。利用基于本体的知识库的方法解决内省学习中的失败分类问题，使得失败分类更加清晰，检索过程更加有效。

关于心智模型 CAM 的机器意识系统的详细内容，请参阅作者的著作《心智计算》（史忠植，2015；SHI，2017）。

12.9　小结

意识的起源与本质是最重大的科学问题之一，也是智能科学研究的核心问题之一。"剧场"隐喻将人的意识活动看作一个容量有限的舞台，人的意识活动需要一个中央认知工作空间。全局工作空间理论反映了剧场隐喻的思想。

意识的综合信息论主张意识量是由复杂元素生成的综合信息量，并由它生成的信息关系规定体验质量。托诺尼以几何的方式，引入形状，以体现由系统相互作用产生的一整套信息关系作为感受性的概念。

CAM 的机器意识系统，由觉知、全局工作空间、注意、动机、元认知、内省学习模块组成，可以为开发机器自动控制系统提供参考。

思考题

12-1　什么是意识？
12-2　意识具有哪些基本要素？
12-3　全局工作空间理论的核心思想是什么？
12-4　如何理解意识是复杂系统上"涌现"出来的功能？
12-5　意识的综合信息论如何定量分析意识潜力？
12-6　CAM 的机器意识系统由哪些模块组成？试阐述各模块的功能。

第 13 章 认知模型

认知模型是人类对真实世界的认知过程的信息处理模型。所谓认知,通常包括心理表征、感知与注意、语言、记忆与学习、推理和决策、智力发育、情绪、意识等方面。认知科学采用认知模型描述人的思维机理。建立认知模型的方法和技术常称为认知建模,目的是探索和研究人的思维机制,为设计智能系统提供新的系统结构和技术方法。本章重点介绍 CAM 模型的系统架构和机理。

13.1　认知建模

认知科学的研究主要采用信息观点和信息加工理论研究人如何注意和选择信息,对信息的认识、记忆,利用信息制定决策、指导外部行为等。认知科学已成为现代科学发展的重要领域。信息加工理论是现代实验心理学的主导方向,在知觉、记忆、注意、语言、思维、问题解决等方面都做出了贡献。

信息加工方法包括信息分析方法和信息综合方法。从信息的观点出发,对事物所含的信息过程进行定性定量的分析,建立反映事物运动规律的信息模型,从而认识其工作机制,这就是信息分析方法;在设计系统时,也要从信息的观点出发,构成一个能满足用户性能要求的信息模型,然后以适当的技术手段实现这个模型,达到设计的目标,这就是信息综合方法。信息分析方法解决对于复杂系统的认识问题,信息综合方法解决对于复杂系统的设计问题。

信息加工有两条重要的准则,即功能准则和整体准则。功能准则是行为功能模拟的准则,即对系统进行分析综合时,把握系统行为功能的相似,不追求结构的相似。整体准则是整体优化的准则,即在用信息综合方法设计系统的时候,要从整体性能上优化系统,而不追求每个局部的最优。

信息加工方法,着重从信息方面来研究系统的功能,认为系统借助于信息的获取、传递、加工和处理,以实现相关的运动。信息加工方法揭示了机器、生物机体和社会生活等不同运动形态之间的信息联系,揭示了事物运动更深层次的规律,并对以往难以理解的一些现象提供了科学的说明。如 20 世纪 60 年代以来,人们运用信息加工方法揭示了 64 种不同的核苷酸三元组遗传信息密码的奥秘。人们已经掌握了 200 多种害虫的性信息素的化学结构,并能合成其中的 30 多种。在此基础上,用人工合成的性信息素做"性诱剂",可以将害虫聚而歼之,为人类造福。

模型概念的基础在于,模型本身与某一对象之间存在着某种相似性。这里对"相似性"和"对象"两词应做最广义的理解。一般来说,相似性可以有功能相似、结构相似、动力相似、几何相似等。相似性可以纯粹是外表的,也可能是对象与模型在外表上毫无相似之处,但它们的内部结构却是相似的,或者是对象与模型在形状和结构上毫无相似之处,但它们行为的某些性质却是相似的。相似性概念适用于非常广泛的对象,包括自然界的生物和无生命对象等。

1948 年,维纳(N. Wiener)的《控制论》出版(WIENER,1948),这标志着控制论学科的诞生。控制论的研究表明,无论是自动机器,还是神经系统、生命系统,以至经济系统、社会系统,撇开各自的质态特点,它们都可以看作是自动控制系统。整个控制过程就是一个信息流通的过程,控制就是通过信息的传输、变换、加工、处理来实现的。反馈对系统的控制和稳定起着决定性作用,无论是生物体保持自身的动态平稳(如温度、血压的稳定),还是机器自动保持自身功能的稳定,都是通过反馈机制实现的。反馈是控制论的核心问题。控制论就是研究如何利用控制器,通过信息的变换和反馈作用,使系统能自动按照人们预定的程序运行,最终达到最优目标的学问。控制论是具有方法论意义的科学理论。控制论的理论、观点,可以成为研究各门科学问题的科学方法。撇开各门科学的质的特点,把它们看作是控制系统,分析它们的信息流程、反馈机制和控制原理,往往能够寻找到使系统达到最佳状态的方法。这种方法被称为控制方法。控制论的主要方法还有信息方法、反馈方法、功能模拟方法和黑箱方法等。其中,信息方法是把研究对象看作一个信息系统,是通过分析系统的信息流程来把握事物规律的方法。反馈方法则是利用反馈控制原理分析和处理问题的研究方法。

如果在两个对象之间可以建立某种相似性,那么在这两个对象之间就存在着原型——模型关系。这意味着可以把这两个对象的其中一个看作原型,另一个看作模型。对一定目的来说,任何事物都可以是任何原型的模型,只要有相似性就行。一般情况下,建立模型要遵循下列步骤:

1)明确系统目标。
2)抓住系统的本质要素。
3)确定系统本质要素之间的相互关系。
4)尽量使用初等方法建立简单的模型,如概念模型、图表模型、初等函数模型、功能模型。
5)通过对简单模型的分析、试验和评价,反复修改模型。

一个成功的模型,应具备下面 4 个基本特点:

1)能够合理地抽象和有效地模仿原型。
2)应由反映本质特征的一组最少的要素所构成。
3)能够充分、明确地表达出组成要素之间的有机联系。
4)尽可能接近标准形式。

认知问题是一个非常复杂的非线性问题,我们必须借助现代科学的方法来研究心智世界。认知科学研究心理或心智过程,但它不是传统的心理科学,它必须寻找神经生物学和脑科学的证据,以便为认知问题提供确定性基础。心智世界与现代逻辑学和数学所描述的可能世界也有明显的区别:现代逻辑学和数学所描述的可能世界是一个无矛盾的世界,而心智世界则处处充满了矛盾;现代逻辑学和数学对可能世界的认识和把握只能用演绎推理和分析方法,而人的心智对世界的把握则有演绎、归纳、类比、分析、综合、抽象、概括、联想和直觉等多种手段。所以心智世界比数学和现代逻辑学所描述的可能世界要复杂广大得多。那么，我们应该如何从有穷的、无矛盾的、使用演绎法的、相对简单的可能世界进入无穷的、有矛盾的、使用多种逻辑和认知方法的、更为复杂的心智世界呢？这是认知科学研究要探索的基本问题之一。

总之，认知科学是在吸收当代科学技术发展成就的基础上，为提高人类认知水平，特别是提高人工智能水平而发展起来的一门新兴科学。认知科学的目标，就是要揭开人类心智的奥秘，它的研究不仅能够促进人工智能的发展，揭示生命的本质和意义，而且在促进现代科学特别是心理学、生理学、语言学、逻辑学、认知科学、脑科学、数学、计算机科学甚至哲学等众多学科的发展上，都有非同寻常的意义。

13.2　物理符号系统

我们把人看成一个信息加工系统，该信息加工系统常称作物理符号系统（physical symbol system）。物理符号系统主要是强调所研究的对象是一个具体的物质系统，如计算机的构造系统，人的神经系统、大脑神经元等。所谓符号就是模式；任何一个模式，只要它能和其他模式相区别，它就是一个符号。不同的英文字母就是不同的符号。对符号进行操作就是对符号进行比较，即找出哪几个是相同的符号，哪几个是不同的符号。物理符号系统的基本任务和功能就是辨认相同的符号和区分不同的符号。符号既可以是物理的符号，可以是头脑中的抽象的符号，还可以是计算机中的电子运动模式，也可以是头脑中的神经元的某种运动方式。纸上的文字是物理符号系统，但这是一个不完善的物理符号系统，因为它的功能只是存储符号，即把字保留在纸上。一个完善的物理符号系统还应该有更多的功能。图13-1给出了物理符号系统的一种框架（NEWELL，1980），它由记忆、一组操作、控制、输入和输出构成。该系统通过感受器输入，输出是确定部位的修改或运动。那么，物理符号系统的外部行为就由输出组成，输出的产生是输入的函数。大的环境系统加上物理符号系统就形成封闭系统，因为输出变成后面的输入，或者影响后面的输入。物理符号系统的内部状态由它的记忆和控制的状态构成。物理符号系统的内部行为是由这些内部状态的全部变化而构成的。

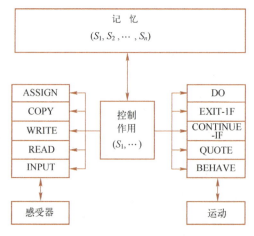

图13-1　物理符号系统的一种框架

图 13-1 中，记忆是由一组符号结构 $\{E_1, E_2, \cdots, E_m\}$ 组成的，在整个时间里它们在数量和内容上是变化的。符号结构的内部改变称作表达。为了定义符号结构，给出一组抽象符号 $\{S_1, S_2, \cdots, S_n\}$。每种符号结构都具有给定的类型和一些不同的作用 $\{R_1, R_2, \cdots\}$，每种作用包括一个符号。采用显式表示可以写成

$$(\text{Type}: T \quad R_1: S_1, R_2: S_2, \cdots, R_n: S_n)$$

若用隐式表示，则写成

$$(S_1, S_2, \cdots, S_n)$$

我们可以将物理符号系统的功能简化成 6 种，即

1）输入符号。
2）输出符号。
3）存储符号。
4）复制符号。
5）建立符号结构：通过找到各种符号之间的关系，在物理符号系统中形成符号结构。
6）条件转移：如果在记忆中已经有了一定的物理符号系统，再加上外界的输入，就可以继续完成行为。

具备上面 6 种处理功能的物理符号系统就是一个完整的物理符号系统。人能够输入符号，如用眼睛看、用耳朵听、用手摸等。通过说话、写字、画图等动作输出。人类可以把输入保存在头脑里，这叫作记忆。人通过学习接收信息，然后对符号进行不同的组合，得到新的关系，组成新的物理符号系统，这是第 4 项和第 5 项功能，即复制和建立新的符号结构。一个物理符号系统可以根据原来存储的信息，加上当前的输入而进行一系列活动，这就是条件转移。事实上，现代的计算机都具备物理符号系统的这 6 种功能。

1976 年，纽厄尔和西蒙提出了物理符号系统假设（NEWELL et al.，1976），说明了物理符号系统的本质。主要假设内容如下：

1）物理符号系统假设：物理系统表现智能行为的必要和充分条件是它是一个物理符号系统。
2）必要性意味着表现智能的任何物理系统将是一个物理符号系统的例示。
3）充分性意味着任何物理符号系统都可以进一步组织表现出智能行为。
4）智能行为就是人类所具有的那种智能：在某些物理限制下，实际上所发生的适合系统目的和适应环境要求的行为。

由于人具有智能，因此人就是一个物理符号系统。人类能够观察、认识外界事物，接受智力测验，通过考试等，这些都是人的智能的表现。人之所以能够表现出智能，就是基于其信息加工过程。这是由物理符号系统的假设得出的第 1 个推论。第 2 个推论是，既然计算机是一个物理符号系统，它就一定能表现出智能，这是人工智能的基本条件。第 3 个推论是，既然人是一个物理符号系统，计算机也是一个物理符号系统，那么我们就能用计算机来模拟人的活动。我们可以用计算机在形式上来描述人的活动过程，或者建立一个理论来说明人的活动过程。

1981 年，纽厄尔以物理符号系统为中心，以纯认知功能为基础建立了纯认知系统模型（NEWELL，1981），如图 13-2 所示。

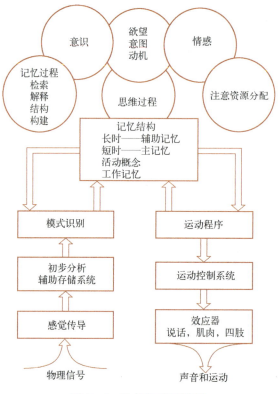

图 13-2　纯认知系统模型

13.3　SOAR 模型

13.3.1　基本的 SOAR 模型

20 世纪 50 年代末，在对神经元的模拟中提出了用一种符号来标记另一些符号的存储结构模型，这是早期的组块（chunks）概念。象棋大师的头脑中就保存着在各种情况下对弈经验的组块。20 世纪 80 年代初，纽厄尔和罗森勃卢姆（P. Rosenbloom）提出，通过获取任务环境中关于模型问题的知识，可以改进系统的性能，组块可以作为对人类行为进行模拟的模型基础。通过观察问题求解过程，获取经验组块，用其代替各个子目标中的复杂过程，可以明显提高系统求解的速度。这奠定了经验学习的基础。1987 年，纽厄尔和莱德（J. E. Laird）、罗森勃卢姆提出了一个通用解题结构——SOAR（LAIRD et al.，1987），希望能把各种弱方法都实现在这个解题结构中（见图 13-3）。

SOAR 是 State，Operator and Result 的缩写，即状态、算子和结果，它意味着实现弱方法的基本原理是不断地用算子作用于状态，以得到新的结果。SOAR 是一种理论认知模型，它既从心理学角度，对人类认知建模，又从知识工程角度，提出一个通用解题结构。SOAR 的学习机制是通过外部专家的指导来学习一般的搜索控制知识。外部指导可以是直接告知，也可以是给出一个直观的、简单的问题。系统把外部指导给定的高水平信息转化为内部表示，并学习搜索组块。

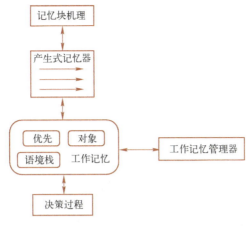

图 13-3 SOAR 的框图

产生式记忆器和决策过程形成处理结构。产生式记忆器中存放产生式规则,它将搜索控制决策分为两个阶段。第一阶段是详细推敲阶段,所有规则被并行地用于工作记忆管理器,判断优先权,决定哪部分语境进行改变,怎样改变。第二阶段是决策阶段,决定语境栈中要改变的部分和对象。

SOAR 中的所有成分统称为对象,这些成分包括状态、状态空间、算子和目标。所有这些对象都存放在一个叫 Stock 的库中,因此,库也划分为四个部分。另有一个当前环境,也同样地分为四个部分。其中每个部分最多存放库中相应部分的一个元素。例如,当前环境的状态部分可以存放库中的一个状态,称为当前状态,等等。当前环境的一个部分也可以不存放任何东西,此时认为该部分无定义。例如,若没有任何算子可作用于当前状态,则当前环境的算子部分成为无定义。为什么要把状态和状态空间分成两个独立的部分呢?这是因为在解题过程中有时可能需要改变问题的形式,从而从一个状态空间转移到另一个状态空间。

在 SOAR 问题求解过程中,如何利用知识空间的知识非常重要。利用知识控制 SOAR 运行的过程,大体上是一个分析阶段-决策阶段-行动阶段的过程。

1. 分析阶段

输入:库中的对象。

任务:从库中选出对象加入当前环境;增加有关当前环境中对象的信息角色。

控制:反复执行,直至完成。

2. 决策阶段

输入:库中的对象。

任务:赞成或反对,或否决库中的对象。选择一个新的对象,用它取代当前环境中的同类对象。

控制:赞成和反对同时进行。

3. 行动阶段

输入:当前状态和当前算子。

任务:把当前算子应用于当前状态。如果因此而产生一个新状态,则把新状态加入库中,并用它取代原来的当前状态。

控制:这是一个基本动作,不可再分。

分析阶段的任务是尽量扩大有关当前对象的知识，以便在决策阶段使用。决策阶段主要是进行投票；投票由规则来做，可以看成是同时进行的；各投票者之间不传递信息，不互相影响。票分赞成、反对和否决三种。每得一张赞成票加一分，得一张反对票减一分，凡得否决票即绝对无中选的可能。在执行阶段，如果当前环境的每个部分都有定义，则用当前算子作用于当前状态。若作用成功，则用新状态代替旧状态，算子部分成为无定义，重新执行分析阶段。

分析阶段和决策阶段是通过产生式系统来实现的，产生式的形式是

$$C_1 \land C_2 \land \cdots \land C_n \to A$$

条件 C_i 是否成立取决于当前环境和库中的对象情况，A 是一个动作，它的内容包括增强某些对象的信息量和投票情况等。

每当问题求解器不能顺利求解时，系统就进入告知问题空间请求专家指导。专家以两种方式给以指导。

一种是直接指令方式，这时系统展开所有的算子以及当时的状态。由专家根据情况指定一个算子。指定的算子要经过评估，即由 SOAR 建立一个子目标，用专家指定的算子求解。如果有解，则评估确认该算子是可行的，SOAR 便接受该指令，并返回去求证用此算子求解的过程为何是正确的。通过总结求证过程，学到使用专家劝告的一般条件，即组块。

另一种是间接的简单直观形式，这时 SOAR 先把原问题按语法分解成树结构的内部表示，并附上初始状态，然后请求专家告知。专家通过外部指令给出一个直观的简单问题，它应该与原问题近似，SOAR 建立一个子目标来求解这个简单问题。求解完后就得到算子序列，学习机制通过每个子目标求解过程学到组块。用组块直接求解原问题，不再需要请求指导。

SOAR 中的组块学习机制是学习的关键（NEWELL，1990）。它使用工作记忆单元来收集条件并构造组块。当 SOAR 为评估专家的告知，或为求解简单问题而建立一个子目标时，首先将当时的状态存入工作记忆单元（w-m-e）。当子目标得到解以后，SOAR 从 w-m-e 中取出子目标的初始状态，删去与算子或求解简单问题所得出的解算子作为结论动作。由此生成产生式规则，这就是组块。如果子目标与原问题的子目标充分类似，组块就会被直接应用到原问题上，学习策略就把在一个问题上学到的经验用到另一个问题上。

可以说组块形成的过程即依据对于子目标的解释而请示外部指导，然后将专家指令或直观的简单问题转化为机器可执行的形式。这运用了传授学习的方法。求解直观的简单问题得到的经验（组块）被用到原问题，这涉及类比学习的某些思想。因此可以说，SOAR 系统中的学习是几种学习方法的综合应用。

13.3.2 SOAR 9 系统

近年来，SOAR 有了实质性的发展和完善。2012 年，莱德（J. E. Laird）发表专著 *The SOAR Cognitive Architecture*（LAIRD，2012），详细阐述了 SOAR 9 系统，图 13-4 显示了 SOAR 9 系统的结构。

SOAR 在发展过程中，保持了纯符号处理的基本方法，所有知识都被表示为产生式规则。SOAR 采用一种通用的、灵活的体系结构，可用于研究各种行为和学习现象的认知建模。SOAR 还被证明有助于创建知识丰富的代理，这些代理可以在复杂的动态环境中生成多

样化的智能行为。

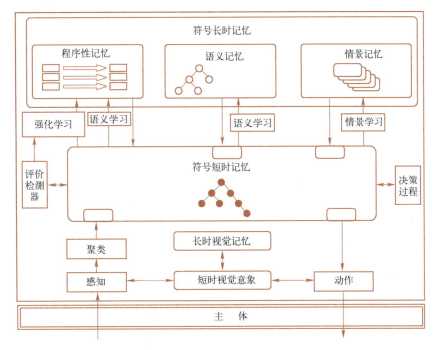

图 13-4　SOAR 9 系统的结构

SOAR 9 系统的处理周期仍然是由编码为产生式规则的过程性知识驱动的。新的组成部分通过在符号工作记忆中检索或创建导致规则匹配和触发的结构来间接影响决策。下面我们将对这些新组件进行描述，并简要讨论它们的价值以及为什么它们的功能很难通过现有机制实现。

1. 工作记忆激活

SOAR 9 系统增加了 SOAR 工作记忆的激活。激活根据工作记忆元素的最近程度及其相关性提供元信息，这是基于元素何时匹配触发的规则来计算的。这些元信息用于确定要触发哪些规则，会作为情景记忆的一部分加以存储，使对它们的检索产生偏差，从而使检索到的情景与当前情况最相关。实验结果证实，工作记忆激活显著提高了情景记忆提取。工作记忆激活将用于语义记忆提取和情感研究。

2. 强化学习

强化学习涉及调整行动的选择，试图最大限度地获得奖励。在 SOAR 的早期版本中：选择操作符的所有首选项都是符号化的，因此无法表示或调整；但是，由于添加了数值首选项，因此可用于指定当前状态下操作符的期望值。在运算符选择过程中，将一个运算符的所有数值首选项组合在一起，并使用 ε-贪婪算法来选择下一个运算符。这使得 SOAR 中的强化学习变得简单明了——它调整规则的动作，为选定的操作符创建数值首选项。因此，在应用运算符之后，为该运算符创建数值首选项的所有规则都将基于新的奖励和预期的未来奖励（即下一个选定运算符的数值首选项的总和）进行更新。SOAR 中的强化学习适用于所有目标，包括僵局生成的子目标。

3. 语义记忆

除了在 SOAR 中编码为规则的程序性知识外，还有陈述性知识。陈述性知识包括已知的事物（如事实）和记忆的事物（如情景经验）。语义学习和记忆提供了存储和检索关于世界的陈述性知识的能力，比如桌子有腿、狗是动物、北京在中国。这一能力一直是 ACT-R 对各种人类数据建模能力的核心，将其添加到 SOAR 中应能增强创建推理和使用世界常识的代理的能力。在 SOAR 中，语义记忆是由工作记忆中的结构建立起来的。语义记忆中的结构是通过在工作记忆的一个特殊缓冲区中创建一个线索来提取的。然后使用该线索在语义记忆中搜索最佳部分匹配，将其检索到工作记忆中。

4. 情景记忆

在 SOAR 中，情景记忆包括同时出现在工作记忆中的特定结构实例，提供了记忆过去经验的上下文以及经验之间的时间关系的能力。一个情节是通过刻意创造一个线索来检索的，这个线索是工作记忆在一个特殊缓冲区中的一个部分规范。一旦一个线索被创建，最佳的部分匹配被发现（偏向于最近和工作记忆激活），并检索到一个单独的工作记忆缓冲区。还可以检索下一集，从而能够将一段经历作为检索到的集的序列进行回放。

尽管在基于案例的推理中已经研究过类似的机制，但是情景记忆的特点在于它是独立于任务的，因此可以用于每个问题，提供了其他机制无法提供的经验记忆。情景学习非常简单，在人工智能中常常被认为不值得研究。虽然很简单，但人们只需想象健忘症患者的生活是什么样的，就可以体会到健忘症对一般智力的重要性。

情景记忆比语义记忆更难实现，因为它需要捕捉工作记忆的快照组块，并使用工作记忆激活偏好部分匹配以进行检索。

5. 视觉意象

所有先前的扩展都依赖于 SOAR 现有的符号短时记忆来表示智能体对当前情况的理解，并且有充分的理由。符号表示和处理的普遍性和效能是无与伦比的，而组成符号结构的能力是人类智力水平的一个标志。但是，相对于某些受约束的处理形式，其他表示可能更有效。一个引人注目的例子是视觉意象，它是有用的视觉特征和视觉空间推理。SOAR 增加了一组支持视觉图像的模块，包括：构建和操纵图像的短时记忆；可被检索到短时记忆中的图像的长时记忆；在短时记忆中操纵图像的过程，以及从视觉意象中创建符号结构的过程。尽管没有显示，但是这些扩展既支持空间是表示固有的描述表示，也支持结合符号和数字表示的中间定量表示。视觉意象是由符号系统控制的，它发出命令来构造、操纵和检查视觉图像。

增加视觉意象来解决空间推理问题的速度可能比没有视觉意象的要快几个数量级，而且使用的程序性知识要少得多。

13.4 ACT 模型

美国心理学家安德森（J. A. Anderson）于 1976 年提出系统的整合理论与人脑如何进行信息加工活动的理论模型，简称 ACT（adaptive control of thought）模型，原意为"思维的自适应控制"。安德森将人类联想记忆模型（HAM）与产生式系统的结构相结合，模拟人类高级认知过程的产生式系统，这在人工智能的研究中有重要意义。ACT 模型着重强调高级思维的控制过程，已经发展有下列版本的 ACT 系统：

1978：ACT*。
1993：ACT-R。
1998：ACT-R 4.0。
2001：ACT-R 5.0。
2004：ACT-R 6.0。

1983年，安德森在《认知结构》一书中从心理加工活动的各个方面对其基本理论进行阐述，他所提出的ACT产生式系统的一般框架由三个记忆部分组成：工作记忆、陈述性记忆和程序性记忆（见图13-5）（ANDERSON，1983）。

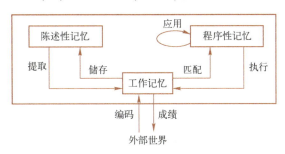

图13-5 ACT的系统结构

（1）陈述性记忆 陈述性记忆是一个具有不同激活强度且由相互连接的概念所构成的语义网络。

（2）程序性记忆 程序性记忆即拥有一系列产生式规则的程序性记忆。

（3）工作记忆 工作记忆包含当前被激活的那些信息。

陈述性知识是以组块为单位来表征的。组块类似于图式结构，每一个组块都能对小组知识进行编码。陈述性知识是能够被报告的，并且不与情境紧密关联；而过程性（也称程序性）知识通常是不能被表达的，是自动运用的，而且是有针对性地被应用到特定情境中的。被试可通过多种方法把信息存储在陈述性记忆中并提取出来。匹配过程把工作记忆中的材料与产生式的条件相对应，执行过程把产生式匹配成功所引起的行动送到工作记忆中。在执行前的全部产生式匹配活动也称为产生式应用，最后的操作由工作记忆完成，这些规则就能够得到执行。通过"应用程序"，程序性记忆能被运用到其自身加工之中；通过检查已经存在的产生式，被试能学习到新的产生式。在最大限度上，安德森把技能获得解释成为知识编译，也就是实现陈述性知识到程序性知识的转变过程。知识编译具有两个子过程：程序化与合成。

程序化是指把陈述性知识转化成程序性知识或产生式知识的过程。问题解决者开始时常常根据书本知识来解决诸如数学或编程这样的问题。在尝试解决问题的过程中，新手就会用爬山法和手段—目的分析这样的弱方法的组合去产生许多子目标，并且产生陈述性知识。当多次解决问题中的某一事件时，在一个特别的情景下，一段特别的陈述性知识就会被反复地提取出来。这个时候，一个新的产生式规则就形成了。在应用中可以学习到新的产生式，这表明依据ACT理论，过程学习是"做中学"的。程序性知识可被描述成一个模式（产生式的IF部分），被执行的动作则被描述为动作（产生式的THEN部分）。这种陈述性知识到程序性知识的转化过程，会同时导致被试言语化加工的减少，与此相关的是问题解决行为的自动化程度会有所提高。

在 ACT-R 中，学习是根据微小知识单元的增长和调整而实现的。这些知识能够组合起来产生复杂的认知过程。在学习过程中，环境扮演了重要的角色，因为它建立了问题对象的结构。这个结构能协助进行组块学习，并促进产生式规则的形成。其重要性在于，重新强调了作为理解人类认知的分析环境的重要性。

13.5　心智社会

明斯基于 1985 年出版了《心智社会》一书（MINSKY，1985）。他在这本书中指出，思维并非存在于中央处理器中，而是由许多不具备思维的微小部件组成的。我们把这种组合称作"心智社会"，其中每片思维都是由更小的程序组成的，这些小程序称作智能体（agent）。每个智能体本身只能做一些低级智慧的事情，这些事情完全不需要思维或思考，但我们会以一些非常特别的方式把这些具有专门用途的智能体汇聚到社群中，它们紧密联结，其集体行为产生真正的智能。心智是由许多称作智能体的小处理器组成的，每个智能体本身只能做简单的任务，并没有心智。当智能体构成社会时，就产生智能。从脑部高度关联的互动机制中，涌现出各种心智现象。

丹尼特也认为有许多微不足道的小东西，本身并没有什么意义，但意义正是通过其分布式交互而涌现出来的。美国著名机器人专家布鲁克斯（R. A. Brooks）的移动机器人实验室，开发出一套分布式控制方法：

1）先做简单的任务。
2）学会准确无误地做简单的任务。
3）在简单任务的成果之上添加新的活动层级。
4）不要改变简单事物。
5）让新层级像简单层级那样准确无误地工作。
6）重复以上步骤，无限类推。

这套方法是"众愚成智"的体现。

明斯基在《心智社会》中提出，把意识移植到机器内将可能实现。从 20 世纪 30 年代起人们就知道，人脑中存在着电子运动，也就是说，人的记忆甚至个性都可能是以电子脉冲的形式存在的。于是从理论上看，可能通过某种电子机械设备测定这些脉冲并把它们在另外一个媒介（如记忆库）中复制出来。由此一来，记忆中的"我"作为本质上的"我"，得以在计算机里保存，记忆可以被复制、移植和数字化运作，成为真实自我的数字展现。这样，即使在计算机里，"我"仍可以得到与以前完全相同的体验。作为自我意识的数字化除了可以被设想、复制、移出外，还可以有一种反向的过程，就是将体外的自我意识——可以是他人的自我意识，也可以是经过机器加工处理后的自我意识——移入"我"的头脑，从而形成新的自我意识。

13.6　CAM 心智模型

在人的心智中，记忆和意识是最为重要的两个部分。其中，记忆存储各种重要信息和知识；意识让人有自我的概念，能根据需求、偏好设定目标，并根据记忆中的信息进行各种认知活动。本书作者主要基于记忆和意识创建了 CAM（consciousness and memory）心智模型（SHI，2011）。下面重点介绍 CAM 的系统结构和认知周期。

13.6.1 CAM 的系统结构

CAM 的系统结构如图 13-6 所示，包括 10 个主要功能模块。人的感觉器官包括视觉、听觉、触觉、嗅觉、味觉。在 CAM 中重点考虑视觉和听觉。

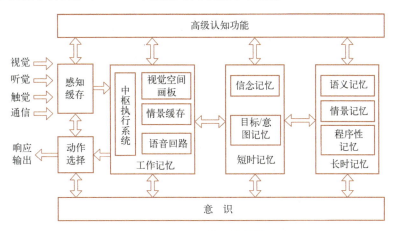

图 13-6 CAM 的系统结构

1. 视觉

视觉系统使生物体具有视知觉能力。它使用可见光信息构筑机体对周围世界的感知。根据图像发现周围景物中有什么物体和物体在什么地方的过程，也就是从图像得到对观察者有用的符号描述的过程。视觉系统具有将外部世界的二维投射重构为三维世界的能力。需要注意的是，不同物体所能感知的可见光处于光谱中的不同位置。

视觉皮层是指大脑皮层中主要负责处理视觉信息的部分，位于大脑后部的枕叶。人类的视觉皮层包括初级视皮层（V_1，也称纹状皮层）以及纹外皮层（V_2、V_3、V_4、V_5等）。初级视皮层位于 17 区。纹外皮层包括 18 区和 19 区。

初级视皮层（V_1）的输出信息被送到两个渠道，分别成为背侧流和腹侧流。背侧流起始于 V_1，通过 V_2，进入背内侧区和中颞区（MT，也称 V_5），然后抵达顶下小叶。背侧流常被称为"空间通路"，参与处理物体的空间位置信息以及相关的运动控制，例如眼跳。腹侧流起始于 V_1，依次通过 V_2、V_4，进入下颞叶。该通路常被称为"内容通路"，参与物体识别，例如面孔识别。该通路也与长时记忆有关。

2. 听觉

人们能听到声音、理解言语，是依赖于整个听觉通路的完整性的听觉通路包括外耳、中耳、内耳、听神经及听觉中枢。听觉通路在中枢神经系统之外的部分称为听觉外周，在中枢神经系统内的部分称为听觉中枢或中枢听觉系统。听觉中枢纵跨脑干、中脑、丘脑的大脑皮层，是感觉系统中最长的中枢通路之一。

声音信息自听觉外周传导至中枢听觉系统。中枢听觉系统对声音有加工、分析的作用，如感觉声音的音色、音调、音强、判断方位。中枢听觉系统还有专门分化的细胞，对声音的开始和结束分别产生反应。传到大脑皮层的听觉信息还与大脑中管理"读""写""说"的语言中枢相联系,有效完成我们经常用到的读书、写字、说话等功能。

3. 感知缓存

感知缓存又称感觉记忆或瞬时记忆,是感觉信息到达感官的第一次直接印象。感知缓存只能将来自各个感官的信息保持几十到几百毫秒。在感知缓存中,信息可能受到注意,经过编码获得意义,继续进入下一阶段的加工活动,如果不被注意或编码,它们就会自动消退。

各种感觉信息在感知缓存中以其特有的形式继续保存一段时间并起作用,这些记忆形式就是视觉表象(视象)和声音表象(声象)。表象可以说是最直接、最原始的记忆。表象只能存在很短的时间,如最鲜明的视象也不过持续几十秒钟。感觉记忆具有下列特征:

1)记忆非常短暂。
2)有能力处理像感受器在解剖学和生理学上所能操纵的同样多的物质刺激能量。
3)以相当直接的方式把信息编码。瞬时保存感觉器官传来的各种信号。

4. 工作记忆

工作记忆由中枢执行系统、视觉空间画板、语音回路和情景缓存构成。中枢执行系统是工作记忆的核心,负责各子系统之间以及它们与长时记忆的联系、注意资源的协调、策略的选择与计划等。视觉空间画板主要负责储存和加工视觉空间信息,可能包含视觉和空间两个分系统。语音回路负责以声音为基础的信息的储存与控制,包含语音储存和发音控制两个过程,能通过默读重新激活消退的语音表征防止衰退,而且可以将书面语言转换为语音代码。情景缓存记忆跨区域的联结信息,以便按时间次序形成视觉、空间和口头信息的集成单元,例如一个故事或者一个电影场景的记忆。情景缓存也联系长时记忆和语义内容。

5. 短时记忆

短时记忆存储信念、目标和意图的内容。这些内容响应迅速变化的环境条件和智能体的运作方案。知觉的短时记忆存储相关物体的关系编码方案和经验期望编码的预先知识。

6. 长时记忆

长时记忆中信息保持时间长,容量大。长时记忆按其内容不同,可分为语义记忆、情景记忆和程序性记忆。

1)语义记忆存储的信息是词、概念、规律,以一般知识作为参考系,具有概括性,不依赖于时间、地点和条件,不易受外界因素干扰,比较稳定。
2)情景记忆的信息是以个人亲身经历的、发生在一定时间和地点的事件(情景)的信息,容易受各种因素的干扰。
3)程序性记忆是指关于技术、过程或"如何做"的记忆。程序性记忆通常较不容易改变,但可以在不自觉的情况下自动运行,可以只是单纯的反射动作,也可以是更复杂的一连串行为的组合。程序性记忆的例子包括学习骑脚踏车、打字、使用乐器或是游泳。一旦内化,程序记忆就是可以非常持久的。

7. 意识

意识(consciousness)是一种复杂的生物现象,哲学家、医学家、心理学家对意识的概念的理解各不相同。从智能科学的角度,意识是一种主观体验,是对外部世界、自己的身体及心理过程体验的整合。意识是一种大脑本身具有的"本能"或"功能",是一种"状态",是多个脑结构对于多种生物的"整合"。在CAM中,意识是关注系统的觉知、全局工作空间理论、动机、元认知、注意、内省学习等自动控制的问题。

8. 高级认知功能

脑的高级认知功能包括学习、记忆、语言、思维、决策、情感等。学习是通过神经系统不断接受刺激，获得新的行为、习惯和积累经验的过程。记忆是指学习得到的行为和知识的保持和再现，是我们每个人每天都在进行的一种智力活动。语言和思维是人区别于其他动物的最主要因素。决策是指通过分析、比较，在若干种可供选择的方案中选定最优方案的过程，也可能是对不确定条件下发生的偶发事件所做的处理决定。情感是人对客观事物是否满足自己的需要而产生的态度体验。

9. 动作选择

动作选择是指由原子动作构建复杂组合动作，以实现特定任务的过程。动作选择可以分为两个步骤：首先是原子动作选择，即从动作库选择相关的原子操作；其次，使用规划策略，将选定的原子动作组成复杂动作。动作选择机制可以基于尖峰基底神经节模型实现。

10. 响应输出

响应输出从总体目标开始运动分级，受外周区域输入的情感和动机的影响。基于控制信号，初级运动皮层运动区直接生成肌肉的运动，实现某种内部给定的运动命令。

关于 CAM 的详细介绍，请参阅著作 *Mind Computation*（SHI，2017）

13.6.2 CAM 认知周期

CAM 认知周期是认知水平心理活动的基本步骤的周期。人类的认知周期是指反复出现的脑事件的级联周期。在 CAM 中，每个认知周期感知当前的境况，通过动机阶段参照需要达到的目标，然后构成内部或外部的动作流，响应到达的目标（SHI et al.，2011）。CAM 认知周期分为感知、动机、动作规划三个阶段，如图 13-7 所示。感知阶段是通过感觉输入，实现对环境的觉知的过程。将传入的知觉和工作记忆的信息作为线索，本地联想，自动地检索情景记忆和陈述性记忆。动机阶段侧重于学习者的信念、期望、排序和理解的需要。根据动机的影响因素，如激活比例、机会、动作的连续性和持续性、中断和优惠组合，构建动机系统。动作规划将通过动作选择、规划来达到最终目标。

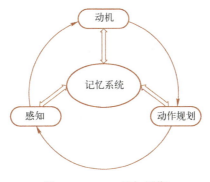

图 13-7　CAM 认知周期

1. 感知阶段

感知阶段要实现认识或理解环境，组织和解释感觉信息的处理。感官接收到的外部或内部的刺激，是感知阶段产生意义的开端。觉知是事件感觉、感知、意识的状态或能力。在相应意识水平下，感觉数据可以被观察者证实，但不一定被理解。在生物心理学中，觉知被定义为人类或者动物对外界条件或者事件的感知和认知反应。

2. 动机阶段

在 CAM 的动机阶段，要根据需要确定显式目标。一个目标列表中包含多个子目标，可以描述为

$$G_t = \{G_1^t, G_2^t, \cdots, G_n^t\} \quad \text{at time } t$$

在 CAM 中，动机系统的实现是通过短时记忆系统完成的。在 CAM 中，信念记忆存储智能体当前的信念，包含了动机知识。意图是智能体选择的需要现在执行的目标。目标/意图记忆存储当前的目标和意图信息。在 CAM 中，目标是由子目标组成的有向无环图，执行时分步处理。一个个子目标按照有向无环图所表示的路径完成，当所有的子目标都完成之后，总目标即完成。

3. 动作规划阶段

动作规划是由原子操作构建复杂动作以实现特定任务的过程。动作规划可以分为两个步骤：首先是动作选择，即从动作库选择相关的动作；其次是使用规划策略将被选的动作组装在一起。动作选择是实例化动作流，或从以前的动作流中选择一个动作。有很多的动作选择方法，它们中的大多数基于相似性的标准，匹配目标和动作。规划为动作组合提供了一个可扩展的、有效的方法。它允许一个动作组合请求被表示为目标的条件，并规定一组约束和偏好。

13.7 协同认知模型

哈肯（H. Haken）于 1971 年提出协同的概念，1976 年发表《协同学导论》（HAKEN，1977），系统地论述了协同理论。协同学（即"协同工作之学"——哈肯）是系统科学和非线性科学的基础理论之一。它把耗散视为自组织的条件，把协同当作自组织的动力，从一个崭新的角度揭示了非平衡态中自组织的形成和发展过程的规律。它所考虑的都是远离平衡态的相变，但是从微观或中观到宏观的转变都是有条件的。协同论认为，千差万别的系统，尽管其属性不同，但在整个环境中，各个系统间存在着相互影响而又相互合作的关系。其中也包括通常的社会现象，如不同单位间的相互配合与协作，部门间关系的协调，企业间相互竞争的作用，以及系统中的相互干扰和制约等。协同论指出，对于由大量子系统组成的系统而言，在一定条件下，由于子系统相互作用和协作，可以概括地认为该系统的研究内容是研究从自然界到人类社会各种系统的发展演变，探讨转变所遵守的共同规律。可以把协同论方法已经取得的研究成果，类比应用于其他学科，为探索未知领域提供有效的手段，还可以用于找出影响系统变化的控制因素，进而发挥子系统间的协同作用。

哈肯认为宏观即空间、时间或者功能的结构，而这些结构对比于所考虑的每一个微观或者中观粒子的性质来说，只不过是一种累加行为而已，是在概率的意义上的累加。对于一个描述动力系统的非线性微分方程组来说，采用线性方法进行稳定性分析得出不稳定结果时，在某些条件下可能通过变换变量或方程的方法将变量和方程组的个数缩减为很少几个，对原动力系统的定性分析完全可以通过分析经过缩减后的方程组来得到。

哈肯专注于协同学在脑科学和人工智能等学科中的应用研究，先后发表了《协同计算

机和认知——神经网络的自上而下方法》（HAKEN，1991）和《大脑工作原理——脑活动、行为和认知的协同学研究》（HAKEN，1996）两部最有代表性的专著。前者根据协同形成结构，以及竞争促进发展这一相变过程中的普遍规律，提出了"协同计算机"和"协同神经网络"的新概念，指出模式识别就是模式形成，并描述了自上而下的协同计算机构造方法。后者更直接地将非平衡自组织理论运用于人脑（最复杂系统）机理的探究，提出人脑是一种具有涌现性的复杂自组织巨系统的新见解，并建立了用以详尽阐述该新见解的大量实验结果的具体模型——我们不妨称之为"协同学认知模型"。哈肯建立的协同学认知模型，运用协同学的一般原理和方法，提出了人脑工作的新见解——人脑是一种具有涌现性的复杂自组织巨系统，从而对人脑功能做出了协同学的解释。

哈肯在1996年的《大脑工作原理》中，系统阐述了他对脑活动和认知的协同学研究结果。人脑功能的传统实验和理论研究以单个细胞为依据，而协同学的注意力集中在整个细胞网络的活动上。表13-1给出了人脑功能的传统解释与协同学解释。

表13-1　人脑功能的传统解释与协同学解释

传 统 解 释	协同学解释
细胞	细胞网络
个体	整体
祖母细胞	细胞集体
引导细胞	细胞集体
定域的	非定域的
兴奋印迹	分布信息
编程计算机	自组织的
算法的	自组织的
序贯的	并行和序贯的
确定性的	确定性事件和偶然事件
稳定的	趋于不稳定点

表13-1概括了哈肯研究所取得的一些基本结果，也是理解其协同认知模型的关键。简言之，"人脑是遵从协同学规律的复杂巨系统，即系统运转在趋于不稳定点处，由序参量决定宏观模式"，换句话说，通过各个部分的相互作用，人脑系统以自组织方式在宏观层次上涌现出全新的属性。这种属性在微观层次的各个细胞中是不存在的。正因如此，哈肯才说："虽然神经计算机的发展在模拟神经元活动方面确实迈出了非常重要的一步，但我相信，以一般协同学概念为基础的协同计算机，更接近认识脑活动这一目标。"据说，协同计算机的理论设计和模式识别效果，都比神经计算机先进许多。他由此提出了协同计算机的三层网络模型，并强调不应把认知系统看作代表外部环境的内部网络，而应当看作内部—外部网络。同时他也指出现代计算机距离能够真正思考还很遥远，而脑研究可为我们提供目前意想不到的洞见。他主张人工智能与脑科学之间的协作，这正好印证了其"协同学"的第二重含义："完全不同的学科之间的协作、碰撞，进而产生一些新的科学思想和概念。"哈肯曾经预言，从长远的观点看，有希望制造出以自组织方式执行程序的协同计算机来模拟人类智能。

普里高津（I. Prigogine）对自组织的研究以及其提出所谓的耗散结构理论，是对新的东西如何呈现出来的机理的进一步探讨。在他与尼柯利斯（G. Nicolis）合著的《探索复杂性》中，他们表达了自己的指导思想：他们所反叛的是传统物理学家对世界的经典认识观点。自从牛顿以来，可逆性与决定性是物理学家继续经典研究项目的传统理念。但是，无数的科学发现使得人们认识到发生在自然界中的许许多多的基本过程是不可逆的、随机的，那些描述基本相互作用的决定性和可逆性的定律不可能告诉人们自然界的全部真相。而且有研究发现：在远离平衡态的情况下，分子之间可以互相传递信息，因此对处于远离平衡态的世界进行研究，就可以跨越自然科学的范围而进入人文科学的领域。相互通信这一观点就是维纳在构造他的理论体系时所用的基本概念之一，通过互传信息可以实现控制的产生。普里高津和尼柯利斯将非线性非平衡态系统的概率分析方法，与动力学理论，特别是混沌动力学理论所表达的决定性的系统也可以对初始条件很敏感这一特性相结合，解释了在我们所处的环境中还有如此多意想不到的规律性。

13.8 小结

认知模型是人类对真实世界的认知过程的信息处理模型。可以通过认知建模，探索和研究人脑的信息处理机制。本章重点介绍物理符号系统、SOAR 模型、ACT 模型、心智社会和 CAM 心智模型。

在人的认知活动中，记忆和意识是最为重要的两个模块。其中记忆存储各种重要信息和知识，意识让人有自我的概念。基于这两个模块构建的 CAM 心智模型，具有鲜明的特色，不再局限于基于产生式系统的问题求解，而是着眼于感知、意识、行为的认知周期。

思考题

13-1　什么是认知模型？
13-2　什么是物理符号系统？为什么它是经典人工智能的基础？
13-3　请给出 SOAR 和 SOAR 9 模型的框图，并说明各部分的主要功能。
13-4　请给出 ACT 模型求解问题的基本思路。
13-5　明斯基的心智社会中智能体有什么作用？
13-6　CAM 心智模型的特色是什么？
13-7　为什么说大脑是一种具有涌现性的复杂自组织巨系统？

第 14 章 认知模拟

认知是个体认识客观世界的信息加工活动。感觉、知觉、记忆、想象、思维等认知活动按照一定的关系组成一定的功能系统，从而实现对个体认知活动的调节作用。认知模拟（cognitive simulation）是一种可运行的计算机程序，模拟人类的认知活动，展示人脑高级认知的信息处理的过程。认知模拟经常采用虚拟具体假想情形的方法，也采用数学建模的抽象方法。

14.1 概述

认知模拟利用计算机来模拟人脑信息处理的过程，为大脑高级认知过程的研究提供有效的环境。一般对认知模拟有 3 种不同的认识：

1）认知模拟就是用模型去描述认知系统的结构和行为，以研究认知系统某方面的变化如何影响其他方面或整个系统。

2）认知模拟就是对模型的方程组特别是动态方程组进行求解，以探测模型的灵敏度。预测即为一种模拟。

3）认知模拟就是在模型的范围内对所有可替换的结合方式进行有控制的试验，观察它们的后果，从中选择较好的特定的结合方式。例如，教学方式的研究可以通过认知模拟分析，选择效果好的一种方式。

认知模拟一般分为下列步骤：

1）形成问题，明确模拟的目的和要求。

2）尽可能地收集和处理系统有关的数据。

3）形成数学模型，找出组成模型的各个部件，并描述它们在各时刻的状态的有关变量（一般包括输入变量、状态变量和输出变量）或参数；确定各部件之间相互作用和影响的规则，即这些描述变量之间关系的函数。选择参数和变量的时候，还须考虑它们能否辨识或求解，以及模型最后是否适于根据真实系统的数据进行检验。

4）根据收集的数据确定或估计模型中的参数，并选择模型的初始状态。

5）设计逻辑或信息的流程图，直至编制出计算机程序。

6）程序验证，检验程序与数学模型之间的一致性，以及输入量的合理性。

7）进行模拟试验，对给定的输入在计算机上执行程序。

8）结果数据分析，收集和整理试验结果并做出解释。必要时可改变输入量或部分模型结构，重新进行试验。

9）模型确认，检验由模型所得的结果与真实系统的性能数据的一致性程度。这是关系到计算机模拟是否有效的关键问题，它依赖于对真实系统本身进行试验的水平、能否获得足够的观测数据和判别一致性的准则。

在 ACT-R 的基础上，卡内基梅隆大学研发了认知模拟软件——CogTool。它能通过人类认知模型来模拟真实用户在计算机、手机、平板计算机等终端的操作行为，分析任务的操作步骤、控件位置、控件大小、用户的思考时间、视觉搜索时间、交互动作时间等因素，对任务完成时间进行计算，从而为设计方案评估提供依据。

这里简述在阿里云环境中，使用 CogTool 的步骤。

（1）新建项目　打开 CogTool 软件，单击"Create"创建新项目。

（2）项目设置　新建时只可填写一个设计方案名称，如果有多个设计方案，可以在后面的项目列表窗口中添加。设置输入设备，包括键盘、鼠标、触屏、麦克风；设置输出设备，包括显示器和扬声器。

（3）项目列表　项目列表窗口中的第一列"Tasks"代表目标任务，之后的列代表不同的设计方案，目标任务和设计方案交叉的表格显示对应的任务完成时间。一个项目可以设置多个目标任务，一个目标任务可以有多个设计方案。

（4）创建界面　界面管理窗口中的每个框架都可以代表一个界面，可以增加或删除界面。

（5）添加控件　先在设计窗口左侧控件列表选择需要的控件，然后在中间的背景图片上把需要操作的控件绘制出来。

（6）添加页面跳转　把所有控件都绘制好以后，可以在界面管理窗口设置页面跳转。把鼠标放在控件的位置上可以看到指针变成一个十字光标，单击可以拉出一个箭头关联到其他界面。还可以为跳转设置交互动作，如鼠标左键、鼠标右键、滚轮，以及单击、双击等。

（7）编辑操作流程　关闭界面管理窗口，回到项目列表窗口，右键单击选择"Edit Script"进入操作流程编辑窗口。

（8）分析计算结果　计算完成后操作流程编辑窗口和项目列表都会显示出计算的操作时间，单击操作流程编辑窗口右上方的"Show Visualization"（可视化显示）按钮查看更详细的分析。

（9）保存项目　项目完成以后，可以将项目保存成一个 *.cgt 文件，以便于存档和回顾。

软件下载地址：http://cogtool.hcii.cs.cmu.edu/。

参考文档地址：http://cogtool.hcii.cs.cmu.edu/CogToolUserGuide.pdf。

14.2　图灵机

英国科学家图灵（A. M. Turing）于1936年发表著名的"论应用于解决问题的可计算数字"一文（TURING，1936）。文中提出思维原理计算机——图灵机的概念，推进了计算机理论的发展。1945年图灵开始设计自动计算机。1950年，图灵发表题为"计算机能思考吗？"的论文，设计了著名的图灵测验，通过问答来测试计算机是否具有同人类相等的智力（TURING，1950）。

图灵提出的一种理论计算模型，可以用来精确定义可计算函数。图灵机由一个控制器、一条可无限伸延的带子和一个在带子上左右移动的读写头组成。这个在概念上如此简单的机器，理论上却可以计算任何直观可计算的函数。图灵机作为计算机的理论模型，在有关计算机和计算复杂性的研究方面得到广泛应用。计算机是人类制造出来的信息加工工具。如果说人类制造的其他工具是人类双手的延伸，那么计算机作为代替人脑进行信息加工的工具，则可以说是人类大脑的延伸。

图灵机是一种无限记忆自动机（见图 14-1），由以下几个部分组成：

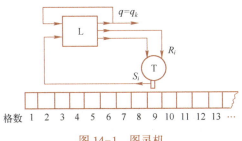

图 14-1　图灵机

（1）一条无限长的纸带　纸带被划分为一个接一个的小格子，每个格子上包含一个来自有限字母表的符号，字母表中有一个特殊的符号表示空白。纸带上的格子从左到右依次被编号为 1, 2, …，纸带的右端可以无限伸展。

（2）一个读写头　该读写头可以在纸带上左右移动，它能读出当前所指的格子上的符号，并能改变当前格子上的符号。

（3）一个状态寄存器　它用来保存图灵机当前所处的状态。图灵机的所有可能状态的数目是有限的，并且图灵机有一个特殊的状态，称为停机状态。

（4）一套控制规则　它根据当前机器所处的状态以及当前读写头所指的格子上的符号来确定读写头下一步的动作，并改变状态寄存器的值，令机器进入一个新的状态。

纸带上的格子可以记录"0"或"1"。在纸带上方移动一个读写头 T，该读写头是由有限记忆自动机 L 来控制的。自动机 L 按周期工作，关于符号（0 或 1）的信息，由读写头 T 从纸带上读出，而反馈给 L 的输入。读写头根据在每个周期中从自动机 L 得到的指令而工作，它可以停留不动或向左、向右移动一小格。与此同时，读写头从自动机 L 接收指令，执行收到的指令，就可以更换记录在其下面纸带的格子中的符号。

图灵机的工作唯一地取决于纸带的格子的初始存储和控制自动机的变换算子。这个算子可以表示为转移表的形式。我们用 $S_i(S_0=0, S_1=1)$ 表示读写头读出的符号；用 $R_j[R_0(停止), R_1(左移), R_2(右移)]$ 表示读写头移动的指令；用 $q_k(k=1,2,\cdots,n)$ 表示自动机的状态，则表 14-1 即为图灵机状态转移表。

表 14-1　图灵机状态转移表

输入	状态	
	$S_0=0$	$S_1=1$
q_1	S_0, R_2, q_k	S_1, R_1, q_m
q_2	S_1, R_0, q_s	S_0, R_2, q_1
q_3	S_1, R_1, q_p	S_0, R_2, q_2

从表中看出，自动机 L 的动作依赖于输入 S 和状态 q。对于给定值 S 和 q，将有 S、R、q 这三个量的某一组值与之对应。这三个量分别指明：读写头应在纸带上记录什么符号（q），

移动读写头的指令是什么(R),自动机 L 将变到什么新状态(S)。在自动机 L 的状态 S 中至少应当有这样一个状态 S^*,对于这个状态来说,读写头不改变符号 q,指令 $R=R_0$(停止),而自动机 L 仍处于停止位置 S^*。

图灵机的结构虽比较简单,但在理论上却能够模拟现代数字计算机的一切运算,实现任何算法,因此可以看作是现代数字计算机的一种数学模型,可以通过对这种模型的研究揭示数字计算机的性质。

14.3 细胞自动机

细胞自动机(cellular automata,CA)是结构递归应用简单规则组的一种例子。在细胞自动机中,被改变的结构是整个有限自动机格阵。在这种情况下,局部规则组是传递函数,在格阵中的每个自动机是同构的。所考虑修改的局部上下文是当时邻近的自动机的状态。自动机的传递函数构造一种简单的、离散的、空间/时间范围的局部物理成分。在要修改的范围里采用局部物理成分对其结构的"细胞"进行重复修改。这样,尽管物理结构本身每次并不发展,但是状态在变化。

在这种范围里,依靠上下文有关的规则组,人们可以嵌入所有处理方法,特别是人们可以嵌入通用的计算机。对局部邻域条件在通用的意义下传播信息因为这些计算机在自动机格阵中是简单的、具体的状态结构,可以计算所建立的整个符号集。

细胞自动机-仿脑机(CAM-brain machine,CBM)是 1993 年由日本京都先进电讯研究所的进化系统部(Evolutionary Systems Department)提出的人工脑计划,其目标是在 8 年内研制一个智商与小猫媲美的机器猫,它包含由 10 亿个神经元组成的人工脑。第一阶段人工脑的研制于 1999 年三四月份完工,并于 1999 年 11 月 9 日进行了正式展示。这次展示的机器猫的人工脑主要采用了人工神经网络技术,包含约 3770 万个人造神经细胞。尽管人工脑所含人造神经细胞数量与人脑的 1000 亿比相差甚远,但其智能超过昆虫(DeGARIS et al.,2002)。

细胞自动机可视为由若干小单元构成的动态阵列,其中每一小单元都具有有限个状态。在离散步序中,每一小单元按一致的法则,由其原状态及其邻域单元的状态决定新的状态。在任一时刻,各小单元状态的总体构成细胞自动机的格局。从初始格局到最后格局的进化过程为计算处理过程,最后的格局被视为计算结果。实际上,细胞自动机的每一小单元均为一有限自动机,细胞自动机即为有限自动机的动态阵列,细胞自动机格局的演化过程即并行计算过程。细胞自动机的主要功能在于:可由局部特性及简单的一致性法则,模拟、处理总体上具有高复杂性的离散过程和现象。

细胞自动机的小单元在细胞自动机结构中称为细胞。一个细胞自动机可定义为有规律地分布于 n 维空间中的一个细胞空间或细胞集合。$n=1$ 是最简单的情形,细胞分布在一条直线上,每一细胞为一方格,每一细胞有两个邻域细胞(简称邻域),每一细胞仅有两个不同状态,可由 0 和 1 值表示。在每一时刻,全部细胞状态值构成的序列为细胞自动机在该时刻的格局。对 $n=2$ 的情形,细胞在二维平面上分布,它们可为连续的方格、等边三角形、蜂房形式或其他形式。对于方格形式,细胞空间为 n^2,其中 n 为整数。每一细胞 $x=(x_1,x_2)$ 直接连接它的 8 个邻域。一般情况下,细胞自动机的基本模型具有 5 个主要特征:

1）它们由细胞的离散格局构成。
2）它们在离散时间步序中演化。
3）每一细胞的状态均在同一有限集中取值。
4）每一细胞的状态依据同一套确定的法则演化。
5）细胞状态的取值法则仅依赖于其自身及其周围局部邻域细胞的状态值。

细胞自动机-仿脑机中采用收集发布（collect or distribute，CoDi）模型（见图14-2）（GERS et al.，1997）。该模型中，一个单独的细胞具有4种基本类型，即空胞、胞体、树突和轴突。

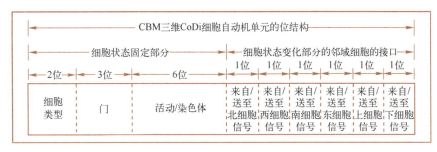

图 14-2　CoDi 模型

1）空胞：在神经网络发信号时，不发生任何细胞的交互作用。
2）胞体：组成一个细胞自动机单元。胞体从周围轴突收集信号，按照内部规定的函数处理数据。在 CoDi 模型中，神经元将信号求和，若超过阈值则开启。胞体的这种行为便于修改以便符合给定的问题。胞体输出送到周围的树突。
3）树突：发布来自胞体的数据。
4）轴突：收集数据并送给胞体。

树突的门指向接收神经信号的邻域细胞。树突仅接收来自那些邻域细胞的信号，但是它的输出可以提供给它的全部邻域细胞，树突通过这种方式发布信息。神经元是信息源。轴突接受邻近细胞的信息，收集数据，它们给出的输出（例如二进制的布尔或操作）仅到达门规定的邻近细胞。轴突通过这种方式收集和相加神经信号，直到收集的神经信号最终之和到达神经胞体开启的阈值。

每个树突和轴突都完全属于神经元胞体。每个神经元有两个轴突树和两个树突树。一个树突树发布抑制信号，另一个树突树发布兴奋信号。神经元的两个轴突树在每个时间步使最大限度的信息送到神经元胞体。

细胞自动机-仿脑机由以下5个子系统组成。

1）细胞自动机：工作空间采用两个相同的 CoDi 模块，每个模块有 13824 个细胞。
2）基因型/表现型记忆器：用于记忆染色体或神经网络描述。
3）适应度评估单元：用于评价神经网络。
4）遗传算法单元：用于执行遗传算法。
5）模块内联存储器：用于记忆网络中 64640 个 CoDi 模块间的连接（DeGARIS et al.，2002）。

日本京都先进电讯研究所对于人工脑的研制正从硬件和软件两方面来推进。组合多个

CBM 的网络，若有 1000 个单元，则可如由 10 亿个神经元组成的大脑一样工作，它也许能达到一只成年猫的智力水平。但这种方式并不正确。硬件进化是一个新的思路，即电子设备中元件之间的物理连接可以按照某种遗传算法进行自我更新。硬件的进化是一个极具挑战性的课题，而进化的硬件在目前仍处于开发的初期阶段。

14.4 认知情感机

英国伯明翰大学的斯洛曼（A. Sloman）提出了一种认知情感机——CogAff 系统结构（见图 14-3）（SLOMAN，2001）。认知情感机分成 3 层：感知层、中央层、动作层。感知层主要是反应机制，通过感知内外部条件，产生内外部相应的状态变化。中央层包括元管理过程、慎思过程、反应过程。动作层实现慎思机制，具有各种不同水平的抽象能力，灵活、高效的记忆可用于思维、推测、部分规划、推理。

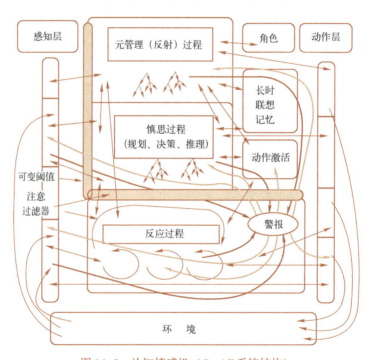

图 14-3 认知情感机（CogAff 系统结构）

认知情感机的慎思过程包括目标生成处理、目标比较、规划构建、规划评价和规划执行，其为语境依赖全局调整提供了基础，以便将来概念系列可以参考情感的状态和过程，这在纯反应系统结构中是不能实现的。元管理过程类似人的反射系统，利用类别和评价体系，对内部状态实现自观察、自控制，连接高级的学习和控制未来处理的机制。元管理过程的操作可以是：

1) 能够思考回答自己所想的和经历的问题。
2) 能够通知或报告思想的循环过程。例如为了达到 A 我决定做 B，为了做 B 我决定做 C，为了做 C 我决定做 A。然后发现自己的思维是一个圆圈。

3）能够根据事情的重要性判断自己所从事的事情。例如晚上要完成家庭作业，而不看电视节目。

4）能够知道改变思想的机会。例如解决这个问题比前一个快，表明这次处理问题是多么正确。

14.5 蓝脑计算机模拟

蓝脑工程（blue-brain project）也称蓝脑计划，是利用 IBM 蓝色基因超级计算机来模拟人类大脑的多种功能的，比如认知、感觉、记忆等。蓝脑工程第一个综合尝试是通过详细的模拟理解大脑功能和机能失调，用逆向工程方法研究哺乳动物大脑。

人的大脑体积仅有 1400 cm³，功率仅有 20 W，但是计算能力远远超过了现今的超级计算机。大脑皮层中的 200 亿个神经元和每一个都接收来自其他神经元的数千个突触连接，从而形成复杂的神经网络，提供人类大脑大部分高级功能（如情感、计划、思考、记忆）的关键。虽然一个世纪的持续研究已经产生了关于神经元的大量科学数据，但是人们对神经元的交互、新皮层的结构、新皮层对信息的处理机制仍然不甚清楚。神经科学研究表明，大脑的神经网络是一个多尺度的稀疏有向图，特别是局部、短距离的连接可以通过重复规范的子回路的统计变化来描述，而全局、远距离的连接则可以通过一个特定、低复杂度的蓝图来描述。大脑的行为完全是通过个体功能单元之间非随机的及相关联的互动而形成的，这也是一个关键特征。

瑞士洛桑联邦理工学院亨利·马克莱姆（H. Markram）的实验小组花了 10 多年的时间逐步建立起了神经中枢结构数据库，他们拥有世界最大的单神经细胞数据库之一。

2005 年 7 月，瑞士洛桑联邦理工学院和 IBM 公司宣布开展蓝脑工程（MARKRAM，2006）。该工程在理解大脑功能和机能失调方面取得进展。在 2006 年年末，蓝脑工程已经创建了大脑皮层功能柱的基本单元模型。2008 年 IBM 公司使用蓝色基因超级计算机，模拟具有 5500 万神经元和 5000 亿个突触的老鼠大脑。IBM 公司从美国国防部先进研究项目局（Defense Advanced Research Projects Agency，DARPA）得到 490 万美元的资助，研制类脑计算机。IBM 公司的 Almaden 研究中心和 IBM Wason 研究中心、斯坦福大学、威斯康星-麦迪逊大学、康奈尔大学、纽约市哥伦比亚大学医学中心和加利福尼亚大学都参加了该工程。

大脑皮层 6 个层次不同的连接方式表明了它们不同的作用，比如进来的连接通常到第 4 层，第 2 层、第 3 层发出往外的连接。根据白鼠皮层模型，提出图 14-4 所示的大脑皮层模型（DJURFELDT et al.，2008）。这个模型表示了皮层一个平面为 100 个超功能柱的几何分布（见图 14-4a），用不同颜色来区分，每个超功能柱由 100 个小功能柱构成。图 14-4b 表示了该模型的连接性。每个小功能柱包含 30 个通过短程轴突激活相邻细胞的锥形细胞。锥形细胞投射到本地属于同一集群细胞的其他小功能柱的锥形细胞和其他集群的常规峰电位非锥形细胞（RSNP）。篮状细胞在本地超功能柱中保持正常活动性，RSNP 细胞提供锥形细胞的局部抑制。

在硬件方面，蓝色基因超级计算机系统提供了众多的计算处理器、大量的分布式内存，以及低延迟、高带宽的通信子系统。在软件方面，IBM 项目组开发了一个称为 C2 的脑皮层模拟器，该模拟器采用了分布式存储多处理器的体系结构。模拟器的基本要素包括：用于展示大量行为方式的表象模型神经元、峰电位通信、动态突触通道、可塑突触、结构可塑性、以及由分层、微功能柱、超功能柱、皮层区域和多区域网络组成的多尺度网络体系结构。其中，每个要素都是模块化的并且可以单独配置，因此我们能够灵活地测试大量关于大脑结构和动力学的生物启发性假说。与之相应，其可能的组合构成了极大的空间，这就要求模拟以一定的速率运行，从而能够实现迅速的、用户驱动的探索。

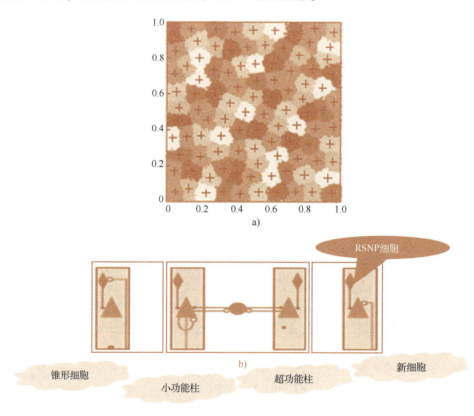

图14-4 大脑皮层模型

14.6 人脑计划

2013年1月28日，欧盟委员会宣布"未来和新兴技术"（FET）旗舰项目的竞选结果，人脑计划（human brain project，HBP）在此后10年中获得10亿欧元的科研资助。人脑计划希望通过打造一个综合的基于信息通信技术的研究平台来研发出最详细的人脑模型。在瑞士洛桑联邦理工学院的马克莱姆的协调下，来自23个国家（其中16个是欧盟国家）的大学、研究机构和工业界的87个组织通力合作，用计算机模拟的方法研究人类大脑是如何工作的。该计划有望促进人工智能、机器人和神经形态计算系统的发展，为医学进步奠定科学和技术基础，其成果有助于神经系统及相关疾病的诊疗及药物测试。

人脑计划旨在探索和理解人脑运行过程，研究人脑的低能耗、高效率运行模式，以及其学习功能、联想功能、创新功能等，通过信息处理、建模和超级计算等技术开展人脑模拟研究，推动通过超级计算技术开展人脑诊断和治疗、人脑接口和人脑控制机器人研究以及开发类似人脑的高效节能超级计算机等的发展（MARKRAM et al.，2011）。人脑计划的路线图如图 14-5 所示。

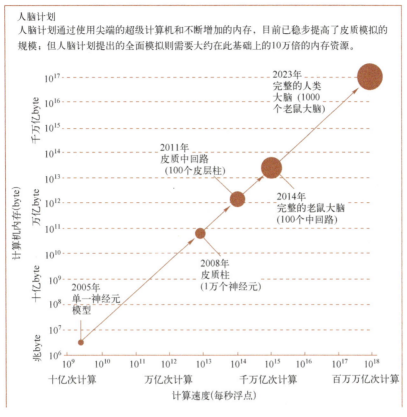

图 14-5　人脑计划项目的路线图

人脑计划的首要任务是采集和描述筛选过的、有价值的战略数据，而不是进行漫无目的的搜寻。人脑计划制定了数据研究的 3 个重点：

（1）老鼠大脑的多层级数据　此前的研究表明，对老鼠大脑的研究成果适用于所有哺乳动物，因此对老鼠大脑组织的不同层级间关系的系统研究将会为人脑图谱和模型提供重要参考。

（2）人脑的多层级数据　老鼠大脑的研究数据在一定程度上可以为人脑研究提供重要参考，但显然两者存在根本区别。为了定义和解释这些区别，人脑计划的研究团队采集关于人脑的战略数据，并尽可能地将其积累到已有的老鼠大脑数据的规模，以便对比。

（3）人脑认知系统结构　弄清人脑结构和人脑功能之间的联系是人脑计划的重要目标之一。人脑计划会把 1/3 的研究重点放在负责具体认知和行为技能（从其他非人类物种同样具备的简单行为一直到人类特有的高级技能，例如语言）的神经元结构上。

人脑计划建议组建 6 大平台，即神经信息平台、人脑模拟平台、高性能计算平台、医疗信息平台、神经形态计算平台和神经机器人平台。

（1）神经信息平台　人脑计划的神经信息平台将为神经科学家提供有效的技术手段，使他们可以更加容易地对人脑结构和人脑功能数据进行分析，并为绘制人脑的多层级图谱指明方向。此平台还包含神经预测信息学的各种工具，这些工具有助于对描述大脑组织不同层级间的数据进行分析并发现其中的统计性规律，也有助于对某些参数值进行估计，而这些参数值很难通过自然实验得出。在此前的研究中，数据和知识的缺乏往往成为系统认识人脑的一个巨大障碍，而上述技术工具的出现使这一难题迎刃而解。

（2）人脑模拟平台 人脑计划会建立一个足够规模的人脑模拟平台，旨在建立和模拟多层次、多维度的人脑模型，以应对各种具体问题。该平台将在整个计划中发挥核心作用，为研究者提供建模工具、工作流和模拟器，帮助他们从老鼠和人类的大脑模型中汇总出大量且多样的数据来进行动态模拟。这使"计算机模拟实验"成为可能，而在只能进行自然实验的传统实验室中是无法做到这一点的。借助人脑模拟平台上的各种工具可以生成各种输入值，而这些输入值对于人脑计划中的医学研究（疾病模型和药物效果模型）、神经形态计算、神经机器人研究至关重要。

（3）高性能计算平台 人脑计划的高性能计算平台将为建立和模拟人脑模型提供足够的计算能力。该平台不仅拥有先进的超级计算技术，还具备全新的交互计算和可视化性能。

（4）医疗信息平台 人脑计划的医疗信息平台需要汇集来自医院档案和私人数据库的临床数据（以严格保护病人信息安全为前提）。该平台的功能有助于研究者定义出疾病在各阶段的"生物签名"，从而找到关键突破点。一旦研究者拥有了客观的、有生物学基础的疾病探测和分类方法，他们就更容易找到疾病的根本起源，并相应地研发出有效治疗方案。

（5）神经形态计算平台 人脑计划的神经形态计算平台将为研究者和应用开发者提供他们所需的硬件和设计工具，来帮助他们进行系统开发，同时还会提供基于大脑建模的多种设备及软件原型。借助此平台，开发者能够开发出许多紧凑、低功耗、正在逐渐接近人类智能的设备和系统。

（6）神经机器人平台 人脑计划的神经机器人平台为研究者提供开发工具和工作流，使他们可以将精细的人脑模型连接到虚拟环境中的模拟身体上，而此前他们只能依靠人类和动物的自然实验来获取研究结论。该平台为神经认知学家提供了一种全新的研究策略，帮助他们洞悉隐藏在行为之下的大脑的各种多层级的运作原理。从技术角度来说，该平台也为开发者提供必备的开发工具，帮助他们开发一些具有接近人类潜质的机器人，而以往的此类研究由于缺乏这个"类大脑"化的中央控制器，而根本无法实现这个目标。

14.7 人脑模拟系统——SPAUN

人类的大脑是一个高度复杂的器官，如果科学家们要构建出一个人工大脑模型，那么首先就要知道人脑的工作原理，具体来说就是要先了解人脑里每一个部分负责的运算功能，以及这些运算功能在神经网络系统上的实现原理。2012年11月，*Science*发表了伊莱亚史密斯（C. Eliasmith）等人的文章（ELIASMITH et al.，2012），介绍了一种大规模的人脑模拟系统。这种人脑模拟系统能够模拟多种复杂的人类行为，这一成果标志着科学家们在人工智能研究领域又前进了一大步。

伊莱亚史密斯等人开发的人脑模拟系统叫作语义指针结构统一网络（semantic pointer architecture unified network，SPAUN）系统，如图14-6所示。该系统能够观察图像，并使用配套的人工臂做出相应的动作。伊莱亚史密斯等人开发的SPAUN系统可以完成8种各不相同的任务,在所有这8种任务中都会包含对各种图形(主要是数字图形)的介绍,以及根据图形做出相应的动作(用人工臂画出"看到"的数字)。在这些任务中既包括简单的图像识别任务,也包括记忆性的任务(按照看到的数字的先后顺序重新写一遍),还包括强化学习任务(比如赌博任务)和更加复杂的认知任务(类似于智商测试题一类的任务)。SPAUN系统会依靠它所拥有的250万个神经元细胞来完成这些任务,这些神经元细胞按照人脑的组成方式形成了多个子系统,这些子系统分别对应了人脑的不同区域,最后这些子系统之间又互相联系起来,具备了人脑最基本的功能。

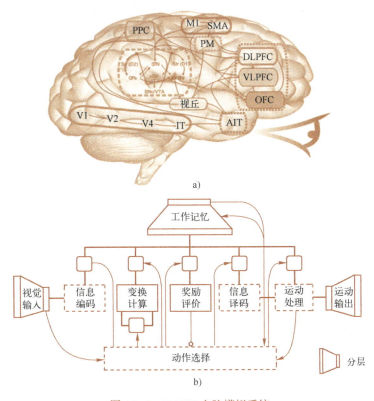

图 14-6　SPAUN 人脑模拟系统

人工大脑看到的视觉图像信息首先会被"压缩"处理,去除不相关的或者冗余的信息。伊莱亚史密斯小组在对图形信息进行压缩处理时使用的是一种多层次受限玻尔兹曼机的算法,这种算法属于一种前馈神经网络系统的运行机制,每一层受限玻尔兹曼机处理都可以得到一种图形特征信息,经过多轮(层)受限玻尔兹曼机处理之后就可以得到整个图形的所有相关信息。然后,将这些图形信息一一分配给人工大脑里与真正人脑视觉中枢对应的各个子系统(分别对应初级视觉皮层、次级视觉皮层、纹状体外皮层和颞下皮层)。在运动功能方面,SPAUN 系统也采取了一种类似的方法,它将简单的动作命令,比如画出数字"6",也分解为很多个简单的动作,将这些动作组合起来就可以画出数字"6"。所有相关的运算全都基于最佳控制理论,其中还包括辅助运动中枢和初级运动中枢的运算。对信号的压缩处理同时伴以动作的人脑模拟系统,解决了人工大脑在与环境发生相互作用时需要处理的"广度难题",以往的人工模型在处理这类问题时总是不知道该如何处理大量的感觉信息,同时也不知道在面对众多动作备选方案时应该做出哪种选择。

　　SPAUN 系统的认知装置实际上包括两个相互交叉的组成部分，一个相当于人类大脑前额皮质区的工作记忆系统，另一个相当于人类大脑基底神经节和丘脑的动作选择系统。这套动作选择系统控制着人工大脑当前的状态，同时也部分受到了强化学习理论和当前流行的基底神经节模型的启发。SPAUN 系统的记忆工作系统采用了一套全新的算法，这套算法借鉴了计算神经科学领域的神经系统算法和来自数学心理学领域的卷积记忆理论。计算神经科学领域的神经系统算法使 SPAUN 系统拥有了一个网络化的信息存储机制，而卷积记忆理论又使 SPAUN 系统可以将以往的信息和最新接收的信息有效地结合在一起。SPAUN 系统可以有效地做出重复行为，比如写出一列数字中的第一个数字和最后一个数字，这是其他人工大脑模型无法比拟的。

　　伊莱亚史密斯等人还使用了另外一个记忆工作系统来自动推理以往和当前信号之间的关系。这种自动推理功能意味着最初级的句法功能，SPAUN 系统呈现出的数字识别并再现功能预示着这种句法功能在将来的某一天一定会实现。这种再现功能与符号运算功能有着直接的联系，而符号运算在计算机科学和联结主义理论著作里十分常见。SPAUN 系统使用这些计算方法通过了最基础的智商测试考核。

　　SPAUN 系统里的对应前额皮质区的那些子系统起到了连接抽象运算、符号运算和单个神经元细胞活动的作用。关于卷积记忆功能，伊莱亚史密斯等人做了一个非常有意思的预测，他们估计神经元细胞激活的速率（在单位时间内出现的动作电位的平均数量）会随着不断地连续完成记忆工作而逐渐加快。

　　在 SPAUN 系统的每一个模块当中，实际的信息都是通过大量被激活的神经元细胞来完成处理的。在 SPAUN 系统中模拟功能是依靠所谓的神经工程架构来重建的（ELIASMITH et al.，2003）。这套神经工程架构尤其善于在活化的神经网络里完成任意数学矢量运算，它假定信息会按照神经激活速度线性被读取，然后再以非线性的方式将信息转换成神经活动功能。这样每一个子系统里处理的信息都会被分配给每一个神经元细胞，这种模式也非常符合大脑电生理研究工作得到的结论，比如人脑对不同的感觉刺激（输入）信号或运动输出信号的响应速度是不一样的，等等。

　　基于伊莱亚史密斯等人的开发思路，当 SPAUN 系统在某些方面不能很好地模拟真实人脑情况时我们一点也不感到奇怪，比如 SPAUN 系统多个部分的响应活性在好几个方面（其中包括最基础的统计范畴）都和人脑的实际情况有明显的不同。我们现在还不知道将来这些问题能够被改善到何种程度，也不清楚这些偏差在多大程度上是人脑内部基础响应水平不一致情况的真实反映。SPAUN 系统的最大问题还是它硬连接的本质以及不能学习新任务（功能）的特点。不过 SPAUN 系统的结构具有非常大的灵活性，并不拘泥于某一项任务，而且在 SPAUN 系统中有多个部分都是具备学习功能的，比如图形信息多层处理系统和动作选择系统都有这种学习的潜力。至于说更广义的学习能力，比如学习一项全新的任务，这也许是伊莱亚史密斯等人故意留下的空白。实际上，SPAUN 系统所欠缺的恰恰就是我们在对人脑在认识上还有所不足的部分。伊莱亚史密斯等人已经将大量的人脑研究成果纳入了 SPAUN 系统，这件工作本身就已经向我们展现了一个人脑工作理论，当然其中并不包括与学习相关的机制。此外，伊莱亚史密斯等人也提供了一种大规模、自上而下地开发人工智能系统的可能性。SPAUN 系统的出现为这方面的工作设立了一个新的标杆，也提供了一条新的途径，不要只想着如何将尽可能多的神经细胞或信息量集中在一起，应该将注意力集中在尽可能地重现人脑功能以及做出更复杂的行为上。

14.8 环球心智系统

明斯基在《心智社会》一书中指出，心智是由许多被称作智能体的小处理器组成的；每个智能体本身只能做简单的任务，它们本身并没有心智。当智能体构成社会时，就得到智能。根据这个思路，爱尔兰都柏林城市大学的休弗若斯（M. Humphrys）于1997年提出了一种环球心智（world-wide-mind）系统（HUMPHRYS, 2001）。该系统的基本结构如图14-7所示（O'LEARY et al., 2006）。

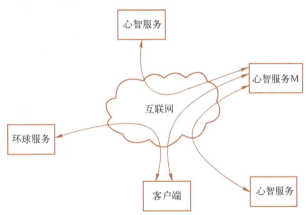

图14-7　环球心智系统基本结构

在图14-7中，环球服务（world service）表示一类问题，例如复杂环境中的机器人、虚拟现实中的一种创意。环球服务可以提供界面用于环球状态的查询，也可以发送虚拟现实创意所需的动作。心智服务M（mind service）用于创建开关，对于给定的状态选择合适的心智服务，表示对哪种服务的响应。心智服务表示给定环球服务所需的具体动作生成算法。心智服务将返回环球状态所需的动作，算法的具体实现是隐藏在界面后面的，算法维护的任何状态对主体都是透明的。客户端（client）把心智服务插入环球服务中。主体请求其所需的环球服务和心智服务 URL 地址，通过查询环球状态和这种状态所需的动作获得心智。在查询之前环球心智系统禁止采取行动。在结果形成前重复执行这些步骤。

环球心智系统可以在互联网环境中实现（见图14-8），通过互联网把心智服务和环球服务连接起来（O'LEARY, 2003）。

图14-8　互联网连接心智服务和环球服务

14.9 小结

认知模拟是一种可运行的计算机程序，模拟人类的认知活动，展示人脑高级认知的信息处理的过程。图灵机的基本思想是用机器来模拟人们用纸笔进行数学运算的过程，能模拟人类所能进行的任何计算过程，是研究人脑信息处理的抽象计算模型。

细胞自动机是模拟复杂认知现象的有效方法。认知领域的许多复杂结构和过程，归根到底只是由大量基本组成单元的简单相互作用所引起的。斯洛曼在理性主义与经验主义的基础上，提出了认知情感机（CogAff），为人类认知的过程及情感的产生机制提供了一种思路。

人脑是当今最高级的智能系统。认知模拟必须向人脑学习，研究人脑信息处理的方法和算法，利用超级计算机来模拟人脑处理信息的过程，这是当前智能科学领域研究的热点，也是全球激烈竞争的制高点。目前重要的类脑智能与脑科学研究计划有：美国的蓝脑计算机模拟、欧盟的人脑计划、加拿大的人脑模拟系统（SPAUN）等。基于明斯基的心智社会的思路，在互联网的支持下，环球心智系统有可能成为具有巨大潜力的集体智能系统。

思考题

14-1 什么是认知模拟？举例说明认知模拟软件 CogTool 的操作步骤。
14-2 为什么说图灵机是一种理论计算模型？
14-3 请阐述细胞自动机的工作原理。
14-4 蓝脑计算机怎样模拟大脑皮层的基本单元？
14-5 请阐述人脑计划的路线图。
14-6 试述人脑模拟系统（SPAUN）的基本结构，概要介绍各个模块的主要功能。
14-7 什么是环球心智系统？为什么说它是一个集体智能系统？

第15章 社会认知

社会认知（social cognition）是个体对他人的心理状态、行为动机和意向做出推测和判断的过程。它是认知科学研究的一个重要领域，研究人对社会性客体及其相互关系的认知，以及对这种认知与人的社会行为之间关系的理解和推断。作为一种特殊的社会心理过程，社会认知具有互动性、间接性、防御性、完形性等基本特性。

15.1 概述

社会认知，最初被称作社会知觉（social perception），是由美国心理学家布鲁纳于1947年提出的，用以指受到知觉主体的兴趣、需要、动机、价值观等社会心理因素影响的对人的知觉。随着社会心理学对人际知觉领域的研究热潮的兴起，社会知觉概念被等同于人际知觉（interpersonal perception）或对人知觉（person perception），是对他人或自我所具有的各种属性或特征的整体反映，其结果即形成关于他人或自我的印象。作为知觉的一种特殊形态，社会知觉是以人为对象的知觉，服从于一般知觉所具有的普遍规律性，又具有一般知觉所不具有的特点。20世纪60年代后，随着认知心理学的兴起及其对社会心理学的影响，社会知觉或人际知觉被社会认知一词所取代。社会认知是指个人对他人的心理状态、行为动机和意向做出推测和判断的过程，属于人的思维活动的范畴。社会认知使社会知觉的内涵与性质更加明确，避免其与传统心理学中作为感性认识活动一部分的知觉活动相混淆。社会心理学所感兴趣的是作为知觉主体的个人对他人、群体的人际关系的社会认知，以及与此相伴随的自我省察的过程。但是由于社会心理学对于社会认知的研究着眼于对人和人际关系的知觉感受，因而仍然不少社会心理学文献中将社会认知称为社会知觉或人际知觉。社会知觉与普通心理学的知觉的含义有所不同。后者是指个体对直接作用于自己的客观刺激物的整体属性的反映，不包括想象、判断等过程；前者则包括整个认知过程，既有对人外部特征的知觉，又有对人格特征的了解以及对其行为原因的判断与解释。社会知觉是一种基本的社会心理活动，人的社会动机、社会态度、社会化过程、社会行为的发生都是以社会知觉为基础的。

作为一种特殊的社会心理过程，社会认知具有以下基本特性：

（1）互动性 在社会认知过程中，个人和认知客体处于对等的主体地位，不仅认知客体影响人，而且人也会影响认知客体，因此社会知觉过程的发生不是单向的，而是双向的。

（2）间接性 社会认知不仅是个人对认知客体外部属性的直接反映，还是通过认知客体直接可感的外部特征（如行为表现等），实现对认知客体内部人格特征的间接把握或反映。

（3）防御性 个人为了与外界环境保持平衡，适应社会，运用认知机制抑制某些刺激物的作用，这就是防御性。当代社会心理学家普遍认为社会认知和防御机能息息相关。个人在情绪困扰的状态下对于认知客体的认知，与其在中性情绪的作用下所产生的认知显然是不同的，换言之，情绪不同的同一个人对于同一刺激会有不同的认知。这是因为个人是在特定的情绪状态下，根据已有的认知结构来辨明刺激物的意义和重要性，从而决定应否逃避的。个人利用防御可以维持自我的完整。

（4）完形性　个人在社会认知过程中，自觉或不自觉地贯彻了完形原则（也可称格式塔原则），即个人倾向于把有关认知客体的各方面特征材料规则化，形成完整的印象。这种倾向在判断一个人的时候表现得尤为突出。当个人看到另一个人似乎既是好的又是坏的，既是诚实的又是虚伪的，既是热情的又是冷酷的时候，便觉得不可思议，认为自己还没有完全认识这个人。个人总是无法容忍自相矛盾的判断。桑普森（E. E. Sampson）把这种判断的出现称为"认知分离"。他认为：个人智力和知识的局限性构成认知的剥夺体验，造成个人认知和认知客体之间的分离；为了消除这种分离，个人一方面会加强其探求信息的欲望和动力，寻求更多的信息，摆脱认知剥夺，同时也可能向幻想化的方向发展，即利用想当然的办法给认知客体添补细节，使认知带有浓厚的主观色彩。

在社会认知的研究中，存在一些隐喻。它们是对个人的社会认知特点的总看法，实际上就是社会认知研究的理论假设，对社会认知的研究有重要的影响。社会认知研究的理论假设的发展，到目前为止大致经过了3个阶段。

1. 朴素的科学家

20世纪70年代以前，社会认知研究中的理论假设是"朴素的科学家"。这种理论假设认为，个人是一个"朴素的科学家"，在社会认知的过程中，像科学家一样，寻找、确定事件产生的原因，以达到预测和控制的目的。在"朴素的科学家"理论假设的基础上，社会心理学家提出了一些认知理论和模型，如凯利（H. H. Kelley）的三度归因理论。

2. 认知吝啬者

随着社会认知研究的深入，社会心理学家越来越多地发现，个人在社会认知的过程中并没有完全、精确地运用所获得的信息，导致认知、判断中出现大量偏差，特别是随着信息加工心理学对社会心理学研究的影响，从20世纪70年代开始，社会认知中"朴素科学家"的隐喻开始向"认知吝啬者"转变。

"认知吝啬者"的隐喻认为：个人在社会认知的过程中，面临的信息往往是不确定的、不完全的、复杂的，在对它们进行加工的过程中，达到最满意的合理性是困难的；个人的认知资源是有限的，其在社会认知的过程中常常偏爱策略性捷径，而不是采用精细的统计学的分析，以尽量节省时间和加工资源；个人偏爱用最小限度的观察产生知觉、判断的策略加工，是社会认知偏差产生的根源。

3. 目标明确的策略家

从20世纪90年代开始，社会认知的理论假设转变为"目标明确的策略家"，即认为个人有多种信息加工的策略，在目标、动机、需要和环境力量的基础上，对策略进行选择。也就是说，个人能够实用性地采取加工策略以适应当时的情境的需要，努力使事情完成；在需要时，个人会更多地注意复杂的信息，进行系统的、费力的加工；当目标不存在这种需要时，人会依赖于认知捷径、简单的策略和已有的知识结构。个人能够灵活地调节自己的认知过程以适应情境的需要。

15.2 社会认知的内容和因素

由社会认知的含义及特征可知，社会认知是一个由表及里、由点到面的动态过程。个人最初只能获得有关认知客体外部特征的信息，形成对其的初步、浅层次的认知。在此基础上，个人开始对认知客体的内在特征做出判断。与此同时，个人在认知单个认知客体的过程中，总是有意无意地将认知客体与周围的人加以对照，试图了解他们之间的相互关系。另外，个人也不忽略对自己的认知，他们往往把自己与一定的认知客体置于某种关系网络之中，并形成对这种关系的判断。一般社会认知的基本过程可以分为4个阶段，即社会知觉、社会印象、社会判断、社会归因。

社会认知的基本内容包括以下两大方面。一个方面的内容是个人知觉，即对他人的知觉。它不但包括对他人外部特征，如外表、语言、表情等直接能看到、听到的特征的知觉；而且包括对他人内在特征的知觉，除了情绪反应的特征外，还包括意志反应的特征。个人知觉的具体内容将在本章第4节中做详细的介绍。另一个方面的内容是对人际关系的认知，这种认知包括个人对自己与他人关系的认知、他人与他人关系的认知。实际上，对他人的认知包含着选择自己对他人的关系形式，如对某些人反感、疏远，对某些人喜欢、亲近。这种选择直接影响个人的交往动机。研究证实，个人更愿意接近与自己性格相似的人。个人在选择交往对象时，颇为注意对方与自己是否相似，因此这种相似程度构成认知的重要项目。在对人际关系的认知中，估量他人之间的关系状况，可以确认具体认知客体在群体中的位置。

影响社会认知的因素有很多，如认知偏见、情景效应、认知主体背景、认知客体。

15.2.1 认知偏见

在认知过程中，个体的某些偏见经常会影响认知的准确性，使认知发生偏差。这种偏差是知觉过程的特征，这种带有规律性的偏差现象在许多情况下是难以克服的。

1. 光环作用

光环作用，也叫晕轮效应，指的是如果一个人被赋予了一个肯定或有价值的特征，那么他就可能被赋予许多其他积极的特征，就像一个发光物体对周围有照明作用一样。如你一旦认为某个人很可爱，你可能会认为他单纯、热情、聪明；一个漂亮的人常会被认为聪明、热情、有爱心等。光环作用的实质是把各种相互独立、没有必然联系的特征予以叠加，统统赋予认知客体。

与光环作用对应的是"负光环效应"，也叫"扫帚星效应"，是指如果一个人被赋予了一个否定、消极的特征，那么他就可能被赋予许多其他消极的特征。如自私的人通常被认为是不诚实、懒惰、刻薄的等。

2. 正性偏差

正性偏差是指个人表达的积极肯定的评价往往多于消极否定的评价，这种倾向又叫宽大效应。对正性偏差有很多解释，其中一种解释来源于快乐原则——当人们被美好的事物，如愉快的经历、漂亮的人、好的天气等所影响的时候，倾向于对大部分事物做出高于一般水平的评价。

有一种特殊的正性偏差，它只发生在人们对他人做出评价的时候，这种偏差被称为

"个体正性偏差"。由于人们对于他人比对非人化的客体产生更多的相似感，因此会将对自己的宽容评价推广到他人身上。个人正性偏差在评价他人的时候经常发生，但是对评价非人化的事物时不适用。

3. 负性效应

人们在社会认知过程中，往往会更多关注负性信息，受其影响作用也更大，即在相同的情况下，负性因素比正性因素更能影响人们的社会认知。这就是负性效应。

对此的主要解释来源于格式塔学派的"图形—背景"原理。由正性偏差可知，积极的评价比消极的评价更为普遍。相较于正性特征，负性特征由于更不常见，因此更显著、突出，就像鲜艳颜色的衣服、巨大的事物，在知觉过程中也就更易被视为图形。这就是人们更注意这些负性特征并给予其更高的权重的原因。

负性信息的影响作用部分依赖于个人所做的判断的性质。负性效应对道德判断有很强的影响力。例如，人们通常会从某人的不诚实表现中推断出他的道德水平不高。正性偏差存在于能力判断中，因为只有高能力的人才能有高水平的能力表现，此时负性信息的影响不大，因为即使是高能力的人，有时也可能受机遇、缺乏动机或暂时的障碍等因素影响而失败。

4. 相似性假设

在认知活动中，人们有一种强烈的倾向，即假定对方与自己有相似之处。初次接触一个陌生人，当我们了解到对方的年龄、民族、国籍及职业等等与自己相似时，最容易做出这种假设。在社会生活中，背景相似的人并不一定有相似的个性和行为反应特征，但是人们往往根据一些外部的社会特征，判断自己和他人之间的相似程度。如果没有新的信息资料，人们就很可能用这种假设的结论代替实际情况。

5. 隐含人格理论

每个人在成长过程中，都发展了自己的人格理论———一套关乎个人各种特征是怎样相互适应的、未言明的假定，这种理论之所以是隐含的，是因为它很少以正式的词汇表述出来，甚至个人自己也并没有意识到它的存在。伯曼（J. S. Berman）等人把这种理论称作相关偏见。这种偏见为人们提供了一种把认知到的各种特征有规则地联系起来的方法。每个人都依照自己有关人格的假定，把他人的各种特征组织起来，形成一种总体形象。例如，罗森伯格（S. Rosenberg）等人发现，大学生在形容他们所认识的人时，最经常使用的词是自我中心、聪明、友好、雄心勃勃、懒惰等。那些被形容为很聪明的人，同时还可能被形容为友好的，但很少被形容为自我中心的。在这里隐含人格理论就起了作用，聪明和友好应当并列，而聪明和自我中心则无法构成一个整体形象。在实际认知过程中，刚刚看到对方具有某些特征，人们就依照自己固有的人格理论推测他人必然具备另一些特征。比如，发现对方交际广，便推断他口才好、讲义气、精力充沛、机敏、富有想象力等。

6. 刻板印象

所谓刻板印象，就是指人们对某个群体形成的一种概括而固定的看法。刻板印象一旦形成，具有非常强的稳定性，很难被改变。即使出现相反的事实，人们也倾向于坚持它，而去"否定"或"修改"事实。

刻板印象具有一定的积极作用。首先，刻板印象中包含了一定的真实成分。它或多或少反映了认知对象的若干状况。其次，刻板印象可以将所要认知的对象进行分类，简化人们的认识过程，起到执简驭繁的作用。最后，刻板印象能帮助人们更有效地了解和应付周围的环境。我们常常要与一些陌生人打交道，在这种情况下，利用刻板印象指导我们表现出适当的言论和行动，有时还是颇有作用的。

刻板印象的消极方面表现在它会使认识僵化，由此会阻碍人们接受新事物、开阔视野。另外，持有刻板印象的人在判断他人时，可能会把群体所具有的特征都附加到他身上，也常导致过度概括的错误。

15.2.2 情境效应

人们的社会认知受情境因素的影响，影响社会认知的情境效应有两类。一类为对比效应，是指一种偏离情境的认知偏差。俗话说，"红花还需绿叶衬"，这在一定程度上就反映了对比效应。再如，一个人在相貌出众的一群人中会显得长相普通。另一类为同化效应，是指与情境水平相同的一种认知偏差。如，展示一张相貌出众的人的照片和一张相貌一般的人的照片，人们对相貌一般的人做出的评价要比没有展示那张相貌出众的人的照片时的要高。

是什么因素决定是对比效应还是同化效应起作用呢？研究发现，当人们在相对较低的层次加工有关他人的信息时，可能发生同化效应；当人们追求准确性并对目标人物的行为信息做系统、彻底的加工时，同化效应不太可能发生。

在认知活动中，认知客体所处的场合背景也常常成为判断的参考系统。巴克（K. Back）指出，认知客体周围的"环境"常常会引起人们对其一定行为的联想，从而影响人们的认知。人们往往以为，出现于特定环境背景下的人必然是从事某种行为的，其个性特征也可以通过环境加以认定。

认知主体在情境中的角色也会影响社会认知。在一项研究中，参加者被要求在与同伴交往的过程中表现得内向或外向。那些被要求表现得外向的参加者将同伴评价得更为内向，而那些被要求表现得内向的参加者将同伴评价得更为外向。显然，参加者在评价同伴的过程中忽略了他们自己的角色。这说明，很多行为的情境信息经常被忽略。

15.2.3 认知主体背景

1. 原有经验

原有经验在认知系统中是以图式的形式存在的，上一节中已经介绍了"图式"的概念及其在社会认知中的作用，可以看出图式直接影响人们的社会认知过程。认知主体在一定的基础上，形成某些概括认知客体特征的标准、原型，从而使认知判断更加简捷、明了。如果我们没有关于聪明、大方的原型，我们就无法很快地将某个人认定为聪明、大方的人。更明显的是，认知主体原有的经验能够制约其认知角度。对于同一座建筑物，建筑师可能更多地着眼于它的构造、轮廓，而木匠则可能更注重它的木料的质地及优劣。

不少学者认为，认知主体之所以能够理解认知客体的意义，是因为关于该认知客体的经验已形成了观念，这种观念参与了认知过程。巴克称之为概念应用。比如：一个学生的学习成绩好，人们可能判断他必将有成就；一个学生根据自己在大学的化学成绩，认为自己可能适合当医生。他们原先所形成的概念帮助其做出了判断。

2. 价值观念

个人如何评判社会事物在自己心目中的意义或重要性，直接受其价值观念的影响。社会事物的价值则能增强个人对该事物的敏感性。奥尔波特等人做过一个实验，目的是检测各个背景不同的被试对理论、经济、艺术、宗教、社会和政治的兴趣。实验者将与这些部门有关的词汇呈现于被试面前，让他们识别。测验结果发现：不同的被试对这些词汇做出反应的敏感程度不同；背景不同的被试由于对词汇价值的看法不同，在识别能力方面显出很大差异。

3. 情绪

从20世纪80年代中期开始，社会认知心理学中开始探讨情绪、目标、动机在认知中的作用，这方面的研究主要集中在情感对社会判断和认知策略的影响。

斯瓦兹（N. Schwarz）和克劳（G. L. Clore）指出，人在做出判断时，人的情感本身也是一种信息的来源（SCHWARZ et al., 1996）。特别是，有时人会通过询问自己"我对它的感受如何？"，来简化判断的任务，一些评价判断实际上就是人对目标的情感反应（例如喜欢）。一个人目前的情感可能确实是由当前的目标对象引起的，不过很难把对当前目标对象的情感反应与先前就存在的情感清楚地区分开来，误把先前就存在的情感作为对当前目标对象的情感反应，导致在心情愉快时对目标对象的评价比心情不好时更为积极。研究表明，在雨天参加电话调查的被试与晴天参加调查的被试相比，其报告的生活满意度更低，可见不同天气状况下的心情对于社会判断的影响。但是，调查者在询问被试关于生活满意度的问题之前，先询问一下当天的天气情况，上面的研究结果就不再出现，因为这使被试注意到目前心情的外在来源，从而把不好的心情归结于雨天而不是归于自己对个人生活的反映，消除或减少了情感对社会判断的影响。

另外，情感还影响信息加工策略。一般而言，坏心情的人更可能运用系统的、数据驱动的信息加工策略，相当注意问题的细节。相反，心情愉快的人更可能依赖于先前存在的一般知识结构，运用自上而下的策略性加工，较少注意问题的细节。当人遇到威胁或缺少积极的结果时，通常会体会到坏的心情；当人得到积极的结果或没有威胁时，会感受到好的心情。可以说，人的心情反映了环境的状况，坏心情表示其处于问题情境之中，而好心情表示其处于一种好的舒适的情境中。人的思维过程与情感表示的情境要求一致，当消极的情感表示问题的情境时，会特别注意问题的细节，投入必不可少的努力，进行仔细分析，进行精细加工；当情感表示一个好的情境时，人很难看到精细加工的需要，投入的认知努力会很小，忽视问题的细节，运用以前的知识结构进行策略加工。

此外，个人认知系统的复杂度与权威性格的强度也会影响社会认知。个人认知系统简单及权威性格较明显的人喜欢用两分法判断知觉到的各种事项，如，视人非好即坏，政治立场不同就是敌人。

15.2.4 认知客体

1. 魅力

构成个体魅力的因素既可以是外表特征和行为反应方式，也可以是内在的性格特点。说一个人有魅力，意味着他具有一系列积极属性，如容貌美、有能力、正直、聪明、友好等。但是，在实际的认知过程中，个人往往只需具备其中的某一两个特性就可能被认为有吸引力，如前文所谈到的光环作用。

相貌通常最快被人认知，且直接形成人的魅力，从而往往首先导致光环作用。戴恩（K. Dion）等人在实验中让被试通过相貌差异较大的人物照片来评定这些人其他方面的特性。结果发现，在几乎所有的特性方面（如人格的社会合意性、婚姻能力、职业状况、幸福等），有相貌魅力的人得到的评价较高，而缺乏相貌魅力的人得到的评价较低。

除了相貌之外，态度也同魅力相关。如前所述，对于认知主体来说，认知客体的态度是否与自己的态度接近，决定着其魅力的大小。人们不仅要判断别人是否与自己相似，同时还常常会观察别人对自己的态度。人们常常喜欢爱自己的人而讨厌恨自己的人，在这个意义上，只要认知客体的判断对自己有利，认知主体就会把认知客体看成是有魅力的并对他持积极肯定的态度。

2. 身份角色

认知客体的身份角色也是影响社会知觉的一个因素。在一个社会里，人们对各种角色差不多会抱有共同的角色期望，因此如果人们知道某人在社会关系中占有什么地位，或具有什么角色，会根据对该角色行为的预期，判断他可能具有什么样的人格特质。如，对方是大学教授，人们会将社会赋予教授的角色期望归在这个人身上，推想他应该是学有专长、行为端庄的人，与他交谈时不由自主地变得拘谨、严肃。

15.3 个人知觉

所谓个人知觉，即对他人个体的知觉：一方面包括对他人外部特征，如外表、语言、表情等直接能看到、听到的特征的知觉；另一方面也包括对他人性格的知觉。人们初次和某人见面的时候，经常根据有限的信息对这个人形成印象，判断这个人的内在特征，如性格等，这个过程就是个人知觉。本节将对知觉线索、他人情绪的识别、他人人格的判断以及印象形成等内容予以介绍。

15.3.1 知觉线索

人们通常通过获得两种符号（信息）来知觉他人：一是语言符号（信息），二是非语言符号（信息）。社会心理学重视对后者的研究。非语言符号的分类有多种：社会心理学家贝克（K. W. Beck）将非语言符号分为动姿、静姿、辅助语言与类语言；也有人将动姿与静姿合称为身体语言或体态语言，还形成了专门研究身体语言的身势学；还有人将非言语符号分为视觉符号和副语言两大类，其中视觉符号包括身体运动及姿势、面部表情、目光接触、身体接触、人际距离等。

1. 身体语言

身体语言包括无声的动态姿势，如手势、面部表情、眼神、体态变化等，无声的静态姿势，如站立、倚靠、仰坐等，以及交往中的人际空间距离等，它在人际交往中起着重要的作用。

1872年，达尔文率先研究了人的面部表情，认为面部表情具有普遍性意义，不同社会文化中的个体至少能够通过相同的表情表达6种情绪，即愤怒、幸福、悲伤、厌恶、恐惧和惊讶。以后，在这一领域中最卓越的研究者是美国的伯德惠斯戴尔（R. L. Birdwhistell）。他于1963年首创"身势语"的概念，认为人体的大部分动作就像组成词的字母和音素一样，是表达意思的组成部分（BIRDWHISTELL, 1970），他把这些组成部分称为身势语的最小表述单位。这些最小表述单位进一步组成身势语词素，用来表达某一具体的含义，这可以被看成是身势话语。身势语词素进一步按句法结构和原则结合成扩大的、互相联系的行为组织,即复杂的身势形式结构,它有口语句法的特点。伯德惠斯戴尔还认为这种有内在结构的身势语,随文化的不同而不同,是后天习得的而非本能产生的。

我国学者孙庆民采用实验法、开放与半开放问卷法和模拟表演等方法,研究了身势语的信息表达和译释问题。他的研究结果表明:在身势语的信息表达方面,总体来说,被试表达某种信息的姿势并不止一种,即同一种信息可由不同身势表达出来,但每一项信息的身势表达均有一种主要的形式;在身势语的译释方面,身势所表达的信息广泛而弥漫,显示出某种程度的复杂性和不稳定性,但被试对身势信息的译释均有一定的倾向性,而且,被试译释身势信息的准确性程度均比较高。

在身体语言中,面部表情在人际交往中所传递的信息是大量而有效的。人类的大多数面部表情同时具有文化的普遍性和非习得性。有研究发现,社会因素往往能够降低态度和情绪的表情强度,使得那些本能性的面部表情受到严格的限制。

在面部表情中,眼睛被认为是最能明确表达内心活动的,有人将眼睛比作心灵的窗户,它在非语言交往中用途最广,往往能给人留下深刻的印象。目光接触(也称视线接触)是人际交往中极为重要的手段,其作用主要在于:

1)作为一种认识手段,表明对说话者十分感兴趣,并希望知悉、理解他们的话题。
2)控制、调整交往双方之间的互动。
3)用来表达人的感情及其在沟通情境中的卷入程度。
4)作为提示、告诫以及监视的手段。人们交谈的时候往往通过目光接触来了解自己的话语对他人的影响或者说他人对自己话语的反应。目光接触的意义可因以下因素的不同而改变:目光接触的时机选择、时间长短、强度以及双方的空间距离。

人际交往中的空间距离也在一定程度上反映了彼此间已有的或希望形成的关系。美国人类学家霍尔(E. T. Hall)提出了"近体学"的概念,用以概括对人际交往的空间距离问题所进行的研究。他将人际沟通按照互动双方的空间由近及远分为4圈:亲昵区(0.076~0.305 m)、个人区(0.305~0.914 m)、社会区(1.37~2.43 m)、公众区(2.43 m以上)。他还指出影响人际交往空间距离的4个主要因素,分别为相互亲密程度、文化背景、社会地位差别和性别差异。相互亲密程度是最主要的决定因素。

2. 辅助语言和类语言

辅助语言,也称副语言或次语言,包括声音的音调、音量、节奏、变音转换、停顿、沉默等;而类语言则是指那些有声而无固定意义的声音,如呻吟、叹息、叫喊、附加的干咳、哭或笑等。它们能强化信息的语义分量,具有强调、迷惑、引诱的功能,弥补语言表达感情的不足。在许多场合下可以利用辅助语言和类语言表达同一语词的不同意义。例如"谢谢"一词:可感动地、喃喃地说出,表示真诚的谢意;也可以冷冷地、缓慢地吐出每一个字,表示轻蔑或不耐烦。又如,"明天会下雨"这句简单句:如果用平缓的语调、正常的语速讲出来,仅表示陈述一种事实;但是如果用升调说"明天会下雨",则表示疑问;如果重音在"明天",则表示强调时间;如果重音在"会",则强调可能性大。

研究辅助语言和类语言的困难之一是它们没有固定的意义,虽然词语的意义是固定的,正如在上面所举的例子中,大家都知道"谢谢""明天""下雨"的明确含义,但是人们在使用这些词语时夹带的辅助语言和类语言的意义却大相径庭。对于一些人来说,停顿意味着强调；而对于另一些人来说，停顿意味着不确定；音调高有时表示兴奋，有时表示说谎时的局促与紧张；音量大则可以表示强调、生气或兴奋。由此可见，辅助语言和类语言的具体意义依据情景而异。

通常，如果我们能同时得到语言信息和非语言信息，那么我们对他人的知觉会更为准确。但是，在现实生活中，经常会出现这两类信息相互矛盾的情况，这就涉及哪类信息更有说服力、更有分量的问题。从另一个角度来说，这也是对语言和非语言的相互矛盾的信息的辨认和识别的问题。

人们通常认为，当语言信息和非语言信息发生冲突时，非语言信息对个人知觉更有分量，因为它通常是以隐蔽、无意的形式传递的。非语言信息，不论是身体语言还是辅助语言和类语言，单独使用时都不能作为准确地判断他人的情绪的依据，它在个人知觉中没有什么特殊的功效，它所提供信息的意义依赖于情境。当我们处于陌生的情境时，如在异国他乡，我们通常会感到失落和孤独，部分原因就是很多非语言信息在其他文化情境中有不同的意义。

另外，人们在运用非语言信息的有效性方面存在性别差异。一般，女性在人际沟通中，比男性更倾向于使用非语言信息，如目光接触、触摸、微笑及手势等，而且女性解释非语言线索的准确性要高于男性。

15.3.2 对他人情绪的识别

个体知觉的一个重要方面是对他人情绪的识别。研究表明，在各种文化背景下，人们对很多情绪的面部表情的认识都有普遍一致性。

达尔文以他的进化论为基础，首先提出，在所有文化中，各种面部表情传递着相同的情绪状态。他认为，面部表情是原始人用来交流和控制其他物种的一种手段，它对进化而来的现代人也有同样的功用。因此情绪与面部表情的关系在不同文化中基本上是相同的。人们高兴的时候，微笑；人们痛苦的时候，呻吟；人们担心、焦虑的时候，会皱眉等。

人们之所以能够准确地判断他人的情绪，其中一个原因在于所有的人都使用相同的面部表情表达相同的情绪，已有研究证明了这一点。1985 年克莱格（Craig）等人让参与者把手和腕部伸入冰冷的水中，使他们感到痛苦，然后观察他们的表情。结果发现，在所有文化中，参与者都表现出一致的反应，包括双眉紧锁、张大嘴巴、面颊抽动等。

当然，并不是所有个体的情绪都能被很清晰地区分开，但是能用面部表情线索区分典型的情绪。美国心理学家伍德沃斯（R. S. Woodworth）早在 1938 年就指出，人的情绪可以被安排在一个 6 分的连续维度上，任何两类情绪是否能被区分开，与它们在这个维度上的距离有关。现在大部分心理学家都承认人有 7 种不同的情绪：①快乐、高兴；②惊奇、迷惑；③害怕、恐惧；④悲伤；⑤生气、愤怒；⑥厌恶、受辱；⑦好奇、恳切。

15.3.3 对他人人格的判断

在个人知觉的过程中，人们从不同渠道得到各种信息，对他人的外部特征做出判断后，自然会深入内部，对他人的人格做出判断。

不同的人会对同一个体的人格特征做出不同的评价。例如，对于一个健谈、外向、阳光的年轻女子，有的人可能认为她热情、有魅力，而有的人可能认为她浅薄、愚笨。研究表明，对某人的印象越复杂、越综合，人们的分歧越大。

在个人知觉中，对他人人格的判断在多大程度上是准确的呢？由于很难建立衡量这种准确性的标准，因此社会心理学从以下两个角度来研究。一个角度是，人们对他人的人格形成一致性评价。由于一些人的人格特征是由外在行为表现的，因此是可观察的。研究发现，人们对于这些可观察的人格特征的判断表现出很高的一致性。例如，人们在评价他人是否外向方面有很高的一致性，因为"外向"是很容易观察的，但是对于他人是否诚实或忠实等很难观察的人格特征却不易达成一致。另一个角度是，认知者与被认知者的自我知觉是否一致。一般来说，这时的一致性依赖于双方的熟悉程度。当双方很熟悉时，更可能达到较高的一致性；当双方不太熟悉时，只能在可公开观察的特征方面有较高的一致性，对不太容易公开观察的特征很难达到较高的一致性。

在人格认知过程中，认知者需要更多有关被认知者的各方面信息的资料，实际上人们对他人人格的认知，更多的是通过与他人的实际交往，尤其是长期的、认真的交往才是实现人格认知的基本条件。

15.3.4 印象形成

对他人形成印象的过程也叫作印象形成，它是指个体把他人若干有意义的人格特征进行概括、综合，形成一个具有结论意义的特性的过程。印象形成是个人知觉的一种结果。

人们知觉事物时，一般仅对其外观、样式做出评价，而观察人时，并不局限于观察其行为，而且试图知晓其内在特征。与某人初次见面，你会注意到他的外表、神色、姿势，再从谈话中获知一些关于他身份背景、兴趣、能力和人格特质的信息。正如赖兹曼（I. S. Wrightsman）所说的，人对人的判断就像洋葱一样，一层比一层深，一层比一层更接近人格特质的核心部分。

奥斯古德（C. E. Osgood）等人运用语义分析法，让被试对一些人、事、物或概念就几对极化的特质形容词（如快乐-悲伤、冷-热、亲切-冷漠、强-弱等）评定其具有这些特质的程度，使用类似于因素分析的方法进行分析后发现，人们进行印象评价的3个基本维度：评价维度（evaluation），如好-坏；力量维度（potency），如强-弱；活动维度（activity），如主动-被动。也就是说，人们基本上是从评价、力量、活动3种维度来描述对一个人的印象的。同时，他们还指出，在印象形成中评价维度是最主要的，它能够影响力量和活动相关特性的描述。一旦人们判断出一个人是好还是坏，对此人的印象也就基本上确定了。

罗森伯格（M. Rosenberg）等人使用多种维度评价法，发现印象评价有两个明显不同的维度：社会特性和智能特性。好的社会特性评价包括助人的、真诚的、宽容的、平易近人的、幽默的；不好的评价包括不幸福的、自负的、易怒的、令人讨厌的、不受欢迎的。好的智能特性评价包括科学的、果断的、有技能的、聪明的、不懈的；不好的评价包括愚蠢的、轻浮的、动摇不定的、不可靠的、笨拙的。印象评定了以评价为主要维度的现象，揭示了构成印象的各种信息的比重并不相同。某些特性的信息常常更有分量，并能改变整个印象，这些特性被称为中心特性。

对于印象形成的过程，安德森（N. H. Anderson）等人从20世纪60年代就开始了系统研究，并提出了3种信息加工处理模式。

1. 平均模式

这种模式是由安德森在1965年提出的,此模式表明人们是以特性的平均价值来形成对别人的印象的。如果第1种情况是人们仅仅觉得对方是"真诚"和"机智"的,那么就可能对他有个较好的印象,因为这两个特性的社会合意度高,有较高的价值;第2种情况是我们也觉得对方是"随便"和"健忘"的。"随便"和"健忘"是较为缺少吸引力的特性,它们的价值较小,当把它们考虑进去时,就会减少特性的平均价值,使人们对那个人的印象不再那么好了。假设"真诚"和"机智"各为+3,"随便"和"健忘"各为+1,上述的计算结果是:

第一种情况 = (3+3)÷2 = 3
第二种情况 = (3+3+1+1)÷4 = 2

显然,在第二种情况下,形成的印象就较为逊色。

2. 增加模式

这种模式认为人们形成印象并不是以特性的平均价值,而是以特性价值的总和为依据的。仍以前面的例子来说明,计算的结果是:

第一种情况 = 3+3 = 6
第二种情况 = 3+3+1+1 = 8

也就是说,如果人们认知了某人的上述4个特性,而不是仅仅了解到其中的两种,对他的印象会更好。增加模式与平均模式的结论正好形成鲜明的对比。

3. 加权平均模式

安德森在分析前两个模式的基础上发现,在影响人们的印象方面,一些特性往往比其他特性更为重要,由此他于1968年提出了加权平均模式。按照这种模式,人们形成印象的方式是将所有特性加以平均,但对较重要的特性给予较大的权重。或者说,人们对他人身上的极化特性会采取增加模式做出评价,而又依据平均模式去综合其所有特性。这一模式在一定程度上可看作前两种模式的结合,能解释的范围更广,尤其能够比较有效地说明印象形成过程中的复杂情况。

人们通常给予两种信息更大的权重:

(1) 消极否定信息 认知主体不会同等地看待认知客体所具有的好的特性和不好的特性。为了形成一致的印象,认知主体会将看到的相互冲突的特性加以平均或抵消,但是,与好的特性相比,更注重不好的特性。就是说,如果其他方面的条件相同,传达消极否定信息的特性比传达积极肯定信息的特性更能影响印象。安德森说,不管一个人具有哪些其他特性,一种极端否定的特性会使他人对此人产生一种极端否定的印象。

费斯克(Fiske)等人在1980年提出的负性效应指出,人们在形成整体印象时,对负性信息(比对正性信息)给予较大的权重,即在其他条件相同的情况下,负性特性对印象形成的影响比正性特性大,从而引申出了正性印象比负性印象容易改变的结论。如,当你听说了一个著名演员没有艺德后,不论你对这个演员的其他特性有多少认识,你对他的评价都不会高。

(2) 先行信息 认知主体在形成印象时,并不是同等地看待认知客体所有特性的。那些首先被发现的特性,会影响认知主体对后来掌握的其他信息的处理方式。

另外,在印象形成中,某一特性的权重还受其他陪衬特性的影响。如:一个冷酷无情者的智慧带有威胁、敌视与毁灭的意味；一位亲切关怀者的智慧却含有更多了解、帮助的意味。又如，以正性特性陪衬的"骄傲"含有"信心"的意义，以负性特性陪衬的"骄傲"就含有"自负"的意义了。陪衬特性的效果与人们要建立协调一致印象的倾向有密切的关系。阿希（S. Asch）曾用格式塔学派的观点来解释这种现象：部分信息被改变后，对一个人的整体印象也不同了，也就是说，任意特性的意义会随着它的陪衬特性而改变。

知觉客体并非总是被动的，有时他们也通过调整自己的言论和行为，以控制认知主体对自己的知觉。印象整饰就是指认知客体通过语言与非语言信息的表达，试图操纵、控制认知主体对他形成良好印象的过程。整饰出一个适宜的形象并非认知客体的目标，认知客体只是将其作为建立进一步社交关系的基础。

按照美国社会心理学家戈夫曼（E. Goffman）的理论，每个人都在通过"表演"，即强调自己许多特性中的某些特性而隐瞒其他的特性，试图控制别人对自己的印象。这种办法有时很成功，使得不同的认知主体对同一认知客体形成完全不同的印象，或者使同一个认知主体在不同的时间和场合下对同一认知客体得出不一致的看法。比如，对于同一个人，有人觉得他心胸开阔、热情大方，有人则认为他固执、沉静；有时他令人感到深不可测，也有时他令人觉得诚挚、坦率。在这里，认知客体的印象整饰对于认知主体的作用是不可否认的。

印象整饰在日常生活中有重要的作用，良好的印象整饰是人际关系的润滑剂。例如：你被朋友邀请参加一个舞会，你一定不会像平时那样穿着休闲服就去赴约；通常你会换上较正式、较美观的服装，并在细节上稍加修饰，以表示对朋友的尊重和重视。又如当别人无意中做出失礼的行为时，你装作没注意，以给别人留下心胸开阔、为人厚道的印象。

15.4 自我调节

自我调节是指个体受到环境刺激时，通过各种途径促使原有的心理状态和行为方式改变，以适应外界环境并保持心理平衡的过程。自我调节这一名词经常被解释为和自我控制同义，意指人们在一定程度上能够进行自我控制。社会认知的动机策略模式认为，人们能够改变自己的目标、策略和行为以及对形势的选择。当然，承认人有自愿行为并不是说人在行动时一直是理性的或有意的，而仅仅是说人能够理性和自愿地、更经常地和更充分地学会去提高这些能力。

大多数模型认为，有5种成分对自我调节是重要的：
1）目标或标准，是努力想完成的。
2）自我监控，即评价个人行为和朝向目标时行为的影响。
3）反馈，即朝向目标时进步的信息，是个人积累起来的或别人提供的。
4）自我评估，即对朝向目标时进步的判断。
5）改正行为，即对与目标相关信息的反应，特别是试图使自己更有效地朝向目标。

控制理论、目标理论和自我效能理论是3个重要的社会认知模型。控制理论起源于神经机械理论，将人类的自我调节比拟为机器或电子装置的控制。控制理论的研究更多地集中于目标、反馈和改正行为之间的关系，而较少注意目标制定、自我监控及自我评价。目标理论研究的是目标类型和工作中的行为反馈，特别强调对目标特征的理解、目标的信息反馈和相关目标的执行。自我效能理论论述了在自我调节和目标达成方面个人控制的主要影响，自我效能的研究集中于自我调节，尤其是在行为选择、坚持以及知觉成功和失败方面自我评估的作用。目标理论、自我效能理论与控制理论最大的区别在于，目标理论和自我效能理论强调人们能够自己制定目标，并具有处理当前状态和希望状态之间矛盾的能力。目标理论和自我效能理论最大的不同在于，目标理论更强调一定的可变性（目标和与目标相关的反馈对控制的知觉），而不强调关于自我调节的基础假设和预言。尽管这3个理论有不同之处，但实证研究结果表明，它们有许多方面是一致的。

自我调节领域的3个最新进展是：推理和决策的自我调节、兴趣的自我调节、结果预期的个体差异的研究。人们不仅自我调节行为，也调节认知和决策过程。

15.4.1 推理和决策的自我调节

人类行为是受认知引导的，所以对于人们如何调节推理和决策过程的理解是解释人们怎样调节自身行为的关键。鲍梅斯特（R. F. Baumeister）和纽曼（D. L. Newman）提出了一种与人们如何做出推理及决策有重要联系的认知自我调节模式。该认知自我调节模式包括两个明确的以目标为基础的信息加工模式：力求精确，力求得出一个具体的结论（BARTLETT，1932）。通常在决策的过程中，人们都想得到正确的、最佳的结论。比如，你要买一辆新车，你想在你的购买力范围内买到最可靠的车，因此你要读大量有关运费、折旧及一些你所能得到的修理记录的资料，你也明白运费相对于折旧或修理记录的重要性，从而并不把买一辆在高速公路上每小时消耗约4L汽油而行程少于48千米的小汽车作为首选。这时你像一位科学家，一位谨慎的、严格的、自我反思的思想家一样行事；一方面在收集事实证据前就制定判断的规则和标准；另一方面是在评价事实的过程中消除个人偏见，并且调整或重新做出决策，尽力纠正偏见的影响。通过这两个方面来确保最大限度的精确性。

鲍梅斯特和纽曼认为推理和决策包括4个步骤：收集事实材料、观察事实隐含的意义、重新评估事实及其意义、综合信息。鲍梅斯特和纽曼认为大多数认知自我调节出现在收集事实材料、分析事实意义及综合信息的过程中。观察事实隐含的意义，可能是一个自动的过程，重新评估事实及其意义则是有意识控制的过程，这一过程中的自我调节是非常关键的。要避免利用种种办法加强支持性事实证据的可信度并且破坏非支持性事实证据的可信度，应尽量无偏见地重新评估事实证据。

收集到事实材料，并对其进行了多次观察和重新评估后，就应该以某种方式综合信息，从而得出结论或做出决策，这需要更多的动机性认知的自我调节参与。这项工作中的许多环节是通过制定决策规则和评估各种信息和证据而完成的。

15.4.2 兴趣的自我调节

一般情况，人们总是选择那些他们认为有价值并且感兴趣的目标并为之努力奋斗。然而，一些研究表明目标不仅是兴趣的简单反映，它也能影响活动中的兴趣水平。人们向外显的、可达到的目标的努力可以增强对活动的兴趣，因此如果没有一个特定目标，即使尽最大努力也没有作用。人们在制定并达到最近目标的过程中增强了自我效能感，自我效能的增强又增强了兴趣，所以近期的小目标有助于内在兴趣的培养。

人们不仅为其本身感兴趣的任务制定目标，而且在制定目标的过程中增强了兴趣，于是在已有的强烈兴趣中易于把任务坚持到底。人们不仅在有兴趣的任务中需要自我调节技能，而且在那些未优先选择的任务中也需要自我调节。能有效自我调节的人通过制定目标（特别是具体的、有难度的近期目标）而产生兴趣（刺激或动机），而不是被动等待兴趣的降临。研究表明，人们在厌烦的工作活动中可以采用策略增强自己的兴趣。一般认为，兴趣的自我调节是保持对繁琐、机械活动的动机的一种有效办法。

15.4.3 自我调节的个体差异

人们在调节自己的目的性行为方面存在着个体差异。我们都知道，那些容易自我约束、生活经验丰富的人总能按时完成工作或学校作业，总能准时赴约，总能保持自己的生活习惯。我们也知道有些看似聪明、有能力的人，他们由于要把注意力集中在任务上，所以其生活可能是杂乱无章的。虽然我们可以把一些个体差异归因于习得的经验，如具有良好的自我调节模式，能把自己安排在自我调节的合理位置等，但是我们能确定自我调节中具体成分的个体差异吗？

个体差异的假定范围是对结果预期的考虑，即个体对自己当前行为的潜在结果的思考范围及他们受这些潜在结果影响的程度。人们认为对结果预期的考虑是一个可测量的、相对稳定的特性并且预示着人们的决策和行为。对结果预期的考虑可看作一个连续体：这个连续体的一端是那些把未来结果看作是理所当然的人，他们愿意牺牲暂时利益或付出暂时代价而得到长远利益；另一端是那些决定当前行为时不考虑将来结果的人，他们更关注的是现在得到更多的乐趣和利益而无视未来可能的代价或牺牲未来目标。

成人在行为结果预期能力或倾向及自我调节能力方面存在着稳固的个体差异，并不等于说这样的能力或倾向是不可改变的。这些个体差异至少有一部分是经验的结果，并且能通过经验特别是有结构的训练而加以改变。反映遗传差异的意识、情绪或其他基本的个体差异的存在，使得自我调节技能的习得对一些人而言比其他人更容易一些。而且可以在儿童早期培养自我调节技能，这样就有较长的时间运用并训练这种技能。

15.5 社会认知偏差

在社会认知过程中，认知主体和认知客体总是处在相互影响和相互作用的状态。因此，在认知他人、形成有关他人的印象的过程中，由于认知主体、认知客体及环境因素的作用，社会认知往往会发生这样或那样的偏差，即社会认知偏差（social cognitive bias）。从社会心理学的角度看，这些偏差无非是由于某些特殊的社会心理规律的作用而产生的，对人这种社会刺激物的特殊反映。

1. 首因效应

首因效应（primacy effect）是指主体在社会认知过程中，其最先输入的"第一印象"信息对以后认知客体产生的影响。首因即首次或最先的印象。人与人第一次交往中在头脑中形成的印象占据着主导地位，作用强，持续的时间长，比以后得到的信息对于客体整个印象产生的作用更强。首因效应也叫首次效应、优先效应或"第一印象"效应。

2. 近因效应

近因效应（recency effect）与首因效应相反，是指在多种刺激一次出现的时候，印象的形成主要取决于后来出现的刺激，即交往过程中，人们对他人最近、最新的认识占了主导地位,影响了以往形成的对他人的评价,因此也称为"新颖效应"。在自己的脑海中对多年不见的朋友的最深的印象,是临别时的情景就是一种近因效应的表现。在学习和人际交往中,近因效应很常见。

3. 晕轮效应

晕轮效应(halo effect)又称光环效应,是指当认知主体对认知客体的某种人格特征形成好或坏的印象之后,倾向于据此推论认知客体其他方面的特征。如果认知客体被认知为"好"的,他就会被"好"的光环笼罩着,并被赋予一切好的品质;如果认知客体被认知为"坏"的,他就会被"坏"的光环笼罩着,他所有的品质都会被认为是坏的。这就像刮风天气之前晚间月亮周围的大圆环(即月晕或称晕轮)是月亮光的扩大化或泛化一样,故被称为晕轮效应。

4. 社会刻板印象

社会刻板印象是指人们对某个社会群体形成的一种概括而固定的看法。一般来说,生活在同一地域或同一社会文化背景中的人,在心理和行为方面总会有一些相似性;同一职业或同一年龄段的人,他们的观念、社会态度和行为也可能比较接近。如在地域方面,人们有英国绅士、美国西部牛仔、原始生活中的非洲人的刻板印象;在职业方面,人们会自然想到教师的文质彬彬、医生的严谨等;在年龄方面,人们常认为老年人比青年人更守旧等。人们在认识社会时,会自然地概括某些特征,并把这些特征固定化,这样便产生了社会刻板印象。

社会认知偏差还有负向效果偏差、积极性偏差、证实偏差、后视偏差、虚假一致偏差、自我中心偏差等。

15.6 归因

归因(attribution)是指人们从可能导致行为发生的各种因素中,认定行为的原因并判断其性质的过程。作为社会认知的重要组成部分,长期以来归因都是社会认知研究的一个热点。

15.6.1 归因理论

奥地利社会心理学家海德(F. Heider)在其1958年出版的《人际关系心理学》中首先提出归因理论(HEIDER,1958)。以后一些学者在此基础上陆续提出一些新理论,20世纪70年代归因研究成为社会心理学研究的中心课题。

1. 恒常原则理论

海德提出了恒常原则理论。海德认为,现实生活中的人们有两种需要:对周围的环境做出一致性的理解、解释的需要;控制环境的需要。人们为了满足这两种需要,必须能够预测他人的行为。每个人(不仅心理学家)都试图解释行为并发现因果联系。

海德区分了导致行为发生的两种因素:一是行为者的内在因素,包括能力、动机、努力程度等;二是来自外界的因素,如环境、他人和任务的难易程度等。他认为观察者在对因果关系进行朴素分析时,试图评估这些因素的作用。如果把某项行为归因于行为者的内在因素,那么观察者将由此推测出行为者的许多特点。即使这种推测不总是很准确的,它也有助于观察者预测行为者在类似情况下如何行为的可能性。但是,假如某项行为被归因于外在因素，观察者就会推断该行为是由外界引起的，那么该行为以后能否再度发生则难以确定，因此，海德认为对行为的预测与对行为的归因是相互联系的。

海德还指出人们在归因时通常使用的两个原则：一是共变原则，即某个特定的原因在许多不同的情境下和某个特定的结果相联系，该原因不存在时，结果也不出现，我们就可以把结果归于该原因；另一个是排除原则，即如果内外因素中某一方面的原因足以解释事件，我们就可以排除另一方面的归因。

2. 对应推论理论

在现实生活中，并非每一项个人的行为表现都反映了其个人特质。那么，在什么情况下，我们能够推断出某人的行为反映了他的内在特质，如人格、态度或其他内在特质呢？在什么情况下，我们能判断他仅仅是在对外部环境做出回应呢？这是两种不同的归因——倾向性归因和情境性归因。琼斯（E. E. Jones）和戴维斯（K. Davis）的对应推论理论说明了人们对他人的行为做倾向性归因的过程（JONES et al., 1965）。假如，一个人经常上班迟到且早退，如果我们断定这是由他的懒惰、缺乏工作责任心所致，那么我们做的归因就是对应推论。"对应推论"是人们对行为进行归因的一种方式，是人们将一个人的行为与其特有的内在属性（动机、特质、态度、能力等）建立对应关系的过程。

琼斯和戴维斯揭示了对应推论的程序。他们认为，当他人有某种行为时，观察者就要判定这种行为是不是他人有意做出的，以及这种行为所产生的效果中哪些是行为者所希求的。如果某种行为后果只是行为者无意造成的，就不能根据它来判断行为者的特质。即先判定行为者的动机，然后由此推定行为者的特质。

琼斯和戴维斯还提出了几种可能影响对应推论的因素。一种重要的因素是行为的自由选择性。如果观察到某种行为是行为者自由选择的结果，人们就会假定该行为能够反映行为者的意图，据此就可以推论其特性。如果观察者认为是外在力量迫使行为者这样做，就会以外力的作用来解释他的行为。因此，当行为者的选择没有受到限制时，观察者就更可能进行对应推论。如在一次模拟辩论赛中：老师分配你为正方成员，这并不能说明你支持正方的观点；如果是你自由选择作为正方成员的，那么，就能推断你支持正方的观点。

另一种因素是行为的社会赞许程度。如果行为者采取的是社会赞许的行为，人们就无法从中推论其特性。社会合意程度很高的行为符合社会规范，是大多数人都会采取的行为。相反，一般人不愿意干的事，而某人却偏离社会规范干了此事，人们就会很有信心地推断该行为反映了这个人的特性。

知道个体行为是不是社会角色的一部分也可以帮助观察者确定行为者的行为是否由他的内在特质所决定。受社会角色限制的行为可能并没有使我们了解到多少个体的内在信息。如果一个消防队员帮助扑灭了一场火，我们并不会推论他很喜欢帮助别人，因为他不过是在完成工作而已。但如果街上的一个行人帮助扑灭了一场火，就应该推论他是一个乐于助人的人。

总之，我们通常想知道为什么一个人会做出特定的行为，并且试图在个人内在的、稳定的特质中寻找对其行为的解释。为了实现内在特质归因，我们要使用个体所在情境的线索，也利用已知的关于个体的信息，这些资料合在一起有助于我们通过对他人行为的观察做出关于个体内在特质的推论。

3. 三度归因理论

凯利（H. Kelly）的理论又被叫作多线索分析理论、共变归因理论，是凯利在吸收了海德的共变原则的基础上提出的（KELLY，1967）。他认为，人们多是在不确定条件下进行归因的，人们从多种事件中积累信息，并利用"共变原则"来解决不确定性问题。

凯利指出人们在试图解释某人的行为时可能用到3种形式的归因：归因于行为者，归因于客观刺激对象（行为者对之做出反应的事件或他人），归因于行为者所处的情境或关系（时间或形态）。例如，某人连续几次看了A电影，如果我们对他的行为进行归因，就会有3种解释：①他喜欢这部电影；②电影很有趣；③这几天他闲着没事。3种解释都可能是正确的，问题是如何确定哪一种解释是正确的。凯利指出，为了做到这一点，人们使用了3种基本信息，即区别性信息、一致性信息和一贯性信息。

区别性信息是指行为者只对当前的刺激对象产生反应，还是对许多不同对象产生相同的反应。区别性高是指行为者只对当前的刺激对象产生反应；区别性低是指行为者对许多不同对象产生相同的反应。某人看了几次A电影，他是否还看过电影院同期播放过的其他电影？如果他只看这部电影，而不看其他电影，就说明他对不同刺激物的反应有高区别性。

一致性信息是指行为者的行为与大多数人的行为是否一致。如果一致，则说明一致性高；反之，则说明一致性低。某人看了A电影，他周围的人是否也看了？如果周围不少人也看了A电影，则表明某人与其他人的行为之间有高一致性。如果情况不是这样，那么这个人的行为将是独特的，与别人的行为之间具有低一致性。

一贯性信息是指行为者对当前刺激对象是否一贯地产生相同的反应。如果一贯性产生相同的反应，则一贯性高。某人是否总是喜欢A电影的？是不是看的时候有兴趣，看完了就说不好？如果兴趣始终如一，则说明他在不同场合对于同一个刺激对象的反应有高一贯性；相反，这些反应则具有低一贯性。

上述3类信息的使用情况，决定了我们对行为归因的可靠程度。通过这些信息的组合，我们就可以断定引发某种具体行为的原因究竟是来自行为者本身，还是来自客观刺激对象或情境。

为了保证归因的精确性，可以对因果关系形成一定的图式，这些图式现在被用来解释他人的行为。因果图式的种类很多，人们比较常用的有两种。一种是"多种充分原因模式"，它可以帮助人们从多种可能因素中判断哪个是行为的原因。例如，看到某人去参观绘画展览，我们可能做出这样的解释：或者这个人爱好绘画，或者他是被朋友邀去的。在两种解释之中，有一个是可行的，选择哪一个是由我们所掌握的信息来决定的。如果我们了解这个人平时从来不关心绘画方面的事，就会判断他是应邀而去的；如果我们了解到他学过绘画，并力图提高绘画水平，就会断定是他自己想去的。另一种是"多种必要原因模式"。按照这种模式，某种事件的原因至少有两个。人们经常用这种模式去解释那些极端事件。比如，甲突然和乙打起架来了。是甲故意向乙挑衅？还是乙本来就好打架？在这种情况下，大多数人会认为这两种说法都是正确的。或者说，人们从两个人身上找原因去解释一个事件。

4. 韦纳的归因理论

在海德的归因理论和阿特金森（J. W. Atkinson）的成就动机理论的基础上，韦纳（B. Weiner）于1972年提出了自己的归因理论（WEINER，1972）。他同意海德提出的维度，即把原因分为内在和外在的两种维度；他还提出了另一种维度，把原因区分为暂时和稳定的两个方面。韦纳对成功行为的决定因素做了分类，见表 15-1。

表 15-1 韦纳的归因模型

	内在的	外在的
稳定的	能力	任务难度
暂时的	努力	机遇

韦纳的归因理论最为引人注目的是归因结果对个体以后成就行为的影响，对成功与失败的不同归因会引起个体不同的情感和认知反应（自豪或羞耻）。

以上两种维度上的因素在归因中都是很重要的，它们会导致不同的后果。在我们形成期望或者预言某人将来的行为时，暂时/稳定维度是非常重要的。例如，假使我们相信某球队比赛成绩好是因为队员个人技术好，整体作战能力强，即归因到稳定的，那么当这支球队再次与对手相遇时，我们就会预期这支球队的战绩会与上次一样好。如果我们断定这支球队获胜的原因是暂时的，纯属偶然，如士气高或分组有利，我们就不会对它下次取胜抱有信心。在解释失败的尝试中，暂时/稳定维度也是适用的。如果把失败归因于稳定的因素，我们就可以预测将来的失败；如果把失败归因于暂时的因素，就可以预测将来的改进。

韦纳在 20 世纪 80 年代发展了他的理论，提出了归因的第 3 个维度：可控性，即事件的原因是个人能力控制之内还是之外。韦纳认为，这 3 个维度经常并存，如图 15-1 所示。

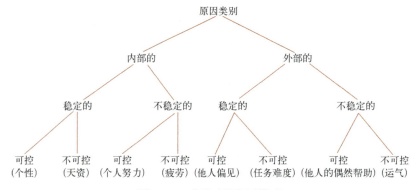

图 15-1 改进后的归因模型

15.6.2 自我归因

根据贝姆（D. J. Bem）的自我知觉理论、杜瓦尔（S. Duval）和威克伦德（R. Wicklund）的客观的自我意识理论，人们通过意识到自己的行为甚至控制自己的行为而对自己及自己的意向做出归因。

在态度的归因方面，人们实际上是通过观察在不同压力环境下自己的行为而了解自己的态度，并非经过对内在感受的内省。

在动机的归因方面，研究发现，最少的报酬将引发对工作最大的内在兴趣，因为个体将工作成就归于内在兴趣而非外在奖励。也就是说，如果从事一项工作的外在理由被过分正当化的话，不知不觉会伤害到他参与该活动的内在兴趣。如果给予从事自己喜欢的工作的人外在奖励会降低其内在兴趣。

在情绪的归因方面，研究者认为，人们对自己情绪的知觉取决于人们经历的生理上的唤起程度和人们所使用的认知标签名称，如快乐、愤怒等。

15.6.3 归因偏差

近年来，一些社会心理学者已经不再重视个人归因是否有逻辑及正确与否，而重视个体所做的归因——因为无论归因是否正确，个体接下来的行为常常是以此为基础的。但是个体所做的归因常常存在偏差。

进入20世纪90年代后文化心理学崛起，受文化心理学的影响，社会认知的研究也开始关注研究对象的文化背景，注重考查文化对于社会认知活动的影响，这在归因偏差领域尤为明显。

主要的归因偏差有以下4类。

1. 基本归因偏差

基本归因偏差主要是就观察者而言的，是指人们更喜欢对他人的行为进行内在的、个人特性方面的归因，并且在存在明显的情境因素的情况下仍偏好于个人特性推断的一种偏见。如，上课铃响10分钟后，一位同学才气喘吁吁地推门而入，人们经常会暗地里责备他："上课还迟到，也不上点儿心！"而很少想："是不是路上出了什么事情呀？"

有的社会心理学家发现，这种偏差的发生原因在于：第一，我们有这样一种社会规范，即人们应该对自己行为的后果负责，因此轻视外在因素的作用，重视内部因素的作用；第二，在一个环境中，行为者比环境中的其他因素更为突出，使得我们往往只注意行为者，而忽视了背景因素和社会关系。

基本归因偏差存在文化差异性。在对归因偏差中的文化差异性的解释中，一种观点认为：在西方和东亚文化中，对社会知觉的归因有不同的取向。西方文化的分析性、机械论倾向支持个体活动者的特性归因，而许多非西方文化则用"非普遍化、情境范围和特殊背景"的方式来解释行为。一种折中的观点认为，集体主义文化背景中的观察者在对行动者行为进行归因时，稳定的情境特性归因优于稳定的行动者归因。

2. 行为者和观察者的归因效应

基本归因偏差的一个有趣的方面是它只发生在我们解释他人行为的时候，而不发生在我们解释自己行为的时候。这种现象被称作"行为者和观察者的归因效应"。它是指当我们观察他人行为的时候，我们倾向于将他们的行为归因于他们的内在特质；而当我们解释自己行为的时候，我们倾向于使用情境因素。

行为者和观察者的归因效应存在许多例外。例如：当我们对某人的行为结果表示同情的时候，我们倾向于用情境因素来解释行为结果的产生原因；我们更可能将其中的积极结果归因为内在特质，消极结果归因为情境因素，而不考虑这些行为是自己还是别人所为。由此可见，行为者和观察者的归因效应的成立需要一定的条件和适用范围。

3. 自利性归因偏差

当你对他人的行为进行归因时，应努力避免基本归因偏差。但是当你对自己的行为进行归因时，也要小心不要犯自利性归因偏差的错误。自利性归因偏差，有时也被称作利己主义归因偏差、自我强化归因偏差、自我防御归因偏差等，指的是人们倾向于把自己的积极行为结果（成功）归因于个人因素，而把自己的消极行为结果（失败）归因于环境因素。

认知基础

自利性归因偏差在群体中也常发生。对于一个集体合作项目的成功，人们很容易将其归因于自己，而对于项目的失败，常常归因于其他成员。但是研究发现，友谊在一定程度上会调节这一偏差。

近些年的研究表明，应注意自利性归因偏差中的文化差异。研究发现，在将成功归因于内在原因而将失败归因于外在原因方面，美国被试表现出自利性的偏见，亚洲人特别是日本人则表现出相反的偏见（如自我消损）。对此的一种解释是：美国社会鼓励独立的自我解释，在那里，自我满足是有价值的，个体的唯一性被最大化，行为的意义是根据个人的想法和感情来决定的；与此相反，团体取向的社会，如日本，鼓励和认可的是相依型自我解释，在那里，人际和谐和服从受到奖励，强调的是与他人的适应性，行为的意义是在他人的想法和感情中被发现的。另一种解释是：个体主义文化国家的成员，如美国人，通过自我提高偏见，促进和保持了独立的自我观念——个体是独一无二的、强壮的，有能力照顾好自己的；与此相反，集体主义取向社会的成员，如日本人，自我提高偏见会产生自我优于他人意识，从而把自我与他人分离开来，这与他人所持的相互依赖的观念是相矛盾的，会引起很大的心理冲突，所以个体会避免这种情况的发生。

4. 忽视一致性信息

凯利的三度归因理论指出人们在归因时需要三种类型的信息：区别性信息、一致性信息和一贯性信息。但是，在现实生活中一致性信息经常被忽视。观察者往往只注意行为者本人的种种表现，却不大注意行为者周围的其他人如何行动。其原因有：第一，观察者习惯于注重具体的、生动的、独一无二的事情，往往忽视抽象、空洞和统计类型的信息；第二，观察者可能觉得直接信息比非直接信息更可靠，而一致性信息涉及行为者周围的其他人，这方面的材料相对分散，无法靠观察者自己一一获取；第三，行为者周围的其他人与行为者本人相比处于较不突出的位置，往往只构成观察的背景，因而受到忽视。

综合上面几种归因偏差，我们可以发现：

1）一些归因偏差是由我们的"认知捷径"（cognitive shortcuts）——从大量信息中迅速找到一条能得到良好解释的方式而引起的。我们倾向于关注显著的刺激对象以及将行为归于内因，这是加快、简化归因过程的方式。

2）另一些归因偏差来自我们对自身需要和动机的满足。我们不但需要对世界形成一致的理解，还需要在这一过程中体验到良好的感觉，如，自利性归因偏差能增强我们的自尊，使我们感觉到我们对生活有良好的控制力。总之，归因偏差来源于对认知和动机的共同需要。

15.6.4 影响归因的因素

1. 观察者与行为者的关系

研究者发现了观察者与行为者的关系的两个因素（利害相关、人身涉及）会影响归因。当行为者的行为影响了观察者本身，这种行为就与观察者有了利害关系，利害关系会影响观察者对该行为的归因判断，当行为者的行为有利于或不利于观察者时，比不产生任何利害关系时，观察者更倾向于做个人归因的判断。

琼斯等人的一项研究支持了这一点。他们安排一个同伴参加被试的工作小组，这个假被试是小组中唯一的失败者。在一种情况下，假被试的失败导致全体工作人员都得不到奖金；

在另一种情况下，假被试的失败只使自己得不到奖金，并不影响其他人的所得。尽管假被试在两种情况下的工作成绩完全相同，但被试们在前一种情况下比在后一种情况下给予假被试更多不好的评价，认为他不可靠、不可信、能力差。

人身涉及关系到观察者对行为者内在意图的知觉程度，或观察者相信行为者的行为直接针对他的程度。当行为者与观察者有利害关系时，观察者若进一步发现他是唯一受影响的人，比起还有其他人受到影响的情形，他会更强烈地将该行为归因于行为者的个人因素。如：某同学观察到他是唯一受老师表扬的人，他会觉得老师对他特别有好感；反之，老师若表扬了全班同学，他不会认为老师特别赏识他。

2. 扩大效应

扩大效应是指行为者的行为结果越是不利于行为者自身，人们越倾向于对行为者的行为做内因归属。如，一位大学生毕业后放弃了条件优越、待遇优厚的外企工作，毅然到贫困地区支教，那么人们多认为他心怀国家发展、思想境界高尚，也就是归为他的人格品质因素。

3. 折扣原则

观察者对行为者的归因判断，可能考虑了多个假设的原因，某一特定原因在产生特定结果中的作用，在有其他似是而非的原因存在时，应该"打折扣"，这就是归因中的折扣原则。

在一项实验中，各让50%的被试分别说服两个人献血给红十字会，这两个人实际上是由一个人扮演的。这个人对各50%的被试分别扮演两个不同的角色，一个是地位高的大学教授角色，一个是地位低的普通大学生角色，此"两"个人都答应献血了，但是被试认为那位"大学生"之所以答应献血是由于被他们说服（外在归因），而那位"大学教授"却是主动献血的（内在归因）。这项研究表明，低地位使内在归因的判断打了折扣，高地位使外在归因的判断打了折扣。

4. 观察者对行为者的初始预期

观察者对行为者的初始预期也会影响归因。当行为者做出与观察者预期不同的行为时，观察者倾向于做与行为对应的内在归因判断。影响归因判断的预期形式可分为两种，一种为类别基础的预期。我们经常根据目标人物所归属的团体而假设他会表现与团体其他成员类似的行为。另一种是规范预期与利己预期。当行为者的行为有利于或不利于观察者时，观察者更倾向于做个人归因的判断。

15.7 归因的影响

归因对行为及其结果做出了解释，但是归因的影响不仅限于此，它会影响人们的心理适应、情绪和动机。另外人们通过归因来形成对未来行为的期望和信念等，进一步影响自己接下来的行为。

1. 归因与心理适应

研究发现，个体对成就与人际关系成败的归因与抑郁症有密切关系；抑郁症患者倾向于将负面事件归因于内在、稳定、一般的因素，而将正面事件归因于外在、不稳定而且特殊化的因素。杨国枢还发现国人喜欢将某种期望人际关系的缺失归因于"无缘"，这种归因不仅可以避免个人羞耻感、自贬的不快情绪，而且可以维持和谐的人际关系。

人们的归因倾向具有一定的稳定性，有些人习惯将成功归因于内在因素，有些人则习惯做外部归因。这种带有习惯性的归因倾向会影响个人偏好不同性质的工作。对成就常做能力归因的学生，偏好必须以能力取胜的工作，而对成就常做运气归因的学生，偏好主要由运气决定结果的工作。这种选择差异对当事人造成"自我持恒"的效应——偏好能力取向的人，工作做得更好；偏好运气取向的人，在从事能力取向的工作时，由于动机较弱或信心不足而做得更不好。

2. 归因与情绪

由韦纳的归因理论我们可以知道，原因有三种分类：根据原因的来源可分为内在因素和外在因素；根据原因的稳定性可以分为稳定因素和非稳定（暂时）因素；根据原因是否可控的，可分为可控因素和不可控因素。

不同分类的原因对情绪有不同的影响：

对原因来源的知觉会影响与自我价值有关的情绪。积极的行为结果一般会产生正性情绪：归因为内在因素则会强化这种情绪，产生自信、自尊；归因为外在因素则会弱化这种情绪，进而感到不自信。相反，消极的行为结果会产生负性情感：归因为内在因素则会强化这种情感，产生自卑、自责；归因为外在因素则会弱化这种情绪，进而不太自卑、不太自责。

对原因稳定性的知觉会影响与时间有关的情绪，即由对未来行为结果的预期派生出来的情绪。具体来说，对积极的行为结果产生的正性情绪：如果归因为稳定因素，会产生乐观的情绪；如果归因为非稳定因素，会产生悲观的情绪。对消极的行为结果产生的负性情绪：如果归因于稳定因素，会产生焦虑的情绪；如果将其归因于非稳定因素，则会弱化负性情绪，甚至会产生乐观的情绪。

对原因可控性的知觉会影响社会性的情绪。社会性的情绪是指在人际互动、人际交往行为中产生的情绪。这种影响的具体结果比较复杂。对他人的积极行为结果：如果归因为可控因素，会产生钦佩感；如果归因为不可控因素，可能会产生很复杂的情感，如自愧不如、羡慕、嫉妒等。对于他人的消极行为结果：如归因为可控因素，可能会产生鄙视的情感；如果归因为不可控因素，可能会产生同情。而对于自己的积极行为结果：如果归因为可控因素，会产生自豪感；如果归因为不可控因素，会产生幸运感。对于自己的消极行为结果：如果归因于可控因素，会产生后悔、内疚、惭愧的情绪；如果归因为不可控因素，会非常难过。

3. 归因与成就动机

韦纳认为，个体对先前活动结果原因稳定性的知觉会影响其成就动机，影响途径有两个。一是通过影响个体对随后活动结果的预期，进而影响个体从事进一步活动的动机。例如，一个人在某项活动中遇到挫折之后，他若将其归因于自己在该项活动上的能力不足或该项活动难度过大，则他将会预期自己以后在类似的活动上还会失败，这将削弱或终止他继续从事该活动的动机。二是通过影响人们的情绪而作用于人们的成就动机。同样是上例，一个人在某项活动中遇到挫折之后，他若产生焦虑、恐惧等情绪反应，这将在一定程度上削弱或终止他继续从事该活动的动机。

15.8 内隐社会认知

内隐社会认知是指在缺乏意识监控或意识状态不明确的条件下认知主体对认知客体

(社会刺激)的组织和解释过程。在社会认知的过程中认知主体不能回忆某一过去的经验,但这一经验潜在地对其行为和判断产生影响(GREENWALD et al., 1995)。内隐社会认知不能通过直接方法加以测量,主要依赖于间接测量,如判断的潜伏期、投射、内隐联想、联想任务等来测量。这方面的研究涉及心理学的许多领域,如态度、自我、刻板印象等。

2002年格林瓦尔德(A. G. Greenwald)等在一系列内隐社会认知研究的基础上,提出了关于内隐态度、内隐印象、内隐自尊和内隐自我概念的统一理论(GREENWALD et al., 2002)。统一理论涉及三个基本术语:概念、联结强度、概念激活。概念包括个体、群体以及属性三类,其中属性中的积极和消极评价有很重要的作用。由结点和连线组成的一对概念间的联系称为联结,联结强度是指其中一个概念对另一个概念的潜在激活强度。统一理论将联结看成双向的、起促进作用的,并且联结强度是可以连续变化的而不是全或无的。一个概念结点可由外部刺激或者其他已经激活了的概念结点激活。统一理论假设人的社会知识是以概念结点(包括个体或者群体)与属性结点之间的联结网络形式表征的,这被称为社会知识结构。而这个社会知识结构的核心结点就是自我,它与代表其他社会客体、自我特征以及积极和消极评价等结点相联结。对大多数人来讲,自我大多与积极评价的属性结点联结。在此基础上,统一理论对一般的社会认知结构做了重新定义,如:态度是社会个体或群体概念结点与评价性属性结点之间的联系;定型则是社会个体或群体概念结点与一个或多个非评价性属性结点之间的联结。自尊是自我结点与评价性属性的结点之间的联结;自我概念是自我结点与一个或者多个非评价性属性的结点的联结。

社会知识结构网络结点之间的联结遵循三个原则。第一个原则是,对于两个联系很弱或者根本没有联系的结点,如果它们同时都与第三个结点发生联系即发生共享的第一级联结,那么这两个结点间的联结将会增强。第二个原则是,如果形成一个新的联结会造成两个属性相反的结点发生共享的第一级联结,那么网络不允许形成这样的联结。第三个原则是,当一个概念结点在某种持续影响下与属性相反的概念结点同时发生了联结时,就成了受压概念,倾向于分化成不同的子概念,并分别与属性相反的概念结点联结(GREENWALD et al., 2002)。

统一理论沿用了海德关于单元关系和感情关系的平衡/不平衡框架,但是又与海德的平衡理论不同。平衡理论将分析的焦点集中在人的概念结点之间的联结,而统一理论更关注概念结点与属性结点之间的联结;平衡理论对单元关系和感情关系的联结做了区分,而统一理论中所有的联结都是一样的,没有再加区分;平衡理论更关注认知一致性在矫正已存在的联结中的作用,而没有关注其在创造新的联结中的作用;平衡理论也没有区分彼此没有联系的结点和属性相反的结点。统一理论更多是在现代联结主义和神经网络模型的影响下提出的。

关于自我评价对个体的影响,格林瓦尔德等认为,外显自尊对个人的知觉和行为存在着内隐影响,如小群体范式下的内群体偏见和自我服务偏见等(GREENWALD et al., 1995)。另外,由于情感和态度激活的自动性以及与自我相关信息的高可获得性,人们可能有存于个体意识之外的、自动的与自我相关的评价性联结。因此自我的内隐社会认知的研究者认为,自我评价对人们的决策和判断有三种影响。第一种是外显自尊对有意识的判断和行为的影响。这是最直接的影响,如对大多数人而言,当他们认为自己不好的时候对他人的看法会比平时更消极。后两种影响在格林瓦尔德等的分析中有些混淆:一种是外显自尊对判断和行为的内隐影响,如人们可能没有意识到他们的自我评价影响了对所在群体的评价;另一种是人们对自己的自我评价所产生的内隐影响,也就是内隐自尊的内隐效应。前一种影响,被格林瓦尔德等称为内隐自尊。为了区分,赫兹(J. J. Hetts)和佩尔哈默(B. W. Pelham)将后一种影响称为内隐自我关注,这是一种自动的、可以长期获得的自我评价。同时,赫兹和佩尔哈默还提出可能存在第四种影响,即人们对自己的自我评价所产生的可以意识到的影响,也就是内隐自尊的外显影响,例如一些心理治疗技术可以让人们意识到在一些不佳的行为中所表现出来的长期的、消极的自我评价。内隐自我关注是自我的相对更重要的内隐影响。

由于社会知识结构的有些联结是不能被人们内省地认识到的,因此仅凭自我报告法来测量就不够准确,加上自我报告法容易受到人们自我矫饰的影响,因此对内隐社会认知的自我研究不能依靠自我报告法,而应该采用间接的测量方法。内隐社会认知的测量方法包括词汇完成测验、姓名和生日数字偏好测验等各种间接测量,尤其是格林瓦尔德于1998年提出的内隐联想测试(IAT)(GREENWALD et al., 1998)、柏那基(M. R. Banaji)于2001年提出的IAT的变式Go/No-go联想任务(GNAT)(BANAJI, 2001)、迪豪维(J. DeHouwer)在IAT基础上提出的EAST(the extrinsic affective Simon task)等,对该领域的研究起了非常大的推动作用。

IAT是以自我图式理论为基础的测量方法,它通过计算机化的分类任务来测量两类词(概念词和属性词)之间的自动联系的强度,继而测量个体的内隐态度。基本的分类任务有两种:一种分类任务所涉及的概念词和属性词与个体的自我图式相一致,为相容归类,反应时间短;反之就是不相容归类,反应时间长。两种任务的反应时间之差就反映了相关的内隐态度。

GNAT是信号检测范式下的一种测量方法,也是通过评价概念词和属性词之间的自动联系的强度来确定内隐态度的。联系的强度是通过将从属于目标概念词和目标属性词的项目(信号)与不属于目标词的项目(噪声)区分开的程度来测定的。基本任务也可分为两类:一种是要求被试同时鉴别与人们的自我图式相一致的概念词和属性词,这时反应敏感性高;另一种是要求被试同时鉴别与人们的自我图式不一致的概念词和展性词,这时反应敏感性低。两种实验条件下的反应敏感性之差就反映了人们的内隐态度。

EAST中,个体依照所呈现的白色词汇的评价性特征(积极或者消极)分别做出判断,使得原先中性的按键反应获得了积极或者消极的意义。对于彩色目标词汇(蓝色或者绿色),个体则依照其颜色进行区分,原先中性的按键因为被试赋予其的积极或者消极意义而影响了被试对目标刺激的颜色分类反应。这一安排使得被试不需要对目标刺激做出评价性反应,减少了被试对反应过程的有意识控制,从而揭示了内隐社会认知研究方法的实质。

15.9 小结

社会认知是认知科学研究的一个重要领域,它是指人对社会性客体及其相互关系,如人、人际关系、社会群体、自我、社会角色、社会规范等的认知,以及对这种认知与人的社会行为之间的关系的理解和推断。作为一种特殊的社会心理过程,社会认知具有以下几个基本特性:互动性、间接性、防御性、完形性。社会认知的研究假设到目前为止经历了三个阶段:"朴素的科学家"假设、"认知吝啬者"假设、"目标明确的策略家"假设。

在个人知觉的过程中,人们一般通过语言和非语言渠道获得认知线索,其中社会认知更关注非语言线索。人们经常根据有限的信息，对他人的情绪和人格做出判断，进而对他人形成印象。但是在整个过程中，知觉客体并非总是被动的，有时他们也通过调整自己的言论和行为控制认知主体对自己的认识，这便是所谓的印象整饰。中心特性对大多数印象的形成都有着重要影响。

社会认知是一个由表及里、由点到面的动态过程。它的基本内容包括个人知觉和对人际关系的认知两个方面。有很多因素影响社会认知，如认知偏差、情境效应、认知主体背景、和认知客体。其中，认知偏差反映了社会认知的一个特性，有很强的规律性，也很难克服。

归因是指人们从可能导致行为发生的各种因素中，认定行为的原因并判断其性质的过程。人们在归因过程中并不是总是正确的，会发生各种偏差，如基本归因偏差、行为者和观察者的归因效应、自利性归因偏差等。影响归因的因素主要有观察者与行为者的关系、扩大效应、折扣原则等。归因不仅对行为及结果做出了解释，还会影响人们的心理适应、情绪和成就动机。

内隐社会认知是指在缺乏意识监控或意识状态不明确的条件下认知主体对认知客体（社会刺激）的组织和解释过程。在联结主义和神经网络模型的影响下，格林瓦尔德等提出了关于内隐态度、内隐印象、内隐自尊和内隐自我概念的统一理论。统一理论将联结看成双向的、起促进作用的，并且联结强度是可以连续变化的而不是全或无的。

思考题

15-1 什么是社会认知？
15-2 影响社会认知的因素有哪些？
15-3 常见的身体语言有哪些形式？
15-4 印象形成的过程中有哪些信息加工处理模式？
15-5 什么是自我调节？哪些因素影响自我调节？
15-6 什么是归因？概要阐述主要的归因理论。
15-7 影响归因的因素有哪些？
15-8 什么是内隐社会认知？概要阐述内隐社会认知统一理论的基本内容。

参 考 文 献

[1] 陈霖. 新一代人工智能的核心基础科学问题：认知和计算的关系［J］. 中国科学院院刊, 33（10）: 1104-1106, 2018.

[2] 李其维. 论皮亚杰心理逻辑学［M］. 上海：华东师范大学出版社, 1990.

[3] 刘晓力. 认知科学对当代哲学的挑战［M］. 北京：科学出版社, 2020.

[4] 钱学森. 开展思维科学的研究［M］//钱学森. 关于思维科学. 上海：上海人民出版社, 1986.

[5] 史忠植. 展望智能科学［J］. 科学中国人, 2003（8）: 47-49.

[6] 史忠植. 高级人工智能［M］. 3版. 北京：科学出版社, 2011.

[7] 史忠植. 心智计算［M］. 北京：清华大学出版社, 2015.

[8] 史忠植. 智能科学［M］. 3版. 北京：清华大学出版社, 2019.

[9] 史忠植, 史俊, 郑金华. 人工生命的智力问题研究［M］.//涂序彦, 尹怡欣. 人工生命及应用. 北京：北京邮电大学出版社, 2004: 27-32.

[10] 史忠植, 余志华. 认知科学和计算机［M］. 北京：科学普及出版社, 1990.

[11] ALEKSANDER I, MORTON H. Aristotle's laptop: the discovery of our informational mind［M］. Singapore: World Scientific Publishing Co., 2012.

[12] ANDERSON J R. The architecture of cognition［M］. Cambridge MA: Harvard University Press, 1983.

[13] AUSTIN J L. How to do things with words［M］. New York: Oxford University Press, 1962.

[14] BAARS B J. A cognitive theory of consciousness［M］. New York: Cambridge University Press, 1988.

[15] BAARS B J. In the theater of consciousness: the workspace of the mind［M］. Oxford: Oxford University Press, 1997.

[16] BAARS B J, EDELMAN D E. Consciousness, biology and quantum hypotheses［J］. Phys Life Rev., 2012, 9（3）: 285-294.

[17] BAARS B J, FRANKLIN S. An architectural model of conscious and unconscious brain functions: global workspace theory and IDA［J］. Neural Networks, 2007, 20（9）: 955-961.

[18] BAARS B J, FRANKLIN S. consciousness is computational: the LIDA model of global workspace theory［J］. International Journal of Machine Consciousness, 2009, 1（1）: 23-32.

[19] BADDELEY A D, HITCH G J. Working memory［M］.//BOWER G A. The psychology of learning and motivation. New York: Academic Press, 1974: 47-89.

[20] BADDELEY A D. The episodic buffer: a new component of working memory?［J］. Trends in Cognitive Sciences, 2000, 4: 417-423.

[21] BALDUZZI D, TONONI G. Qualia: the geometry of integrated information［J］. PLoS Comput. Biol., 2009, 5（8）: 1-224.

[22] BANAJI M R. Implicit attitudes can be measured［G］//ROEDIGER H L, NAIRNE J S, NEATH I, et al. The nature of remembering: essays in honor of Robert G. Crowder. Washington, DC: American Psychological Association, 2001: 117-150.

[23] BARTLETT F C. Remembering: a study in experimental and social psychology［M］. Cambridge: University Press, 1932.

［24］BAUMEISTER R F, NEWMAN D L. Self-regulation of cognitive inference and decision processes ［J］. Pers. Soc. Psychol. Bull. , 1994, 20: 3-19.

［25］BIRDWHISTELL R L. Kinesics and context: essays in body motion communication ［M］. Philadelphia: University of Pennsylvania Press, 1970.

［26］BOBROW D G, COLLINS A M. Representation and understanding: studies in cognitive science ［M］. New York: Academic Press, 1975.

［27］BOCK K, LEVELT W. Language production: grammatical encoding ［G］//GERNSBACHER M A. Handbook of psycholinguistics. San Diego, CA: Academic Press, 1994: 945-984.

［28］BREGMAN A S. Auditory scene analysis ［M］. Cambridge: MIT Press, 1990.

［29］CHALMERS D J. The conscious mind: in search of a fundamental theory ［M］. Oxford: Oxford University Press, 1996.

［30］CHEN L. Topological structure in visual perception ［J］. Science, 1982, 218: 699-700.

［31］CHEN L. The topological approach to perceptual organization ［J］. Visual Cognition, 2005, 12: 553-637.

［32］CHOMSKY N. Syntactic structures ［M］. The Hague: Mouton, 1957.

［33］CRICK F. The astonishing hypothesis ［M］. New York: Simon & Schuster, 1994.

［34］CRICK F, KOCH C. The problem of consciousness ［J］. Scientific American, 1992, 267 (3): 152-159.

［35］CRICK F, KOCH C. A framework for consciousness ［J］. Nature Neuroscience, 2003, 6: 119-126.

［36］DEUTSCH J, DEUTSCH D. Attention: some theoretical considerations ［J］. Psychological Review, 1963, 70: 80-90.

［37］DJURFELDT M, MIKAEL L, CHRISTOPHER J, et al. Brain-scale simulation of the neocortex on the IBM Blue Gene/L supercomputer ［J］. IBM Journal of Research and Development, 2008, 52 (1~2): 31-42.

［38］EDELMAN G M. Naturalizing consciousness: a theoretical framework ［J］. Proc. Natl. Acad. Sci. USA, 2003, 100 (9): 5520-5524.

［39］EDELMAN G M. Biochemistry and the sciences of recognition ［J］. J. Biol. Chem. , 2004: 279: 7361-7369.

［40］EDELMAN G M, TONONI G A. Universe of consciousness: how matter becomes imagination ［M］. New York: Basic Books, 2000.

［41］ELIASMITH C, ANDERSON C H. Neural engineering: computation, representation, and dynamics in neurobiological systems ［M］. Cambridge: MIT Press, 2003.

［42］ELIASMITH C, STEWART T C, CHOO X, et al. Large-scale model of the functioning brain ［J］. Science, 2012, 338, 1202-1205.

［43］ELLIS A W, YOUNG A W. Human cognitive neuropsychology ［M］. Hillsdale, NJ: Erlbaum, 1988.

［44］FAUCONNIER G. Mental spaces ［M］. Cambridge: MIT Press, 1985.

［45］FAUCONNIER G, TURNER M. The way we think: conceptual blending and the mind's hidden complexities ［M］. New York: Basic Books, 2002.

［46］FILLMORE C J. The case for case ［M］//BACH, HARMS. Universals in linguistic theory. New York: Holt, Rinehart, and Winston, 1968: 1-88.

［47］FLAVELL J H, MILLER P H, MILLER S A. Cognitive development ［M］. 4th ed. Upper Saddle River, NJ: Prentice Hall, 2001.

［48］FODOR J A. The language of thought ［M］. New York: Thomas Y. Crowell, 1975.

［49］FODOR J A. The modularity of mind ［M］. Cambridge: MIT Press, 1983.

［50］GALLAGHER S. How the body shapes the mind ［M］. Oxford: Clarendon Press, 2005.

［51］GERS F, DeGARIS H, KORKIN M. CoDi-1Bit: a simplified cellular automata based neuron model ［C］.

Nimes: Artificial Evolution, 1997.

[52] DeGARIS H, MICHAEL K. The CAM-BRAIN MACHINE (CBM): an FPGA based hardware tool which evolves a 1000 neuron net circuit module in seconds and updates a 75 million neuron artificial brain for real time robot control [J]. Neurocomputing Journal, Elsevier, 2002, 42: 35-68.

[53] GIBSON J J. The ecological approach to visual perception [M]. Boston: Houghton Mifflin, 1979.

[54] GODSMARK D, BROWN J. A black board architecture for computational auditory scene analysis [J]. Speech Communication, 1999, 27: 353-366.

[55] GREENWALD A G, BANAJI M R. Implicit social cognition: attitudes, self-esteem, and stereotypes [J]. Psychological Review, 1995, 102: 4-27.

[56] GREENWALD A G, MCGHEE D E, SCHWARTZ J K L. Measuring individual differences in implicit cognition: the implicit association test [J]. Journal of Personality and Social Psychology, 1998, 74: 1464-1480.

[57] GREENWALD A G, BANAJI M R, RUDMAN L A, et al. A unified theory of implicit attitudes, stereotypes, self-esteem, and self-concept [J]. Psychological Review, 2002, 109: 3-25.

[58] HAGOORT P. On Broca, brain, and binding: a new framework [J]. Trends in Cognitive Sciences, 2005, 9 (9): 416-423.

[59] HAKEN H. Synergetics, an introduction: nonequilibrium phase-transitions and self-organization in physics, chemistry and biology [M]. Berlin: Springer, 1977.

[60] HAKEN H. Synergetic computers and cognition: a top-down approach to neural nets [M]. Berlin: Springer-Verlag, 1991.

[61] HAKEN H. Principle of brain functioning: a synergetic approach to brain activity, behavior, and cognition [M]. Berlin: Springer, 1996.

[62] HARNISH R M. Minds, brains, computer: an historical introduction to the foundations of cognitive science [M]. Oxford: Blackwell Publishing Ltd., 2008.

[63] HAWKINS J, BLAKESLEE S. On intelligence [M]. New York: Times Books, Henry Holt and Company, 2004.

[64] HEIDER F. The psychology of interpersonal relations [M]. New York: Wiley, 1958.

[65] HINTON G E, SALAKHUTDINOV R R. Reducing the dimensionality of data with neural networks [J]. Science, 2006, 313 (5786): 504-507.

[66] HODGKIN A L. Conduction of the nervous impulse [M]. Cambridge: Liverpool University Press, 1964.

[67] HODGKIN A L, HUXLEY A F. A quantitative description of ion currents and its applications to conduction and excitation in nerve membranes [J]. J. Physiol., 1952, 117: 500-544.

[68] HUBEL D H, WIESEL T N. Receptive field, binocular interaction and functional architecture in the cat's visual cortex [J]. The Journal of Physiology, 1962, 160: 106-154.

[69] HUMPHRYS M. Distributing a mind on the internet: the world-wide-mind [C]//The 6th European Conference on Artificial Life. Dublin: ECAL, 2001.

[70] JONES E E, DAVIS K E. From acts to dispositions: the attribution process in social psychology [G]//BERKOWITZ L. Advances in experimental social psychology. New York: Academic Press, 1965.

[71] KAHNEMAN D. Attention and effort [M]. Englewood Cliffs, New Jersey: Prentice-Hall, 1973.

[72] KELLY H H. Attribution theory in social psychology [G]//LEVINE D. Nebraska symposium on motivation. Lincoln: University of Nebraska Press, 1967.

[73] KUMARAN D, HASSABIS D, McCLELLAND J L. What learning systems do intelligent agents need? complementary learning systems theory updated [J]. Trends in Cognitive Sciences, 2016, 20 (7): 512-534.

[74] LAIRD J E, NEWELL A, ROSENBLOOM P. SOAR: an architecture for general intelligence [J]. Artificial

Intelligence, 1987, 33: 1-64.

[75] LAIRD J E. The soar cognitive architecture [M]. Cambridge: The MIT Press, 2012.

[76] LAKOFF G, JOHNSON M. Metaphors we live by [M]. Chicago: The University of Chicago Press, 1980.

[77] LeCUN Y, BOSER B, DENKER J S, et al. Handwritten digit recognition with a back-propagation network [C]//Advances in Neural Information Processing Systems. Denver: Morgan Kaufmann, 1989: 396-404.

[78] LeCUN Y, BOTTOU L, BENGIO Y, et al. Gradient-based learning applied to document recognition [J]. Proc. of the IEEE, 1998, 86 (11): 2278-2324.

[79] LENAT D B. Cyc: a large-scale investment in knowledge infrastructure [J]. Communications of the ACM, 1995, 38 (11): 33-38.

[80] LEVELT W J M. Speaking: from intention to articulation [M]. Cambridge, MA: The MIT Press, 1989.

[81] LEVELT W J M, INDEFREY P. The speaking mind/brain: where do spoken words come from [G]//MARANTZ A, MIYASHITA Y, NEIL W O. Image, Language, Brain Cambridge: MIT Press, 2001: 77-94.

[82] MARKRAM H. The blue brain project [J]. Nature Reviews Neuroscience, 2006, 7: 153-160.

[83] MARKRAM H, MEIER K, LIPPERT T, et al. Introducing the human brain project [J]. Procedia CS, 2011, 7: 39-42.

[84] MARKUS B. Binaural modeling and auditory scene analysis [C]. New York: IEEE ASSP Workshop, 1995: 15-18.

[85] MARR D. Vision: a computational investigation into the human representation and processing of visual information [M]. San Francisco: W. H. Freeman, 1982.

[86] MAYER J, WILDGRUBER D, RIECKER A, et al. Prosody production and perception: converging evidence from fMRI studies [C]//Speech Prosody 2002. Aix-en-Provence: [s. n.], 2002: 487-490.

[87] MAYEUX R, KANDEL E R. Disorders of language: the aphasias [G]//KANDEL E-R, SCHWARTZ J H, JESSELL T M. Principles of Neuial Science. 3rd ed. Amsterdam: Elsevier, 1991: 840-851.

[88] McCLELLAND J L, RUMELHART D E. An interactive activation model of context effects in letter perception: Part 1 an account of basic findings [J]. Psychological Review, 1981, 88: 375-407.

[89] McCLELLAND J L, MCNAUGHTON B L, O'REILLY C R. Why there are complementary learning systems in the hippocampus and neocortex: insights from the successes and failures of connectionist models of learning and memory [J]. Psychol. Rev., 1995, 102: 419-457.

[90] MINSKY M. A framework for representing knowledge [M]//WINSTON P H. The Psychology of Computer Vision New York: McGraw-Hill, 1975.

[91] MINSKY M. The society of mind [M]. New York: Simon & Schuster, 1985.

[92] MINSKY M. The emotion machine: commonsense thinking, artificial intelligence, and the future of the human mind [M]. New York: Simon & Schuster, 2006.

[93] NEISSER U. Cognitive Psychology [M]. New York: Appleton-Century-Crofts, 1967.

[94] NEWELL A. Physical symbol systems [J]. Cognitive Science, 1980, 4: 135-183.

[95] NEWELL A. Physical symbol systems [M]//Norman D A. Perspectives on cognitive science. Hillsdale Lawrence Erlbaum Associates, 1981.

[96] NEWELL A. Unified theories of cognition [M]. Cambridge: Harvard University Press, 1990.

[97] NEWELL A, LAIRD J E, PAUL S, et al. SOAR: An architecture for general intelligence [J]. Artificial Intelligence 1987, 33 (1): 1-64.

[98] NEWELL A, SIMON H A. Computer science as empirical inquiry: symbols and search [J]. 1975 ACM Turing Award Lecture, Communications of the Association for Computing Machinery, 1976, 19 (3): 113-126.

[99] NORMAN D A. What is cognitive science? [G]//NORMAN D A Perspectives on cognitive science.

Hillsdale, N. J.: Lawrence Erlbaum Associates, 1981.

[100] NORMAN D A. Twelve issues for cognitive science [J]. Cognitive Science. 1980, 4: 1-32.

[101] O'LEARY C. Technology for automated assessment: the world-wide-mind [EB/OL]. (2003-05-22) [2021-08-03]. www. comp. dit. ie/e-learn/publicati ons/www. pdf.

[102] O'LEARY C, HUMPHRYS M, WALSHE R. Collaborative online development of modular intelligent agents [EB/OL]. (2006-01-06) [2021-08-03]. http://www. ercim. org/publication/Ercim_News/enw64/o_leary. html.

[103] ORTONY A, CLORE G L, COLLINS A. The cognitive structure of emotions [M]. New York: Cambridge University Press, 1988.

[104] PENROSE R. The emperor's new mind [M]. Oxford: Oxford University Press, 1989.

[105] PEARL J. Causality: models, reasoning, and inference [M]. New York: Cambridge University Press, 2000.

[106] PEARL J, MACKENZIE D. The book of why: the new science of cause and effect [M]. New York: Basic Books, 2018.

[107] PIAGET J. The principles of genetic epistemology [M]. New York: Basic Books, 1970.

[108] PIAGET J. Le structuralisme [M]. Paris: Presses Universitaires de France, 1968.

[109] PIAGET J, HENRIQUES G, ASCHER E, et al. Morphisms and categories: comparing and transforming [M]. New Jersey: Lawrence Erlbaum Associates, 1992.

[110] PICARD R W. Affective computing [M]. London: MIT Press, 1997.

[111] PINK D H. A whole new mind: moving from the information age to the conceptual age [M]. New York: Riverhead Hardcover, 2005.

[112] POSNER M I. Attention: the mechanism of consciousness [J]. National Acad of Sciences, 1994, 91 (16): 7398-7402.

[113] PYLYSHYN Z. Return of the mental image: are there pictures in the brain? [J]. Trends in Cognitive Sciences, 2003, 7: 113-118.

[114] RUMELHART D E, McCLELLAND J L. Parallel distributed processing: explorations in the microstructure of cognition [M]. Cambridge: MIT Press, 1986.

[115] SCHWARZ N, CLORE G L. Feelings and phenomenal experience [M]//HIGGINS E T, KRUGLANSKI A W. Social psychology: handbook of basic principles. New York: Guilford, 1996: 443-465.

[116] SEARLE J R. Indirect speech acts [M]//COLE P, MORGAN J L. Speech acts. New York: Academic Press, 1975: 59-82.

[117] SELFRIDGE O G. Pandemonium: a paradigm for learning [C]// Symposium on the Mechanization of Thought Processes London: H. M. Stationery Office, 1959: 511-526.

[118] SHI Z Z. Principles of machine learning [M]. Beijing: International Academic Publishers, 1992a.

[119] SHI Z Z. Automated reasoning [M]. North-Holland: IFIP Transactions A-19, 1992b.

[120] SHI Z Z. Foundations of intelligence science [J]. International Journal of Intelligence Science, 2011, 1 (1): 8-16.

[121] SHI Z Z. Mind computation [M]. Singapore: World Scientific Publishing Co., 2017.

[122] SHI Z Z. Advanced artificial intelligence [M]. 2nd ed. Singapore: World Scientific Publishing Co., 2020.

[123] SHI Z Z, WANG X F, YUE J P. Cognitive cycle in mind model CAM [J]. International Journal of Intelligence Science, 2011, 1 (2): 25-34.

[124] SIMON H A. Administrative behavior: A study of decision making processes in administrative organization [M]. New York: Free Press, 1945.

[125] SIMON H A. Theories of decision making in economics and behavioral science [J]. American Economic Review, 1959, 49 (1): 253-283.

[126] SIMON H A. Information processing models of cognition [J]. Annual Review of Psychology, 1979, 30: 363-396.

[127] SIMON H A. Models of thought [M]. New Haven, CT: Yale University Press, 1979.

[128] SIMON H A. Cognitive science: the newest science of the artificial [J]. Cognitive Science, 1980, 4 (1): 33-46.

[129] SIMON H A. 人类的认知: 思维的信息加工理论 [M]. 荆其诚, 张厚粲, 译. 北京: 科学出版社, 1986.

[130] SIMON H A. The sciences of the artificial [M]. 2nd ed. Cambridge: The MIT Press, 1982.

[131] SLOMAN A. Varieties of affect and the cogaff architecture schema [M]. Birmingham: AISB2001 Symposium, 2001.

[132] SNAIDER J, McCALL R, FRANKLIN S. Time production and representation in a conceptual and computational cognitive model [J]. Cognitive Systems Research, 2010, 13 (1), 59-71.

[133] SUTTON R S, BARTO A G. Reinforcement learning: an introduction [M]. 2nd ed. Cambridge: The MIT Press, 2018.

[134] THAGARD P. Mind: introduction to cognitive science [M]. Cambridge: The MIT Press, 1996.

[135] TREISMAN A. Contextual cues in selective listening [J]. Quarterly Journal of Experimental Psychology, 1960, 12: 242-248.

[136] TREISMAN A. Perceptual grouping and attention in visual search for features and for objects [J]. Journal of Experimental Psychology: Human Perception and Performance, 1982, 8: 194-214.

[137] TULVING E. Elements of episodic memory [M]. London: Oxford Clarendon Press, 1983.

[138] TURING A M. On computable numbers with an application to the entscheidungs problem [J]. Proc. London Maths. Soc., Ser. 2, 1936, 42 (1): 230-265.

[139] TURING A M. Computing machinery and intelligence [J]. Mind, 1950, 59: 433-460.

[140] VALIANT L G. A theory of the learnable [J]. Communications of the ACM, 1984, 27 (11): 1134-1142.

[141] WATSON J B. Psychology as the behaviorist views it [J]. Psychological Review, 1913, 20: 158-177.

[142] WEINER B. Theories of motivation: from mechanism to cognition [M]. Chicago: Rand-McNally, 1972.

[143] WEINER B. An attributional theory of emotion and motivation [M]. New York: Springer-Verlag, 1986.

[144] WENG J Y. Autonomous mental development by robots and animals [J]. Science, 2001, 291 (5504): 599-600.

[145] WIENER N. Cybernetics, or control and communication in the animal and the machine [M]. Cambridge, Massachusetts: The Technology Press, 1948.

[146] WOODS W A. Transition network grammars for natural language analysis [J]. Comm. ACM, 1970, 13 (10): 591-606.

[147] WU Y H, SCHUSTER M, CHEN Z F, et al. Google's neural machine translation system: bridging the gap between human and machine translation [EB/OL]. (2016-09-26) [2021-08-03]. http://arxiv.org/pdf/1609.08144.pdf.